LEÇONS

sur

LES ENSEMBLES ANALYTIQUES

LEÇONS

SUR

LES ENSEMBLES ANALYTIQUES

ET LEURS APPLICATIONS

PAR

Nicolas LUSIN

MEMBRE DE L'ACADÉMIE DES SCIENCES DE LENINGRAD
PROFESSEUR A L'UNIVERSITÉ DE MOSCOU

Avec une Note de M. SIERPIŃSKI

Preface de M. Henri LEBESGUE
Membre de l'Institut.

CHELSEA PUBLISHING COMPANY
NEW YORK, N. Y.

First edition published at Paris, 1930
Second (corrected) edition published at New York, 1972
Copyright ©, 1972 by Chelsea Publishing Company
Printed, 1972 on special 'long-life' alkaline paper

Library of Congress Catalog Card Number 74-144043
International Standard Book Number 0-8284-0250-7
Library of Congress Classification Number QA 312
Dewey Decimal Classification Number 515/.42

Printed in the United States of America

PRÉFACE.

Lorsque M. Lusin m'a demandé d'écrire cette Préface, je me suis
d'abord récusé : M. Lusin n'a plus à être présenté aux Mathématiciens et ceux-ci savent bien qu'est d'importance l'Ouvrage où il
réunit ses recherches, poursuivies pendant quelque quinze années.

A la réflexion, une Préface m'a semblé être le seul endroit où je
pourrais avouer très haut ce que M. Lusin a soigneusement caché :
l'origine de tous les problèmes dont il va s'agir ici est une grossière
erreur de mon Mémoire sur les fonctions représentables analytiquement. Fructueuse erreur, que je fus bien inspiré de la commettre !

La considération des fonctions discontinues avait tellement élargi
le champ de l'Analyse qu'on en pouvait concevoir quelque inquié-
tude. Pourtant, on se flatta de l'espoir que, de toutes les fonctions et
de tous les ensembles conçus, les fonctions de Baire et les ensembles
mesurables B, qui leur sont associés, s'introduiraient seuls nécessairement en mathématiques ; car il semblait que les opérations effectuées
sur ces fonctions et ensembles conduisaient toujours à des fonctions
et ensembles des mêmes familles. L'Analyse eût porté en elle-même
un principe de limitation.

Pour voir s'il en était bien ainsi, il fallait examiner en particulier
la résolution des équations qui conduit aux fonctions implicites. Au
cours de cette étude je formulais cet énoncé : la projection d'un
ensemble mesurable B est toujours un ensemble mesurable B. La
démonstration était simple, courte, mais fausse. M. Lusin, alors professeur débutant, et M. Souslin, l'un de ses premiers élèves, aper-
çurent la faute et entreprirent de la réparer. J'imagine qu'au début
ils crurent cela chose aisée ; mais les difficultés apparurent vite, ils

en vinrent à douter de l'énoncé même, puis le mirent en défaut par un exemple probant.

Ainsi, l'Analyse ne porte pas en elle-même un principe de limitation. L'étendue de la famille des fonctions de Baire était vaste à donner le vertige, le champ de l'Analyse est plus vaste encore. Et combien plus vaste !

Prenons un ensemble mesurable B, projetons-le. Nous obtenons un ensemble qui, en général, n'est plus mesurable B, c'est un ensemble analytique P. Prenons le complémentaire d'un tel ensemble P — c'est-à-dire considérons les points qui font partie d'un segment, d'un carré, d'un cube, etc., sans appartenir à P — nous avons un ensemble PC qui, en général, n'est ni mesurable B, ni analytique ; il appartient à une nouvelle famille. Projetons un tel ensemble PC, nous obtenons un ensemble PCP en général d'un type nouveau. Et ainsi de suite s'engendrent indéfiniment les familles d'ensembles dont la réunion donne les ensembles projectifs. A chaque type d'ensemble correspond un type de fonction. Le champ de l'Analyse est peut-être limité, il embrasse en tout cas cette infinité de types de fonctions !

Les problèmes posés par ces considérations générales sont, on le devine, nombreux et difficiles. L'étude en fut commencée par M. Lusin et par M. Souslin, séparément et grâce à des méthodes légèrement différentes. Après la mort prématurée de M. Souslin, de plus jeunes élèves de M. Lusin entrèrent dans la lice. D'autre part, M. Sierpinski et son école apportèrent à ces questions d'importantes contributions. C'est l'ensemble des résultats actuellement connus, augmenté de quelques propositions inédites, que M. Lusin nous donne dans son Livre. Le tout coordonné et obtenu par une méthode uniforme.

En lisant M. Lusin on sera sans doute étonné d'apprendre que j'ai, entre autres choses, inventé le procédé des cribles, construit le premier un ensemble analytique. Nul, du moins, ne sera plus étonné que je ne le fus. M. Lusin n'est parfaitement heureux que s'il a pu attribuer à quelque autre ses propres découvertes. Etrange manie ;

pardonnable, il me semble, car il n'est guère à redouter que M. Lusin fasse école sur ce point.

D'où vient cette mentalité si peu ordinaire? D'une méthode de travail assez particulière : un Mémoire intéresse M. Lusin, il le lit et le relit, en scrute toutes les parties et tire de là des motifs de recherches; il sonde un Mémoire à la façon d'un prospecteur explorant un filon. Et, en vérité, augmenté de l'exégèse de M. Lusin, le moindre écrit devient une mine exceptionnellement riche. M. Lusin suppose chaque paragraphe du Mémoire examiné lourd d'une pensée qu'il s'efforce de reconstituer entièrement et comme, jugeant sans doute des autres d'après lui-même, il n'admet guère qu'on puisse rencontrer et ne pas même entrevoir, entrevoir et ne pas voir, voir et n'en pas tirer les conséquences, il méconnaît parfois son apport à la façon de ceux qui, commentant une fable à raison de dix pages par vers, croient cependant n'avoir fait qu'indiquer les seules intentions du fabuliste. Mais si le commentaire a été une révélation pour le fabuliste, n'est-il pas du devoir de celui-ci de le dire?

M. Lusin, ayant défini et étudié les familles d'ensembles dont j'ai parlé plus haut : ensembles analytiques, complémentaires d'analytiques, projectifs, se demande si un ensemble que j'avais construit n'appartient pas à l'une de ces familles. Il se trouve que c'est un ensemble analytique. D'autre part, examinant ce qui, dans la définition que j'employais, a permis que j'obtienne un ensemble doué des qualités dont j'avais besoin, M. Lusin en déduit un procédé général de construction qu'il a appelé le procédé des cribles. Et voilà comment j'ai, le premier, utilisé le procédé des cribles; comment j'ai, le premier, construit un ensemble analytique. Sans le savoir; il y eut autrefois un Monsieur Jourdain....

Pour tirer un parti fructueux de la méthode de travail indiquée, il faut une singulière aptitude, non seulement à pénétrer la pensée d'autrui, mais aussi à imaginer et à discerner les différentes attitudes qu'on peut prendre en face d'un problème; bref, il faut des qualités de philosophe. M. Lusin examine les questions d'un point de vue philosophique et aboutit ainsi à des résultats mathématiques; originalité sans précédent!

Après les premiers grands progrès de la théorie des ensembles, Philosophes et Mathématiciens crurent le moment venu de se tendre la main au-dessus du large fossé qui les sépare. La conversation qui s'engagea ressembla, dès l'abord, au jeu des propos interrompus; ce n'était que l'affaire d'un moment, croyait-on, un effort encore et l'on allait se comprendre. Mais Zénon d'Élée et le sorite du menteur furent invoqués.

Quand j'étais étudiant, le café servi nous abordions volontiers les idées générales; la discussion s'échauffait et semblait devoir être sans fin, lorsque l'un de nous s'écriait : « D'abord, toi, est-ce que tu existes? Je dis toi pour la commodité, mais moi seul existe…. » Alors nous comprenions qu'il fallait aller travailler et nous nous séparions jusqu'au lendemain. A l'apparition de Zénon et du menteur, les Mathématiciens comprirent qu'il leur fallait se retirer; mais ils ne revinrent pas le lendemain, il n'y avait pas de café. Même, plusieurs jurèrent qu'on ne les y prendrait plus; ils s'appliquèrent à ne rien dire qui permît de les entraîner dans une discussion philosophique, regrettant seulement de ne pas réussir, comme Hermite, à cacher entièrement leurs idées sous des équations. Hermite, ce maître qui a laissé une trace si profonde dans la science, et dont on n'a pu citer que des phrases extraites de lettres particulières.

Chez les Mathématiciens, la déception avait été profonde. Puisque, s'adressant à des hommes dont l'ardent désir de tout connaître avait fait des philosophes, et qui étaient si brillamment doués qu'ils semblaient aptes, en effet, à tout embrasser et à tout comprendre, on n'était pas parvenu à les faire sortir de la philosophie traditionnelle, les savants ne devaient décidément compter que sur eux-mêmes pour édifier une philosophie scientifique qui soit utile à la Science. Ce serait l'œuvre de fin de carrière d'hommes ayant longuement peiné sur des techniques.

Est-ce pourtant se bien préparer à cette œuvre que s'efforcer constamment à ne parler qu'en technicien? A ne jamais rien dire d'un peu général, par crainte de discussions, ne risque-t-on pas de s'entraîner à penser étriqué? L'homme de science qui a adopté une attitude trop réservée, méfiante, ne peut guère espérer pouvoir travailler, le moment venu, à la construction de cette nouvelle philosophie qu'il désire si vivement.

Heureusement voici, avec M. Lusin, une autre attitude et qui donne espoir. Il a peut-être, lui aussi, quelque défiance de la philosophie, mais il n'en a pas peur; il a des préoccupations philosophiques et il les avoue. Chez lui, exigences mathématiques et exigences philosophiques sont constamment associées, on peut même dire fondues. Bien que son Livre soit un Ouvrage de mathématiques, écrit par un mathématicien pour des mathématiciens, cette association intime des pensées philosophiques et mathématiques y apparaît nettement, presque à chaque page, ce qui donne au volume une importance exceptionnelle et un attrait tout particulier.

Il est temps que je m'arrête : voici que je dis, ce que j'ai déclaré, et avec raison, être inutile à dire.

Henri LEBESGUE.

AVERTISSEMENT.

Les questions traitées dans cet Ouvrage appartiennent à la théorie *descriptive* des fonctions dont MM. Borel, Baire et Lebesgue sont les fondateurs. Je me suis proposé, d'une part, de continuer et d'étendre les recherches de M. R. Baire arrêtées à l'étude des fonctions de classe 3. J'ai, d'autre part, cherché à étudier des familles d'ensembles de points qui sont au delà de la classification de Baire. Cette étude s'est heurtée à des difficultés qui débordent la technique ordinaire de la théorie des ensembles, et qui sont visiblement liées aux controverses sur le continu considéré du point de vue *arithmétique*. C'est ici que nous pénétrons *pratiquement* dans le domaine des idées de M. E. Borel.

Ainsi, pendant mes recherches, je me suis placé sur le terrain des idées de M. E. Borel, idées qui m'ont aidé à m'orienter dans mes travaux et ont toujours guidé mon choix sur leur *direction*. Et en même temps ce sont les travaux de M. H. Lebesgue qui m'ont fourni la matière même de mes recherches. Son célèbre Mémoire *Sur les fonctions représentables analytiquement* est non seulement le point de départ de mon travail ; mais il est si étroitement lié à cet Ouvrage que ce dernier peut être considéré simplement comme un développement sur quelques points de ce Mémoire. Un autre point du Mémoire de M. H. Lebesgue, bien plus difficile que ceux traités ici et cependant encore plus important, est signalé à la fin de ce Livre.

Enfin, il ne m'est pas possible de passer sous silence les travaux synthétiques fondamentaux de M. Ch. de la Vallée Poussin et les

recherches si importantes de M. A. Denjoy sur les ensembles clairsemés. Ces dernières recherches ont servi de base à mes études sur
les classes supérieures de la classification de Baire.

Qu'il me soit maintenant permis d'exprimer ici ma profonde reconnaissance à M. Emile Borel qui m'a fait l'honneur d'accueillir ce
travail dans la Collection si justement réputée qu'il dirige et de le
remercier de la sollicitude qu'il a bien voulu me témoigner durant
tout mon travail ; et à M. Henri Lebesgue qui a bien voulu me guider
dans mes recherches, en me communiquant de nombreuses observa-
tions, judicieuses et profondes, et qui a accepté d'écrire la Préface
de ce livre.

J'exprime ici ma gratitude envers la Fondation Rockefeller qui,
sur la bienveillante recommandation de MM. Borel et Lebesgue, m'a
fourni les moyens de me consacrer entièrement à ce travail et de le
mener à bonne fin. Je remercie également mon gouvernement de
m'avoir permis, en m'accordant une mission scientifique et en la
prolongeant suffisamment, de disposer des loisirs dont j'avais besoin.

Merci aussi à tous ceux qui ont bien voulu m'aider au cours de mes
travaux et tout particulièrement à M. Jean Brille qui a lu et revu mes
épreuves et qui, avec une parfaite intelligence du sujet, s'est acquitté
du soin de contrôler la correction linguistique du texte.

J'exprime ma reconnaissance sincère à M. W. Sierpinski qui a
donné sa si intéressante Note pour mon livre.

Je ne veux pas terminer sans dire à mes collègues français combien
j'ai été touché de l'accueil bienveillant, cordial et souvent affectueux
que j'ai trouvé auprès d'eux pendant mon séjour à Paris et dont je
garderai le très attachant souvenir.

Paris, juin 1930.

N. Lusin.

TABLE DES MATIÈRES

TABLE DES MATIÈRES.

LEÇONS

SUR

LES ENSEMBLES ANALYTIQUES

ET LEURS APPLICATIONS

CHAPITRE I.

NOTIONS GÉNÉRALES SUR LES ENSEMBLES MESURABLES B.

Étendue. — Considérons une étendue linéaire E. Dans cette étendue E nous discernons d'abord les *points rationnels :* ce sont les points dont la distance à l'origine O des coordonnées est un nombre rationnel.

Mais il y a beaucoup d'*autres* points dans l'étendue E. La diagonale du carré de côté 1 nous donne l'exemple immédiat d'un tel point : c'est un point que nous obtenons par une *construction directe* et sans employer aucune approximation arithmétique.

D'ailleurs, l'étendue E contient d'autres points que les points rationnels et les *points constructifs*. Un exemple bien classique est la base népérienne e : tous ces points nous sont donnés au moyen des *approximations arithmétiques* (¹).

Ainsi, l'étendue E est bien loin d'être épuisée par les points rationnels seuls et il est souhaitable que l'on ait un procédé *uniforme* qui

---

(¹) La première difficulté qui se présente est relative à l'existence des points constructifs n'ayant aucune approximation arithmétique, ainsi qu'à l'existence des points arithmétiques n'admettant aucune construction. Sans entrer dans les discussions pénibles, je me suis contenté de faire observer qu'il y a *des* points pour lesquels on donne *d'abord* une construction et il y a des points pour lesquels on donne d'abord une *approximation*.

nous permette de définir *chaque* point irrationnel : c'est là le sens concret de la théorie de Dedekind.

Le but de la Théorie des ensembles. — Il semble qu'il est bien prématuré dans l'état actuel de la Science, d'attaquer la théorie de Dedekind des nombres irrationnels si l'on veut que cette attaque soit féconde en résultats *positifs* nouveaux qui nous échappent dans le domaine de cette théorie.

Ainsi nous nous bornons simplement à l'admettre et la considérer comme instrument transitoire sans que la possibilité d'indiquer quelques difficultés de cette théorie soit proscrite dans ce qui suit.

Mais si nous prenons la définition uniforme de nombre irrationnel de la théorie de Dedekind, le nombre irrationnel étant regardé comme coupure pratiquée dans le domaine des points rationnels *indépendamment de son origine*, nous obtenons la possibilité (peut-être tout illusoire) de considérer le continu comme un *ensemble* formé des points rationnels et irrationnels. Tel était le point de vue sur le continu adopté *a priori* par G. Cantor.

Le but de la Théorie des ensembles est de résoudre la question de la plus haute importance : si l'on peut ou non considérer l'étendue linéaire d'une manière atomistique comme un ensemble de points, question d'ailleurs peu nouvelle et remontant aux éléates ([1]).

([1]) Un autre problème découvert par M. Émile Borel et qui a la plus haute importance en Mathématiques consiste à éliminer les êtres ayant des définitions infinies et qui, par suite, sont *parasites* dans tous les raisonnements qu'on peut faire effectivement. C'est sur ce problème important que M. Émile Borel a insisté à plusieurs reprises. Citons textuellement un passage de M. Émile Borel (*Leçons sur la théorie des fonctions,* 2ᵉ édition, Note V : *Les probabilités dénombrables*) :

«... Il est clair que tous les ... nombres, qui peuvent être effectivement définis, sont en infinité dénombrable .... Par *effectivement définis* on doit entendre : *définis au moyen d'un nombre fini de mots* ....

» Il *existe* certainement (si ce n'est pas un abus d'employer ici le verbe *exister*) dans le continu géométrique des éléments qui ne peuvent pas être définis : tel est le sens réel de l'importante et célèbre proposition de G. Cantor : le continu n'est pas dénombrable. Le jour où ces éléments *indéfinissables* seront réellement mis à part et où l'on ne prétendrait point les faire intervenir plus ou moins implicitement, il en résulterait certainement une grande simplification dans les méthodes de l'Analyse. »

DOMAINE. PORTIONS. LA CLASSE INITIALE.

Domaine fondamental. — Pour avoir, dans ce qui suit, les lois *logiques* énoncées sous la forme la plus simple, nous allons exclure de nos considérations tous les points *rationnels*.

Nous prenons donc comme base de raisonnement et comme éléments fondamentaux les nombres irrationnels x

$$-\infty < x < +\infty,$$

considérés *a priori*, et nous adoptons, pour ces éléments, la représentation géométrique par les points M d'une droite X'X.

Fig. 1.

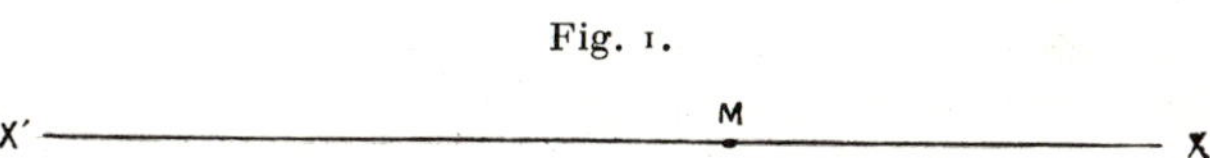

L'ensemble de *tous* les points irrationnels sera appelé *domaine fondamental* et sera désigné par $\mathcal{J}$ ou bien par $\mathcal{J}_x$, $\mathcal{J}_y$, $\mathcal{J}_t$, *etc.*, si l'on considère l'ensemble des points irrationnels comme appartenant respectivement aux axes OX, OY, OT, *etc.* (¹).

Nous étudierons, dans les théories qui vont suivre, des ensembles de points irrationnels et nous ferons, au sujet de ces ensembles, les conventions classiques qui ont été faites pour les ensembles de points.

Étant donnés des ensembles de nombres irrationnels E_1, E_2, E_3, ..., en nombre fini ou dénombrable, nous désignons par $E_1 + E_2 + E_3 + ...$, $E_1 \times E_2 \times E_3 \times ...$, respectivement l'ensemble

---

(¹) L'une des idées fondamentales que nous devons à M. René Baire, c'est l'indication parfaitement claire de ce fait important que les énoncés *logiques* deviennent très simples si l'on ne considère que des nombres *irrationnels*. C'est lui qui a introduit, le premier, le domaine fondamental $\mathcal{J}$ nommé par lui *espace à O dimension* [*Sur la représentation des fonctions discontinues* (*Acta mathematica*, t. 32, 1909, p. 134)].

La raison de cette simplicité est claire si nous observons que, dans la théorie de Dedekind, les nombres rationnels nous sont donnés *immédiatement*, tandis que l'origine du nombre irrationnel est en quelque sorte *secondaire*.

Il est donc naturel qu'on obtient des énoncés logiques compliqués si l'on considère le continu comme composé des éléments *hétérogènes* : points rationnels *et* points irrationnels.

formé par la réunion de E_1, E_2, E_3, ..., et l'ensemble composé des points communs à E_1, E_2, E_3, ... Les égalités ou inégalités :

$$E_1 = E_2, \qquad E_1 < M_2, \qquad E \equiv 0$$

expriment respectivement que E_1 et E_2 sont identiques, que E_1 est une partie de E_2 et que E ne contient aucun point.

De même on désigne par $E_2 - E_1$ l'ensemble des points contenus dans E_2 sans être contenus dans E_1, ce qui ne suppose nullement que E_1 est une partie de E_2.

Enfin, nous désignerons par CE *le complémentaire de* E, c'est-à-dire l'ensemble des points irrationnels ne faisant pas partie de E. Nous avons l'identité évidente

$$E_2 - E_1 = E_2 \times CE_1.$$

Portions. — Nous appellerons *portion du domaine fondamental* $\mathcal{J}$ tout ensemble de nombres irrationnels *ou bien* contenus dans un intervalle (a, b) aux extrémités a et b rationnels, *ou bien* respectivement supérieurs ou inférieurs à un nombre rationnel c.

Dans le premier cas, la portion correspondante du domaine $\mathcal{J}$ sera désignée par (a, b), dans le second et troisième cas nous employons respectivement les notations $(c, +\infty)$ et $(-\infty, c)$.

De même, nous considérons comme portion le domaine fondamental $\mathcal{J}$ lui-même et nous le désignerons, dans ce cas, par $(-\infty, +\infty)$.

D'une manière générale, nous appelons *portion d'un ensemble* quelconque E formé de points irrationnels l'ensemble des points de E contenus dans une portion du domaine fondamental $\mathcal{J}$.

La classe initiale. — Par définition même, est *de classe initiale* ou *de classe* K_0 tout ensemble E de points irrationnels qui est une somme d'un nombre fini ou infini de portions du domaine fondamental $\mathcal{J}$, *ainsi que son complémentaire* CE.

Transformons cette définition.

Soit x un point irrationnel quelconque de la droite $X'X$. La définition qui vient d'être énoncée nous dit que x est enfermé en une portion (a, b) du domaine fondamental $\mathcal{J}$ contenue totalement *ou bien* dans E, *ou bien* dans CE.

Or, si nous enlevons de la droite $X'X$ tous les intervalles (a, b) aux extrémités rationnelles et ne contenant pas *simultanément* de points des deux ensembles E et CE, nous obtenons sur la droite X′X un ensemble *fermé* F composé de points *rationnels* et par suite dénombrable. Il est clair que toute portion du domaine fondamental $\mathcal{I}$ déterminée par un intervalle (a, b) contigu à F est renfermée totalement ou bien dans E, ou bien dans CE et qu'on ne peut étendre aucun des intervalles contigus à F sans qu'il perde cette propriété.

En définitive, *tout ensemble E de classe initiale K_0 et son complémentaire CE peuvent être considérés comme formés de portions du domaine fondamental $\mathcal{I}$ contiguës à un ensemble fermé F composé de points rationnels, deux portions contiguës voisines appartenant à des ensembles différents.*

OPÉRATIONS SUR LES ENSEMBLES.

Nous allons considérer *cinq* opérations élémentaires, par lesquelles on construit des ensembles à partir des ensembles déjà définis.

Ces cinq opérations consistent à effectuer le *passage à la limite* lim sur les ensembles E_1, E_2, ...; à faire la *somme* $+$ et la *partie commune* $\times$; à prendre *l'ensemble limite complet* $\overline{\lim}$ et *l'ensemble limite restreint* $\underline{\lim}$ des ensembles E_1, E_2, ...

Les deux dernières opérations sont dues à **M. Emile Borel** ([1]) et la première qui est en quelque sorte une synthèse de celles-ci a été introduite pour la première fois par **M. Ch. de la Vallée Poussin.**

Les cinq opérations indiquées ne sont pas à proprement parler indépendantes les unes des autres, mais leur emploi simultané présente de grands avantages comme l'a montré **M. Ch. de la Vallée Poussin** dans son Mémoire *Sur l'intégrale de M. Lebesgue* ([2]).

Opération fondamentale. — L'opération fondamentale qui nous servira dans cette étude et que nous introduisons conformément aux idées de **M. Ch. de la Vallée Poussin** est celle de *passage à la limite* ([3]).

([1]) Émile Borel, *Leçons sur les fonctions de variables réelles,* 1905, p. 18.

([2]) *Transactions of the american mathematical Society,* 1915. *Voir* aussi Ch. DE LA VALLÉE POUSSIN, *Intégrales de Lebesgue, Fonctions d'ensemble, Classes de Baire* (Collection de Borel, 1916, p. 5).

([3]) *Voir* son livre, *Intégrales, Fonctions, Classes de Baire,* p. 8.

Appelons *suite convergente* toute suite illimitée d'ensembles de points irrationnels

$$E_1, \quad E_2, \quad \ldots, \quad E_n, \quad \ldots,$$

telle que chaque point irrationnel x de la droite $X'X$ *ou bien* appartient, *ou bien* n'appartient pas à tous les E_n, sauf un nombre limité dépendant de x, de ces ensembles.

Voici maintenant la définition fondamentale : *L'ensemble* E *est dit limite de la suite convergente d'ensembles* $E_1, E_2, \ldots, E_n, \ldots,$ *si* E *est l'ensemble des points irrationnels* x *de la droite* $X'X$ *qui appartiennent à tous les* E_n *à partir d'un certain rang dépendant de* x.

Nous dirons, dans ce cas, que l'ensemble E est *déduit* de la suite convergente $E_1, E_2, \ldots,$ au moyen de l'*opération du passage à la limite* et nous désignerons par

$$\lim_{n=\infty} E_n$$

ou simplement par

$$\lim E_n,$$

cet ensemble limite E.

Il résulte de cette définition qu'une suite d'ensembles $E_1, E_2, \ldots$ ne cesse d'être convergente, ni d'avoir le même ensemble limite E si nous négligeons un *nombre limité* de ses termes.

De même il est clair que si la suite donnée d'ensembles $E_1, E_2, \ldots$ est convergente et a E pour ensemble limite, la suite des complémentaires $CE_1, CE_2, \ldots,$ est aussi convergente et a CE pour ensemble limite.

Remarquons, enfin, que nous pouvons regarder l'ensemble E comme limite de l'ensemble E_n *variable avec* n. Ceci nous permet d'appliquer aux passages à la limite sur les ensembles le principe classique d'Analyse : *la somme d'un nombre fixe* k *d'ensembles variables ayant des limites a aussi une limite égale à la somme des limites des ensembles composants :*

$$\lim(E'_n + E''_n + \ldots + E_n^{(k)}) = \lim E'_n + \lim E''_n + \ldots + \lim E_n^{(k)}.$$

De même : *la partie commune à un nombre fixe d'ensembles variables ayant des limites a aussi une limite égale à la partie commune aux limites des ensembles composants :*

$$\lim(E'_n \times E''_n \times \ldots \times E_n^{(k)}) = \lim E'_n \times \lim E''_n \times \ldots \times \lim E_n^{(k)}.$$

Pour achever, nous allons indiquer une propriété du passage à la limite dont nous ferons usage :

Si l'ensemble variable E_n *est contenu dans l'ensemble limite* E, $E_n < E$, *cet ensemble limite* E *est identique à la réunion de tous les* E_n, $E = E_1 + E_2 + \ldots$. *Réciproquement, si l'ensemble variable* E_n *contient l'ensemble limite* E, $E_n > E$, *cet ensemble limite* E *est identique à la partie commune à tous les* E_n, $E = E_1 \times E_2 \times \ldots$.

Les suites monotones d'ensembles. — Une suite d'ensembles E_1, E_2, ... est dite *croissante* si chacun de ses termes est contenu dans le suivant : $E_1 < E_2 < \ldots$. Une suite croissante est toujours convergente et a pour limite E la réunion de tous les E_n, $E = E_1 + E_2 + \ldots$.

Réciproquement, une suite d'ensembles E_1, E_2, ..., est dite *décroissante* si chacun de ses termes contient le suivant : $E_1 > E_2 > \ldots$. Une suite décroissante d'ensembles est aussi convergente et a pour limite E la partie commune à tous les E_n, $E = E_1 \times E_2 \times \ldots$.

Les suites croissantes et décroissantes d'ensembles sont dites *monotones*.

C'est M. W. H. Young qui a employé le premier les suites monotones d'ensembles comme un instrument de construction d'ensembles de plus en plus compliqués.

Autres opérations. — Considérons une suite illimitée d'ensembles

$$E_1, \quad E_2, \quad \ldots, \quad E_n, \quad \ldots,$$

formés de points irrationnels du domaine fondamental $\mathcal{I}_x$.

Nous aurons à effectuer sur ces ensembles les quatre opérations suivantes :

I. *Somme.* — Cette opération fait correspondre à toute suite infinie d'ensembles E_1, E_2, ... leur *réunion* $E_1 + E_2 + \ldots$, c'est-à-dire l'ensemble formé des points appartenant à l'un au moins des ensembles E_i. L'ensemble $E_1 + E_2 + \ldots$ ainsi obtenu s'appelle *somme* des ensembles donnés.

Pour exprimer que les ensembles E_1, E_2, ..., sont sans points communs deux à deux, nous dirons que l'ensemble $S = E_1 + E_2 + \ldots$ est *somme au sens strict* et que S est déduit de E_1, E_2, ... au moyen de *l'addition au sens strict*.

Si les ensembles E_i peuvent avoir des points communs, l'ensemble S est dit *somme au sens large;* dans ce cas, nous dirons que S est déduit de E_1, E_2, ... au moyen de *l'addition au sens large.*

Il est clair que l'ensemble-somme $E = E_1 + E_2 + \ldots$ ne dépend pas de l'ordre des ensembles composants E_n.

L'addition d'une infinité dénombrable d'ensembles se ramène encore à un passage à la limite.

En effet, étant donnée une suite illimitée d'ensembles E_1, E_2, ..., E_n, ..., nous pouvons en déduire une autre suite d'ensembles S_1, S_2, ..., S_n ... en posant

$$S_1 = E_1, \qquad S_2 = E_1 + E_2, \qquad \ldots, \qquad S_n = E_1 + E_2 + \ldots + E_n, \qquad \ldots$$

Comme la suite $S_1 < S_2 < \ldots < S_n < \ldots$ est croissante, elle converge vers un ensemble limite S, et nous avons évidemment

$$S = E_1 + E_2 + \ldots + E_n + \ldots$$

II. *Partie commune.* — Cette opération donne l'ensemble formé des points communs à tous les ensembles d'une suite infinie donnée E_1, E_2, ... L'ensemble E ainsi obtenu s'appelle *partie commune aux ensembles donnés* E_1, E_2, ...; nous la désignerons par la notation

$$E = E_1 \times E_2 \times \ldots \times E_n \times \ldots \qquad \text{ou} \qquad E = E_1 E_2 E_3 \ldots E_n \ldots$$

La partie commune E ne dépend pas non plus de l'ordre des ensembles composants E_n.

La partie commune à une infinité dénombrable d'ensembles se ramène aussi à un passage à la limite.

En effet, si nous posons

$$P_1 = E_1, \qquad P_2 = E_1 \times E_2, \qquad \ldots, \qquad P_n = E_1 \times E_2 \times \ldots \times E_n, \qquad \ldots$$

la suite des ensembles $P_1 > P_2 > \ldots > P_n > \ldots$, sera évidemment décroissante, donc convergente vers un ensemble limite déterminé P; il est clair que

$$P = E_1 \times E_2 \times \ldots \times E_n \times \ldots$$

III. *Limite complète*. — C'est M. Émile Borel qui a introduit le premier cette importante opération ([1]).

Étant donnée une suite infinie d'ensembles E_1, E_2, ..., E_n, ..., appelons *ensemble limite complet* des ensembles E_1, E_2, ... l'ensemble E formé des points qui appartiennent chacun à un nombre illimité d'entre eux.

Nous désignerons l'ensemble limite complet E par

$$\overline{\lim_{n=\infty}} E_n \quad \text{ou} \quad \overline{\lim} E_n.$$

Cette notation est due à M. Ch. de la Vallée Poussin.

Il résulte de la définition que chaque suite d'ensembles E_1, E_2, ... a un ensemble limite complet E bien déterminé et qu'on peut négliger l'ordre des termes E_n de la suite et un nombre limité d'entre eux sans modifier l'ensemble limite complet E.

L'opération III qui consiste à prendre l'ensemble limite complet, $\overline{\lim} E_n$, se ramène aux additions et aux parties communes par la formule

$$\overline{\lim} E_n = (E_1 + E_2 + E_3 + \ldots) \times (E_2 + E_3 + \ldots) \times (E_3 + \ldots) \times \ldots.$$

On conclut de là immédiatement que *l'opération* $\overline{\lim} E_n$ *se réduit à la succession de deux limites simples superposées à deux indices différents*, car si $E_{n,m}$ désigne la partie commune aux sommes finies

$$E_{n,m} = (E_1 + E_3 + \ldots + E_m) \times (E_2 + E_3 + \ldots + E_m) \times \ldots \times (E_n + \ldots + E_m),$$

on a évidemment

$$\overline{\lim} E_n = \lim_{n=\infty} \lim_{m=\infty} E_{n,m}.$$

Néanmoins, il est intéressant de remarquer que *l'opération* $\overline{\lim}$ *n'est nullement équivalente à la superposition de deux limites simples successives* à *deux indices différents* $\lim_{n=\infty} \lim_{m=\infty}$. Nous verrons que, parmi les ensembles provenant de l'application *double* du simple passage à la limite, la plupart ne peuvent être obtenus au moyen de l'opération $\overline{\lim}$ effectuée une seule fois.

D'autre part, l'opération $\overline{\lim} E_n$ embrasse, comme cas particulier, l'opération fondamentale lim, puisque si la suite donnée d'ensembles

---

([1]) Émile BOREL, *Leçons sur les fonctions de variables réelles*, 1905, p. 18.

E_1, E_2, ... est convergente, l'ensemble limite complet $\overline{\lim} E_n$ coïncide évidemment avec la limite $\lim_{n=\infty} E_n$ de cette suite.

Dans ce qui suit, nous préciserons la portée de l'opération $\overline{\lim} E_n$ (p. 79 de ce Livre).

IV. *Limite restreinte*. — C'est encore à M. Émile Borel que l'on doit l'introduction de cette opération ([1]).

Étant donnée une suite infinie d'ensembles E_1, E_2, ..., appelons *ensemble limite restreint* des ensembles E_1, E_2, ... l'ensemble E formé des points irrationnels x tels que, pour chacun d'eux, on puisse déterminer n de façon que ce point appartienne à E_n, E_{n+1}, E_{n+2}, ...

Nous désignerons l'ensemble limite restreint E par

$$\underline{\lim_{n=\infty}} E_n \quad \text{ou} \quad \underline{\lim} E_n.$$

Cette notation est encore due à M. Ch. de la Vallée Poussin.

Il est clair que l'ensemble limite restreint E ne dépend pas non plus de l'ordre des termes de la suite d'ensembles E_1, E_2, ..., ni d'un nombre fini de ces termes.

L'opération IV, $\underline{\lim} E_n$, se ramène encore aux additions et aux parties communes par la formule

$$\underline{\lim} E_n = (E_1 \times E_2 \times E_3 \times \ldots) + (E_2 \times E_3 \times \ldots) + (E_3 \times \ldots) + \ldots$$

et, par suite, est réductible à la superposition de deux limites simples $\lim_{n=\infty} \lim_{m=\infty}$. Mais cette opération n'est nullement équivalente à la succession de deux limites simples. Nous verrons, dans ce qui suit, quelle est la portée de cette opération (p. 79 de ce Livre).

Comparaison des opérations introduites. — Pour comparer les opérations sur les ensembles E_1, E_2, ..., nous faisons observer que la partie commune P à ces ensembles est une partie de l'ensemble limite restreint $\underline{\lim} E_n$ qui est contenu dans l'ensemble limite complet $\overline{\lim} E_n$. D'autre part, l'ensemble limite complet $\overline{\lim} E_n$ fait partie de la somme S des ensembles E_1, E_2, ..., de sorte que nous avons les

---

([1]) *Loc. cit.*, p. 18.

inégalités simultanées

$$P < \underline{\lim} E_n < \overline{\lim} E_n < S.$$

Il importe de remarquer que, dans le cas général, l'ensemble limite restreint $\underline{\lim} E_n$, en faisant partie de l'ensemble limite complet $\overline{\lim} E_n$, *ne lui est nullement identique*. Les deux ensembles limites, $\underline{\lim} E_n$ et $\overline{\lim} E_n$, sont identiques dans le cas et dans ce cas seul où la suite d'ensembles E_1, E_2, ..., est *convergente*, et dans ce cas les deux ensembles limites coïncident avec la *limite unique* $\lim E_n$ de cette suite.

Enfin, on peut observer que l'ensemble limite complet $\overline{\lim} E_n$ des ensembles E_1, E_2, ... est le complémentaire de l'ensemble limite restreint des complémentaires CE_1, CE_2, ... et de même, en intervertissant les mots *complet* et *restreint*

$$C \overline{\lim} E_n = \underline{\lim} CE_n \qquad \text{et} \qquad C \underline{\lim} E_n = \overline{\lim} CE_n.$$

Fonctions caractérisques. — Nous allons définir maintenant la fonction caractéristique d'un ensemble introduite par M. Ch. de la Vallée Poussin ([1]). L'introduction de cette notion est très utile pour l'interprétation habituelle des opérations limites sur les ensembles ([2]).

Appelons *fonction caractéristique de l'ensemble* E la fonc-

([1]) Ch. DE LA VALLÉE POUSSIN, *Sur l'intégrale de Lebesgue* (*Trans. Amer. Math. Soc.*, 1915).

([2]) La première considération des fonctions caractériques paraît avoir été faite par M. Émile Borel. Citons textuellement quelques passages de M. Émile Borel (*Leçons sur la Théorie des fonctions*, 1re édition, 1898, p. 109, et *Le calcul des intégrales définies*, 1912, ou la Note VI, p. 225, 2e édition) :

« ... On peut dire que chaque fonction $f(x)$, égale à o ou à 1 pour toute valeur réelle de la variable, sépare les nombres réels en deux classes et, par suite, définit deux ensembles de points : l'ensemble des points pour lesquels la fonction a la valeur o et l'ensemble des points pour lesquels la fonction a la valeur 1. Donc, l'ensemble F de ces fonctions est identique à l'ensemble de tous les ensembles possibles (ayant pour éléments des nombres réels). »

« ... La notion d'ensemble est un cas particulier de la notion générale de fonction ; tout ensemble définit une fonction, égale à zéro pour les points d'ensemble et égale à 1 pour les points qui n'appartiennent pas à l'ensemble. Inversement, toute fonction égale à *zéro* ou à *un* pour les points d'un domaine sépare les points de ce domaine en deux catégories, c'est-à-dire définit deux ensembles complémentaires. »

tion $f(x)$ définie dans le domaine fondamental $\mathcal{I}$, égale à 1 pour les points de E et égale à 0 partout en dehors de E.

Inversement, toute fonction $f(x)$ définie dans $\mathcal{I}$ et ne prenant que les valeurs 0 et 1 est la fonction caractéristique de l'ensemble E des points x pour lesquels $f(x) = 1$.

Considérons une suite illimitée d'ensembles

$$E_1, \quad E_2, \quad \ldots, \quad E_n, \quad \ldots$$

et leurs fonctions caractéristiques

$$\varphi_1, \quad \varphi_2, \quad \ldots, \quad \varphi_n, \quad \ldots$$

Il résulte de la définition de la convergence d'une suite d'*ensembles* que pour que la suite des fonctions caractéristiques φ_1, φ_2, ... soit convergente *au sens classique de l'Analyse mathématique*, il faut et il suffit que la suite des ensembles correspondants E_1, E_2, ... soit convergente *au sens précédemment défini*. Dans ce cas, *la fonction limite* $\varphi = \lim \varphi_n$ *est la fonction caractéristique de l'ensemble limite* $E = \lim E_n$.

Si la suite des ensembles E_1, E_2, ... n'est pas convergente, la suite des fonctions caractéristiques correspondantes φ_1, φ_2, ... diverge effectivement en tout point x de *l'ensemble-différence*

$$\overline{\lim} E_n - \underline{\lim} E_n$$

et en ces points seulement.

Dans ce cas, si l'on prend les notations habituelles $\overline{\lim\limits_{n-\infty}} \varphi_n$ et $\underline{\lim\limits_{n=\infty}} \varphi_n$ désignant *la plus grande limite* et *la plus petite limite* des fonctions φ_1, φ_2, ..., il est clair que $\overline{\lim\limits_{n=\infty}} \varphi_n$ est la fonction caractéristique de l'ensemble limite complet $\overline{\lim} E_n$ de la suite d'ensembles E_1, E_2, ... et respectivement que $\underline{\lim\limits_{n=\infty}} \varphi_n$ est la fonction caractéristique de l'ensemble limite restreint $\underline{\lim} E_n$.

On peut observer que la fonction caractéristique jouit dans les autres opérations des propriétés ([1]) :

Si φ est la fonction caractéristique de l'ensemble E, $1 - \varphi$ est la

---

([1]) Ch. DE LA VALLÉE POUSSIN, *Intégrales, Fonctions, Classes de Baire*, p. 7.

fonction caractéristique du complémentaire CE de l'ensemble E; si φ_1, φ_2, ... sont les fonctions caractéristiques de E_1, E_2, ..., leur produit infini $\varphi_1 . \varphi_2 . ...$ est la fonction caractéristique de la partie commune $E_1 \times E_2 \times . . . .$

Comme le complémentaire de la somme infinie $E_1 + E_2 + . . .$ est la partie commune aux complémentaires $CE_1 \times CE_2 \times . . .$, nous en concluons que la fonction caractéristique de la somme infinie $E_1 + E_2 + . . .$ peut se mettre sous la forme de l'expression analytique convergente $1 - (1 - \varphi_1) . (1 - \varphi_2) . (1 - \varphi_3) . . . .$; si les ensembles E_1, E_2, ... sont sans point commun deux à deux, la fonction caractéristique de leur somme $E_1 + E_2 + . . .$ se réduit à la série convergente $\varphi_1(x) + \varphi_2(x) + ...$

Enfin, l'ensemble-différence $E_2 - E_1$ a pour fonction caractéristique $\varphi_2 - \varphi_1 . \varphi_2$ puisque cet ensemble peut se mettre sous la forme $E_2 \times CE_1$.

LA NOTATION ALGÉBRIQUE.

Polynomes formés avec des ensembles. — Cette notion, due à M. Ch. de la Vallée Poussin ([1]), rend des services précieux dans les démonstrations. Son introduction est basée sur la remarque suivante :

Les signes de la logique algébrique s'introduisent naturellement dans les opérations sur les ensembles, parce qu'elles jouissent de propriétés analogues à celles des opérations de l'arithmétique.

Nous avons vu déjà que, pour exprimer qu'un ensemble E_1 est contenu dans un ensemble E_2, on convient d'écrire

$$E_1 < E_2 \qquad \text{ou} \qquad E_2 > E_1.$$

L'*addition* $E_1 + E_2 + . . .$ et la *soustraction* $E_2 - E_1$ des ensembles sont respectivement analogues à l'addition et à la soustraction des *quantités finies*. La *partie commune* $E_1 \times E_2 \times . . .$ est analogue au *produit* des nombres; c'est la raison pour laquelle on appelle souvent *multiplication* l'opération qui consiste à prendre la partie commune aux ensembles donnés E_1, E_2, ... La formation du *complémentaire* CE d'un ensemble E est un cas particulier de la soustraction.

([1]) *Loc. cit.*, p. 6.

La multiplication et la soustraction se ramènent l'une et l'autre à l'addition au moyen des complémentaires, et cette remarque est souvent précieuse dans les démonstrations. On a, en effet,

$$C(E_1 \times E_2) = CE_1 + CE_2, \qquad C(E_2 - E_1) = CE_2 + E_1.$$

L'addition et la multiplication sont commutatives, associatives et distributives, comme les opérations correspondantes de l'arithmétique. On a, par exemple,

$$E_1 \times E_2 = E_2 \times E_1, \qquad (E_1 \times E_2) \times E_3 = E_1 \times (E_2 \times E_3),$$
$$E_1 \times (E_2 + E_3) = E_1 \times E_2 + E_1 \times E_3.$$

Toutes les règles du calcul algébrique des polynomes à termes positifs sont donc applicables aux polynomes formés avec des ensembles.

Cela posé, considérons un polynome quelconque

$$P(x_1, x_2, \ldots, x_n)$$

en $x_1, x_2, \ldots, x_n$ dont tous les termes ont 1 pour coefficient. Si l'on substitue aux lettres $x_1, x_2, \ldots, x_n$ respectivement des *ensembles* quelconques $E_1, E_2, \ldots, E_n$ de points et si l'on considère les signes d'opérations $+$ et $\times$ comme somme et partie commune dans le domaine des ensembles, *le polynome* P *devient un ensemble de points parfaitement déterminé* que nous désignerons encore par

$$P(E_1, E_2, \ldots, E_n).$$

Dans ce cas, *le sens de* $P(E_1, E_2, \ldots, E_n)$ *ne dépend nullement de l'ordre des termes du polynome* P.

Les règles indiquées ne s'appliquent plus s'il y a des termes négatifs, car la soustraction des ensembles n'est ni associative, ni commutative. Il n'y a que la loi distributive qui persiste

$$E_1 \times (E_2 - E_3) = E_1 \times E_2 - E_1 \times E_3.$$

Néanmoins, si le polynome

$$P(x_1, x_2, \ldots, x_n)$$

a pour coefficients $+1$ et -1 et si le premier terme du polynome P est positif, *nous pouvons retenir l'interprétation de*

$$P(E_1, E_2, \ldots, E_n)$$

dans le domaine des ensembles sous la condition de poser

$$U - V - W = (U - V) - W,$$

les lettres U, V, W *étant des ensembles quelconques de points.* Mais, dans ce cas, *le sens de l'expression* $P(E_1, E_2, ..., E_m)$ *dépend naturellement de l'ordre des termes du polynome* $P(x_1, x_2, ..., x_n)$.

Séries d'ensembles. — Pour aller plus loin, nous allons introduire la notion de *série d'ensembles* ([1]).

Appelons *série d'ensembles* le symbole infini

$$u_1 + u_2 + ... + u_n + ...$$

où la lettre u_n désigne un ensemble de points précédé du signe $+$ ou bien du signe $-$.

L'ensemble de points qu'on obtient en supprimant le signe du terme u_n sera appelé *valeur absolue* de u_n; nous désignons par

$$| u_n |$$

cet ensemble.

Nous dirons qu'une *série* quelconque d'ensembles

$$u_1 + u_2 + ... + u_n + ...$$

est *convergente* si, l'ensemble S_n étant la somme des n premiers termes de cette série, la *suite* d'ensembles

$$S_1, \quad S_2, \quad ..., \quad S_n, \quad ...$$

est convergente. Dans ce cas, l'ensemble-limite S de cette suite sera appelé *somme* de la série $u_1 + u_2 + ...$ et nous écrirons l'égalité

$$S = u_1 + u_2 + ... + u_n + ...$$

Dans ce qui suit, nous ne considérons jamais que les séries convergentes; ces séries d'ensembles ont toujours pour premier terme u_1, ensemble de points précédé du signe $+$, puisque, dans le cas contraire, la somme S_n des n premiers termes de la série proposée n'aurait aucun sens.

([1]) Nous faisons introduire la notion de série d'ensembles pour faciliter la marche formelle des raisonnements.

Séries alternées d'ensembles. — Nous nous occuperons des séries *alternées décroissantes* d'ensembles : ces séries sont de la forme

$$E_1 - E_2 + E_3 - E_4 + \ldots + (-1)^{n+1} E_n + \ldots,$$

où les ensembles de points $E_1, E_2, \ldots$ forment une suite décroissante

$$E_1 > E_2 > \ldots > E_n > \ldots.$$

Pour ces séries d'ensembles, nous avons une proposition tout analogue à la proposition de l'Analyse classique sur les séries alternées numériques :

Théorème. — *Pour qu'une série alternée décroissante d'ensembles* $E_1 - E_2 + E_3 - E_4 + \ldots$ *soit convergente, il faut et il suffit que le terme général* E_n *de cette série tende vers zéro lorsque* n *croît indéfiniment, c'est-à-dire que nous ayons*

$$\lim_{n = \infty} E_n = 0.$$

La condition est nécessaire. En effet, comme la suite d'ensembles $E_1, E_2, \ldots$ est décroissante, l'ensemble E_n tend vers une limite E bien déterminée lorsque n croît indéfiniment, $E = \lim E_n$. On sait d'ailleurs que cette limite E doit être identique à la partie commune des ensembles $E_1, E_2, \ldots$, de sorte que nous avons

$$E = E_1 \times E_2 \times \ldots \times E_n \times \ldots.$$

Si l'ensemble variable E_n ne tend pas vers zéro lorsque n croît indéfiniment, l'ensemble-limite E contient effectivement des points. Or, si un point x appartient à E, il appartient à tous les ensembles-termes E_n. Il en résulte que le point x appartient à tous les ensembles S_n pour n impair et n'appartient à aucun ensemble S_n lorsque n est pair, S_n étant la somme des n premiers termes de la suite proposée alternée $E_1 - E_2 + E_3 - E_4 + \ldots$. Nous concluons de là que la suite d'ensembles $S_1, S_2, S_3, \ldots$ est divergente, donc la série alternée l'est aussi.

La condition est suffisante. En effet, quel que soit le point irrationnel x dans le domaine fondamental $\mathcal{I}$, on peut trouver un entier positif n tel que x appartienne à E_n sans appartenir à E_{n+1}. On en conclut que, si n est impair, le point x appartient à tous les ensembles $S_n, S_{n+1}, S_{n+2}, \ldots$, et que x n'appartient à aucun des ensembles S_n, S_{n+1}, S_{n+2}, ... lorsque n est pair. Donc, la suite d'ensembles S_1, S_2, S_3, ... est convergente, ce qui démontre la convergence de la série alternée proposée.   C. Q. F. D.

Il importe de remarquer que *la somme S d'une série alternée convergente d'ensembles*

$$E_1 - E_2 + E_3 - E_4 + \ldots$$

peut se mettre simultanément sous les deux formes

$$S = (E_1 - E_2) + (E_3 - E_4) + (E_5 - E_6) + \ldots$$

et

$$S = E_1 - (E_2 - E_3) - (E_4 - E_5) - (E_6 - E_7) - \ldots,$$

où tous les ensembles-différences écrits entre les crochets n'ont aucun point commun deux à deux.

Il résulte de la première formule que l'ensemble S est la limite d'une suite *croissante* d'ensembles; or la deuxième formule nous dit que S est en même temps la limite d'une suite *décroissante* d'ensembles.

NOTION D'ENSEMBLE MESURABLE B. LES IDÉES DE M. ÉMILE BOREL.

Deux conceptions d'Analyse mathématique. — L'état actuel de l'Analyse mathématique prouve surabondamment combien il est désirable d'établir une démarcation précise entre les êtres mathématiques regardés comme *existants* et les *autres* dont la réalité n'est qu'apparente.

D'une part, le mouvement logique dans la Théorie des ensembles contemporaine est l'origine d'une quantité innombrable d'êtres mathématiques dont l'existence n'est, en réalité, que purement verbale.

D'autre part, on cherche, en ces dernières années, en se mettant sur le terrain du Non-contradictoire, à la façon de M. Hilbert, de légitimer ces êtres par l'identification de ce qui n'est pas contradictoire *en soi* avec ce qui a une réalité incontestable.

C'est cette démarcation, qui a été le sujet des célèbres *Cinq lettres sur la théorie des ensembles* ([1]) de MM. Hadamard, Baire, Lebesgue

---

([1]) *Bulletin de la Société mathématique de France*, décembre 1904. *Voir* aussi É. BOREL, *Leçons sur la théorie des fonctions*, 3ᵉ édition, 1928, p. 150.

et Borel, et sur la nécessité de laquelle M. Émile Borel a insisté avec exactitude extrême dans ses écrits ultérieurs ([1]).

Cette démarcation entre les êtres mathématiques qui sont véritablement réels et les autres qui semblent être réels mais qui n'ont, en réalité, aucun *substratum* et auxquels ne correspond aucune intuition, est actuellement fort nécessaire, mais sa réalisation prochaine paraît peu vraisemblable dans l'état actuel de la Science.

Néanmoins, en admettant la nécessité de conserver les parties classiques des mathématiques, la réflexion nous indique un essai naturel d'une telle réalisation.

D'une part, l'ensemble $\mathcal{J}$ de *tous* les points irrationnels possibles étant postulé, il n'est pas possible de nier le droit de considérer les *portions* (a, b) du domaine fondamental $\mathcal{J}$ comme des ensembles *légitimes* de points. Parmi les ensembles de points du domaine $\mathcal{J}$, ce sont les ensembles les plus simples qui se présentent naturellement ([2]).

D'autre part, cette légitimité admise, il paraît nécessaire de considérer comme légitimes tous les *ensembles qu'on obtient, à partir des portions, au moyen des deux opérations élémentaires suivantes indéfiniment répétées :*

1° *Faire la différence des deux ensembles* E_1 *et* E_2 *déjà définis et tels que tout point de* E_1 *appartienne à* E_2,

$$(D) \qquad\qquad E_2 - E_1.$$

2° *Faire la somme d'une infinité d'ensembles déjà définis :* $E_1, E_2, \ldots, E_n, \ldots,$ *sans parties communes*

$$(S) \qquad\qquad E_1 + E_2 + \ldots + E_n + \ldots.$$

Il apparaît que nier la légitimité des ensembles qu'on obtient au

---

([1]) *Voir* notamment É. Borel, *La Philosophie mathématique et l'infini* (*Revue du Mois*, août 1912); *L'Infini mathématique et la réalité* (*Revue du Mois*, 10 juillet 1914); *La théorie de la mesure et la théorie de l'intégration* (*Leçons sur la théorie des fonctions*, 2° édition, 1914, Note VI, p. 217-225); *Méthodes et problèmes de Théories des fonctions*, Paris, 1922, p. 146).

([2]) Nous ne considérons nullement un ensemble *formé d'un seul point* comme *simple*, puisque ce point peut être obtenu à la fin d'une construction extrêmement compliquée et formée d'une infinité d'opérations intermédiaires préalablement effectuées, et puisque cette construction ne peut être réduite, dans le cas général, à une construction plus courte.

moyen de ces opérations élémentaires, c'est proscrire entièrement l'Analyse classique elle-même.

L'une des idées de la plus haute importance dans l'Analyse mathématique, idée que nous devons à M. Émile Borel, est celle de la conception de ces ensembles. C'est lui qui leur avait donné d'abord le nom d'*ensembles mesurables* (¹), puis d'*ensembles bien définis* (²) et qui les a considérés comme les plus simples et les plus importants après les portions.

Depuis, M. Henri Lebesgue a soumis ces ensembles à une étude approfondie en toute leur généralité (³). C'est lui qui a reconnu le premier ce fait important qu'il s'agit, dans l'Analyse classique, tout d'abord des ensembles obtenus précisément de cette manière (⁴) et que la proposition inverse encore a lieu : l'Analyse classique ne peut jamais sortir du domaine de ces ensembles auxquels M. H. Lebesgue a donné le nom d'*ensembles mesurables* B (⁵).

Ainsi, il paraît incontestable qu'on n'a point de raison de mettre en doute la réalité des ensembles mesurables B, au moins de ceux d'entre eux qu'on obtient en faisant les premiers pas dans l'application des opérations indiquées (⁶). Ce sont précisément les ensembles (et

---

(¹) *Voir* ses *Leçons sur la théorie des fonctions*, 1ʳᵉ édition, 1898, Chap. III.

(²) *Voir* ses *Leçons sur la théorie des fonctions*, 2ᵉ édition, 1914, p. 226. M. É. Borel a adopté, dans cette édition, le nom d'*ensembles mesurables* pour les ensembles E compris entre deux ensembles bien définis E_1 et E_2, $E_1 < E < E_2$, ayant la même mesure. L'idée de tels ensembles a été conçue par M. É. Borel dans la première édition (*Op. cit.*, p. 48 et 67). Les recherches ultérieures sur la mesure de M. H. Lebesgue ont montré que la famille de ces ensembles E coïncide avec celle des ensembles que M. H. Lebesgue a nommé *ensembles mesurables*. Ce qui différencie la mesure de M. H. Lebesgue de la mesure de M. É. Borel, ce n'est pas peut-être l'étendue de la catégorie des ensembles auxquels les définitions de la mesure s'appliquent, c'est l'emploi des notions en quelque sorte *transcendantes* dépendant d'une infinité non dénombrable d'opérations préliminaires. Cependant, un ensemble de points borné et n'ayant pas une mesure extérieure ne paraît pas conçu nettement dans la Science actuelle. *Voir* aussi H. Lebesgue, *Leçons sur l'intégration*, 2ᵉ édition, 1928, p. 117, note (¹).

(³) *Sur les fonctions représentables analytiquement* (*Journal de Mathématiques*, 1905, p. 165).

(⁴) *Loc. cit.*, p. 165, note (¹).

(⁵) *Loc. cit.*, p. 166, note (²).

(⁶) La « simplicité » des ensembles mesurables B même de classe 2 nous paraît bien illusoire. La traduction de la définition d'ensemble mesurable B de classe 2 en langage arithmétique se heurte à toutes les controverses relatives à la *Théorie de la croissance*. Il semble que toutes les difficultés de la théorie des

les fonctions) mesurables B qui sont les objets éternels de l'Analyse
mathématique *classique*, du moins ceux des ensembles mesurables B
qu'on déduit des portions *au moyen d'un nombre relativement
faible* d'opérations indiquées.

Le domaine de l'Analyse mathématique peut-il être étendu au delà
du champ des ensembles mesurables B avec la même sûreté et sans
faire intervenir aucun élément contestable ?

On sait que cette question a été le sujet, il y a vingt-cinq ans, du
Mémoire admirable de M. Henri Lebesgue *Sur les fonctions représentables analytiquement* (¹) qui cherchait à la résoudre par l'affirmative au moyen d'une notion nouvelle qu'il a créée, notion qui
paraît indéfinissable logiquement, mais qu'on exprime par le seul
verbe *nommer*.

Nous ne chercherons pas à donner une définition du mot « nommer » :
il nous paraît qu'il y a là une notion suffisamment primitive pour
qu'une *définition* en soit au moins inutile ; on peut seulement se pro-
poser d'éclaircir par des exemples le sens de ce mot. *Nommer* une
fonction, un ensemble : c'est indiquer cette fonction d'une manière
individuelle, sans aucune ambiguïté possible, d'une façon *unique*.

L'une des idées fondamentales que nous devons à M. H. Lebesgue,
c'est la distinction précise entre les deux notions d'*ensemble nommable* et d'*ensemble non nommable*. Nous savons déjà ce qu'on doit
entendre, d'après M. H. Lebesgue, par *ensemble nommable ;* c'est
l'ensemble de points qu'on peut nommer, donc qu'on peut caractériser
sans confusion possible au moyen d'une définition convenable. Les

---

ensembles *projectifs* sont contenues dans les ensembles mesurables B de classe 2
comme dans un germe.

Il est intéressant de remarquer que *même du point de vue des idéalistes* il y a
une grande différence entre les ensembles mesurables B de classe 0 et 1 d'une part
et les ensembles mesurables B de classe 2 d'autre part : on ne sait pas quelle est la
puissance de la totalité des ensembles mesurables B de classe 2.

En effet, en ayant recours aux recherches de M. R. Baire sur les fonctions de
classe 1, on démontre rigoureusement que la totalité des ensembles mesurables B de
classe 0 et 1 a la puissance du continu. Or, sans faire appel au raisonnement de
M. Zermelo (*Axiome du choix* arbitraire), on ne sait pas démontrer la proposition
analogue relative aux ensembles mesurables B de classe 2. Et M. W. Sierpinski a
montré que la personne qui saurait mettre effectivement cette totalité sous forme
simplement ordonnée pourrait en déduire effectivement un ensemble de points *non
mesurable au sens de M. H. Lebesgue*, c'est-à-dire *nommer* un tel ensemble.

(¹) *Journal de Mathématiques,* 1905.

ensembles *nommables* sont précisément ceux qui font, d'après M. H. Lebesgue, l'objet nécessaire de l'Analyse mathématique. Quant aux mots *ensemble non nommable*, ils désignent, dans leur sens le plus général, tout ensemble qui ne peut pas être nommé. D'ailleurs, on sait que, dans l'état actuel de la Science, les ensembles non nommables sont ceux qu'on obtient au moyen du raisonnement de M. Zermelo ou en pratiquant un raisonnement analogue.

Ce sont ces ensembles non nommables que M. H. Lebesgue considère comme douteux : on ne peut les introduire dans la Science que sous cette condition obligatoire qu'ils montrent leur intérêt, leur utilité et leur efficacité en résolvant quelque problème classique. Mais, en général, c'est le domaine des *êtres nommables* qui est, par excellence, celui de l'Analyse mathématique. Voici la conception de l'Analyse mathématique qui a été proposée par M. Henri Lebesgue.

En particulier, les exemples d'êtres nommables non mesurables B ont été donnés par M. H. Lebesgue dans le Mémoire cité. Mais ils sont tous nommés par l'illustre auteur au moyen de la totalité des nombres transfinis de seconde classe. M. H. Lebesgue finit son Mémoire par une invitation à l'étude des propriétés générales appartenant à tous les êtres mathématiques *qu'on peut nommer* ([1]). Cet appel de l'auteur est aussi nécessaire, en vue de sa conception de l'Analyse mathématique, que naturel, puisque, ayant étudié les ensembles mesurables B d'une manière aussi complète qu'il était possible à cette époque, M. H. Lebesgue a été pratiquement conduit à poser le problème d'étudier les êtres qu'on peut nommer, du moins ceux qui suivent « immédiatement » les êtres mesurables B, comme, par exemple, ceux qu'on nomme en employant la totalité des nombres transfinis de seconde classe, cette totalité paraissant déjà nommée ([2]).

([1]) « Ainsi on peut nommer des fonctions non représentables analytiquement, aussi ne faudrait-il pas confondre l'étude qui vient d'être entreprise avec celle des *fonctions qu'on peut nommer*, étude qu'il serait intéressant d'aborder » (*Sur les fonctions représentables analytiquement*, p. 215).

([2]) On ne s'étonne pas de l'impression profonde qui a été produite par cette découverte philosophique de M. H. Lebesgue, puisque son importance peut être comparée à celle de la *découverte du nombre irrationnel* : dans le domaine de la Philosophie on peut comparer le rôle des ensembles *mesurables* B à celui des nombres *rationnels*.

On sait que M. Émile Borel, suivant son idée de l'illusion du transfini, était mis dans la nécessité d'adresser des reproches aux exemples
d'êtres nommables non mesurables B donnés par M. H. Lebesgue.
Ce n'est point ici le lieu d'entrer dans la discussion de tous les arguments émis. Ainsi nous nous bornons à citer textuellement un passage
de M. Émile Borel, *Le calcul des intégrales définies* (*Journal
de Mathématiques*, 1912, p. 208) :

« ... Je laisse ici de côté les objections qu'on peut faire à l'*existence*
de la fonction « nommée » par M. Lebesgue, qui a d'ailleurs insisté
lui-même sur la distinction entre *nommer* et *définir* une fonction ; je
serais volontiers plus catégorique que lui : partout où devraient intervenir effectivement *tous* les nombres transfinis de seconde classe
(et non pas seulement ceux qui sont inférieurs à l'un d'eux fixé
d'avance), on me paraît sortir du domaine des Mathématiques. »

Ainsi la conception de l'Analyse mathématique de M. Émile Borel
consiste en ce qu'il faut limiter le champ des Mathématiques à
l'étude des êtres vraiment définissables sans faire intervenir la totalité des nombres transfinis de seconde classe puisque nous ne pouvons pas atteindre effectivement, *toucher* une infinité transfinie (¹).
Cette conception de l'Analyse mathématique coïncide sensiblement
avec celle de l'Analyse classique : on se borne de préférence à l'étude
des êtres mesurables B et peut-être même de certains d'entre eux pour
ne pas considérer leur totalité.

Et puisque beaucoup de savants ne considèrent pas la totalité des
nombres transfinis de seconde classe comme une véritable conception
mathématique, parce qu'il n'est pas possible de décrire d'une manière

---

(¹) L'expression est due à M. É. Borel (*Méthodes et problèmes de Théorie des
fonctions*, 1922, p. 145-146) :

« ... En théorie des fonctions, la difficulté qui me paraît essentielle, et sur
laquelle j'ai souvent insisté, est la distinction du possible et du réel. Les êtres
possibles sont en infinité transfinie ; on peut sans doute énoncer quelques théorèmes
très généraux et créer quelques méthodes qui s'appliquent à *tous*, c'est-à-dire à
chacun d'eux ; mais leur étude détaillée et leur classification complète est inextri-
cable, car nous ne pouvons pas atteindre effectivement, *toucher*, une infinité transfinie.
Il faut donc se résigner à faire systématiquement et sans esprit de système, c'est-à-
dire se borner à l'étudier les fonctions qui se présentent *naturellement*. »

On voit bien que le terrain de M. É. Borel est celui d'un naturaliste et non celui
d'un logicien.

complète le contenu de cette conception, les exemples de M. H. Lebesgue étaient loin d'être adoptés unanimement par les mathématiciens. La question fondamentale : « peut-on étendre l'Analyse mathématique au delà du domaine des ensembles mesurables B? » restait entière.

En 1916-1918, Souslin, M. W. Sierpinski et moi, tenant à exécuter le programme proposé par M. Henri Lebesgue de l'étude des ensembles les plus généraux qu'on peut nommer, sommes arrivés à étudier une classe nouvelle d'ensembles de points débordant sûrement la classe des ensembles mesurables B et cependant formée des ensembles définissables sans employer aucun nombre transfini. C'est en raison d'une liaison étroite entre ces ensembles et les séries de polynomes que ces ensembles ont obtenu le nom d'*ensembles analytiques* suivant une proposition de M. H. Lebesgue.

Les premiers pas de la théorie des ensembles analytiques paraissaient confirmer l'indépendance de ces ensembles de la totalité des nombres transfinis de seconde classe. Néanmoins, les recherches ultérieures ont montré que l'idée de cette totalité est intervenue, *étant profondément cachée sous forme de définitions négatives*.

D'ailleurs, l'étude des ensembles analytiques a conduit naturellement à celle des *ensembles projectifs*, dont les propriétés extrêmement paradoxales nous obligent, à mon avis, à poser la question de la légitimité même de ces ensembles.

Je me contenterai ici de ces indications brèves, ne voulant pas choisir l'une des deux conceptions de l'Analyse mathématique. Le but de mon Livre est d'exposer les principaux résultats de la théorie des ensembles analytiques et projectifs en laissant au lecteur le choix d'un point de vue.

Les idées de M. J. Hadamard. — Nous avons exposé précédemment les conceptions réalistes de l'Analyse mathématique de MM. E. Borel et H. Lebesgue. Nous indiquerons maintenant un point de vue en quelque sorte opposé, celui de M. J. Hadamard. C'est le point de vue idéaliste, proche des idées de G. Cantor lui-même et peut-être de celles de M. Zermelo ([1]).

([1]) Si je ne me trompe, le point de vue de M. F. Hausdorff est proche des idées de M. J. Hadamard.

D'après les idées de M. J. Hadamard, l'Analyse mathématique n'est. nullement obligée de distinguer entre les *existences* diverses suivant la manière dont elles ont été démontrées : pour M. Hadamard, les existences dont parle l'Analyse mathématique, sont des faits comme les autres (¹).

Il n'y a pas à distinguer entre les êtres nommables et non nommables : c'est une distinction en quelque sorte due *au hasard* ou bien à la structure de nos cerveaux. En effet, une chose non nommée aujourd'hui peut devenir nommée demain si la construction convenable est inventée ; et *vice versa* une chose nommée aujourd'hui peut devenir non nommée demain si la construction déjà donnée est oubliée. Donc, il n'y a pas à poser la question si un ensemble est *nommable* de crainte d'avoir à préciser ce que signifie cet *able* : cette question relève de la psychologie et fait entrer en ligne de compte les propriétés de nos cerveaux (²).

En particulier, les correspondances dont nous parle le raisonnement de M. Zermelo (*Principe du choix arbitraire*), et les existences qui en proviennent sont absolument légitimes. Le fait que *nous* ne pouvons pas décrire une telle correspondance et *nommer* l'être qu'elle détermine est une circonstance d'ordre secondaire. Il y a bien des choses que nous ne pourrons jamais connaître (³), et qui, cependant, existent *en soi* indépendamment de la capacité humaine de les décrire, indépendamment de l'activité de notre esprit et indépendamment de l'existence même de l'homme sur la terre. L'objet de la Paléontologie est de décrire les procédés qui avaient lieu sur notre globe *avant* l'apparition de l'homme et la Géométrie élémentaire nous donne une belle théorie des triangles sans s'arrêter sur la question de savoir si les sommets de ces triangles sont des points *nommables* ou non.

Dans chaque état de la Science, une certaine idéalisation est nécessaire puisque telle est la marche de la Science. L'Hydrodynamique nous parle de milieux idéaux, et la Physique contemporaine

---

(¹) *Voir* la *deuxième lettre* de M. J. Hadamard à M. É. Borel des *Cinq lettres sur la théorie des ensembles* (*Bulletin de la Société mathématique de France*, décembre 1904).

(²) *Ibid.*

(³) *Voir* la *troisième lettre* de M. J. Hadamard à M. É. Borel sur la théorie des ensembles, imprimée dans l'article de M. É. Borel sur *L'Infini mathématique et la réalité* (*Revue du Mois*, 10 juillet 1914, ou bien *Leçons sur la théorie des fonctions*, 3ᵉ édition, 1928, p. 174).

nous donne une quantité de notions idéales : telle est la structure de notre esprit. Et, en particulier, telle est la notion d'une fonction $f(x)$, dont les valeurs proviennent du choix arbitraire d'un nombre y dans un ensemble variable E_x ([1]).

C'est une contradiction *logique* qui peut arrêter notre faculté de créer les notions idéales et, avec elle, la marche de la Science dans une direction où nous nous sommes engagés ([2]).

Telles sont les idées de M. J. Hadamard. On voit bien la différence profonde entre son point de vue et celui des réalistes tels que MM. Borel et Lebesgue. Il est impossible d'imposer l'un ou l'autre de ces points de vue : admettre l'un d'eux ou le proscrire est une question de conviction personnelle ou de goût. Ce n'est pas pour entrer dans les polémiques, c'est seulement pour mettre nettement en lumière l'attitude des réalistes que je me permets de citer les lignes suivantes de M. Émile Borel (*Méthodes et problèmes de Théorie des fonctions*, 1922, p. 92) :

« ... Je ne comprends pas le point de vue des analystes qui croient pouvoir raisonner sur un individu déterminé, mais non *défini;* il y a là une contradiction dans les termes sur laquelle j'ai plusieurs fois insisté. »

([1]) *Voir* la fin de la *première* lettre de M. Hadamard, la lettre de M. Lebesgue et la *deuxième* lettre de M. Hadamard sur la théorie des ensembles (Émile BOREL, *Leçons sur la théorie des fonctions*, 3e édition, 1928, p. 151-152, 155-156, 159).

Il s'agit ici d'un problème très important de M. J. Hadamard :

Étant donné un ensemble plan de points $\mathcal{E}$ ayant des points sur chaque parallèle à l'axe OY, trouver une fonction uniforme $f(x)$ partout définie telle que tous les points de la courbe $y = f(x)$ appartiennent à $\mathcal{E}$.

L'existence d'une telle fonction $f(x)$, pour M. J. Hadamard, est hors de doutes même si nous ne pourrons jamais tirer de la définition de $\mathcal{E}$ la détermination d'une telle fonction $f(x)$. C'est le raisonnement de M. Zermelo qui permet aux idéalistes de croire en cette existence : on obtient cette fonction $f(x)$ en choisissant arbitrairement un et un seul point de $\mathcal{E}$ sur chaque parallèle à l'axe OY. *Voir* mon article *Sur le problème de M. J. Hadamard d'uniformisation des ensembles* (*Matematica,* t. IV, 1930. Cluj).

([2]) Voici un point très important concernant le rapport entre les idées de M. J. Hadamard et le point de départ des recherches logiques de M. Hilbert. Pour M. Hilbert, le mot « existence » est applicable à chaque chose dont nous pouvons démontrer qu'elle est non contradictoire. Et pour M. J. Hadamard, cette condition est nécessaire, mais peut-être n'est pas suffisante puisque M. J. Hadamard semble croire que l'existence d'une chose non contradictoire en soi doit être, en fin de compte, imposée par l'intuition de la Science elle-même.

Je voudrais indiquer ici un point particulier sur lequel il me semble qu'on a adopté trop aisément la manière de voir des idéalistes.

Il semble que notre faculté de créer des notions idéales n'a pas de limites, même si l'on tient à éviter les contradictions logiques, et, par suite, si on ne l'arrête pas, la Science deviendra sûrement par trop fantastique. L'hypothèse d'un astronome sur l'existence d'une voie lactée éloignée à une infinité dénombrable de kilomètres de notre système solaire, ou bien l'hypothèse d'un physicien que l'espace *réel* est non archimédien sont bien des hypothèses non contradictoires logiquement et sont pourtant inutiles pour la Science puisque, dans les deux cas, il s'agit d'éléments de matière qui ne peuvent exercer aucune influence sur les phénomènes observables.

On voit donc qu'il est nécessaire de limiter notre capacité d'idéalisation, et ces limites, à mon avis, ne peuvent être imposées par l'intuition. On croit ordinairement qu'il y a bien des choses logiquement possibles et qui échappent à notre intuition. Il semble que l'inverse a encore lieu : il y a des cas où notre intuition se fait (ou croit se faire) une image parfaitement claire d'une notion logiquement contradictoire en soi. C'est, à mon avis, le cas de la totalité de *tous* les nombres transfinis.

En effet, si nous nous faisons (ou croyons nous faire) de la totalité des nombres transfinis *de seconde classe*,

$$0, \quad 1, \quad 2, \quad \ldots, \quad \omega, \quad \omega + 1, \quad \ldots, \quad \alpha, \quad \ldots,$$

une image parfaitement claire, nous *voyons* avec la même clarté la totalité de *tous* les nombres transfinis, et pourtant le raisonnement de M. Burali-Forti nous apprend que cette totalité est logiquement contradictoire en soi [1]. On donne ordinairement à ce paradoxe la solution suivante : on n'a pas le droit de considérer la totalité de *tous* les nombres transfinis mais seulement la totalité des nombres transfinis jouissant d'une propriété particulière P (par exemple, la lettre P peut signifier *être de seconde classe*, ou bien une autre propriété, n'importe laquelle). Le paradoxe disparaît dans ce cas parce que le raisonnement de M. Burali-Forti nous apprend *qu'il y a* sûrement des nombres transfinis qui ne possèdent pas la propriété P (et, en particulier, ceux qui sont de *troisième classe*).

---

[1] *Voir* la *deuxième lettre* de M. J. Hadamard sur la théorie des ensembles (Émile BOREL, *Leçons sur la théorie des fonctions*, 3ᵉ édition, 1928, p. 158).

Or, puisque la propriété P peut être une propriété absolument arbitraire, cette solution du paradoxe me semble trop facile pour être mathématique. Je regarde l'intuition de la totalité des nombres transfinis de seconde classe comme *défectueuse*, et je crois qu'il y a une certaine part d'illusion dans la clarté que l'usage des notations de « petits » nombres transfinis de seconde classe jette sur notre intuition de cette totalité.

Donc, nous sommes amenés à des intuitions inexactes, et ce fait et d'autres analogues doivent nous rendre très prudent dans l'introduction des nombres transfinis de seconde classe par la voie logique.

Analyse de la définition donnée des ensembles mesurables B. — Nous allons analyser ici la définition précédemment donnée des ensembles mesurables B (p. 18). D'après cette définition, on appelle *mesurable* B tout ensemble de points qui *peut être obtenu par l'application répétée des deux opérations fondamentales (soustraction* de deux ensembles déjà définis, *addition* d'une infinité dénombrable d'ensembles déjà définis sans parties communes) *à partir des portions du domaine fondamental* $\mathfrak{I}$.

Cette définition paraît sans doute particulièrement claire quand il s'agit des ensembles *déjà réalisés;* mais elle n'a point encore une netteté suffisante pour pouvoir figurer dans une démonstration mathématique, dans laquelle on raisonne sur un ensemble mesurable B dont la réalisation est dans le *virtuel*. La nécessité de faire de tels raisonnements s'impose immédiatement si l'on se propose d'étudier les propriétés *générales* des ensembles mesurables B. Et alors on cherche à préciser cette définition au moyen de phrases supplémentaires.

Dans ce but, après avoir énoncé la définition considérée, on fait habituellement connaître que les deux opérations fondamentales, par lesquelles on construit des ensembles mesurables B au moyen des portions du domaine $\mathfrak{I}$, peuvent être combinées mutuellement d'une manière très compliquée, puisque, pour avoir un ensemble désiré E mesurable B, on doit bien souvent préparer préalablement une infinité d'autres ensembles préliminaires, également mesurables B, dont une composition au moyen des opérations fondamentales nous amène, en définitive, à posséder l'ensemble résultant E.

Ces explications, nécessaires d'ailleurs si l'on se propose d'étudier les ensembles mesurables B dans leur généralité, mettent nettement en lumière toute la complexité de la notion générale d'ensemble mesurable B. Mais ces explications mêmes font comprendre que la définition précédente d'ensemble mesurable B *prise seule* n'avait aucun sens net; sans elles que veulent dire, en effet, ces mots : *Application répétée de deux applications fondamentales?* Ainsi, ces explications sont inséparables de la définition précédente; ou plutôt ce sont ces explications qui sont la définition elle-même d'ensemble mesurable B.

Si nous cherchons à analyser ces explications, voici ce que nous constatons : nous sommes partis des portions du domaine fondamental $\mathcal{I}$ que nous avons considérées comme données; puis nous avions à construire les ensembles *intermédiaires* infiniment nombreux, *dont les uns dépendent sûrement des autres.* Dans quel ordre faut-il les prendre pour être assuré de les avoir tous, sans s'égarer dans leur multiplicité innombrable et sans faire aucun cercle vicieux ?

On rencontre cette question pour la première fois dans les éléments, lorsqu'on aborde l'étude des fonctions et l'on adopte d'habitude la définition suivante: Une fonction $f(x)$ est dite *élémentaire,* si l'on sait l'obtenir par l'*application répétée des opérations fondamentales (addition, soustraction, multiplication, division,* $\sqrt[m]{\quad}$, log, sin, etc.) *à partir de la variable réelle x et de constantes.* Il est impossible de ne pas être frappé de l'analogie entre cette définition et la définition précédente d'ensemble mesurable B. Mais cette analogie est purement formelle.

Dans le cas de la *notion de fonction élémentaire,* chacune des opérations fondamentales est applicable au plus à *deux* fonctions préalablement définies; l'ensemble des fonctions intermédiaires est donc manifestement *fini.* C'est la raison pour laquelle on peut *placer ces fonctions intermédiaires dans un certain ordre,* de telle manière qu'on sait déterminer par les opérations fondamentales *toutes* les fonctions intermédiaires *les unes après les autres,* sans en excepter une seule et sans répéter aucune d'elles plusieurs fois, pour, en définitive, aboutir à une fonction finale désirée. C'est en raison de cet ordre qu'il est impossible de tomber dans le cercle vicieux et, par conséquent, que la définition donnée de fonction élémentaire est la *vraie définition* (¹).

____

(¹) On considère habituellement la notion de *fonction élémentaire* comme par-

Le cas est tout différent pour la notion d'ensemble mesurable B. Dans ce cas, les ensembles préliminaires sont en nombre *infini*, et l'*ordre* dans lequel ces ensembles sont placés est beaucoup plus important que ne l'est cette définition d'ensemble mesurable B elle-même. Sans la connaissance de cet ordre, nous nous trouverons éternellement dans la situation d'un mathématicien qui prétend posséder tous les entiers positifs possibles sans connaître cependant le principe d'induction complète. C'est cet ordre des ensembles intermédiaires qui est le véritable nerf de toutes les définitions *constructives* d'ensemble mesurable B. La nécessité théorique des définitions constructives d'ensemble mesurable B se transforme donc, sur le terrain des raisonnements généraux, en la nécessité mathématique de la définition rigoureuse d'*ordre des ensembles intermédiaires*.

On sait que tous les processus pour établir effectivement cet ordre sont susceptibles d'une étude générale qui a été faite pour la première fois par G. Cantor, à l'occasion des dérivés successifs d'un ensemble donné, et qui a conduit à la notion *des nombres transfinis* de la seconde classe.

Un nombre transfini lui-même n'est pas autre chose qu'une notation abrégée, pour indiquer l'ordre dans lequel doivent être effectuées une infinité dénombrable d'opérations, comportant une infinité dénombrable de passages à la limite successifs ou superposés ([1]).

---

faitement claire, et dans la plupart des Cours d'Analyse mathématique, on n'insiste guère, bien avec raison, sur cette notion : dans ce cas, la récurrence indéfinie n'intervient pas.

Or, les choses deviennent très compliquées lorsqu'il s'agit de définitions mathématiques qui peuvent être exprimées au moyen d'un nombre fini de notions admises. Ici, la récurrence indéfinie intervient essentiellement, comme le montrent les derniers travaux de l'école de M. D. Hilbert sur les fondements logiques de l'Analyse mathématique et la notion importante de *hauteur d'un nombre* de M. Émile Borel ou de *rang d'une fonctionnelle* introduite par M. W. Ackermann, est nécessaire. D'après son idée même, le rang d'une fonctionnelle n'est autre chose que la hauteur d'un nombre, mais transportée et précisée dans le domaine de la logique mathématique. Sur la notion de hauteur d'un nombre, *voir* Émile BOREL, *Leçons sur la théorie de la croissance*, 1910, dernier Chapitre, et ses *Leçons sur la théorie des fonctions*, 2ᵉ édition, 1914, Note VI, p. 220-221. Sur la notion de rang d'une fonctionnelle, *voir* W. ACKERMANN. *Begründung des « tertium non datur » mittels der Hilbertschen Theorie der Widerspruchfreiheit* (*Mathematische Annalen*, t. 93, 1925, p. 15).

([1]) Cette importante définition de nombre transfini est due à M. Émile Borel (*voir* ses *Leçons sur la théorie des fonctions*, 2ᵉ édition, 1914, Note VI, p. 231).

Il importe de remarquer qu'il y a plusieurs théories des nombres transfinis, parmi

Lorsqu'on ne limite pas le champ des Mathématiques à l'étude d'une catégorie déterminée d'ensembles mesurables B provenant, par exemple, des fonctions de classe finie de M. René Baire, on fait intervenir dans la définition d'ensemble mesurable B les nombres transfinis *aussi grands qu'on veut*.

Voici la conclusion à laquelle nous sommes ainsi amenés par cette longue discussion. On peut l'énoncer en disant que :

Si l'on prend pour définition d'ensemble mesurable B *celle qui a été précédemment posée, la totalité des ensembles mesurables* B *est quelque chose sûrement adéquate à la totalité des nombres transfinis de seconde classe.*

Les conceptions de M. É. Borel de corps ouvert et fermé. — C'est en raison de cette proximité de la notion d'ensemble mesurable B et de celle de nombre transfini que M. E. Borel a proposé, dans l'étude des ensembles mesurables B, de se borner toujours à la considération d'un CORPS OUVERT d'ensembles mesurables B; l'illustre auteur a donné ce nom à une collection d'ensembles mesurables B qui corres-

---

lesquelles nous devons citer tout d'abord *la théorie de* G. Cantor, *d'émanation de types,* où l'on considère un nombre transfini comme *type* qui se dégage de chaque ensemble bien ordonné donné; *les théories nominalistes* de MM. R. Baire et H Lebesgue, qui considèrent un nombre transfini, ou bien comme rang d'un élément dans un ensemble bien ordonné donné, ou bien comme un ensemble dérivé, ou bien comme une classe de classification de M. Baire (*voir* R. BAIRE, *Leçons sur les fonctions discontinues,* 1905, p. 42; Henri LEBESGUE, *Leçons sur l'intégration,* 2ᵉ édition, Note, p. 314); *les théories logiques* de MM. B. Russell, W. Sierpinski et M. Fréchet qui tiennent à définir un nombre transfini comme une classe d'ensembles bien ordonnés semblables deux à deux et formés d'éléments d'une famille plus ou moins particulière [*voir* aussi mon Mémoire *Sur les ensembles analytiques* (*Fundamenta Mathematicæ,* t. X, 1926, p. 85)].

Il semble que toutes ces théories tiennent à substituer à la conception de nombre transfini la considération *d'un ensemble bien ordonné dénombrable.*

Or, voici la difficulté qui se présente ici, à mon avis : pour constater *pour nous-mêmes* qu'un ensemble bien ordonné considéré est *dénombrable,* il est nécessaire d'avoir déjà la conception du nombre transfini correspondant à cet ensemble : sans cela, c'est impossible, à mon avis. Il n'y a pas, dans la Nature, des ensembles bien ordonnés *concrets* qui correspondent aux nombres transfinis, dépassant ω; un tel ensemble est toujours un résultat *secondaire* de l'activité de l'esprit humain. Ainsi, tout effort pour substituer au nombre transfini un ensemble bien ordonné *dénombrable,* sa numérabilité étant supposée *constatée,* met les choses dans l'ordre inverse de celui qu'il aurait fallu suivre et est en quelque sorte un *petitio principii.* C'est pourquoi nous adoptons la définition précédemment donnée de M. Émile Borel.

pondent aux nombres transfinis inférieurs à un nombre transfini fixé d'avance, donc telle qu'elle puisse sûrement être étendue par la répétition des opérations fondamentales.

A cette conception, M. E. Borel oppose celle de CORPS FERMÉ, c'est-à-dire ne pouvant plus être étendu par la répétition des mêmes opérations, cette dernière étant considérée par lui comme vague et illégitime ([1]).

La difficulté qu'il y a, d'après M. E. Borel, à acquérir la conception de *corps fermé* tient à ce qu'on ne peut formuler effectivement qu'un nombre *fini* de conventions, et si loin que ces conventions permettent d'aller, les êtres (nombres transfinis, ensembles mesurables B) qu'elles permettent d'atteindre effectivement ne sont rien à l'égard de ceux qui leur échappent, mais qui pourront être déterminés par d'autres conventions en nombre fini, sans qu'on arrive jamais au bout ([2]). La conception de la totalité *constructive* des ensembles mesurables B, bien que n'étant pas contradictoire en soi, n'est pas une véritable conception mathématique, parce qu'il n'est pas possible de décrire exactement, par un nombre fini de conventions, la construction d'une telle totalité : il faudrait une infinité de conventions, indépendantes d'une façon absolue les unes des autres, pour en fixer la notation d'une manière dépourvue d'ambiguïté ([3]).

Néanmoins, la nécessité *mathématique* d'avoir les propriétés générales communes à *tous* les ensembles mesurables B s'impose immédiatement dès que la conception de ces ensembles est obtenue. Or, si l'on a donné une totalité *à définition finie* formée des êtres quelconques, on obtient les propriétés communes à tous ces êtres *par l'analyse directe* de la définition même (supposée finie) de la totalité proposée. Un exemple brillant de cette manière de procéder se présente dans le cas de la totalité des fonctions de classe 1 de la classification de M. R. Baire. Mais comment doit-on procéder dans le cas d'une totalité privée d'une définition finie, c'est-à-dire dans le cas d'une telle totalité *imparfaite* qui présente une formation incessante d'élé-

---

([1]) *Voir* E. BOREL, *Leçons sur la théorie des fonctions*, 2ᵉ édition, Note VI, p. 235-236.

([2]) *Voir* E. BOREL, *La Philosophie mathématique et l'infini* (*Revue du Mois*, août 1912).

([3]) *Loc. cit.*

ments nouveaux sans qu'on arrive jamais au bout (¹)? Et, tout d'abord, comment sont donc possibles de telles propriétés?.

Dans le cas de la totalité des ensembles mesurables B, la méthode pour obtenir les propriétés générales qui concernent *tous* les ensembles mesurables B se rattache à la conception de *corps ouvert* et consiste toujours à déduire les ensembles nouveaux d'ensembles déjà définis; seulement, au lieu de partir des portions du domaine fondamental $\mathcal{J}$ et de suivre la construction de proche en proche, on suppose que la construction a été faite jusqu'à un certain point et *possède certaines propriétés*, et l'on démontre que *ces propriétés subsistent lorsqu'on fait un pas nouveau*.

Cette manière de procéder est infaillible au point de vue logique, et, ce qui est plus important encore, elle est irréprochable à l'égard de la réalité mathématique. D'ailleurs, elle est fructueuse : la plupart des propriétés précieuses (*mesure, catégorie*), communes à tous les ensembles mesurables B sont dues à cette méthode (²). La position de cette méthode est donc théoriquement très forte.

Pratiquement, elle l'est beaucoup moins. Il suffit d'indiquer que cette façon de procéder a conduit une fois même à la *perte* d'une propriété commune à tous les ensembles non dénombrables mesurables B et aussi importante que celle d'avoir la *puissance du continu*. Comme cette circonstance est peut-être peu connue, il nous semble qu'il y aurait quelque intérêt à insister sur ce point.

On trouve dans le travail si mémorable de M. H. Lebesgue (*Sur les fonctions représentables analytiquement*) beaucoup de propriétés fondamentales communes à tous les ensembles non dénombrables mesurables B. L'illustre auteur avait obtenu toutes ces propriétés par l'application uniforme de la méthode indiquée : on les vérifie pour les portions et l'on démontre que ces propriétés sont invariantes à l'égard des deux opérations fondamentales [addition, partie commune (³)]. Mais, parmi ces propriétés, on ne rencontre

---

(¹) *Loc. cit.*

(²) *Voir* H. Lebesgue, *Sur les fonctions représentables analytiquement* (*Journal de Mathématiques*, 1915, p. 166-174 et 187). *Voir* aussi R. Baire, *Sur la représentation des fonctions continues* (*Acta mathematica*, t. 30, 1905, p. 21-30).

(³) M. H. Lebesgue, en définissant les ensembles mesurables B, n'emploie pas la soustraction; il considère les opérations : *somme* et *partie commune* (*Sur les fonctions représentables analytiquement*, p. 165).

pas la propriété importante qui établit l'existence d'un *ensemble parfait* dans tout ensemble non dénombrable mesurable B. C'est cette propriété qui a été découverte pour la première fois par MM. Hausdorff et Alexandroff dix ans après l'apparition du Mémoire de M. H. Lebesgue (¹).

C'est là le point capital : toutes les propriétés déduites par M. H. Lebesque sont *inductives*, c'est-à-dire conservées par les deux opérations fondamentales ; or, la propriété trouvée par MM. Hausdorff et Alexandroff ne l'est pas : en reprenant les raisonnements des idéalistes on démontre que *cette propriété n'est plus invariante relativement à la deuxième opération fondamentale*, et, par suite, ne peut être obtenue par la méthode précédente (²). *L'absence de cette propriété dans le Mémoire de M. H. Lebesgue était donc inévitable.*

C'est là un fait important : il y a des propriétés non inductives communes à tous les ensembles mesurables B. Mais comment donc peut-il exister de telles propriétés ?

La réponse me semble s'imposer : il existe une autre définition du CORPS FERMÉ qui ne s'appuie que sur les notions empruntées aux branches classiques des Mathématiques et qui est donc exprimée sous forme finie. C'est grâce à cette définition finie que la totalité imparfaite des ensembles mesurables B devient en quelque sorte légitime. C'est à cette définition finie qu'on doit l'existence des propriétés non inductives des ensembles mesurables B. La connaissance de cette définition suffit pour avoir toutes les propriétés, inductives et non inductives, des ensembles mesurables B.

Autres définitions du corps fermé. — Nous allons indiquer brièvement deux autres définitions du *corps fermé*. La première de ces définitions est due à M. W. Sierpinski et a pour base le *principe de minimum.*

Première définition du corps fermé. — Pour voir aussi clairement que possible en quoi consiste cette définition, nous allons prendre comme guide l'Arithmétique supérieure.

(¹) *Voir* Félix Hausdorff, *Die Mächtigkeit der Borelschen Mengen* (*Mathematische Annalen,* t: 77, 1916, p. 430) et P. Alexandroff, *Sur la puissance des ensembles mesurables* B (*C. R. Acad. Sc.,* 1916, p. 323).

(²) *Recueil Math. de Moscou,* 1926, p. 277.

On sait qu'une des plus belles conceptions de la Théorie des nombres qui remonte à Galois est la notion de *corps de nombres*.

On appelle, *d'une manière générale*, « *corps de nombres* » un système de nombres tel qu'en exécutant sur des nombres quelconques du système les quatre opérations fondamentales : addition, soustraction, multiplication et division (la division par zéro étant exclue), les nombres résultats de ces opérations font aussi partie du système. Un corps de nombres est *donné* lorsque l'ensemble de ses éléments est un ensemble à définition finie; un tel corps est alors dit *corps effectif*.

Un premier exemple d'un corps effectif est fourni par l'ensemble de tous les nombres rationnels; on l'appelle le *domaine de rationalité*. Un autre exemple de corps effectif, bien plus digne d'intérêt, est un corps déduit du domaine de rationalité par l'*adjonction d'un nombre incommensurable donné*. Voici ce qu'on entend par là.

Soit R le domaine de rationalité, ajoutons-y un nombre incommensurable α bien déterminé (le nombre e, par exemple); nous avons ainsi un nouveau système de nombres

$$R, \quad \alpha,$$

qui ne forme pas un corps; il ne devient un corps que si l'on y ajoute aussi les nombres qui prennent naissance quand on combine α avec les éléments de R par les opérations fondamentales. On obtient ainsi un corps plus étendu contenant R et α et entièrement déterminé par R et α; nous l'appellerons le *corps* $R(\alpha)$ et dirons que $R(\alpha)$ *se déduit de* R *par l'adjonction de* α.

Dans ces explications, on reconnaît bien une « définition » entièrement analogue à celle de la totalité des ensembles mesurables B. Comme dans ce dernier cas, cette définition, en toute rigueur, est illégitime. Mais voici une définition correcte :

Le corps $R(\alpha)$ *est l'ensemble de toutes les fonctions rationnelles de* α *à coefficients entiers.*

C'est grâce à cette définition finie que le corps $R(\alpha)$ est bien effectif.

Qu'est-ce qui légitime notre conception du corps $R(\alpha)$ dans la deuxième définition? Sans étudier d'une manière approfondie cette embarrassante question, nous voulons indiquer que c'est, en fin de compte, le fait d'avoir une image parfaitement claire de la suite naturelle des nombres entiers (¹)

$$1, \quad 2, \quad 3, \quad 4, \quad \ldots$$

Si, au contraire, on ne possède pas une idée nette et claire de la suite illimitée des nombres entiers (ce qui n'est, pour le moment, qu'une pure supposition car, si la notion parfaitement claire de l'*indéfini* n'existe pas, les branches classiques de Mathématiques n'existent pas non plus ou guère), il ne reste qu'à poser une *troisième définition* du corps R(α) que voici :

Le corps R(α) *est le plus petit des corps contenant le nombre donné* α.

Ces préliminaires terminés, nous pouvons maintenant poser *a priori* les définitions suivantes :

Nous appellerons, d'une manière générale, *corps d'ensembles* un système d'ensembles linéaires de points, tel que les deux opérations fondamentales (addition, différence) effectuées avec des ensembles quelconques du système conduisent toujours à un ensemble appartenant au même système.

Voici maintenant la définition du *corps fermé* due à M. W. Sierpinski (²) :

Nous appellerons « corps fermé » le plus petit des corps d'ensembles contenant toutes les portions du domaine fondamental $\mathfrak{I}$. *Un ensemble linéaire* E *est dit mesurable B lorsqu'il appartient au corps fermé.*

C'est cette définition que M. W. Sierpinski a appelée *définition axiomatique* des ensembles mesurables B.

Cette définition à laquelle nous avons été naturellement conduits par analogie avec ce qui précède paraîtra sans doute parfaitement claire au lecteur trop habitué à l'idée de l'*infini actuel;* mais si nous analysons de plus près cette définition, nous ne pouvons d'abord manquer d'être frappés des différences essentielles qu'elle présente

---

(¹) *Voir* E. BOREL, *L'Infini mathématique et la réalité* (*Revue du Mois*, 10 juillet 1914).

(²) *Voir* l'article de M. W. SIERPINSKI, *Sur les définitions axiomatiques des ensembles mesurables* B (*Bulletin de l'Académie des Sciences de Cracovie*, janvier-mars 1918).

avec celle que nous avons posée dans le cas des corps arithmétiques. Pour ne signaler actuellement qu'une de ces différences : le plus petit des corps arithmétiques contenant α manifestement existe *parce qu'existe* l'ensemble des fonctions rationnelles de α à coefficients rationnels; on légitime donc la troisième définition du corps $R(\alpha)$ par la légitimité de la deuxième définition de ce corps; il n'en est nullement de même dans le cas des corps d'ensembles : nous n'avons pas pour le *corps fermé* de définition analogue à la deuxième définition du corps $R(\alpha)$.

Nous sommes ainsi amenés à poser la question suivante : *Par quels moyens peut-on légitimer la définition proposée du corps fermé? Et tout d'abord, comment peut-on démontrer l'existence de ce corps?* Il n'y a pas lieu de discuter la vérité de cette définition, en tant que définition : il faut rechercher l'origine de l'existence réelle de l'être que cette définition décrit.

Un essai de cette espèce, qui paraît le plus naturel et qui a l'avantage d'être extrêmement simple et élémentaire, est fourni par le raisonnement suivant : il est clair qu'il y a *des* corps d'ensembles contenant toutes les portions du domaine $\mathcal{J}$, puisque l'*ensemble de tous les ensembles linéaires de points* en constitue un; il est évident que si l'on considère l'ensemble F de *tous* les corps contenant les portions de $\mathcal{J}$, l'ensemble diviseur de F (le diviseur d'un ensemble fini ou infini d'ensembles E est l'ensemble des éléments communs à tous les E) est aussi un corps de même nature; c'est *le plus petit corps*. L'existence du corps fermé est donc établi.

Ces arguments sont peu nouveaux : on les lit, avec un changement insignifiant, dans les premières lignes du raisonnement connu de M. Zermelo relatif aux ensembles bien ordonnés ([1]).

Voici la difficulté qui arrête, dans ce raisonnement, les réalistes. Pour affirmer l'exactitude du raisonnement précédent, il est néces-

---

([1]) *Voir* É. Borel, *Le continu bien ordonné d'après M. Zermelo* (*Leçons sur la théorie des fonctions*, 2ᵉ édition 1914, p. 148).

J'ai employé une fois, il y a déjà longtemps, ce mode de raisonnement en abordant la théorie des ensembles analytiques (c'est sur ce mode de raisonnement que j'ai appuyé la démonstration du théorème : *Tout ensemble mesurable* B *est un ensemble analytique. Voir,* par exemple, Souslin, *Sur une définition des ensembles mesurables* B *sans nombres transfinis* (*Comptes rendus*, 8 janvier 1917). J'hésitais fort à cette époque entre la manière de voir des idéalistes et des réalistes. Aujourd'hui je ne considère plus ce raisonnement comme probant.

saire, tout d'abord, de démontrer rigoureusement l'existence *des* corps d'ensembles contenant les portions du domaine $\mathcal{J}$. Or, l'exemple cité de l'ensemble de *tous* les ensembles de points est un exemple véritablement mal choisi : pour les réalistes, il n'existe aucun être réel qui correspond à cette notion. Quand on parle de cet ensemble, on ne donne ni la loi de cette infinité, ni le moyen de le nommer. Nous ne connaissons actuellement aucun moyen de définir l'ensemble des ensembles de points : quand nous parlons de lui, nous n'imaginons *en fait* que les divers artifices qu'on peut inventer pour déterminer les ensembles très compliqués, à défaut d'un procédé régulier qui permettrait de les embrasser d'un seul regard. Mais dès qu'il s'agit de la capacité humaine de créer les procédés de détermination et les systèmes des conventions, nous sommes dans le domaine des subjectivités. Ainsi, pour les réalistes, l'ensemble de tous les ensembles de points étant variable d'un mathématicien à un autre, n'a à chaque instant d'autre existence qu'une purement verbale.

Un autre point bien critiquable dans ce raisonnement est l'emploi de l'*ensemble* des corps d'ensembles; c'est cet ensemble qui est encore illégitime pour les réalistes.

Tout ce qu'on peut espérer tirer de ce raisonnement, c'est l'*unicité* du *corps fermé* : comme la partie commune à *deux* corps quelconques est encore un corps, le *corps fermé, s'il existe*, est un corps défini d'une manière unique, sans ambiguïté possible.

Malgré ces difficultés, il convient de prendre provisoirement l'existence du corps minimum comme une sorte de postulat; nous l'appellerons *principe du minimum* ([1]).

Il est vrai qu'il se présente, pour ce principe, la difficulté suivante : on n'a le droit de former un ensemble qu'avec des objets préalablement existants et il est aisé de voir que la définition du *corps fermé* suppose le contraire; cette définition met donc les choses dans l'ordre tout inverse de celui qu'il aurait fallu suivre: on ne forme plus

---

([1]) On pourrait aussi prendre, pour opérations fondamentales, d'autres opérations que l'addition et la soustraction. On peut, par exemple, considérer l'addition *et* la multiplication (qui consiste à former la partie commune), ou bien celle de passage à la limite, ou bien n'importe quelle opération qui fait correspondre à une suite indéfinie d'ensembles E_1, E_2, E_3, ... un ensemble E bien déterminé. En choisissant convenablement les opérations fondamentales on peut arriver, par l'application du *principe de minimum*, à d'autres corps que le *corps fermé* de M. É. Borel précédemment considéré.

ici une totalité *à l'aide d'éléments*, mais ce sont les éléments qui sont définis *à l'aide de la totalité elle-même* supposée préexistante.

Néanmoins, il n'y a pas d'inconvénient à accepter provisoirement ce principe comme un instrument transitoire, dont l'utilité actuelle n'est pas négligeable, mais qui devra être regardé seulement comme un moyen de transformer les totalités fausses en totalités à définition finie, lesquelles constituent la seule réalité que nous puissions atteindre. De plus, et ceci est important, la considération de ce principe ne peut pas conduire aux difficultés du calcul des variations.

Deuxième définition du corps fermé ([1]). — Pour arriver à cette définition, faisons d'abord la remarque suivante :

Parmi les ensembles de points ayant la puissance *infinie*, les plus simples et les plus naturels sont *les ensembles dont les éléments peuvent être numérotés au moyen des entiers positifs*.

Ce sont les ensembles *dénombrables*.

De même, parmi les ensembles non dénombrables, il est naturel de considérer comme les plus simples *les ensembles dont les éléments peuvent être numérotés au moyen des nombres irrationnels*, à condition de n'employer jamais que des correspondances *continues*.

L'étude approfondie de ces ensembles prouve que leur famille coïncide avec celle des ensembles non dénombrables *mesurables* B. Ceci nous montre que ces derniers doivent être considérés comme suivant immédiatement après les ensembles finis et dénombrables.

Voici maintenant la définition du *corps fermé* :

Appelons *fonction régulière* ([2]) toute fonction $f(x)$ définie dans le domaine fondamental $\mathcal{J}$ et telle qu'à deux points différents de $\mathcal{J}$ il correspond deux valeurs essentiellement distinctes de $f(x)$.

Le théorème fondamental ([3]) qui rattache cette définition à celle du *corps fermé* est le suivant :

([1]) *Voir* mon Mémoire *Sur les exemples analytiques* (*Fundamenta Mathematicæ*, t. X, p. 59).

([2]) **M. P. Montel** dit : *fonction univalente.* Cette terminologie est à la fois très précise et parfaite, et si nous adoptons le nombre vague de fonction *régulière*, c'est pour donner le nom de *fonctions semi-régulières* aux fonctions f ne pouvant prendre aucune valeur une infinité non dénombrable de fois (page 169 de ce Livre). L'expression *semi univalente* serait inadmissible, et l'expression *presque univalente* serait inexacte.

([3]) J'ai énoncé ce théorème dans ma Note du 8 janvier 1917 *Sur la classification de M. René Baire* (*Comptes rendus*, t. 164).

Pour qu'un ensemble E *non dénombrable soit mesurable* B, *il faut et il suffit que* E *soit, à un ensemble dénombrable de points près, l'ensemble des valeurs d'une fonction régulière continue sur* $\mathfrak{I}$.

C'est ce théorème qui nous permet de donner la définition suivante du *corps fermé* :

On obtient tous les ensembles mesurables B *en prenant tous les ensembles finis, dénombrables et ceux qui servent d'ensembles de valeurs des fonctions* $f(x)$ *régulières et continues sur* $\mathfrak{I}$, *à un ensemble dénombrable de points près.*

Il semble qu'on ne peut faire d'objections à cette définition du *corps fermé* puisque la notion de fonction continue et celle de fonction régulière figurent dans les branches classiques des Mathématiques.

Il ne reste qu'une seule difficulté : puisque tout ensemble non dénombrable mesurable B peut être représenté d'une infinité de manières comme l'ensemble des valeurs d'une fonction continue régulière, la définition proposée du *corps fermé* nous donne plutôt la totalité des *fonctions* régulières continues que celle des *ensembles* mesurables B. Or, on a la même difficulté pour les ensembles dénombrables, puisqu'on ne possède jamais la totalité des *ensembles* dénombrables mais seulement celle des *suites* infinies ([1]).

Précision de la définition habituelle d'ensemble mesurable B. — Ces préliminaires philosophiques terminés, revenons à la *première* définition d'un ensemble mesurable B, celle qui est intimement liée à l'origine même de ces ensembles. Si nous essayons d'exclure les éléments psychologiques dans cette définition et d'éviter, du moins formellement, la notion du transfini ([2]), nous sommes amenés à donner à cette définition la forme suivante :

Nous dirons qu'un ensemble E *de points est* MESURABLE B *lorsqu'on sait obtenir une suite dénombrable bien ordonnée d'en-*

([1]) Rappelons que, d'après les recherches de M. W. Sierpinski, si nous savions démontrer que l'ensemble de tous les ensembles dénombrables de points a la puissance du continu, nous pourrions en déduire un ensemble non mesurable au sens de M. H. Lebesgue. *Voir* la note de la page 20.

([2]) En ce qui concerne la définition du nombre transfini, *voir* la note de la page 29.

sembles ayant l'ensemble E *pour dernier terme et dont chaque terme qui n'est pas une portion du domaine* $\mathcal{J}$ *est un résultat de la soustraction* (D) *ou bien de l'addition* (S) *au sens strict effectuée sur des termes précédents*

$$E_0, \quad E_1, \quad E_2, \quad \ldots, \quad E_\beta, \quad \ldots, \quad |\,E.$$

Cette définition, à laquelle nous avons été naturellement conduits, paraîtra sans doute plus claire si nous faisons observer que les ensembles E_β qui précèdent E et qui ne sont pas des portions du domaine $\mathcal{J}$ sont des ensembles préliminaires que nous avons à préparer préalablement pour avoir l'ensemble résultant E.

Si nous cherchons à rendre cette définition plus « économique », c'est-à-dire évitant des ensembles préliminaires qui ne sont pas rigoureusement nécessaires à définir l'ensemble résultant E, une condition supplémentaire doit être imposée que voici : *Il est impossible d'enlever de cette suite bien ordonnée* $E_0, E_1, E_2, \ldots, E_\beta, \ldots, |\,E$ *aucun terme autre que* E *sans que cette suite perde sa propriété fondamentale : chacun de ses termes est définissable au moyen des termes précédents.*

Cette condition supplémentaire exclut les ensembles totalement étrangers à l'ensemble E, c'est-à-dire ceux dont la connaissance n'est nullement nécessaire à la formation finale de l'ensemble E.

Mais il ne s'agit pas ici de *classe* de l'ensemble E mesurable B, c'est-à-dire de cette condition nouvelle que *la suite bien ordonnée* E_0, $E_1, E_2, \ldots, E_\beta, \ldots, |\,E$ *destinée à définir l'ensemble* E *doit être la plus courte, c'est-à-dire correspondant au plus petit nombre transfini.*

TRANSFORMATIONS DE LA DÉFINITION D'ENSEMBLE MESURABLE B.

Le caractère des opérations fondamentales. — L'opération (S) qui consiste à faire la somme d'une infinité dénombrable d'ensembles déjà définis a un caractère *positif* puisque les points desquels est formée la somme $E_1 + E_2 + \ldots$ sont donnés d'une manière positive ([1]).

([1]) Nous supposons naturellement que les points de chaque terme E_n sont nommés au moyen d'une propriété *positive*.

De même, nous pouvons considérer comme *positive* l'opération (P) qui consiste à prendre la partie commune à une infinité dénombrable d'ensembles déjà définis.

Tout au contraire, l'opération (D) qui consiste à prendre la différence de deux ensembles et par laquelle on construit des ensembles mesurables B est sûrement *négative* puisque nous formons la différence $E_2 — E_1$ en prenant les points de E_2 qui n'appartiennent *pas* à l'ensemble donné E_1 ([1]).

Or, lorsqu'on indique un ensemble de points quelconque, on indique presque toujours *tous* les points lui appartenant sans avoir donné un critère pour reconnaître si un point arbitrairement donné appartient ou non à cet ensemble. Nous verrons, en effet, dans ce qui suit, des exemples où pour reconnaître si un point donné appartient ou non à un ensemble considéré, il faut effectuer une infinité non dénombrable d'opérations indépendantes les unes des autres, ou bien nous n'avons même aucun procédé régulier ([2]). Ce que nous

---

([1]) Si E_2 est un ensemble d'objets concrets, il est clair qu'en retranchant de E_2 une partie, le reste possède une réalité. Or, si E_2 est un ensemble *infini*, il n'est nullement évident qu'en retranchant de E_2 une infinité de ses éléments, la partie restante possède une définition (propriété positive). C'est une sorte de postulat qui est, à mon avis, très improbable.

Citons un passage de M. R. Baire [*Lettre de M. Baire à M. Hadamard, Cinq lettres sur la théorie des ensembles (Bulletin de la S. M. F.*, décembre 1904)] :

« ... Dès qu'on parle d'infini (même dénombrable, et c'est ici que je suis tenté d'être plus radical que Borel), l'assimilation *consciente* ou *inconsciente*, avec un sac de billes qu'on donne de la main à la main, doit complètement disparaître, et nous sommes, à mon avis, dans le *virtuel*.... Croire qu'on est allé plus loin ne me paraît pas légitime. En particulier, de ce qu'un ensemble est donné... *il est faux pour moi de considérer les parties de cet ensemble comme données.* » C'est le point de vue du réalisme.

([2]) Si une fonction $f(x)$ est considérée comme donnée, il est naturel de considérer l'ensemble E des valeurs de $f(x)$ comme donné. Mais rien ne justifie, à mon avis, l'extension de ce principe aux ensembles complémentaires des ensembles « donnés » si nous ne pouvons pas transformer une définition *négative* d'un tel ensemble en une définition *positive*. Alors qu'on obtient *tous* les éléments de E en effectuant l'opération f sur *tous* les nombres réels, nous ne possédons aucun procédé régulier pour reconnaître si un nombre réel y_0 donné appartient ou non au complémentaire de E, et l'on peut fort douter qu'on puisse donner une solution générale de ce problème. Si la fonction $f(x)$ est projective, il faut effectuer une infinité d'opérations dont la puissance est celle du continu, et il y a beaucoup de chances que ces épreuves soient indépendantes les unes des autres bien que f soit définissable au moyen d'une infinité énumérable de conditions. *Voir* N. Lusin, *Remarques sur les ensembles projectifs* (*Comptes rendus*, 24 octobre 1927).

avons dit suffit pour prévoir de grandes difficultés liées à l'opération (D).

Comme cas particulier de l'opération de soustraction (D), nous considérons *l'opération* (C) *de passage d'un ensemble donné* E *à son complémentaire* CE, puisque pour avoir le complémentaire CE, il suffit de prendre l'ensemble-différence J — E, $\mathcal{J}$ étant le domaine fondamental.

Nous sommes ainsi naturellement amenés à poser la question suivante : *Reconnaître si l'on peut ou non obtenir tout ensemble mesurable* B *au moyen d'opérations positives et, en particulier, au moyen des opérations : somme* (S) *et partie commune* (P).

Il s'agit donc d'une *transformation* de la définition d'ensemble mesurable B.

Formation des ensembles mesurables B **au moyen des opérations** (S) **et** (P). — Nous allons d'abord montrer que, *étant donné un ensemble mesurable* B *quelconque, on peut obtenir cet ensemble, à partir des portions du domaine* $\mathcal{J}$, *au moyen des deux opérations : somme au sens strict* (S) *et partie commune* (P) *indéfiniment répétées.*

Pour démontrer cette proposition, nous allons remarquer que, dire qu'un ensemble quelconque E est déduit de portions du domaine $\mathcal{J}$ au moyen des opérations (S) et (P) indéfiniment répétées, c'est dire que E est le dernier terme d'une suite dénombrable bien ordonnée $\mathcal{E}_0, \mathcal{E}_1, \mathcal{E}_2, \ldots, \mathcal{E}_\gamma, \ldots, |\, E$ dont chaque terme qui n'est pas une portion de $\mathcal{J}$ se déduit des termes précédents ou bien au moyen de l'opération (S), ou bien au moyen de l'opération (P).

Cela posé, faisons précéder immédiatement, dans la suite bien ordonnée $E_0, E_1, E_2, \ldots, E_\beta, \ldots, |\, E$ qui sert à définir l'ensemble donné E mesurable B, chaque terme E_β par son complémentaire CE_β; si E_β est une portion du domaine $\mathcal{J}$, l'ensemble complémentaire CE_β est composé, en général, de deux portions du domaine $\mathcal{J}$ et, dans ce cas, nous faisons précéder CE_β par ces deux portions.

Il est clair qu'on obtient de cette manière une suite bien ordonnée dénombrable $\mathcal{E}_0, \mathcal{E}_1, \mathcal{E}_2, \ldots, \mathcal{E}_\gamma, \ldots, |\, E$ ayant l'ensemble E pour dernier terme.

Je dis maintenant que la suite $\mathcal{E}_0, \mathcal{E}_1, \mathcal{E}_2, \ldots, \mathcal{E}_\gamma, \ldots, |\, E$ ainsi obtenue sert à définir l'ensemble E au moyen des opérations (S) et (P) indéfiniment répétées à partir des portions du domaine $\mathcal{I}$.

En effet, si $\mathcal{E}_\gamma$ n'est pas une portion de $\mathcal{I}$, nous avons ou bien $\mathcal{E}_\gamma = E_\beta$, ou bien $\mathcal{E}_\gamma = CE_\beta$. Il y a lieu de distinguer deux cas. *Dans un premier cas*, nous avons $E_\beta = E_{\beta_1} + E_{\beta_2} + \ldots$, où $\beta_i < \beta$. Il en résulte que $CE_\beta = CE_{\beta_1} \times CE_{\beta_2} \times \ldots$. Nous concluons de là que $\mathcal{E}_\gamma$ est définissable au moyen de l'opération (S) ou bien de l'opération (P) appliquée à une infinité dénombrable d'ensembles précédents $\mathcal{E}_{\gamma'}$, $\gamma' < \gamma$. *Dans le second cas*, nous avons $E_\beta = E_{\beta_2} - E_{\beta_1}$, où β_1 et β_2 sont inférieurs à β. Dans ce cas, nous pouvons écrire $E_\beta = E_{\beta_2} \times CE_{\beta_1}$ et $CE_\beta = E_{\beta_1} + CE_{\beta_2}$. Nous en concluons que $\mathcal{E}_\gamma$ est obtenu par l'application de l'une des deux opérations (S) et (P) à des ensembles précédents $\mathcal{E}_{\gamma'}$, $\gamma' < \gamma$. C. Q. F. D.

Une proposition plus importante est la suivante : *Tout ensemble* E *qu'on obtient, à partir des portions du domaine $\mathcal{I}$, au moyen des deux opérations : somme au sens large* (S) *et partie commune* (P) *indéfiniment répétées est mesurable* B.

Pour la démontrer, prenons une suite dénombrable bien ordonnée d'ensembles

$$(1) \qquad E_0, E_1, E_2, \ldots, E_\beta, \ldots, |E$$

qui sert à définir l'ensemble E au moyen des opérations (S) et (P) à partir des portions du domaine $\mathcal{I}$.

Appelons *normal* tout terme de cette suite tel que la partie commune à ce terme ou à son complémentaire et aux ensembles précédents, ou bien à leurs complémentaires toujours en nombre fini est définissable, à partir des portions du domaine $\mathcal{I}$, au moyen des opérations : (S) au sens strict et (C) permettant le passage d'un ensemble à son complémentaire.

Il est clair qu'il y a des termes normaux, puisque chaque terme E_n de la suite (1) ayant l'indice n fini en constitue un, car E_n et tous les termes précédents sont alors des *portions* du domaine $\mathcal{I}$.

Je dis maintenant que chaque terme de la suite (1) est normal.

Pour le démontrer, supposons qu'il y a des termes *anormaux*. Soit E_β le premier terme anormal. Comme chaque terme de la suite (1) peut être obtenu au moyen des opérations (S) ou (P) appliquées à des termes précédents, il y a lieu de distinguer deux cas.

Dans un premier cas, nous avons $E_\beta = E_{\beta_1} + E_{\beta_2} + \ldots$, où $\beta_1 < \beta_2 < \ldots$ sont inférieurs à β.

Comme E_β est un terme anormal, il y a, parmi les ensembles

$$\Pi E_{\beta'} \times \Pi C E_{\beta''} \times E_\beta \qquad \text{et} \qquad \Pi E_{\beta'} \times \Pi C E_{\beta''} \times C E_\beta,$$

où deux premiers facteurs désignent respectivement les parties communes à des ensembles $E_{\beta'}$ et aux complémentaires des ensembles $E_{\beta''}$ précédents E_β, $\beta' < \beta$ et $\beta'' < \beta$, au moins un ensemble qui ne peut pas être obtenu à partir des portions du domaine $\mathcal{J}$, au moyen des opérations (S) au sens strict et (C).

Or, nous pouvons écrire

$$E_\beta = E_{\beta_1} + C E_{\beta_1}.E_{\beta_2} + \ldots + C E_{\beta_1}.C E_{\beta_2} \ldots C E_{\beta_{n-1}}.E_{\beta_n} + \ldots$$

et, par suite,

$$\Pi E_{\beta'} \times \Pi C E_{\beta''} \times E_\beta = \sum_{n=1}^{\infty} \Pi E_{\beta'}.\Pi C E_{\beta''}.C E_{\beta_1}.C E_{\beta_2} \ldots C E_{\beta_{n-1}}.E_{\beta_n}.$$

Comme tous les termes de la suite (1) précédents E_β sont normaux, nous en concluons que l'ensemble $\Pi E_{\beta'} \times \Pi C E_{\beta''} \times E_\beta$ se déduit des portions du domaine $\mathcal{J}$ au moyen des opérations : (S) au sens strict et (C).

Il ne reste qu'à considérer l'ensemble $\Pi E_{\beta'} \times \Pi C E_{\beta''} \times C E_\beta$. Or, nous pouvons écrire cet ensemble sous la forme

$$C[C(\Pi E_{\beta'} \times \Pi C E_{\beta''}) + E_\beta]$$

et, par suite, mettre sous la forme

$$C\left[C(\Pi E_{\beta'} \times \Pi C E_{\beta''}) + \sum_{n=1}^{\infty} \Pi E_{\beta'}.\Pi C E_{\beta''}.C E_{\beta_1}.C E_{\beta_2} \ldots C E_{\beta_{n-1}}.E_{\beta_n}\right].$$

Puisque tous les termes de la suite (1) précédents E_β sont normaux, il en résulte que l'ensemble écrit est définissable, à partir de portions du domaine $\mathcal{J}$, au moyen des opérations : (S) au sens strict et (C).

Dans le second cas, nous avons $E_\beta = E_{\beta_1} \times E_{\beta_2} \times \ldots$, ce qui nous donne

$$C E_\beta = C E_{\beta_1} + E_{\beta_1}.C E_{\beta_2} + \ldots + E_{\beta_1}.E_{\beta_2} \ldots E_{\beta_{n-1}}.C E_{\beta_n} + \ldots.$$

Nous avons donc les égalités

$$\Pi E_{\beta'} \times \Pi C E_{\beta''} \times C E_\beta = \sum_{n=1}^\infty \Pi E_{\beta'} . \Pi C E_{\beta''} . E_{\beta_1} . E_{\beta_2} \ldots E_{\beta_{n-1}} . C E_{\beta_n}$$

et

$$\Pi E_{\beta'} \times \Pi C E_{\beta''} \times E_\beta =$$
$$= C \left[C(\Pi E_{\beta'} \times \Pi C E_{\beta''}) + \sum_{n=1}^\infty \Pi E_{\beta'} . \Pi C E_{\beta''} . E_{\beta_1} . E_{\beta_2} \ldots E_{\beta_{n-1}} . C E_{\beta_n} \right] .$$

On en conclut aisément, ainsi que dans le cas précédent, que les ensembles $\Pi E_{\beta'} \times \Pi C E_{\beta''} \times C E_\beta$ et $\Pi E_{\beta'} \times \Pi C E_{\beta''} \times E_\beta$ sont définissables, à partir des portions du domaine $\mathcal{J}$, au moyen des opérations : (S) au sens strict et (C).

Nous sommes ainsi amenés à une contradiction, ce qui nous montre que *chaque terme de la suite* (1) *est normal*.

Cela posé, prenons l'ensemble E. Si nous avons $E = E_{\beta_1} + E_{\beta_2} + \ldots$, nous pouvons écrire

$$E = \sum_{n=1}^\infty C E_{\beta_1} . C E_{\beta_2} \ldots C E_{\beta_{n-1}} . E_{\beta_n} .$$

Puisque le terme E de la suite (1) est normal, chaque terme de cette série est définissable au moyen de (S) au sens strict et (C), à partir de portions du domaine $\mathcal{J}$. Donc, il y en a de même pour l'ensemble E lui-même et, par suite, l'ensemble E est *mesurable* B.

Si nous avons $E = E_{\beta_1} \times E_{\beta_2} \times \ldots$, nous pouvons écrire

$$C E = \sum_{n=1}^\infty E_{\beta_1} . E_{\beta_2} \ldots E_{\beta_{n-1}} . C E_{\beta_n}$$

et puisque le terme E de la suite (1) est normal, nous sommes amenés à conclure que l'ensemble CE et, par suite, l'ensemble E lui-même est définissable au moyen des opérations : (S) au sens strict et (C), à partir des portions du domaine $\mathcal{J}$. Donc, E est *mesurable* B ([1]).

C. Q. F. D.

([1]) Ce théorème est très important, parce qu'il nous montre qu'on peut remplacer, dans la définition d'ensemble mesurable B, les opérations les unes par les autres. L'importance même de ce théorème me paraît rendre nécessaire de signaler un point de la démonstration donnée : nous avons formé *directement* une suite bien

Une des conséquences de cette démonstration c'est que *tout ensemble mesurable* B *peut être obtenu, à partir des portions du domaine fondamental* $\mathfrak{I}$, *au moyen des deux opérations suivantes indéfiniment répétées* :

1° *Faire la somme d'une infinité d'ensembles déjà définis* E_1, E_2, ..., E_n, ..., *sans parties communes*

(S) $E_1 + E_2 + \ldots + E_n + \ldots,$

2° *Faire le complémentaire de l'ensemble donné* E

(C)   CE.

Formation des ensembles mesurables B au moyen de passages à la limite. — Nous allons maintenant étudier les relations entre la notion d'ensemble mesurable B et les autres opérations.

Tout d'abord, nous avons la proposition importante qui permet d'avoir les ensembles mesurables B en ne considérant que des suites *monotones* d'ensembles :

L'ensemble qu'on peut obtenir, à partir d'ensembles de la classe initiale K_0, *au moyen de passages à la limite appliqués chaque fois à une suite* monotone *d'ensembles et indéfiniment répétés est un ensemble mesurable* B ; inversement, *tout ensemble mesurable* B *peut être obtenu de cette manière.*

La *première* partie de cet énoncé est bien évidente puisque la limite d'une suite *monotone* d'ensembles E_1, E_2, ... est ou bien la somme de ces ensembles, ou bien leur partie commune. Donc, si un ensemble E peut être obtenu au moyen de limites des suites monotones, à partir d'ensembles de la classe initiale K_0, l'ensemble E peut être obtenu au moyen de deux opérations (S) et (P) à partir des portions du domaine $\mathfrak{I}$. Ainsi, d'après la proposition précédente, E est *mesurable* B.

Pour démontrer la *deuxième* partie de l'énoncé, prenons une suite

ordonnée qui sert à définir un ensemble mesurable B au moyen des opérations (S) et (P.); or, une telle suite étant donnée, on ne sait pas obtenir *directement* une suite bien ordonnée qui sert à définir l'ensemble considéré au moyen des opérations (S) et (C). La marche du raisonnement est bien indirecte dans ce cas.

dénombrable bien ordonnée

$$(1) \qquad E_0, \quad E_1, \quad E_2, \quad \ldots, \quad E_\beta, \quad \ldots, \quad | \, E$$

qui sert à définir un ensemble E mesurable B donné à l'avance au moyen des opérations (S) et (P) indéfiniment répétées, à partir des portions du domaine $\mathcal{J}$.

Appelons *normal* tout terme E_β de la suite (1) tel que chaque ensemble-polynome $P(E_{\beta'}, E_{\beta''}, \ldots, E_\beta)$ formé d'un nombre fini de termes de la suite (1) dont les indices ne surpassent pas β peut être obtenu, à partir d'ensembles de la classe initiale K_0, au moyen de passages à la limite appliqués à des suites *monotones* d'ensembles. Il est clair qu'il y a des termes normaux, puisque le terme initial E_0 en constitue un.

Je dis maintenant que chaque terme E_β de la suite (1) est normal. En effet, dans le cas contraire, il y a des termes anormaux ; soit E_β le premier parmi eux. Il y a lieu de distinguer deux cas.

Dans le premier cas, nous avons

$$E_\beta = E_{\beta_1} + E_{\beta_2} + \ldots,$$

où $\beta_1 < \beta_2 < \ldots$ précèdent β. Désignons par S_n la somme des n premiers termes de cette série. La suite illimitée $S_1, S_2, S_3, \ldots$ est évidemment *croissante* et nous avons

$$E_\beta = \lim_{n=\infty} S_n.$$

Soit $P(E_{\beta'}, E_{\beta''}, \ldots, E_\beta)$ un ensemble-polymone quelconque formé d'un nombre fini d'ensembles de la suite (1) dont les indices ne surpassent pas β. On a évidemment

$$P(E_{\beta'}, E_{\beta''}, \ldots, E_\beta) = \lim_{n=\infty} P(E_{\beta'}, E_{\beta''}, \ldots, S_n),$$

et il importe de remarquer que l'ensemble variable $P(E_{\beta'}, E_{\beta''}, \ldots, S_n)$ forme lorsque n croît indéfiniment une suite *croissante* d'ensembles, car S_n croît. Donc, l'opération lim est ici appliquée au cas d'une suite *monotone*.

D'autre part, l'ensemble-polynome $P(E_{\beta'}, E_{\beta''}, \ldots, S_n)$ peut être écrit sous la forme

$$P(E_{\beta'}, E_{\beta''}, \ldots, E_{\beta_1} + E_{\beta_2} + \ldots + E_{\beta_n}) = Q(E_{\beta'}, E_{\beta''}, \ldots E_{\beta_1}, \ldots E_{\beta_n}).$$

On voit bien que c'est un ensemble-polynome formé d'ensembles dont les indices sont rigoureusement inférieurs à β. Il en résulte que l'ensemble Q est définissable à partir d'ensembles de la classe K_o, au moyen de passages à la limite *monotones* et, par suite, l'ensemble-polynome $P(E_{\beta'}, E_{\beta''}, \ldots, E_\beta)$ l'est aussi. Donc, E_β est un terme normal de la suite (1), ce qui est contradictoire avec notre hypothèse.

Dans le second cas, nous avons

$$E_\beta = E_{\beta_1} \times E_{\beta_2} \times \ldots,$$

où $\beta_1 < \beta_2 < \ldots$ précèdent β. Désignons par π_n la partie commune aux n premiers termes de la suite $E_{\beta_1}, E_{\beta_2}, \ldots$ La suite illimitée $\pi_1, \pi_2, \pi_3, \ldots$ est évidemment *décroissante* ou nous avons

$$E_\beta = \lim_{n=\infty} \pi_n.$$

De même que nous avions dans le cas précédent, nous pouvons écrire

$$P(E_{\beta'}, E_{\beta''}, \ldots, E_\beta) = \lim_{n=\infty} P(E_{\beta'}, E_{\beta''}, \ldots, \pi_n).$$

On voit bien que l'ensemble variable $P(E_{\beta'}, E_{\beta''}, \ldots \pi_n)$ décroît lorsque n croît indéfiniment. Donc l'ensemble $P(E_{\beta'}, E_{\beta''}, \ldots, E_\beta)$ est obtenu au moyen de passage à la limite monotone.

D'autre part, l'ensemble variable $P(E_{\beta'}, E_{\beta''}, \ldots, \pi_n)$ peut être écrit sous la forme d'un polynome

$$P(E_{\beta'}, E_{\beta''}, \ldots, E_{\beta_1} \times E_{\beta_2} \times \ldots \times E_{\beta_n}) = Q(E_{\beta'}, E_{\beta''}, \ldots, E_{\beta_1}, \ldots, E_{\beta_n})$$

formé d'ensembles dont les indices sont rigoureusement inférieurs à β. Donc, l'ensemble Q est définissable, à partir d'ensembles de la classe initiale K_o, au moyen de passages à la limite *monotones*. Il en résulte que E_β est un terme normal de la suite (1), ce qui est contradictoire à notre hypothèse.

Ainsi, *tous les termes de la suite* (1) *sont normaux*.

Passons maintenant à la considération de l'ensemble donné E. Puisque nous avons

$$E = \lim_{n=\infty} (E_{\beta_1} + E_{\beta_2} + \ldots + E_{\beta_n}),$$

ou bien

$$E = \lim_{n=\infty} (E_{\beta_1} \times E_{\beta_2} \times \ldots \times E_{\beta_n}),$$

où les $E_{\beta i}$ sont tous des ensembles précédents E, et comme tous les $E_{\beta i}$ sont normaux, nous concluons finalement que l'ensemble E est définissable, à partir de la classe initiale K_0, au moyen de passages *monotones* à la limite indéfiniment répétés.   C. Q. F. D.

Cette proposition est très importante, parce qu'elle nous montre que, *lorsqu'on étudie les ensembles mesurables* B, *on peut se borner à l'étude de la classe initiale* K_0 *et à la considération de passages monotones à la limite indéfiniment répétés et manifestement alternants* (¹).

Il ne reste à considérer que le passage général (non monotone) à la limite, lim, ainsi que les opérations : limite complète, $\overline{\lim}$ et limite restreinte, $\underline{\lim}$. Ces considérations ne présentent aucune difficulté.

Tout d'abord, puisque la recherche d'une limite d'une suite *monotone* d'ensembles est un cas particulier des opérations lim, $\overline{\lim}$ et $\underline{\lim}$, tout ensemble mesurable B peut être obtenu, à partir de la classe initiale K_0, au moyen de chacune des trois opérations lim, $\overline{\lim}$ et $\underline{\lim}$ indéfiniment répétées.

D'autre part, comme toutes ces opérations se ramènent chacune à l'addition et à la partie commune (p. 9 et 10), les ensembles qu'on peut obtenir, à partir de la classe initiale K_0, au moyen des opérations lim, $\overline{\lim}$ et $\underline{\lim}$ indéfiniment répétées sont tous *mesurables* B.

Problème de la mesure de M. E. Borel. — C'est pour savoir mesurer les ensembles que M. E. Borel a introduit le procédé de formation des ensembles précédemment indiqué (p. 18 et 39).

Soit :

$$(1) \qquad E_0, \quad E_1, \quad E_2, \quad \ldots, \quad E_\beta, \quad \ldots, \quad | \, E$$

une suite dénombrable bien ordonnée d'ensembles qui sert à définir un ensemble E mesurable B, à partir des portions du domaine $\mathcal{J}$, au moyen des opérations : (S) faire la somme d'une infinité dénombrable d'ensembles sans parties communes et (D) prendre la différence des deux ensembles dont l'un contient l'autre. Nous supposons tous les ensembles de la suite (1) situés dans (0,1).

(¹) C'est le résultat principal de la théorie de M. W. H. Young.

En suivant les idées de M. E. Borel, on attribue à chaque terme de la suite (1) qui est une portion du domaine $\mathcal{I}$ *sa longueur*. De cette manière, certains termes de la suite (1) auront obtenu des nombres qui seront dits les *mesures* de ces ensembles.

Supposons que le procédé de détermination de la mesure est arrivé jusqu'au terme E_β. Dans ce cas, si $E_\beta = E_{\beta_1} + E_{\beta_2} + \ldots + E_{\beta_n} + \ldots$, M. E. Borel attribue à E_β une mesure $m\,E_\beta$ égale à la somme de la série

$$m\,E_{\beta_1} + m\,E_{\beta_2} + \ldots + m\,E_{\beta_n} + \ldots,$$

E_{β_n} ayant déjà obtenu une mesure $m\,E_{\beta_n}$ d'après l'hypothèse faite, $\beta_n < \beta$. Si $E_\beta = E_{\beta_2} - E_{\beta_1}$, M. E. Borel attribue à E_β une mesure $m\,E_\beta$ égale à la différence

$$m\,E_{\beta_2} - m\,E_{\beta_1},$$

les ensembles E_{β_1} et E_{β_2} ayant déjà une mesure puisqu'ils précèdent E_β, $\beta_1 < \beta$ et $\beta_2 < \beta$.

Ainsi, en principe, le procédé continue sans s'arrêter à parcourir la suite (1) jusqu'à ce qu'on arrive au dernier terme E qui obtient de cette manière une mesure $m\,E$. Le nombre $m\,E$ ainsi obtenu s'appelle *mesure de M. É. Borel*.

Cette définition de la mesure est aussi naturelle que possible; cependant, on se heurte aux trois difficultés suivantes :

1º Nous pouvons rencontrer des séries divergentes ;

2º Nous pouvons arriver à une mesure négative ;

3º En obtenant un ensemble E de deux manières différentes, nous pouvons lui attribuer deux mesures inégales.

Toutes ces difficultés n'existent plus si l'on accepte la conception de la mesure de M. H. Lebesgue, puisque d'après sa définition même, la mesure de M. H. Lebesgue est un nombre toujours non négatif et unique pour chaque ensemble mesurable. Et comme on démontre aisément que le nombre de M. E. Borel coïncide avec la mesure de M. H. Lebesgue, toutes les difficultés sont écartées.

Néanmoins, si l'on veut considérer la théorie de la mesure de M. E. Borel indépendamment de celle de M. H. Lebesgue, il est évident qu'on doit vaincre ces trois difficultés d'une manière intrinsèque. C'est là *le problème de la mesure de M. E. Borel*.

Sans entrer en discussion sur la possibilité de résoudre ce problème ([1]), nous faisons observer que les trois difficultés se réduisent à la seconde, c'est-à-dire à l'impossibilité d'obtenir une mesure *négative*.

Tout d'abord, si nous avions rencontré une série divergente

$$\sum_{n=1}^{\infty} m\,\mathrm{E}_{\beta_n},$$

les ensembles E_{β_1}, E_{β_2}, ... étant sans points communs deux à deux, nous aurions pû prendre un nombre N de termes de cette série assez grand pour que leur somme surpasse 1. En arrêtant la suite (1) après avoir écrit les termes E_{β_1}, E_{β_2}, ..., E_{β_N} et en ajoutant ensuite deux termes nouveaux dont l'un est la somme $\mathrm{E}_{\beta_1} + \mathrm{E}_{\beta_2} + ... + \mathrm{E}_{\beta_N}$ et l'autre le complémentaire de cette somme par rapport à la portion $(0, 1)$, nous voyons que le dernier terme obtient une mesure *négative*.

Pour démontrer que la difficulté $3°$ se réduit de même à la difficulté $2°$, supposons qu'un ensemble E a été défini par deux suites (1) différentes. En faisant tous les termes de l'une des suites suivre ceux de l'autre et en ajoutant à la suite ainsi obtenue l'ensemble $\mathscr{E}$ qui ne contient aucun point, nous voyons que $\mathscr{E}$ obtient une mesure *négative* si nous le considérons comme différence de deux ensembles E géométriquement identiques, mais construits de deux manières différentes.

Ainsi, tout revient à démontrer qu'il est impossible d'obtenir une mesure négative ([2]).

Ensemble à plusieurs dimensions. — Pour fixer les idées, nous nous bornons au cas des ensembles dans l'espace à *deux dimensions*.

Prenons l'espace euclidien $\mathscr{E}$ à deux dimensions. Soit, dans cet espace, un système d'axes rectangulaires quelconque que nous désignerons par $X\Theta Y$.

Appelons *domaine fondamental à deux dimensions* l'ensemble

([1]) Ce problème ne présente, à mon avis, que des difficultés d'ordre technique de manière que sa solution n'exige pas nécessairement une infinité d'opérations *ayant la puissance du continu.*

([2]) Dans le Chapitre II, nous allons indiquer les éléments qui permettront, à notre avis, de trouver la solution du problème de la mesure de M. E. Borel.

de tous les points $M(x, y)$ du plan XOY ayant les deux coordonnées, x et y, *irrationnelles*. Ce domaine fondamental sera désigné par $\mathfrak{I}_{xy}$.

Appelons *portion* du domaine $\mathfrak{I}_{xy}$ l'ensemble des points $M(x, y)$ de ce domaine dont les coordonnées x et y appartiennent chacune aux portions (a, b) et (c, d) situées respectivement dans les domaines fondamentaux *linéaires* $\mathfrak{I}_x$ et $\mathfrak{I}_y$.

Un ensemble E de points du domaine $\mathfrak{I}_{xy}$ est dit *de classe initiale* K_0, si E et son complémentaire CE (par rapport à $\mathfrak{I}_{xy}$) sont chacun une somme d'un nombre fini ou infini de portions du domaine $\mathfrak{I}_{xy}$.

Si nous cherchons à analyser toutes les définitions et considérations que nous avons donné précédemment relativement aux ensembles *linéaires*, nous constatons qu'elles sont encore applicables sans aucune modification aux domaines à plusieurs dimensions.

En particulier, *les ensembles mesurables* B sont ceux qu'on peut déduire des ensembles de la classe initiale K_0 au moyen des opérations (S), (P), lim, $\overline{\lim}$, $\underline{\lim}$ ou bien n'employant que des passages à la limite *monotones* indéfiniment répétés.

CHAPITRE II.

CLASSIFICATION DES ENSEMBLES MESURABLES B.

Classes de Baire-de la Vallée Poussin. — C'est à partir de la classe initiale K_0 et au moyen de l'opération fondamentale lim que nous définissons *formellement* pas à pas les classes successives de Baire-de la Vallée Poussin ([1])

$$K_0, \quad K_1, \quad K_2, \quad \ldots, \quad K_n, \quad \ldots, \quad K_\omega, \quad \ldots, \quad K_\alpha, \quad \ldots \mid \Omega.$$

La classe K_α est ici définie *logiquement* (c'est-à-dire *formellement*) comme l'ensemble de tous les ensembles de points E qui sont

---

[1] M. René Baire lui-même n'a donné que la classification des *fonctions*.

Depuis plusieurs classifications des *ensembles* ont été données; parmi elles, la première a été donnée par M. Henri Lebesgue (*Sur les fonctions représentables analytiquement*, p. 156). Voici les principes de cette classification : un ensemble de points mesurable B est dit F, *de classe* α, s'il peut être considéré comme l'ensemble où s'annule une fonction de classe α et si c'est impossible à l'aide d'une fonction de classe inférieure à α.

La classification des ensembles que nous adoptons ici est celle de M. Ch. de la Vallée Poussin (*voir* son Livre *Intégrales, Fonctions, Classes de Baire*, p. 37). Il paraît que M. Ch. de la Vallée Poussin est plus fidèle que M. Henri Lebesgue à la pensée de M. R. Baire puisque la classification de M. Ch. de la Vallée Poussin n'est en réalité autre chose que l'application directe des principes de M. R. Baire à la classification des fonctions *ne pouvant prendre que l'une des deux valeurs* o *et* 1.

C'est pourquoi nous donnons à la classification adoptée le nom de ces deux auteurs.

Nous n'introduisons qu'un léger changement dans cette classification en supprimant les points rationnels, ce qui nous permet d'énoncer les résultats dans une forme plus simple et d'éviter les cas exceptionnels.

limites d'ensembles E_n de classes précédentes, $E = \lim_{n=\infty} E_n$, sans appartenir à une classe précédente.

Il résulte de cette définition que chaque classe ne peut contenir que des ensembles *mesurables* B ; l'inverse a encore lieu : *tout ensemble de points* E *mesurables* B *appartient à une classe* K_α *déterminée*, puisque E se déduit de la classe initiale K_0 au moyen de l'opération lim indéfiniment répétée et chaque ensemble intermédiaire E_β de la suite dénombrable bien ordonnée

$$(1) \qquad E_0, \quad E_1, \quad E_2, \quad \ldots, \quad E_\omega, \quad \ldots, \quad E_\beta, \quad \ldots \quad | \, E$$

qui sert à définir que l'ensemble E appartient évidemment à la classification de Baire-de la Vallée Poussin.

Ainsi, on voit que la totalité des ensembles mesurables B coïncide avec la totalité des ensembles appartenant aux classes de Baire-de la Vallée Poussin.

Il est clair que toutes les classes de la classification de Baire-de la Vallée Poussin n'ont pas d'éléments communs deux à deux.

Pour la commodité du langage nous ne ferons, dans ce qui suit, aucune distinction verbale entre la *classe* à laquelle appartient un ensemble de points E donné et le *rang* qui correspond à cette classe. Dans ce sens, la classe d'un ensemble E n'est qu'un nombre fini ou transfini de seconde classe de G. Cantor.

La classe d'un ensemble E sera désignée par le symbole

$$\text{cl} \, E.$$

Ainsi, la convention précédente étant faite, si l'ensemble E appartient à la classe K_α de la classification de Baire-de la Vallée Poussin, nous écrivons l'égalité

$$\text{cl} \, E = \alpha.$$

Nous avons dit précédemment que les classes de Baire-de la Vallée Poussin ne sont définies que d'une manière *formelle*, c'est-à-dire *logiquement*. Pour s'en assurer, il suffit de remarquer que si l'une des classes, soit K_β, est nulle (dépourvue d'éléments), tout le reste de la classification

$$K_{\beta+1}, \quad K_{\beta+2}, \quad \ldots, \quad K_\alpha, \quad \ldots \quad | \, \Omega,$$

est nécessairement encore nul et la succession des classes logiquement définies n'est qu'illusoire.

Donc, pour avoir une conception d'une classe déterminée K_α, il faut démontrer qu'elle n'est pas nulle, c'est-à-dire qu'elle contient *effectivement* des ensembles. On voit bien qu'il s'agit d'un raisonnement au moyen duquel on peut établir l'*existence* des ensembles E appartenant à cette classe K_α.

Les moyens par lesquels on établit actuellement les existences dans l'Analyse mathématique peuvent être classés en quatre catégories :

1° *L'existence au sens de M. Zermelo* faite par l'application du *choix arbitraire*. Dans ce qui suit, nous écartons cette manière de procéder en raison des difficultés qu'il y a à bien comprendre l'essence de ce raisonnement et l'attitude de ceux qui l'admettent. D'ailleurs, cette manière de raisonner ne donne jamais des êtres individuels, mais nous amène toujours à des *classes* peut-être dépourvues d'éléments qu'on puisse distinguer individuellement.

2° *L'existence au sens de la totalité des nombres transfinis de seconde classe*. Cette manière de procéder a été employé, pour la première fois, par M. H. Lebesgue dans ses profondes recherches sur les fonctions qui ne sont susceptibles d'aucune représentation analytique ([1]).

3° *L'existence au sens de diagonale* établie par l'*application sur le continu*. Cette manière de procéder a été employée par MM. E. Borel et H. Lebesgue ([2]) et a rendu de sérieux services à la Science : les existences importantes de la Théorie des fonctions sont obtenues de cette manière ([3]).

4° *L'existence constructive*. C'est M. R. Baire qui a donné, le premier, des exemples constructifs de fonctions des classes 0, 1, 2 et 3 de sa classification ([4]). Il serait tout à fait désirable que les recherches de M. R. Baire sur l'existence constructive des ensembles

---

([1]) *Sur les fonctions représentables analytiquement* (*Journal de Mathématiques*, 1905, p. 214).

([2]) É. Borel, *Leçons sur les fonctions de variables réelles*, 1re édition, 1905, p. 156, Note III : *Sur l'existence des fonctions de classe quelconque*. — H. Lebesgue, *Sur les fonctions représentables analytiquement*, p. 207.

([3]) *Voir* aussi C. de la Vallée-Poussin, *Intégrales, Fonctions, Classes de Baire*, p. 147. Il est fort intéressant d'observer que M. R. Baire n'employe jamais cette méthode.

([4]) R. Baire, *Sur la représentation des fonctions discontinues* (*Acta Mathematica*, t. 30, 1905).

de classes supérieures soient continuées et étendues, malgré leurs difficultés. Dans ce qui suit, nous donnons seulement l'existence constructive d'un ensemble (ou d'une fonction) de classe 4 due à Mlle L. Keldych. Les difficultés croissent bien vite avec l'élévation de la classe des ensembles.

Si nous cherchons à analyser les procédés par lesquels on établit l'existence des êtres mathématiques, voici ce que nous constatons *pratiquement :* les méthodes de démonstration des existences sont de nature très diverse et théoriquement sont irréductibles deux à deux, de sorte qu'on ne peut pas parler de l'existence au sens général ou bien au sens absolu. La notion de l'*existence au sens absolu* paraît, dans l'état actuel de la Science, trop vague pour lui attribuer un sens. Tout ce que l'on peut faire c'est simplement parler de l'existence établie par telle ou telle méthode, donc de l'existence *relative*.

C'est la raison pour laquelle en parlant de l'existence nous indiquons toujours la méthode au sens de laquelle on établit l'existence considérée. Ainsi, nous parlons de l'existence au sens de la totalité Ω, de l'existence au sens de diagonale et de l'existence constructive.

Nous n'insistons pas, pour le moment, sur les démonstrations de l'existence des ensembles de toute classe de la classification de Baire-de la Vallée Poussin : nous préférons prendre cette existence au sens vague comme une sorte de postulat et en tirer toutes les conséquences utiles.

Premières propriétés des classes de Baire-de la Vallée Poussin. — Nous allons indiquer d'abord les propriétés, en quelque sorte *formelles*, des classes, qui sont des conséquences immédiates de la définition logique de classe.

THÉORÈME I. — *Si un ensemble de points* E *appartient à* K_α, *son complémentaire* CE *y appartient aussi.*

Par définition même, la classe initiale K_0 possède la propriété indiquée.

Supposons donc qu'il y a des classes anormales, c'est-à-dire privées de cette propriété et désignons par K_β la première classe anormale. Soit E un ensemble qui appartient à K_β sans que son complémentaire, CE, appartienne à K_β.

Maintenant, nous avons l'égalité

$$E = \lim_{n=\infty} E_n,$$

où E_n est un ensemble de classe K_{β_n} précédente K_β, $\beta_n < \beta$. Comme la classe K_{β_n} est normale, l'ensemble complémentaire CE_n appartient à K_{β_n}. D'après l'égalité évidente $CE = \lim_{n=\infty} CE_n$, ceci nous montre que l'ensemble CE ne peut pas être de classe supérieure à β D'autre part, CE ne peut pas être de classe inférieure à β puisque, K_β étant la première classe anormale, nous aurions $clE < \beta$. Donc, nous avons $clE = \beta$ et nous sommes amenés à une contradiction.

Ainsi, toutes les classes de la classification de Baire-de la Vallée Poussin sont normales, ce qui démontre la proposition.

C. Q. F. D.

THÉORÈME II. — *La somme d'un nombre fini d'ensembles et la partie commune à un nombre fini d'ensembles est de classe au plus égale à la plus grande des classes des ensembles composants.*

THÉORÈME III. — *La somme d'une infinité dénombrable d'ensembles et la partie commune à une infinité dénombrable d'ensembles est de classe au plus égale à la classe immédiatement supérieure aux classes de tous les ensembles composants.*

THÉORÈME IV. — *Les opérations $\overline{\lim} E_n$ et $\underline{\lim} E_n$ de M. E. Borel nous amènent aux ensembles de classe au plus égale à celle qui est immédiatement supérieure aux classes des ensembles E_n augmentée d'une unité.*

La méthode de démonstration de ces trois théorèmes est la même que dans le cas du théorème I : on constate que la classe O possède la propriété énoncée et, en supposant qu'il y a des classes « anormales », on aboutit à une contradiction. C'est le *raisonnement par récurrence*. Pour ne pas fatiguer le lecteur en répétant toujours les mêmes mots, nous ne ferons pas les démonstrations.

THÉORÈME V. — *L'ensemble-différence $E_2 - E_1$ est de classe au plus égale à la plus grande des deux classes clE_1 et clE_2.*

En effet, si $E = E_2 - E_1$ nous pourrons écrire $E = E_2 \times CE_1$ et le théorème se réduit au théorème II.

L'ACCESSIBILITÉ.

Définitions. — Pour étudier la structure de chaque *classe* de la classification de Baire-de la Vallée Poussin, nous avons besoin des définitions importantes suivantes.

Nous dirons qu'un ensemble E appartenant à la classe K_α est *accessible supérieurement*, si E est la partie commune à une infinité dénombrable d'ensembles de classes inférieures à α ([1]).

Nous dirons de même qu'un ensemble E appartenant à la classe K_α est *accessible inférieurement* si E est la somme d'une infinité dénombrable d'ensembles de classes inférieures à α.

Il résulte de la définition que *si l'ensemble* E *de classe* K_α *est accessible supérieurement, son complémentaire* CE *est un ensemble accessible inférieurement, et vice versa.*

En effet, l'égalité $E = E_1 \times E_2 \times \ldots$ entraîne l'égalité

$$CE = CE_1 + CE_2 + \ldots.$$

Il est clair que la condition nécessaire et suffisante pour qu'un ensemble E soit accessible supérieurement ou bien inférieurement est que l'on ait l'égalité $E = \lim E_n$, où l'ensemble E_n est de classe inférieure à la classe de E et où nous avons $E_n > E$ ou bien $E_n < E$, quel que soit n.

Ces définitions fondamentales étant posées, voici encore des définitions très utiles.

Appelons *bilatéral* tout ensemble de classe K_α qui est accessible supérieurement et inférieurement en même temps. Un ensemble E de classe K_α est dit *unilatéral* s'il est accessible supérieurement ou inférieurement sans être bilatéral.

Enfin, disons qu'un ensemble E de classe K_α est *inaccessible des deux côtés* s'il n'est accessible ni supérieurement, ni inférieurement.

Non-existence des ensembles bilatéraux dans les classes de première espèce. — La classe K_α de la classification de Baire-de la

---

([1]) Je dois dire que cette notion est très proche de celle *d'ensemble de rang* α due à M. Henri Lebesgue (*Sur les fonctions représentables analytiquement*, p.161). Pour tout ce qui concerne ce point, je renvoie au Chapitre V de ce Livre (p. 300).

Vallée Poussin est dite de *première espèce* s'il y a une classe K_{α^*} immédiatement précédente ; $\alpha = \alpha^* + 1$. Dans le cas contraire, K_α est dite de *seconde espèce*.

Nous considérons comme de seconde espèce la classe initiale K_0.

Tous les classes de première espèce ont la propriété importante :

Théorème. — *Les classes de première espèce ne peuvent contenir d'ensembles bilatéraux.*

En effet, soit E un ensemble appartenant à la classe $K_{\alpha+1}$. Si E est bilatéral, nous avons

$$E = \varepsilon_1 + \varepsilon_2 + \ldots + \varepsilon_n + \ldots$$

et

$$CE = \eta_1 + \eta_2 + \ldots + \eta_n + \ldots,$$

où les ε_n et η_m sont des ensembles de classe $\leqq \alpha$ et sans points communs deux à deux.

Nous pouvons donc écrire

$$\varepsilon_n = \lim_{k=\infty} \varepsilon_n^{(k)} \qquad \text{et} \qquad \eta_n = \lim_{k=\infty} \eta_n^{(k)},$$

où les ensembles à deux indices, $\varepsilon_n^{(k)}$ et $\eta_n^{(k)}$, sont tous de classe inférieure à α.

Cela posé, prenons l'ensemble E_n défini par l'égalité suivante :

$$E_n = \sum_{i=1}^{i=n} \varepsilon^{(n)} \times C\,\eta_1^{(n)} \times C\eta_2^{(n)} \times \ldots \times C\,\eta_n^{(n)}.$$

Il est clair que $\mathrm{cl}E_n < \alpha$.

Nous allons démontrer que l'ensemble E_n a pour limite l'ensemble E lorsque n croît indéfiniment.

Si le point x appartient à E, il existe un ensemble composant de E, soit ε_i, qui contient x. Donc le point x appartient à chaque ensemble $\varepsilon_i^{(n)}$ pour n suffisamment grand. D'autre part, ce point x n'appartient pas à CE ; donc il n'appartient à aucun des i ensembles η_1, η_2, ..., η_i. Comme i est un nombre fixe, x ne fait partie d'aucun des i ensembles $\eta_1^{(n)}$, $\eta_2^{(n)}$, ..., $\eta_i^{(n)}$ pour n suffisamment grand. Nous en concluons que x appartient à chacun des i ensembles complémentaires $C\eta_1^{(n)}$, $C\eta_2^{(n)}$, ..., $C\eta_i^{(n)}$ et, par suite, appartient à E_n pour n suffisamment grand.

Si le point x appartient à CE, il existe un nombre i tel que x appartient à η_i. Donc, x n'appartient à aucun des i ensembles ε_1, ε_2, ..., ε_{i-1} et $C\eta_i$. Comme l'indice i est fixe, nous en concluons que x n'appartient à aucun des i ensembles $\varepsilon_1^{(n)}$, $\varepsilon_2^{(n)}$, ..., $\varepsilon_{i-1}^{(n)}$ et $C\eta_i^{(n)}$ si le nombre n est assez grand. Il résulte de la définition de l'ensemble E_n que x n'appartient pas à E_n pour n suffisamment grand.

Nous sommes ainsi amenés à conclure que la suite illimitée des ensembles E_1, E_2, ..., E_n, ... est convergente et a l'ensemble E pour limite. Et comme $cl E_n < \alpha$, la classe de E ne peut pas dépasser α, ce qui est contradictoire puisque $cl E = \alpha + 1$.

Donc, un ensemble de classe $E_{\alpha+1}$ ne peut pas être bilatéral.

C. Q. F. D.

Le théorème sur les séries alternées. — Nous allons démontrer maintenant une proposition qui nous sera très utile dans ce qui suit.

Théorème. — *Si un ensemble de points* E *est la somme d'une série décroissante alternée d'ensembles de classes inférieures à α, l'ensemble* E *est* ou bien *de classe inférieure à α*, ou bien *bilatéral de classe α.*

En effet, soit
$$E = E_1 - E_2 + E_3 - E_4 + \ldots,$$
où $E_1 > E_2 > E_3 > \ldots > E_n > \ldots$ et $cl E_n < \alpha$.

Comme nous pouvons écrire (p. 17)
$$E = (E_1 - E_2) + (E_3 - E_4) + (E_5 - E_6) + \ldots$$
et
$$CE = CE_1 + (E_2 - E_3) + (E_4 - E_5) + (E_6 - E_7) + \ldots,$$

nous en concluons que : *ou bien* $cl E < \alpha$, *ou bien* E est bilatéral de classe K_α, ce qui est possible dans le cas seul où K_α est de *seconde espèce*, c'est-à-dire une classe limite. C. Q. F. D.

Nous compléterons ce résultat par les remarques suivantes :

Remarque I. — Si E est la somme d'une série décroissante alternée d'ensembles de classe $\leq \alpha$, la classe de E est aussi $\leq \alpha$.

En effet, la classe $K_{\alpha+1}$ ne peut contenir aucun ensemble bilatéral.

Remarque II. — Si E est la somme d'une série décroissante alternée d'ensembles : *ou bien* de classe $< \alpha$, *ou bien* bilatéraux de la classe K_α, l'ensemble E est aussi *ou bien* de classe $< \alpha$ *ou bien* bilatéral de la classe K_α.

En effet, les formules

$$E = (E_1 - E_2) + (E_3 - E_4) + \ldots$$

et

$$CE = CE_1 + (E_2 - E_3) + (E_4 - E_5) + \ldots$$

nous montrent que E et CE sont des sommes d'ensembles de classe$<\alpha$. Donc, *ou bien* cl E $< \alpha$, *ou bien* E est bilatéral de classe α.

STRUCTURE DES CLASSES.

Pour étudier la structure des classes de la classification de Baire-de la Vallée Poussin, nous allons *postuler* l'existence au sens absolu et, par suite, en quelque sorte vague des ensembles E de chaque classe.

Nous supposons donc que, quelle que soit la classe K_α de la classification de Baire-de la Vallée Poussin, *il y a* des ensembles E appartenant à K_α, ce « il y a » étant employé au sens absolu, donc vague.

Nous allons maintenant tirer de ce postulat des conséquences importantes relatives à la structure de chaque classe K_α de la classification de Baire-de la Vallée Poussin.

LEMME 1. — *Si les classes inférieures à une classe de seconde espèce K_α ne sont pas dépourvues d'éléments, la classe K_α possède des ensembles bilatéraux.*

En effet, soit K_α une classe limite (c'est-à-dire de *seconde espèce*) et soit

$$\alpha_1 < \alpha_2 < \ldots < \alpha_n < \ldots$$

une suite illimitée de nombres croissants ayant pour limite α.

Comme la classe K_{α_n} n'est pas dépourvue d'éléments, *il y a* des ensembles de cette classe; soit E_n un ensemble appartenant à K_{α_n}. Nous pouvons supposer que cet ensemble E_n est contenu dans la portion $(n-1, n)$ du domaine fondamental $\mathcal{I}$, puisqu'on peut transformer le domaine entier $\mathcal{I} = (-\infty, +\infty)$ en une portion $(n-1, n)$ à l'aide d'une fonction continue croissante de manière que toute portion de $\mathcal{J}$ se transforme en une portion de $(n-1, n)$ et *vice versa* : cette transformation (^{1}) fera correspondre à tout ensemble E mesurable B situé dans le domaine $\mathcal{J}$ un ensemble E′ également mesurable B et *de la même classe* situé dans $(n-1, n)$.

Cela posé, considérons l'ensemble E défini par l'égalité

$$(1) \qquad\qquad E = E_1 + E_2 + \ldots + E_n + \ldots$$

Il est clair que $\mathrm{cl}\, E \leqq \alpha$. Or, nous ne pouvons pas avoir $\mathrm{cl}\, E < \alpha$. En effet, si $\mathrm{cl}\, E < \alpha$, il existe un nombre α_n tel qu'on a l'inégalité $\mathrm{cl}\, E < \alpha_n < \alpha$, puisque α est la limite des τ_n. Et comme la classe de la partie commune à E et à une portion quelconque du domaine $\mathcal{J}$ ne surpasse jamais la classe de E, nous sommes amenés à une contradiction, puisque la partie commune à E et à $(n-1, n)$ est l'ensemble E_n dont la classe α_n surpasse α.

Ainsi, l'ensemble E est précisément de classe α.

Désignons par $\mathscr{E}_n$ le complémentaire de E_n relativement à la portion $(n-1, n)$. Il est évident que $\mathrm{cl}\,\mathscr{E}_n = \mathrm{cl}\, E_n = a_n$. Nous avons manifestement

$$(2) \qquad\qquad CE = (-\infty, 0) + \mathscr{E}_1 + \mathscr{E}_2 + \ldots + \mathscr{E}_n + \ldots$$

Les égalités (1) et (2) nous montrent que E et CE sont accessibles inférieurement. Donc, E est un ensemble *bilatéral* de classe α.

C. Q. F. D.

Lemme 2. — *Si la classe* K_α *de première espèce n'est pas dépourvue d'éléments, il y a, dans cette classe, des ensembles* unilatéraux *et des ensembles* inaccessibles de deux côtés.

En effet, dans la classe K_α, il ne peut exister d'ensembles bilatéraux. Donc, si E est un ensemble de classe α, deux cas seulement sont possibles.

Dans un premier cas, l'ensemble E est accessible d'un seul côté

(^{1}) Pour voir la possibilité d'une telle transformation, nous observons d'abord que la transformation $x' = \dfrac{x}{1 + x}$ transforme de la manière indiquée la portion infinie $(0, +\infty)$ en une portion finie $(0, +1)$. Il en résulte qu'on peut transformer de la manière indiquée le domaine $\mathcal{J}$ entier en une portion $(-1, +1)$. D'autre part, toute portion finie se transforme en une portion finie quelconque au moyen d'une transformation *linéaire* à coefficients *rationnels*.

déterminé; dans ce cas, son complémentaire CE est aussi un ensemble unilatéral, mais il est accessible de l'autre côté. Comme le domaine $\mathcal{J}$ peut être transformé en une portion à l'aide d'une fonction continue et croissante, *il y a*, dans chaque portion (a, b) de $\mathcal{J}$, *des ensembles unilatéraux* de la classe K_α accessibles *supérieurement* et accessibles *inférieurement*.

Cela posé, prenons dans $(o, +\infty)$ un ensemble E_1 de classe α accessible supérieurement et dans $(-\infty, o)$ un ensemble E_2 de classe α accessible inférieurement. Il est manifeste que la somme $E_1 + E_2$ est un ensemble de classe α *inaccessible des deux côtés*.

Dans le second cas, l'ensemble E est inaccessible des deux côtés. Prenons l'égalité

$$E = \lim_{n=\infty} E_n,$$

où E_n est un ensemble de classe $< \alpha$. Comme l'opération lim est un cas particulier de l'opération $\overline{\lim}$ de M. E. Borel, nous pouvons écrire

$$E = (E_1 + E_2 + E_3 + \ldots) \times (E_2 + E_3 + \ldots) \times (E_3 + \ldots) \times \ldots.$$

Je dis maintenant que, entre les parenthèses, il y a au plus un nombre *fini* d'ensembles qui sont des ensembles de classe $< \alpha$. En effet, dans le cas contraire, E serait un ensemble accessible supérieurement puisque nous aurions pu effacer toutes les parenthèses de classe $< \alpha$ sans que la partie commune aux parenthèses restantes soit modifiée.

Donc, il y a des parenthèses qui sont des ensembles précisément de classe α. On voit bien que ce sont des ensembles *accessibles inférieurement* puisque $\mathrm{cl} E_n < \alpha$. Ainsi, le second cas se réduit au premier.   C. Q. F. D.

LEMME 3. — *Si la classe K_α de seconde espèce contient un ensemble qui n'est pas bilatéral, elle contient des ensembles unilatéraux et inaccessibles des deux côtés.*

La démonstration de ce lemme est identique à la précédente puisque l'hypothèse que α est de première espèce n'est intervenue là que pour avoir un ensemble qui n'est pas bilatéral.

Pour achever l'étude de la structure des classes, nous avons besoin d'une proposition importante qui montre le rôle singulier que jouent les ensembles bilatéraux dans la classification de Baire-de la Vallée Poussin.

Théorème. — *La limite d'une suite d'ensembles bilatéraux de classe α est toujours un ensemble de classe $\leq \alpha$.*

Pour démontrer ce théorème, prenons un ensemble E tel que

$$E = \lim_{n=\infty} E_n,$$

où les E_n sont des ensembles bilatéraux de classe α.

Nous avons les égalités suivantes :

$$E = (E_1 + E_2 + E_3 + \ldots) \times (E_2 + E_3 + \ldots) \times (E_3 + \ldots) \times \ldots$$

et

$$E = (E_1 . E_2 . E_3 \ldots) + (E_2 . E_3 \ldots) + (E_3 \ldots) \times \ldots.$$

Comme chaque E_i est bilatéral de classe α, il en résulte que toutes les parenthèses dans les deux développements de E sont des ensembles de classe $\leq \alpha$. Donc, si l'ensemble E était de classe $\alpha + 1$, il serait bilatéral dans $K_{\alpha+1}$. Or, ceci est impossible, puisque la classe $K_{\alpha+1}$ est de première espèce. c. q. f. d.

En résumé, *lorsqu'on prend les limites des ensembles bilatéraux de classe α, leur classe ne s'élève jamais.*

Nous pouvons maintenant énoncer la proposition fondamentale :

Théorème fondamental sur la structure des classes. — *Toute classe $K_{\alpha+1}$ de première espèce est formée d'ensembles unilatéraux et d'ensembles inaccessibles des deux côtés; toute classe K_α de seconde espèce contient en outre des ensembles bilatéraux.*

Ce théorème est une synthèse de trois lemmes précédents.

En effet, si K_α est de première espèce, il suffit de supposer qu'*il y a* des ensembles dans K_α : d'après le lemme 2, l'existence d'un ensemble dans K_α entraîne l'existence, dans la classe K_α, des ensembles de tous les genres possibles.

Si K_α est de seconde espèce, il suffit de supposer qu'*il y a* des ensembles dans la classe *suivante* $K_{\alpha+1}$: d'après le lemme 3, l'existence d'un ensemble dans $K_{\alpha+1}$ entraîne l'existence, dans la classe K_α, des ensembles de tous les genres.

Il est intéressant de remarquer que, si K_α est de seconde espèce, il ne suffit pas de l'existence d'un ensemble dans K_α puisque cet ensemble peut être *bilatéral*. Au contraire, l'existence d'un ensemble de la classe suivante $K_{\alpha+1}$ entraîne l'existence, dans K_α, des ensembles *qui ne sont pas bilatéraux*, puisqu'on ne peut pas obtenir un ensemble de classe $\alpha + 1$ en effectuant des passages à la limite sur des ensembles bilatéraux. Dans ces conditions le lemme 3 est applicable.

D'autre part, tout ensemble E de classe α de seconde espèce peut être évidemment obtenu comme limite d'ensembles bilatéraux de classe α.

En définitive, nous sommes amenés à reconnaître la structure suivante aux classes de seconde espèce de la classification de Baire-de la Vallée Poussin : les ensembles bilatéraux forment une partie intégrante très importante de chaque classe de seconde espèce. Dans la formation des ensembles mesurables B, on peut comparer le rôle des ensembles bilatéraux avec le rôle des ensembles de la classe initiale K_0 : les portions de la classe initiale K_0 jouent le même rôle que les ensembles des classes inférieures à α et les autres ensembles de K_0 jouent le même rôle que les ensembles bilatéraux, tandis que les ensembles unilatéraux et les ensembles inaccessibles des deux côtés de la classe de seconde espèce K_α jouent le même rôle que les ensembles de classe K_1 ([1]).

En raison des propriétés singulières des ensembles bilatéraux, nous appelons *base* de chaque classe limite K_α l'ensemble de tous les ensembles bilatéraux et nous la désignons par B_α.

SÉPARABILITÉ.

Nous allons maintenant poser une définition très importante qui joue un rôle tout à fait essentiel dans ce qui suit.

Nous dirons que deux ensembles E_1 et E_2 de la classe K_α de première espèce sont *séparables* lorsqu'on sait obtenir deux ensembles H_1 et H_2 de classe inférieure à α sans partie commune qui contiennent respectivement E_1 et E_2; les ensembles H_1 et H_2 seront dits *séparateurs*.

([1]) Il paraît naturel de réunir les deux classes 0 et 1 en une seule et la considérer comme une *classe limite*. C'est la raison, peut-être, pour laquelle le célèbre théorème de M. Baire est relatif aux fonctions de classes ≤ 1 et non pas de la classe 1 seulement.

Appelons aussi *séparables* deux ensembles E_1 et E_2 de la classe K_α
de seconde espèce qui n'appartiennent pas à la base B_α si les
ensembles séparateurs H_1 et H_2 appartiennent à cette base. Enfin,
deux ensembles E_1 et E_2 de la base B_α sont dits *séparables* si les
ensembles séparateurs H_1 et H_2 sont de classe inférieure à α.

Ces définitions ont le caractère *qualificatif* puisqu'elles nous
donnent l'*idée* seule d'éloignement des ensembles sans que cet éloignement soit exactement *mesuré*. Plus loin, nous donnerons une
mesure descriptive de la « distance » de deux ensembles mesurables B.

Pour le moment, nous nous bornons à observer que deux
ensembles E_1 et E_2 situés dans deux portions différentes (a_1, b_1) et
(a_2, b_2) du domaine fondamental $\mathcal{J}$ sans points communs doivent
être considérés comme *extrêmement éloignés*. L'éloignement mutuel
des ensembles E_1 et E_2 mesurables B devient d'autant *plus petit* que
la classe des ensembles séparateurs H_1 et H_2 est plus grande.

Éléments de la classe K_α. — Nous avons considéré la structure des
classes de la classification de Baire-de la Vallée Poussin. Pour analyser la structure des *ensembles* eux-mêmes de points de la classe
donnée K_α, nous prenons comme instrument les ensembles *accessibles supérieurement.*

Appelons *élément* tout ensemble de la classe K_α qui est accessible
supérieurement et qui n'appartient pas à la base B_α lorsque la
classe K_α est de seconde espèce.

L'introduction de la notion d'élément de classe α est très naturelle
en raison de nombreuses et profondes analogies que présentent les
éléments d'une classe quelconque avec les *points ordinaires.*

Un point x pris seul est un élément de classe 1. Si x_1 et x_2 sont
deux points différents, ils sont *séparables au moyen de portions* (a_1, b_1) et (a_2, b_2) du domaine fondamental $\mathcal{J}$.

Fig. 2.

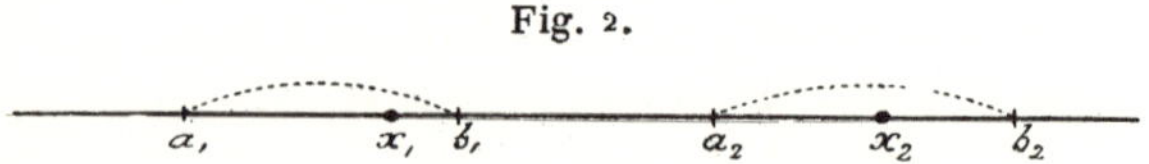

Nous avons une analogie parfaite et profonde entre cette propriété
des *points* et la propriété des *éléments* de la classe K_α que voici :
deux éléments quelconques de la classe K_α sans partie commune

sont toujours séparables au moyen d'ensembles de classe inférieure ou bien de la base B_α.

C'est ce que nous indiquons sur la figure schématique ci-dessous,

Fig. 3.

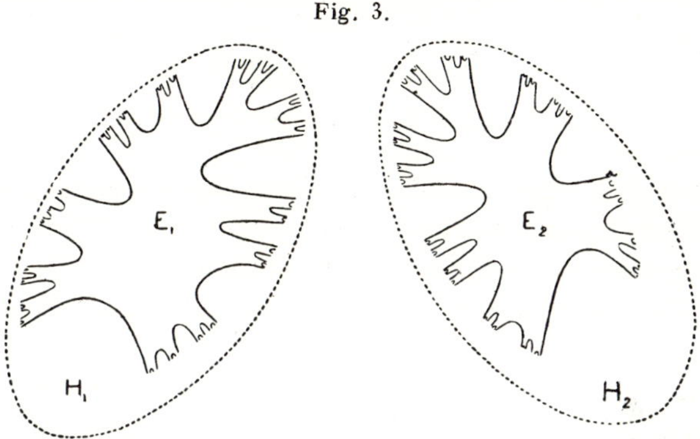

où les frontières symboliques des éléments E_1 et E_2 doivent être d'autant plus sinueuses que la classe α est haute.

Nous passons maintenant à la démonstration du théorème fondamental sur la séparabilité des éléments n'ayant aucune partie commune.

Théorème fondamental. — *Deux éléments d'une classe K_α quelconque sans partie commune sont toujours séparables.*

Soient E et $\mathcal{E}$ deux éléments de la classe K_α sans partie commune.

Comme E et $\mathcal{E}$ sont des ensembles accessibles supérieurement, nous pouvons former deux suites décroissantes d'ensembles de classe $< \alpha$,

$$E_1 > E_2 > E_3 > \ldots > E_n > \ldots$$

et

$$\mathcal{E}_1 > \mathcal{E}_2 > \mathcal{E}_3 > \ldots > \mathcal{E}_n > \ldots$$

telles que la limite de la première est l'élément E et la limite de la seconde est l'élément $\mathcal{E}$.

Cela posé, écrivons deux schèmes verticaux :

et prenons tous les produits de deux lettres situées sur une même droite inclinée avec le signe $+$ et les produits de deux lettres situées sur une même droite horizontale avec le signe $-$. Nous obtenons de cette manière deux séries alternées décroissantes d'ensembles de classe $< \alpha$,

$$\mathcal{J}\,E_1 - E_1\,\mathcal{E}_1 + \mathcal{E}_1\,E_2 - E_2\,\mathcal{E}_2 + \mathcal{E}_2\,E_3 - \ldots$$

et

$$\mathcal{J}\,\mathcal{E}_1 - \mathcal{E}_1\,E_1 + E_1\,\mathcal{E}_2 - \mathcal{E}_2\,E_2 + E_2\,\mathcal{E}_3 - \ldots.$$

Ces séries d'ensembles sont évidemment convergentes, puisque les éléments E et $\mathcal{E}$ n'ont aucune partie commune et, par suite, le terme général des deux séries a pour limite l'ensemble nul.

Soit H_1 la somme de la première série et H_2 la somme de la seconde.

Prenons maintenant un point quelconque x du domaine $\mathcal{J}$ et supposons qu'il appartienne à k termes de la colonne gauche et à l termes de la colonne droite du schème vertical précédent. Puisque les premiers termes sont $\mathcal{J}$, nous avons $k \geq 1$ et $l \geq 1$.

Il y a lieu de distinguer trois cas :

Premier cas : $k < l$. — Dans ce cas, le point x n'appartient pas à H_1 et appartient à H_2 ;

Deuxième cas : $k = l$. — Dans ce cas, le point x n'appartient ni à H_1, ni à H_2 ;

Troisième cas : $k > l$. — Dans ce cas, le point x appartient à H_1 et n'appartient pas à H_2.

Il en résulte que les ensembles H_1 et H_2 sont sans points communs.

Comme le terme général des deux séries est un ensemble de classe $< \alpha$, les ensembles H_1 et H_2 sont *ou bien* de classe $< \alpha$, *ou bien* appartiennent à la base B_α (p. 60).

Il est clair, enfin, que $E < H_1$ et $\mathcal{E} < H_2$. Donc, les ensembles H_1 et H_2 sont séparateurs et les éléments donnés E et $\mathcal{E}$ sont séparés.

C. Q. F. D.

Ainsi, l'analogie entre la séparation de deux *points* différents et celle de deux *éléments* sans partie commune est complète. Il en est de même pour l'analogie entre la séparation simultanée *d'un nombre fini* de *points* différents au moyen de portions séparatrices du domaine $\mathcal{J}$ n'empiétant pas les unes sur les autres et la séparation simultanée *d'un nombre fini* d'*éléments* sans parties communes au moyen des ensembles séparateurs n'empiétant pas non plus les uns sur les autres. En effet, nous pouvons compléter le théorème démontré par la conséquence suivante :

Les éléments de la classe K_α *en nombre fini et sans parties communes sont* simultanément *séparables, c'est-à-dire peuvent être respectivement enfermés dans des ensembles séparateurs ou bien de classe* $< \alpha$, *ou bien de la base* B_α *sans points communs deux à deux* (¹).

En effet, soient E_1, E_2, ..., E_m des éléments de la classe K_α n'ayant aucune partie commune deux à deux ; le nombre fini m est fixe.

Prenons deux éléments quelconques E_i et E_j, $i \neq j$. Ces éléments étant séparables, nous pouvons désigner par $H_{i,j}$ et $H_{j,i}$ les ensembles séparateurs $E_i < H_{i,j}$ et $E_j < H_{j,i}$; les ensembles $H_{i,j}$ et $H_{j,i}$ n'ont aucun point commun et sont *ou bien* de classe $< \alpha$, *ou bien* de la base B_α.

Cela posé, prenons la partie commune à tous les ensembles $H_{i,j}$, le premier indice étant fixe et le second prenant toutes les valeurs 1, 2, 3, ..., m, sauf la valeur i. Nous désignons par H_i cette partie commune.

Il est clair que l'ensemble H_i contient l'ensemble E_i et qu'il est *ou bien* de classe $< \alpha$, *ou bien* de la base B_α. D'ailleurs, deux ensembles $H_{i,j}$ et $H_{j,i}$ étant sans point commun, nous concluons que deux ensembles H_i et H_j n'ont eux non plus aucun point commun.

Donc, la séparation *simultanée* des éléments E_1, E_2, ..., E_m au moyen des ensembles H_1, H_2, ..., H_m est réalisée.   C. Q. F. D.

Il est très naturel maintenant de poser la question suivante : *cette séparabilité simultanée a-t-elle encore lieu s'il s'agit d'une infinité dénombrable d'éléments sans partie commune deux à deux ?*

(¹) Ce théorème peut être considéré comme le premier pas dans la voie de la théorie autonome de la mesure de M. E. Borel. En effet, dès que tous les ensembles de classes inférieures à α obtiennent la mesure de M. E. Borel, les éléments de la classe K_α la possèdent. Et la proposition du texte nous dit que nous ne rencontrerons jamais de séries *divergentes* de mesures de M. E. Borel, dans la classe K_α, puisque, autrement, en raison de cette séparabilité simultanée des éléments, nous aurions des mesures *négatives* de M. E. Borel dans les classes précédentes à K_α. D'autre part, chaque ensemble E de classe α est composé d'éléments (p. 74). Nous n'insisterons plus sur ce point.

On voit immédiatement que la réponse est négative même s'il s'agit de *points* du domaine $\mathcal{J}$: il suffit de prendre un ensemble dénombrable de points quelconques *partout dense* sur $\mathcal{J}$. Bien que deux points arbitraires de cet ensemble sont sûrement séparables au moyen de portions, on ne peut pas séparer simultanément *tous* les points de cet ensemble.

Néanmoins, l'analogie complète existe ici entre les *points* et les *éléments*. Pour mettre nettement en lumière cette analogie, il est utile de faire introduire la notion d'*élément isolé*.

Ensembles isolés. — On sait que, étant donné un ensemble de points E, un point x de E est dit *isolé* dans l'ensemble E lorsqu'on peut trouver une portion (a, b) du domaine $\mathcal{J}$ qui contient x et qui ne contient aucun autre point de E. Pour qu'un point x de E soit séparable simultanément des autres points de E, il faut et il suffit que x soit *isolé* dans E. C'est pour cette raison qu'on étudie les ensembles de points dits *isolés*.

Par définition même, est *isolé* tout ensemble de points E dont chaque point est isolé. L'ensemble de points E isolé est nécessairement *dénombrable*,

$$(E) \qquad\qquad x_1, \quad x_2, \quad x_3, \quad \ldots, \quad x_n, \quad \ldots$$

et l'on démontre sans difficulté que les points d'un ensemble de points *isolé* sont tous séparables *simultanément* (c'est-à-dire *uniformément*) : il suffit d'enfermer ses points en une série de portions du domaine $\mathcal{J}$, chacune de ces portions ayant un diamètre ne dépassant pas la moitié de la borne inférieure des distances entre le point considéré et les autres points de l'ensemble.

Prenons maintenant comme guide l'analogie indiquée entre les *points* et les *éléments*.

Étant donnée une suite illimitée d'éléments de la classe K_α sans partie commune deux à deux

$$e_1, \quad e_2, \quad e_3, \quad \ldots, \quad e_n, \quad \ldots,$$

appelons *isolé* dans cette suite tout élément e_i tel qu'on peut déterminer un ensemble H_i *ou bien* de classe $< \alpha$, *ou bien* de la base B_α qui contient e_i et qui n'a aucune partie commune avec un autre élément de cette suite.

Appelons *isolée* la suite d'éléments de classe K_α,

$$e_1, \quad e_2, \quad e_3, \quad \ldots, \quad e_n, \quad \ldots$$

lorsque chacun de ses termes est isolé dans cette suite.

Voici maintenant une proposition parfaitement analogue à celle qui concerne les suites isolées de *points* :

Théorème. — *Tous les éléments d'une suite isolée d'éléments de la classe K_α peuvent être simultanément (uniformément) séparés.*

Soit $e_1, e_1, \ldots, e_n, \ldots$ une suite illimitée isolée d'éléments de la classe K_α. Un entier positif n étant donné, désignons par H_n un ensemble qui sépare e_n des autres éléments de la suite; l'ensemble H_n est donc *ou bien* de classe $< \alpha$, *ou bien* de la base B_α et contient l'élément e_n sans avoir de partie commune avec un autre élément de la suite.

Ceci posé, prenons l'ensemble θ_n défini par l'égalité

$$\theta_n = H_n \times CH_1 \times CH_2 \times \ldots \times CH_{n-1}$$

quel que soit n.

Il est clair que θ_n est *ou bien* de classe $< \alpha$, *ou bien* de la base B_α et qu'il contient l'élément e_n.

Comme les ensembles

$$\theta_1, \quad \theta_2, \quad \theta_3, \quad \ldots, \quad \theta_n, \quad \ldots$$

sont manifestement sans parties communes deux à deux, la séparation simultanée des éléments $e_1, e_2, \ldots$ est réalisée.   c. q. f. d.

Nous allons maintenant reprendre à un point de vue plus général les questions relatives aux familles isolées en nous plaçant dans le cas des ensembles quelconques.

Soit $\mathscr{F}$ une famille formée d'ensembles *quelconques*.

Nous dirons qu'un ensemble E appartenant à $\mathscr{F}$ est *isolé* dans $\mathscr{F}$ relativement à la classe K_α s'il existe un ensemble H *ou bien* de classe $< \alpha$, *ou bien* de la base B_α qui contient E et qui n'a aucune partie commune avec un autre ensemble de $\mathscr{F}$.

La famille $\mathscr{F}$ dont chaque ensemble est isolé relativement à K_α est dite elle-même *isolée* relativement à K_α.

La démonstration du théorème précédent s'applique toujours et nous pouvons énoncer une proposition un peu plus générale.

Toute famille dénombrable $\mathscr{F}$ isolée relativement à la classe K_α est uniformément isolée, c'est-à-dire on peut enfermer simultanément tous les ensembles E de $\mathscr{F}$ en une série d'ensembles H n'ayant aucune partie commune deux à deux et qui sont de classe $< \alpha$, ou bien de la base B_α.

Il importe de reconnaître la nature des ensembles de points qu'on obtient en faisant la somme des termes d'une famille isolée. Voici la proposition générale :

Théorème. — *La somme des termes d'une famille dénombrable isolée relativement à K_α et formée d'ensembles de classe $\leqq \alpha$ est un ensemble de classe $\leqq \alpha$.*

Soit $\mathscr{F}$ une famille formée d'ensembles E_1, E_2, ... de classe $\leqq \alpha$. Comme $\mathscr{F}$ est isolée relativement à K_α, nous avons une suite H_1, H_2, ... d'ensembles *ou bien* de classe $< \alpha$, *ou bien* de la base B_α sans parties communes deux à deux et tels que $E_i < H_i$.

Prenons les égalités

$$E_i = \lim_{k=\infty} E_i^{(k)},$$

où $\mathrm{cl}\, E_i^{(k)} < \alpha$.

Il en résulte que l'ensemble S_n défini par l'égalité

$$S_n = E_1^{(n)} . H_1 + E_2^{(n)} . H_2 + \ldots + E_n^{(n)} . H_n$$

est *ou bien* de classe $< \alpha$, *ou bien* de la base B_α.

Soit x un point quelconque du domaine $\mathscr{I}$. Il y a lieu de distinguer deux cas :

Dans le premier cas, le point x appartient à la somme $E_1 + E_2 + \ldots$. Donc, il existe un entier positif i tel que x appartient à E_i et, par suite, à $E_i^{(n)}$ dès que n est assez grand. Comme nous avons $E_i < H_i$, on voit bien que x appartient à S_n pour n assez grand.

Dans le second cas, le point x n'appartient pas à la somme $E_1 + E_2 + \ldots$. Si x n'appartient à aucun des ensembles H_i, il n'appartient pas à S_n quel que soit n. Si x appartient à un ensemble H_i, il n'appartient à aucun des autres ensembles H_j, $j \neq i$, puisque les ensembles H_1, H_2, ... n'ont pas parties communes. Il en résulte que le point x cesse d'appartenir à S_n dès que $E_i^{(n)}$ cesse de contenir x, ce qui aura lieu pour n assez grand.

Nous en concluons que la somme $E_1 + E_2 + \ldots$ est la limite de la suite convergente $S_1, S_2, \ldots$ et puisque S_n est *ou bien* de classe $< \alpha$, *ou bien* de la base B_α, nous avons $\mathrm{cl}(E_1 + E_2 + \ldots) \leqq \alpha$.

C. Q. F. D.

Nous compléterons ce résultat par les remarques suivantes :

REMARQUE I. — *Pour que la somme des termes d'une famille dénombrable d'ensembles de classe $\leqq \alpha$ isolée relativement à K_α soit un ensemble de la classe K_α inaccessible inférieurement, il faut et il suffit que l'un, au moins, des termes de la famille soit inaccessible inférieurement.*

La condition est nécessaire, puisque, dans le cas contraire, chaque terme E_i de la famille considérée est accessible inférieurement et, par suite, la somme $E_1 + E_2 + \ldots$ l'est aussi.

La condition est suffisante, puisque, si la somme $E_1 + E_2 + \ldots$ est accessible inférieurement, sa partie commune avec H_i l'est aussi; or, cette partie commune n'est autre que E_i.

REMARQUE II. — *Si les termes E_i d'une famille dénombrable isolée relativement à K_α sont des éléments de la classe K_α et si la somme $H_1 + H_2 + \ldots$ des ensembles séparateurs est : ou bien de classe $< \alpha$, ou bien de la base B_α, la somme $E_1 + E_2 + \ldots$ est un élément de la classe K_α.*

En effet, d'après le cas précédent, la somme $E_1 + E_2 + \ldots$ est inaccessible inférieurement de la classe K_α. D'autre part, prenons une suite décroissante de classe $< \alpha$,

$$E_1^{(i)} > E_2^{(i)} > .. > E_n^{(i)} > \ldots$$

définissant l'élément E_i, l'entier positif i étant quelconque. Soit R_n l'ensemble-somme $H_{n+1} + H_{n+2} + \ldots$. Dans ces conditions, l'ensemble S_n défini par l'égalité

$$S_n = E_n^{(1)}.H_1 + E_n^{(2)}.H_2 + \ldots + E_n^{(n)}.H_n + R_n$$

est évidemment *ou bien* de classe $< \alpha$, *ou bien* de la base B_α.

Or, la suite des ensembles $S_1, S_2, \ldots$ est décroissante et a pour limite la somme $E_1 + E_2 + \ldots$. Donc, $E_1 + E_2 + \ldots$ est sûrement un élément de la classe K_α.

C. Q. F. D.

PREMIERS RENSEIGNEMENTS SUR LA STRUCTURE D'UN ENSEMBLE DE POINTS DE CLASSE DONNÉE.

Ensemble général d'une classe donnée. — Si nous cherchons à analyser la structure d'un ensemble de points d'une classe donnée K_α, il est très naturel d'essayer de décomposer cet ensemble en une infinité dénombrable d'*éléments* de la classe K_α en raison de l'analogie complète qui existe entre les éléments et les points ordinaires.

Tout d'abord, nous avons cette proposition importante :

THÉORÈME. — *Tout ensemble de points de la classe K_α est une somme d'une infinité dénombrable d'éléments de classe $\leqq \alpha$ n'ayant aucune partie commune deux à deux.*

Pour le démontrer, supposons que le théorème est vrai pour toutes les classes β inférieures à α et montrons qu'il est encore vrai pour la classe α elle-même.

Soit E un ensemble quelconque de la classe K_α. Nous avons l'égalité

$$E = \lim_{n = \infty} E_n,$$

où $\mathrm{cl}\, E_n < \alpha$.

Comme l'opération $\lim$ est un cas particulier de l'opération $\underline{\lim}$ de M. E. Borel, nous pouvons écrire

$$E = (E_1 . E_2 . E_3 \ldots) + (CE_1 . E_2 . E_3 \ldots) + (CE_2 . E_3 \ldots) + \ldots.$$

On voit bien que les parenthèses sont des ensembles n'ayant aucune partie commune deux à deux et que la classe de chacune des parenthèses est $\leqq \alpha$.

Si la classe d'une parenthèse est inférieure à α, cette parenthèse est, d'après l'hypothèse faite, une somme dénombrable d'éléments de classe $< \alpha$ sans parties communes. Si une parenthèse est un ensemble bilatéral de la classe K_α, il est une somme dénombrable d'ensembles de classe $< \alpha$ et, par suite, une somme dénombrable d'éléments de classe $< \alpha$.

Or, si un crochet est de classe α et n'est pas un ensemble bilatéral de cette classe, il est sûrement un élément de la classe K_α. Donc, E est une somme dénombrable d'éléments de classe $\leqq \alpha$ sans partie commune.

Comme chaque ensemble E de la classe K_0 est une somme d'une infinité dénombrable de portions du domaine $\mathcal{I}$, le théorème est vrai pour $\alpha = 0$ et, par suite, dans tous les cas.

C. Q. F. D.

Ainsi, *tout ensemble* E *de la classe* K_α *peut être écrit sous la forme*

$$E = e_1 + e_2 + e_3 + \ldots + e_n + \ldots,$$

où e_n *est élément de classe* $\leq \alpha$, *les* e_n *étant sans partie commune deux à deux.*

La conclusion inverse n'est pas vraie, puisque la somme d'une infinité dénombrable d'éléments de classe $\leq \alpha$ sans partie commune *peut être* effectivement de classe supérieure à α : c'est manifestement le cas où E est un ensemble de la classe $K_{\alpha+1}$ *accessible inférieurement.*

C'est la raison pour laquelle il est très naturel de chercher *les conditions nécessaires et suffisantes pour qu'une somme d'une infinité dénombrable d'éléments de la classe* K_α *ne présenterait aucune élévation de classe.*

Il est aisé de se rendre compte de l'extrême importance de ce problème. En effet, si nous réussissons à trouver les conditions *suffisantes* pour que la classe soit élevée, nous aurons, en même temps, un procédé effectif pour *construire* réellement des ensembles des classes de plus en plus élevées, ce qui nous manque à présent.

Nous allons donner quelques résultats préliminaires sur ce sujet.

Théorème. — *Si le domaine fondamental* $\mathcal{I}$ *est totalement décomposé en une infinité dénombrable d'éléments* E_n *de classe* $< \alpha$ *n'empiétant pas les uns sur les autres, la somme d'une infinité d'éléments* E_n *choisis arbitrairement est toujours de classe* $< \alpha$, *ou bien de la base* B_α. *Inversement, si la somme d'une infinité dénombrable d'éléments de classe* $< \alpha$ *n'empiétant pas les uns sur les autres est de classe* $< \alpha$, *ou bien de la base* B_α, *ces éléments forment une partie d'une décomposition complète du domaine total* $\mathcal{I}$ *en une infinité dénombrable d'éléments de classe* $< \alpha$.

En effet, si nous avons une décomposition

$$\mathcal{I} = \varepsilon_1 + \eta_1 + \varepsilon_2 + \eta_2 + \ldots + \varepsilon_n + \eta_n + \ldots,$$

où les ε_i et η_i sont des éléments de classe $< \alpha$, les ensembles S et T définis par les égalités

$$S = \varepsilon_1 + \varepsilon_2 + \ldots + \varepsilon_n + \ldots$$

et

$$T = \eta_1 + \eta_2 + \ldots + \eta_n + \ldots$$

sont : *ou bien* de classe $< \alpha$, *ou bien* accessibles inférieurement de de la classe B_α. Et comme S et T sont complémentaires, ils sont accessibles supérieurement et, par suite, bilatéraux de la classe K_α.

Inversement, si E est un ensemble *ou bien* de classe $< \alpha$, *ou bien* de la base B_α, l'ensemble complémentaire CE l'est aussi. Donc, d'après le théorème précédent, nous avons deux développements de E et CE en séries d'éléments de classe $< \alpha$

$$E = \varepsilon_1 + \varepsilon_2 + \ldots + \vartheta_n + \ldots$$

et

$$CE = \eta_1 + \eta_2 + \ldots + \eta_n + \ldots$$

Si l'on ajoute terme à terme ces développements, on obtient visiblement une décomposition du domaine total $\mathcal{J}$ en une infinité d'éléments de classe $< \alpha$ sans parties communes deux à deux

$$\mathcal{J} = E + CE = \varepsilon_1 + \eta_1 + \varepsilon_2 + \eta_2 + \ldots + \varepsilon_n + \eta_n + \ldots,$$

ce qui prouve le théorème énoncé.

C. Q. F. D.

Nous compléterons ce résultat par la proposition suivante qui peut jouer le rôle de critère pour reconnaître que la classe d'une somme infinie d'éléments n'a pas été élevée :

THÉORÈME. — *La condition nécessaire et suffisante pour que la somme d'une infinité dénombrable d'éléments de classe $\leqq \alpha$ sans parties communes soit de classe $\leqq \alpha$, est qu'elle soit une partie d'une décomposition complète du domaine total $\mathcal{J}$ en une infinité dénombrable d'éléments de classe $\leqq \alpha$ sans parties communes.*

La condition est nécessaire. — Si l'ensemble-somme $S = \varepsilon_1 + \varepsilon_2 + \ldots$ est de classe $\leqq \alpha$, son complémentaire CS l'est aussi. Donc, nous pouvons développer CS en série d'éléments de classe $\leq \alpha$ et écrire $CS = \eta_1 + \eta_2 + \ldots$. En ajoutant terme à terme ces développements, nous avons la décomposition $\mathcal{J}$ cherchée

$$\mathcal{J} = \varepsilon_1 + \eta_1 + \varepsilon_2 + \eta_2 + \ldots$$

La condition est suffisante. — Si nous avons une décomposition du domaine $\mathcal{J}$ en une infinité dénombrable d'éléments de classe $\leq \alpha$,

$$\mathcal{J} = \varepsilon_1 + \eta_1 + \varepsilon_2 + \eta_2 + \ldots,$$

la somme

$$S = \varepsilon_1 + \varepsilon_2 + \ldots + \varepsilon_n + \ldots$$

ne peut pas être de classe $K_{\alpha+1}$, puisque, dans le cas contraire, l'ensemble S et son complémentaire

$$T = \eta_1 + \eta_2 + \ldots + \eta_n + \ldots$$

seraient des ensembles accessibles inférieurement de la classe $\alpha + 1$, donc bilatéraux, ce qui est impossible, la classe $K_{\alpha+1}$ étant de première espèce (¹).

Critère de non-élévation de classe. — Nous allons donner un critère pour qu'une somme d'éléments de classe $\leq \alpha$ soit de classe $\leq \alpha$ sous une forme qui nous servira dans l'analyse plus approfondie de la structure des ensembles de points d'une classe donnée.

Voici ce critère.

Théorème. — *La condition nécessaire et suffisante pour que la somme* $E_1 + E_2 + \ldots + E_n + \ldots$ *d'une infinité dénombrable d'éléments de classe* $\leq \alpha$, *sans partie commune deux à deux, soit de classe* $\leq \alpha$ *est qu'il soit possible d'enfermer l'élément* E_n *dans un ensemble* H_n *ou bien de classe* $< \alpha$, *ou bien de la base* B_α *de manière à avoir* $\lim_{n=\infty} H_n = 0$.

(¹) Voici une généralisation immédiate de ce théorème : *Si un ensemble* E *de classe* $\leq \alpha$ *est décomposé en une infinité dénombrable d'ensembles de classe* $\leq \alpha$ *sans points communs deux à deux, chaque partie* P *de cette décomposition est un ensemble de classe* $\leq \alpha$.

Pour le démontrer, il suffit de remarquer que chacun des ensembles composants est une somme d'une infinité dénombrable d'éléments de classe $< \alpha + 1$, ainsi que l'ensemble complémentaire CE. Donc, nous avons une décomposition complète du domaine $\mathcal{J}$ en une infinité dénombrable d'éléments de classe $< \alpha + 1$ et P est une partie de cette décomposition. Il en résulte que la classe P est $\leq \alpha$ puisque la classe $K_{\alpha+1}$ ne peut pas avoir des ensembles bilatéraux.

La condition est nécessaire. — En effet, si $E = E_1 + E_2 + \ldots + E_n + \ldots$
est de classe $\leqq \alpha$, le complémentaire CE l'est aussi. Donc, nous avons
un développement

$$CE = \mathcal{E}_1 + \mathcal{E}_2 + \ldots + \mathcal{E}_n + \ldots$$

de CE en série dénombrable d'éléments $\mathcal{E}_n$ de classe $\leqq \alpha$ sans parties
communes deux à deux.

Cela posé, considérons $2n - 1$ éléments de classe $\leqq \alpha$: $E_1, E_2, \ldots,$
$E_{n-1}, \mathcal{E}_1, \mathcal{E}_2, \ldots, \mathcal{E}_{n-1}$ et $\mathcal{E}_n$. Il est clair que la somme θ_n de ces
éléments est aussi un élément de classe $\leqq \alpha$.

Comme deux éléments θ_n et E_n n'ont aucune partie commune, nous
pouvons déterminer un ensemble séparateur H_n *ou bien* de classe $< \alpha$,
ou bien de la base B_α qui contient E_n et qui n'a aucun point commum
avec θ_n.

Il est aisé de voir que $\lim_{n=\infty} H_n = 0$. En effet, dans le cas contraire, il
existe un point ξ du domaine fondamental $\mathcal{J}$ qui appartient à une
infinité d'ensembles $H_1, H_2, H_3, \ldots$. Or, comme nous avons une
décomposition complète

$$\mathcal{J} = E_1 + \mathcal{E}_1 + E_2 + \mathcal{E}_2 + \ldots + E_n + \mathcal{E}_n + \ldots,$$

ce point ξ appartient à un ensemble E_i ou bien à $\mathcal{E}_i$ bien déterminé,
sans appartenir à aucun autre de ces ensembles composants. Donc,
dès que n dépasse i, l'ensemble H_n ne contient plus le point ξ ce qui
contredit à l'hypothèse faite. Il en résulte que $\lim_{n=\infty} H_n = 0$.

La condition est suffisante. — Supposons, en effet, que $E_n < H_n$
et que $\lim_{n=\infty} H_n = 0$, l'ensemble H_n étant *ou bien* de classe $< \alpha$, *ou
bien* de la base B_α.

Comme E_n est un élément de classe $\leqq \alpha$, nous pouvons écrire
l'égalité

$$E_n = \lim_{k=\infty} E_n^{(k)},$$

où l'ensemble à deux indices $E_n^{(k)}$ est de classe $< \alpha$. Il en résulte que
l'ensemble S_n défini par l'égalité

$$S_n = E_1^{(n)} . H_1 + E_2^{(n)} . H_2 + \ldots + E_n^{(n)} . H_n$$

est *ou bien* de classe $< \alpha$, *ou bien* de la base B_α. Nous allons démontrer que la suite d'ensembles

$$S_1, \quad S_2, \quad \ldots, \quad S_n, \quad \ldots$$

est convergente et a la somme $E = E_1 + E_2 + \ldots$ pour limite.

Pour le voir, prenons un point x quelconque du domaine $\mathcal{J}$. Nous distinguons deux cas, suivant que x appartient ou non à l'ensemble E.

Premier cas. — Le point x appartient à un élément E_i bien déterminé; donc, il appartient à H_i. On voit bien qu'il appartient à $E_i^{(n)}$ dès que n dépasse une certaine valeur. Il en résulte que le point x appartient à S_n pour n suffisamment grand.

Deuxième cas. — Le point x n'appartient pas à E. Comme nous avons $\lim\limits_{n=\infty} H_n = 0$, le point x appartient à un nombre limité d'ensembles $H_1, H_2, \ldots$. Soit m un entier positif tel que x n'appartient à aucun des ensembles $H_{m+1}, H_{m+2}, \ldots$. D'autre part, x n'appartient à aucun des m ensembles $E_1, E_2, \ldots, E_m$. Puisque le nombre m est fixe, le point x n'appartient à aucun des m ensembles $E_1^{(n)}, E_2^{(n)}, \ldots,$ $E_m^{(n)}$ lorsque n est assez grand. Il en résulte que le point x n'appartient pas à S_n pour n suffisamment grand.

Ainsi, la suite d'ensembles $S_1, S_2, \ldots$ est convergente et a E pour limite, $E = \lim\limits_{n=\infty} S_n$. Comme S_n est *ou bien* de classe $< \alpha$, *ou bien* de la base B_α, l'ensemble E est de classe $\leqq \alpha$.   C. Q. F. D.

La portée des opérations $\overline{\lim}$ et $\underline{\lim}$ de M. E. Borel. — Prenons une classe K_α quelconque de la classification de Baire-de la Vallée Poussin et considérons une suite illimitée d'ensembles quelconques de classe $< \alpha$

$$(1) \qquad\qquad E_1, \quad E_2, \quad \ldots, \quad E_n, \quad \ldots$$

Si nous effectuons sur cette suite l'opération $\overline{\lim}$ nous obtenons un ensemble bien déterminé que nous désignons par $\overline{\lim\limits_{n=\infty}} E_n$ et qui coïncide avec l'ensemble limite $\lim\limits_{n=\infty} E_n$ lorsque la suite d'ensembles (1) est convergente.

Ainsi, *tout ensemble* E *de la classe* K_α *peut être obtenu au* *moyen de l'opération $\overline{\lim}$ effectuée une fois sur des ensembles de classes précédentes.*

Si nous nous demandons quels sont les ensembles E de classe $> \alpha$ qui peuvent être obtenus de cette manière, nous remarquons immédiatement que *ce sont des éléments seuls de la classe* $K_{\alpha+1}$ *qui peuvent être obtenus au moyen de l'opération* $\overline{\lim}$ *effectuée sur les suites d'ensembles de classe* $< \alpha$.

En effet, on sait que l'ensemble limite complet $\overline{\lim}_{n=\infty} E_n$ peut être écrit sous la forme (p. 9)

$$(E_1 + E_2 + E_3 + \ldots) \times (E_2 + E_3 + \ldots) \times (E_3 + \ldots) \times \ldots.$$

Chaque parenthèse est un ensemble de classe $\leqq \alpha$. Donc, si l'ensemble limite complet $\overline{\lim}_{n=\infty} E_n$ appartient à la classe $K_{\alpha+1}$, il est un *élément* de cette classe.

Une proposition plus importante est la suivante : *chacun des éléments de la classe* $K_{\alpha+1}$ *peut être obtenu de cette manière.*

Pour la démontrer, prenons un élément E de la classe $K_{\alpha+1}$. Le complémentaire CE est une somme d'éléments de classe $\leqq \alpha$ sans parties communes et en infinité dénombrable

$$CE = E_1 + E_2 + \ldots + E_n + \ldots.$$

Puisque E_n est un élément de classe $\leqq \alpha$, son complémentaire CE_n est une somme d'une infinité dénombrable d'éléments de classe $< \alpha$ sans parties communes

$$CE_n = e_1^{(n)} + e_2^{(n)} + \ldots + e_\nu^{(n)} + \ldots.$$

D'après la formule évidente

$$E = CE_1 \times CE_2 \times \ldots \times CE_n \times \ldots,$$

nous pouvons écrire

$$E = (e_1^{(1)} + e_2^{(1)} + e_3^{(1)} + \ldots) \times (e_1^{(2)} + e_2^{(2)} + e_3^{(2)} + \ldots) \times \ldots.$$

Or, la partie commune à un nombre fini d'éléments de classe $< \alpha$ est un ensemble de classe $< \alpha$ et, par suite, une somme d'une infinité dénombrable d'éléments de classe $< \alpha$. Il résulte de là que nous pouvons supposer chaque élément $e_i^{(n)}$ de la $n^{\text{ième}}$ parenthèse contenu dans un élément $e_j^{(n-1)}$ de la parenthèse précédente et cela sans avoir modifié l'ensemble E.

Dans ces conditions, chaque point x de E appartient à une infinité d'éléments à deux indices $e_v^{(n)}$. D'autre part, chaque point x qui n'appartient pas à E est contenu dans un nombre *limité* d'éléments à deux indices $e_v^{(n)}$.

Donc, si nous énumérons tous les éléments $e_v^{(n)}$ à deux indices au moyen des entiers positifs

$$\varepsilon_1, \quad \varepsilon_2, \quad \varepsilon_3, \quad \ldots, \quad \varepsilon_n, \quad \ldots,$$

l'ensemble donné E *est un ensemble limite complet de cette suite formée d'éléments de classe* $< \alpha$.

Pour étudier la portée de l'autre opération, $\overline{\lim}$, de M. E. Borel, il suffit de remarquer que l'égalité $E = \underline{\lim} E_n$ peut être écrite sous la forme

$$E = C \overline{\lim_{x = \infty}} CE_n.$$

Donc, *on obtient au moyen de l'opération* $\overline{\lim}$, *dans la classe* $K_{\alpha+1}$, *seulement des ensembles accessibles inférieurement, et chaque ensemble de classe* $K_{\alpha+1}$ *accessible inférieurement peut être obtenu de cette manière à partir d'ensembles de classe* $< \alpha$ *accessibles inférieurement.*

En définitive, les opérations $\overline{\lim}$ et $\underline{\lim}$ appliquées à des ensembles de classe $< \alpha$ permettent d'obtenir tous les ensembles de classe $\leq \alpha$ et, parmi les ensembles de la classe $K_{\alpha+1}$, la première : tous les éléments de cette classe, et la seconde : tous les ensembles accessibles inférieurement de cette classe.

On voit bien que les opérations $\overline{\lim}$ et $\underline{\lim}$ sont plus générales que l'opération $\lim$ (passage simple à la limite) et sont moins générales que le passage double à la limite, $\lim \lim$, qui permet évidemment d'obtenir *tous* les ensembles de classe $K_{\alpha+1}$.

LES ENSEMBLES DE CLASSE 0 ET 1.
RECHERCHES DE M. RENÉ BAIRE.

Remarques préliminaires. — C'est pour l'étude des *fonctions* et non pas des ensembles proprement dits que M. René Baire a créé ses belles méthodes et sa classification. Néanmoins, toutes les idées de

M. R. Baire sont applicables au domaine des *ensembles* puisque la classification des ensembles que nous avons adoptée n'est que la classification des fonctions $f(x)$ définies sur le domaine fondamental $\mathcal{J}$ et ne pouvant prendre que l'une des deux valeurs o et 1.

Si une telle fonction $f(x)$ est *continue* en chaque point x_0 de $\mathcal{J}$ relativement à $\mathcal{J}$, elle est la fonction caractéristique d'un ensemble E de classe O suivant la classification adoptée des ensembles, et *vice versa*. D'autre part, la limite φ (supposée existante) des fonctions caractéristiques φ_1, φ_2, ... des ensembles E_1, E_2, ... de points de $\mathcal{J}$ est la fonction caractéristique de l'ensemble E qui est la limite des ensembles E_1, E_2, ..., $E = \lim E_n$.

Il en résulte que les classes des fonctions caractéristiques f définies par $\mathcal{J}$ et classées suivant les principes de M. R. Baire (^{1}) coïncident avec les classes des ensembles mesurables B de la classification adoptée. Dans ces conditions, *à chaque théorème dans la classification des fonctions correspond un théorème sur les ensembles.*

On doit à M. R. Baire un résultat de la plus haute importance dans le domaine des fonctions, qui peut s'énoncer ainsi : *La condition nécessaire et suffisante pour qu'une fonction soit de classe* 1 *est qu'elle ait au moins un point de continuité relative sur tout ensemble parfait.*

D'après ce que nous avons dit, on obtient une proposition correspondante sur les ensembles en prenant les fonctions caractéristiques de classe $\leqq 1$ définies sur le domaine fondamental $\mathcal{J}$. Dans ce cas, par définition même, est *parfait dans* $\mathcal{J}$ tout ensemble de points de $\mathcal{J}$ qui n'a aucun point isolé et qui contient chaque point de $\mathcal{J}$ au voisinage duquel il y a une infinité de points de cet ensemble.

Un autre résultat général de M. R. Baire relatif à toutes les fonctions de sa classification est le suivant : *Pour qu'une fonction appartienne à la classification, il est* NÉCESSAIRE *que, sur tout ensemble parfait* P, *elle ne diffère d'une fonction de classe* $\leqq 1$ *définie sur* P *qu'aux points d'un ensemble de première catégorie sur* P.

Pour avoir une propriété correspondante des ensembles, donc une

---

(^{1}) Il n'est nullement évident *a priori* qu'une fonction $f(x)$ n'admettant que les valeurs o et 1 et qui est de classe α dans la classification *complète* de M. Baire soit de la même classe dans la classification qu'on obtient en classant suivant les principes de Baire les fonctions ne pouvant prendre que l'une des deux valeurs o et 1

propriété qui appartienne à tous les ensembles mesurables B, il suffit
de transporter la notion d'ensemble de *première catégorie sur* P en
remplaçant les ensembles parfaits ordinaires par les ensembles parfaits
au sens nouveau. D'ailleurs, cette extension de la notion de catégorie
est immédiate : on n'a rien à changer aux définitions habituelles [1].

Quant aux fonctions de classes supérieures, c'est aux fonctions de
classe 3 que M. R. Baire s'est borné : il a donné une construction
simple d'une fonction de classe 3. L'exemple de M. R. Baire est le
suivant : *si l'on réduit en fraction continue un nombre irrationnel*
x compris entre o *et* 1

$$x = \cfrac{1}{\alpha_1 + \cfrac{1}{\alpha_2 + \cdots + \cfrac{1}{\alpha_n + \cdots}}}$$

la fonction f(x) égale à un si les quotients incomplets $\alpha_1, \alpha_2, \ldots,$
$\alpha_n, \ldots$ *augmentent indéfiniment, et égale à zéro dans le cas con-*
traire, est précisément une fonction de classe 3.

L'ensemble E des points x pour lesquels α_n augmente indéfiniment est précisément un *ensemble de classe* 3.

Tels sont les résultats des recherches de M. R. Baire. Si nous
cherchons à analyser le caractère de ces recherches, une chose ne
manquera pas de nous frapper : M. R. Baire ne démontre jamais
l'existence d'une fonction de telle ou de telle classe au moyen de la
méthode de la diagonale (application sur le continu). Il cherche
toujours à démontrer l'existence des fonctions d'une classe par une
construction directe. Et comme cette méthode demande des efforts
excessifs, l'absence d'exemples constructifs de fonctions des classes
supérieures est très naturelle. Au point de vue des raisonnements
constructifs sur le terrain desquels se place M. R. Baire, *l'existence*
des ensembles de classe 4 *n'est pas démontrée.*

Au contraire, l'emploi de la méthode de la diagonale (application
sur le continu) est très facile et nous amène à des résultats immédiats.
Néanmoins, puisque dans cette méthode on pratique une application
sur le continu de *toutes* les fonctions (ou ensembles) des classes précé-

---

[1] Cette extension a été faite par M. R. Baire lui-même. *Voir* son Mémoire *Sur*
la représentation des fonctions discontinues, deuxième partie (*Acta mathematica,*
t. 32, p. 116).

dant la classe considérée, il faut bien étudier la nature des exemples fournis par cette méthode et les comparer avec les résultats de la méthode constructive de M. R. Baire ([1]).

Il importe d'observer que le théorème de M. R. Baire sur les fonctions de classe 1 se distingue par une telle beauté et est tellement commode pour les applications qu'on peut le regarder comme un idéal pour les propositions de la Théorie des fonctions. Aussi les essais ne manquent pas, tendant à obtenir une extension de ce théorème aux classes supérieures. Parmi ces essais, nous en devons signaler deux principaux dus à **M. H. Lebesgue** ([2]) et **M. Ch. de la Vallée Poussin** ([3]).

M. H. Lebesque introduit la notion de continuité (α).

Une fonction f est dite *continue (α) sur l'ensemble parfait* P, *au point x de* P, si, pour tout nombre positif ε, on peut trouver une portion de P contenant x qui est la somme d'une infinité dénombrable d'éléments de classe $\leqq \alpha$ sur chacun desquels f est constante à ε près et qui sont tous, *sauf l'un d'eux contenant x*, partout non denses sur P.

Cette définition étant posée, la condition nécessaire et suffisante pour qu'une fonction $f(x)$ soit de classe $\leqq \alpha$ s'exprime, suivant M. H. Lebesgue, de la manière suivante : *il faut et il suffit que $f(x)$ soit continue (α) en un point au moins sur tout ensemble parfait.*

D'autre part, **M. Ch.** de la Vallée Poussin introduit les notions suivantes au moyen desquelles il arrive à l'extension cherchée du théorème de Baire.

La suite illimitée des fonctions f_n est dite *convergente vers f à ε près sur l'ensemble* E, si, en tout point de E, les limites supérieure et inférieure pour $n = \infty$ de f_n, $\overline{\lim} f_n$ et $\underline{\lim} f_n$, sont égales à f à ε près.

Une fonction f est *de classe α sur* E *à ε près* s'il existe une suite f_n de fonctions de classe $< \alpha$ convergente vers f sur E à ε près. Une fonction f est *de classe α à ε près sur* E *en un point x* s'il y a une portion de E contenant x sur laquelle f est de classe α à ε près.

([1]) *Voir* mon article récent sur *Les analogies entre les ensembles mesurables* B *et les ensembles analytiques* (*Fundamenta Mathematical*, t. XVI, 1930).

([2]) *Sur les fonctions représentables analytiquement*, p. 191. Nous avons modifié un peu l'énoncé de la définition de M. H. Lebesgue en introduisant la notion d'élément.

([3]) Ch. DE LA VALLÉE POUSSIN, *Intégrales, Fonctions, Classes de Baire*, Chap. VIII, p. 144.

Voici maintenant l'énoncé de M. Ch. de la Vallée Poussin : *la condition nécessaire et suffisante pour qu'une fonction f soit de classe $\leq \alpha$ est que, quels que soient le nombre positif ε et l'ensemble parfait P, on puisse trouver un point de P en lequel f est sur P de classe α à ε près.*

Dans la suite nous allons étudier attentivement le théorème de Baire sur les ensembles de classe 1 pour trouver une proposition analogue sur les *ensembles* des classes supérieures aussi proche que possible au théorème de Baire.

Les ensembles de classe 0. — Nous allons considérer d'abord les ensembles de classe initiale K_0.

Par définition même, est de classe 0 tout ensemble de points E tel que E et son complémentaire CE sont des sommes d'une infinité dénombrable de portions du domaine $\mathcal{I}$ sans points communs deux à deux.

Nous avons vu (p. 5) que pour avoir un ensemble E de classe 0 donné à l'avance il suffit de prendre sur la droite $X'X$ un ensemble fermé F composé de points *rationnels* et de faire entrer dans E des portions du domaine fondamental $\mathcal{I}$ contiguës à F de manière que les portions restantes de $\mathcal{I}$ contiguës à F entrent dans le complémentaire CE, deux portions contiguës voisines appartenant à des ensembles différents.

Il est clair que l'ensemble fermé F ayant cette propriété est *unique*. Soient

$$F, \quad F', \quad F'', \quad \ldots, \quad F^{(\omega)}, \quad \ldots, \quad F^{(\beta)}, \quad \ldots$$

les dérivés successifs de F.

Comme F est dénombrable, il existe un nombre α bien déterminé, fini ou de seconde classe de Cantor, tel que l'ensemble dérivé $F^{(\alpha)}$ est nul, tandis que chaque ensemble dérivé $F^{(\beta)}$ précédent, $\beta < \alpha$, contient effectivement des points.

Ainsi, *à chaque ensemble E de classe 0 correspond un nombre α bien déterminé qui est fini ou de seconde classe de Cantor.*

On voit bien que ce nombre α peut être aussi « grand » que l'on veut ([1]).

([1]) Cela veut dire que, étant donnée une suite dénombrable bien ordonnée *quelconque*, on peut effectivement former un ensemble E de classe 0 tel que la suite correspondante des dérivées de l'ensemble F qui contiennent effectivement des points soit semblable à la suite bien ordonnée donnée.

Il serait fort intéressant de pouvoir faire correspondre d'une manière analogue à chaque ensemble *bilatéral* E de la classe K_α de seconde espèce un nombre β fini ou transfini.

Théorème de Baire appliqué aux ensembles de classe 1. — Nous allons maintenant étudier la structure d'un ensemble de points général de classe 1. Tout d'abord, si nous appliquons le théorème de Baire sur les *fonctions* de classe 1 au cas d'une fonction caractéristique définie sur $\mathcal{J}$, voici ce que nous obtenons :

Pour qu'un ensemble de points E *soit de classe* $\leqq 1$, *il faut et il suffit que, quel que soit un ensemble parfait* P *relativement à* $\mathcal{J}$, *il existe une portion de* P *contenue entièrement ou bien dans* E, *ou bien dans son complémentaire* CE.

Il importe de remarquer que cette propriété caractéristique des ensembles de classe $\leqq 1$ est tirée du théorème de Baire sur les *fonctions* de classe 1 et *non pas de la définition d'ensemble de classe* 1.

Nous allons maintenant déduire cette propriété caractéristique directement de la définition d'ensemble de classe 1.

La condition de Baire est nécessaire. En effet, soit E un ensemble de points de classe $\leqq 1$ situé dans le domaine fondamental $\mathcal{J}$.

Soit P un ensemble parfait (relativement à $\mathcal{J}$) quelconque situé dans $\mathcal{J}$.

D'après la proposition générale sur la structure d'un ensemble de classe α (p. 74), E et son complémentaire CE sont chacun la somme d'une infinité dénombrable d'éléments de classe $\leqq 1$ n'empiétant pas les uns sur les autres. D'autre part, un élément de classe 1 n'est qu'un ensemble fermé (relativement à $\mathcal{J}$) puisque le complémentaire d'un élément de classe 1 est la somme d'une infinité dénombrable de portions de $\mathcal{J}$.

Ainsi, nous avons une décomposition de $\mathcal{J}$

$$\mathcal{J} = \varepsilon_1 + \eta_1 + \varepsilon_2 + \eta_2 + \ldots + \varepsilon_n + \eta + \ldots,$$

où ε_n et η_n sont des ensembles fermés.

Un au moins des ε_n ou η_n doit être dense sur P; donc il contient une portion de P. Or, cette propriété est celle de Baire.

La condition de Baire est suffisante. Soit E un ensemble de points possédant la propriété indiquée.

D'après cette propriété, quelle que soit une portion $(a,\ b)$ du domaine $\mathcal{J}$, il existe une autre portion $(a',\ b')$ contenue dans $(a,\ b)$ qui est renfermée entièrement *ou bien* dans E, *ou bien* dans CE.

Il résulte de là qu'il existe un ensemble fermé F_1 dont chaque portion contiguë appartient entièrement ou bien à E, ou bien à CE [1]. Il est clair que F_1 est non dense sur $\mathcal{J}$.

Cela posé, soit P_1 le plus grand ensemble parfait contenu dans F_1. Le raisonnement précédent fait sur le domaine fondamental $\mathcal{J}$ s'applique bien au cas de l'ensemble parfait P_1 et, de cette manière, nous avons un ensemble fermé nouveau F_2 contenu dans P_1 non dense sur P_1, et tel que chaque portion de P_1 contiguë à F_2 appartient *ou bien* à E, *ou bien* à CE.

Si l'on opère de la même manière, on obtient une suite bien ordonnée

$$\mathcal{J} > P_1 > P_2 > \ldots > P_\omega > \ldots > P_\beta > \ldots$$

d'ensembles parfaits tels que de deux ensembles quelconques, le suivant est contenu dans le précédent et est *non dense* sur lui [2].

Il résulte de là que cette suite est nécessairement dénombrable. Donc, on arrive à un ensemble nul.

D'autre part, il résulte de la construction des ensembles parfaits P_β que chaque P_β est le plus grand ensemble parfait contenu dans l'ensemble fermé F_β et que, si β est de première espèce, $\beta = \beta^* + 1$, *chaque portion de* P_{β^*} *contiguë à* F_β *est renfermée entièrement : ou bien dans* E, *ou bien dans* CE.

Nous en concluons que les deux ensembles, E et CE, sont chacun la somme d'un nombre fini ou dénombrable de points distincts et de portions d'ensembles parfaits n'empiétant pas les unes sur les autres. Or, chaque point pris seul et chaque portion d'un ensemble parfait est un élément de classe 1 (ou une portion de $\mathcal{J}$). Donc, *nous obtenons une décomposition totale du domaine fondamental* $\mathcal{J}$ *en un nombre fini ou dénombrable d'éléments de classe* 1 et l'ensemble E est *une partie de cette décomposition.*

---

[1] Nous ajoutons, s'il est nécessaire, quelques points *rationnels* à F_1 pour avoir cet énoncé vérifié.

[2] L'ensemble parfait P_β est contenu dans l'ensemble fermé F_β. Si l'indice β est de seconde espèce, on définit F_β comme la partie commune aux $F_{\beta'}$ (ou bien aux $P_{\beta'}$) précédents, $\beta' < \beta$.

D'après le théorème général sur la structure d'un ensemble de classe α (p. 76), l'ensemble E est de classe $\leqq 1$.   C. Q. F. D.

Propriété de Baire commune à tous les ensembles mesurables B. — Nous avons vu que chaque ensemble E de classe 1, ainsi que son complémentaire CE, est la somme d'une infinité dénombrable de *points distincts* et *d'ensembles parfaits*.

Comme la partie commune à deux ensembles parfaits est un ensemble fermé, et comme tout ensemble fermé est la somme d'un ensemble parfait et d'une infinité dénombrable de points distincts, nous concluons que *les points d'un ensemble* E *de classe* 1 *contenus dans un ensemble parfait* P, *ainsi que les points du complémentaire* CE, *forment, dans* P, *la somme d'une infinité dénombrable de points distincts et d'ensembles parfaits.*

La propriété de Baire peut être maintenant énoncée de la manière suivante :

Tout ensemble mesurable B *ainsi que son complémentaire est, sur tout ensemble parfait* P, *la somme d'une infinité dénombrable de portions de* P *quand on néglige un ensemble de première catégorie par rapport à cet ensemble parfait.*

En d'autres termes, quels que soient l'ensemble E mesurable B et l'ensemble parfait P, on peut déterminer dans P un ensemble fermé F non dense sur P tel que chaque portion de P contiguë à F est contenue : *ou bien* dans E, *ou bien* dans CE, quand on néglige les points d'un ensemble de première catégorie par rapport à P.

En comparant cette forme de la propriété de Baire avec la propriété indiquée des ensembles de classe 1, on donne à la propriété de Baire la forme suivante : tout ensemble E mesurable B sur tout ensemble parfait P ne diffère d'un ensemble E_1 de classe 1 situé dans P qu'aux points d'un ensemble de première catégorie par rapport à P.

Sous cette forme, la propriété considérée n'est que la propriété de Baire concernant les *fonctions* $f(x)$ définies sur $\mathscr{I}$ et ne pouvant prendre que l'une des deux valeurs o et 1. Donc, on peut déduire la propriété de Baire concernant les *ensembles* de celle concernant les *fonctions*.

Pour la démontrer directement, il suffit de remarquer que si chacun des ensembles E_1, E_2, ..., E_n, ... possède la propriété de Baire sur un ensemble parfait P, leur somme et partie commune l'est aussi.

En effet, désignons par S_n une somme de portions de P qui ne diffère de E_n qu'aux points d'un ensemble e_n de première catégorie par rapport à P ; l'ensemble e_n est formé des points de E_n qui n'appartiennent pas à S_n et des points de S_n qui n'appartiennent pas à E_n.

Désignons par S la somme des ensembles S_n. Il est évident que S est un ensemble de classe ≤ 1 qui ne diffère de la somme $E_1 + E_2 + \ldots$ qu'aux points de l'ensemble $e_1 + e_2 + \ldots$ qui est de première catégorie par rapport à P.

Donc, la propriété de Baire est invariante relativement à l'opération (S) : *faire la somme*.

Or, par définition même, la propriété de Baire est invariante relativement à l'opération (C) : *prendre le complémentaire*.

Comme tout ensemble mesurable B peut être formé au moyen de ces deux opérations à partir de portions (p. 46), la propriété de Baire appartient à tout ensemble mesurable B ([1]).

EXISTENCE CONSTRUCTIVE D'ENSEMBLES DES CLASSES 1, 2, 3 ET 4.

Éléments canoniques de classe 1. — D'une manière générale, nous appelons *canoniques* les éléments de la classe K_α donnée *qui possèdent une propriété particulièrement simple* et tels qu'on obtient tout ensemble de classe K_α, en faisant la somme d'une infinité dénombrable d'éléments canoniques ([2]).

Nous allons nous restreindre à la considération des éléments canoniques des premières classes de la classification de Baire-de la Vallée Poussin.

Une *portion* du domaine fondamental $\mathcal{J}$ peut être considérée comme *élément canonique de classe* o.

Dans la classe 1 les éléments canoniques sont : *un point* et *un ensemble parfait* non dense dans $\mathcal{J}$.

([1]) *Voir* aussi une Communication à l'Académie Polonaise de M. O. NIKODYM, *Sur la condition de Baire* (*Bull. Ac. Pol.*, 1929, p. 591).

([2]) La définition donnée d'élément canonique est vague puisque nous n'avons pas indiqué en quoi consiste cette propriété *particulièrement simple*. Nous ne savons pas le faire dans le cas général. Il serait tout à fait désirable qu'on ait, dans chaque classe K_α, un nombre *fini* de genres d'éléments canoniques et que les éléments d'un même genre soient semblables ou homéomorphes l'un à l'autre.

Pour le voir, il suffit de remarquer que, dans la classe K_1, la notion d'élément coïncide avec la notion d'un ensemble fermé (relativement à $\mathcal{J}$). En effet, si E est un élément de la classe K_1, son complémentaire CE est accessible inférieurement, donc est une somme de portions de $\mathcal{J}$; nous en concluons que E est fermé.

Inversement, chaque ensemble F fermé est évidemment un **élément** de la classe K_1.

Comme chaque ensemble fermé non dénombrable est la somme d'une infinité dénombrable de points et d'un ensemble parfait, il est clair que tout élément de la classe K_1 est composé de portions du domaine $\mathcal{J}$, de points distincts en infinité dénombrable et d'un ensemble parfait non dense dans $\mathcal{J}$. Donc, les éléments canoniques de la classe K_1 sont les points et les ensembles parfaits non denses.

Éléments canoniques de classe 2. — Il y a, dans la classe K_2, des éléments canoniques de deux genres :

1° *On obtient un élément canonique de classe* 2 *en enlevant d'un ensemble parfait* P *une infinité dénombrable de points partout dense sur* P ;

2° *On obtient un élément canonique de classe* 2 *en enlevant d'un ensemble parfait* P *une infinité dénombrable d'ensembles parfaits non denses sur* P *sans parties communes deux à deux, cette infinité étant partout dense sur* P.

Pour s'en convaincre, il suffit de démontrer que tout ensemble E de classe 2 est la somme d'une infinité dénombrable d'éléments de ces deux genres et d'ensembles de classe $\leqq 1$. Comme tout ensemble de classe 2 est la somme d'une infinité dénombrable d'éléments de la classe K_2, il suffit de se borner à la considération des éléments.

Soit E un élément de classe 2. Enlevons du domaine $\mathcal{J}$ toutes les portions dans lesquelles E est de classe $\leqq 1$. Nous obtenons un ensemble parfait P_1 dont chaque portion contient des points de E qui forment un élément de classe 2.

Je dis maintenant que, parmi les portions de P_1, il y en a au moins une telle que la partie de E lui appartenant soit un élément *canonique*.

En effet, l'ensemble complémentaire CE est composé de portions, de points distincts et d'ensembles parfaits en infinité dénombrable.

D'ailleurs, CE est partout dense sur P_1, car autrement il existerait une portion du domaine $\mathcal{J}$ contenant des points de P_1 et déterminant une partie de E de classe $\leqq 1$, ce qui est contradictoire.

D'autre part, CE est évidemment de première catégorie sur P_1 puisque, dans le cas contraire, il existerait une portion de P_1 qui ne contiendrait pas de points de E, ce qui est aussi contradictoire. Donc, parmi les portions de P_1, il y a des portions qui déterminent des parties canoniques de E. Il est clair que ces portions forment un ensemble partout dense sur P_1, de manière qu'en enlevant ces portions de P_1 nous obtenons un ensemble fermé F_2 non dense sur P_1.

Désignons par P_2 le plus grand ensemble parfait contenu dans F_2.

On voit bien qu'on peut opérer de même sur cet ensemble P_2, ce qui nous donne un ensemble parfait nouveau P_3 contenu dans P_2 et non dense sur lui, et *ainsi de suite*.

On formera ainsi les ensembles parfaits

$$\mathcal{J}, \quad P_1, \quad P_2, \quad \ldots, \quad P_\omega, \quad \ldots, \quad P_\beta, \quad \ldots,$$

chacun contenu dans le précédent et *non dense* dans lui. Donc, il existe un nombre α fini ou de seconde classe de Cantor, tel que l'ensemble P_α soit nul.

Ceci nous montre que l'ensemble donné E est décomposé en une infinité dénombrable d'ensembles de classe $\leqq 1$ et d'éléments de classe 2 des deux genres indiqués. C. Q. F. D.

Dans ce qui précède, nous avons supposé l'existence des ensembles de classe 2. Il ne nous reste qu'à combler cette lacune.

Soit E un ensemble d'un des deux genres précédents. D'après la construction même de E, l'ensemble E, ainsi que son complémentaire CE, est partout dense sur l'ensemble parfait P.

Je dis maintenant que E est effectivement de classe 2. En effet, si la classe de E est inférieure à 2, l'ensemble E possède la propriété des ensembles de classe $\leqq 1$. Donc, dans ce cas, il existe une portion de P contenue entièrement : ou bien dans E, ou bien dans CE, ce qui contredit à ce que E et CE sont chacun partout denses sur P.

Ainsi, l'ensemble E est *effectivement de classe* 2.

Remarquons enfin que tout ensemble parfait non dense est *effectivement de classe* 1. En effet, cet ensemble ne peut pas être de classe 0 puisqu'il ne contient aucune portion de $\mathcal{J}$.

L'existence constructive de M. Baire des éléments de classe 3. — Le but principal des deux Mémoires de M. René Baire : *Sur la représentation des fonctions discontinues* (premier Mémoire dans *Acta mathematica*, t. 30, 1905; second Mémoire, *ibid.*, t. 32, 1909) est de donner une construction rigoureuse *d'un élément de classe* 3. La partie la plus importante du premier Mémoire est consacrée à ce sujet. Et, dans le second Mémoire, M. R. Baire a repris, d'un point de vue plus général, cette construction.

Les principes que nous avons posé précédemment nous permettent de traiter les résultats de M. Baire sur l'existence constructive d'éléments de classe 3 sans aucune difficulté.

Tout d'abord, précisons les conditions d'existence d'un élément de classe 3. Soit E un élément de classe 3 supposé existant. Nous avons vu (p. 80) que E peut être écrit sous la forme

$$(1) \qquad E = (e_1^{(1)} + e_2^{(1)} + e_3^{(1)} + \ldots) \times (e_1^{(2)} + e_2^{(2)} + e_3^{(2)} + \ldots) \times \ldots,$$

où les $e_n^{(k)}$ sont des éléments de classe ≤ 1. D'ailleurs, nous pouvons supposer que les éléments d'une même parenthèse sont tous sans parties communes deux à deux, et que chaque élément $e_n^{(k)}$ de la $k^{\text{ième}}$ parenthèse est contenu dans un élément $e_m^{(k-1)}$ de la parenthèse précédente.

D'après ce que nous avons dit des éléments *canoniques* des classes 0 et 1, nous pouvons supposer que $e_n^{(k)}$ sont : *ou bien* des portions du domaine fondamental $\mathcal{J}$, *ou bien* des points distincts, *ou bien* des ensembles parfaits non denses.

Tout élément de classe 3, *s'il existe*, peut être obtenu de cette manière : tel est le résultat de l'exposé précédent.

La découverte de M. René Baire consiste précisément à donner les conditions suffisantes pour qu'un ensemble E défini par l'égalité (1) *soit effectivement de classe* 3.

Voici les conditions de M. René Baire :

1° Les ensembles $e_n^{(k)}$ sont parfaits (relativement à $\mathcal{J}$);

2° Chaque ensemble $e_n^{(k)}$ contenu dans $e_m^{(k-1)}$ est non dense par rapport à $e_m^{(k-1)}$;

3° Les ensembles $e_n^{(k)}$ contenus dans un ensemble fixe $e_m^{(k-1)}$ forment un ensemble partout dense par rapport à $e_m^{(k-1)}$.

Dans ces conditions, M. René Baire démontre que E est un ensemble rigoureusement de classe 3.

Pour établir ce résultat de M. Baire, il est commode de changer les notations.

Désignons par P_{i_1} ($i_1 = 1$, 2, 3, ...) tous les ensembles $e_n^{(1)}$ de la première parenthèse de l'égalité (1). Un élément $e_m^{(k-1)}$ du $(k-1)^{\text{ième}}$ parenthèse étant désigné par $P_{i_1 i_2 \ldots i_{k-1}}$, désignons par $P_{i_1 i_2 \ldots i_{k-1} i_k}$, l'indice i_k prenant les valeurs 1, 2, 3, ..., tous les éléments de la $k^{\text{ième}}$ parenthèse *contenus dans* $e_m^{(k-1)}$.

Avec ces conventions, tous les éléments de la $k^{\text{ième}}$ parenthèse sont les ensembles $P_{i_1 i_2 \ldots i_k}$ à k indices et chaque ensemble $P_{i_1 i_2 \ldots i_k}$ à k indices est un élément de la $k^{\text{ième}}$ parenthèse. Pour avoir tous les éléments de la $(k+1)^{\text{ième}}$ parenthèse contenus dans $P_{i_1 i_2 \ldots i_k}$, il suffit d'ajouter un indice nouveau i_{k+1} de manière à avoir le symbole à $k+1$ indices $P_{i_1 i_2 \ldots i_k i_{k+1}}$ et de faire varier $i_{k+1} = 1$, 2, 3, ...

Cela posé, désignons par $Q_{i_1 i_2 \ldots i_{k-1}}$ la somme de tous les ensembles $P_{i_1 i_2 \ldots i_{k-1} i_k}$, $i_k = 1$, 2, 3, ..., ayant les $k-1$ premiers indices fixes, et par Q_k la somme de tous les ensembles à $P_{i_1 i_2 \ldots i_k}$ à k indices.

Voici maintenant l'énoncé de M. R. Baire : *Si : 1° les ensembles $P_{i_1 i_2 \ldots i_k}$ sont parfaits relativement à $\mathcal{J}$ et, k étant fixe, sont sans points communs deux à deux; 2° l'ensemble $P_{i_1 i_2 \ldots i_k i_{k+1}}$ est contenu dans $P_{i_1 i_2 \ldots i_k}$ et non dense dans cet ensemble; 3° l'ensemble $Q_{i_1 i_2 \ldots i_k}$ est partout dense dans $P_{i_1 i_2 \ldots i_k}$, la partie commune*

$$E = Q_1 \times Q_2 \times \ldots \times Q_n \times \ldots$$

est précisément un ensemble de classe 3.

Pour le démontrer, désignons par R_0 l'ensemble des points du domaine $\mathcal{J}$ qui n'appartiennent à aucun des ensembles P_{i_1}, $i_1 = 1$, 2, 3, ..., et par $R_{i_1 i_2 \ldots i_k}$ l'ensemble-différence $P_{i_1 i_2 \ldots i_k} - Q_{i_1 i_2 \ldots i_k}$. On voit bien que R_0 et $R_{i_1 i_2 \ldots i_k}$ sont des *éléments canoniques de classe* 2 (1) et que

$$CE = R_0 + \Sigma R_{i_1 i_2 \ldots i_k},$$

où les indices i_1, i_2, ..., i_k et k lui-même prennent les valeurs 1, 2, 3, ..., indépendamment les uns des autres.

---

(1) Nous supposons que la somme Q_1 des ensembles P_{i_1} ($i_1 = 1$, 2, 3, ...) est partout dense dans $\mathcal{J}$. A cette condition, R_0 est manifestement un élément canonique de classe 2.

Comme les éléments canoniques R_0 et $R_{i_1 i_2 \ldots i_k}$ sont sans points communs deux à deux, nous pouvons appliquer le critère de non-élévation de classe que nous avons obtenu précédemment (p. 77). Nous en concluons que *si l'ensemble* E *est de classe* ≤ 2, *on peut enfermer l'élément* $R_{i_1 i_2 \ldots i_k}$ *dans un ensemble* $H_{i_1 i_2 \ldots i_k}$ *de classe* ≤ 1 *de manière que* $\lim H_{i_1 i_2 \ldots i_k} = 0$ *lorsque l'un des* $k+1$ *nombres* $i_1, i_2, \ldots, i_k,$ *k croît indéfiniment.*

Montrons que, dans ces conditions, nous aboutissons à une contradiction. Tout d'abord, comme l'ensemble H_0 contenant R_0 est de classe ≤ 1 et partout dense dans $\mathcal{J}$, il existe sûrement une portion δ_0 du domaine fondamental $\mathcal{J}$ contenue entièrement dans H_0.

Cela posé, numérotons tous les points *rationnels* au moyen des entiers positifs; soit $r_1, r_2, r_3, \ldots$ la suite considérée.

Comme la portion δ_0 est déterminée et comme l'ensemble Q_1 est partout dense dans $\mathcal{J}$, il existe un ensemble $P_{i_1^0}$ ayant dans δ_0 de points. D'autre part, l'ensemble $H_{i_1^0}$ est partout dense dans $P_{i_1^0}$ puisqu'il contient l'élément canonique $R_{i_1^0}$ partout dense dans $P_{i_1^0}$. Comme $H_{i_1^0}$ est de classe ≤ 1, on peut déterminer une portion δ_1 du domaine $\mathcal{J}$ contenue dans δ_0 et n'ayant pas le point rationnel r_1 pour limite de ses points, telle que la portion de $P_{i_1^0}$ déterminée par δ_1 soit entièrement contenue dans $H_{i_1^0}$.

D'une manière générale, supposons que nous ayons déterminé une portion δ_{k-1} du domaine $\mathcal{J}$ n'ayant aucun des $k-1$ points rationnels $r_1, r_2, \ldots, r_{k-1}$ pour limite de ses points et un ensemble $P_{i_1^0 i_2^0 \ldots i_{k-1}^0}$ tel que la portion de cet ensemble déterminée par δ_{k-1} soit entièrement contenue dans $H_{i_1^0 i_2^0 \ldots i_{k-1}^0}$. Comme l'ensemble $Q_{i_1^0 i_2^0 \ldots i_{k-1}^0}$ est partout dense dans $P_{i_1^0 i_2^0 \ldots i_{k-1}^0}$, il existe un ensemble $P_{i_1^0 i_2^0 \ldots i_{k-1}^0 i_k^0}$ ayant des points dans δ_{k-1}. D'autre part, l'ensemble $H_{i_1^0 i_2^0 \ldots i_k^0}$ est partout dense dans $P_{i_1^0 i_2^0 \ldots i_k^0}$ puisqu'il contient l'élément canonique $R_{i_1^0 i_2^0 \ldots i_k^0}$ partout dense dans $P_{i_1^0 i_2^0 \ldots i_k^0}$. Comme $H_{i_1^0 i_2^0 \ldots i_k^0}$ est de classe ≤ 1, on peut déterminer une portion δ_k du domaine $\mathcal{J}$ contenue dans δ_{k-1} et n'ayant pas le point rationnel r_k pour limite de ses points, telle que la portion de $P_{i_1^0 i_2^0 \ldots i_k^0}$ déterminée par δ_k soit contenue entièrement dans $H_{i_1^0 i_2^0 \ldots i_k^0}$.

On voit bien que, si l'on opère de la même manière, on formera la suite de portions du domaine $\mathcal{J}$

$$\delta_0, \quad \delta_1, \quad \delta_2, \quad \ldots, \quad \delta_k, \quad \ldots$$

chacune intérieure à la précédente et telles que δ_k n'a aucun des k points rationnels $r_1, r_2, \ldots, r_k$ pour limite de ses points.

Il résulte de là que la longueur de δ_k tend nécessairement vers zéro lorsque k croît indéfiniment. Donc, il existe un point et un seul, ξ, commun à toutes les portions δ_k. Ce point ξ est sûrement *irrationnel*, d'après la propriété de la portion δ_k.

Comme l'ensemble $P_{i_1^0 i_2^0 \ldots i_k^0}$ est contenu dans l'ensemble $P_{i_1^0 i_2^0 \ldots i_h^0}$, où $h < k$, la portion δ_k du domaine $\mathcal{I}$ contient des points de chaque ensemble $P_{i_1^0 i_2^0 \ldots i_\nu^0}$, ν étant fixe, pour k suffisamment grand. Or, les ensembles $P_{i_1^0 i_2^0 \ldots i_\nu^0}$ sont parfaits. Il en résulte que le point ξ appartient à tous les ensembles

$$P_{i_1^0}, \quad P_{i_1^0 i_2^0}, \quad P_{i_1^0 i_2^0 i_3^0}, \quad \ldots, \quad P_{i_1^0 i_2^0 i_3^0 \ldots i_n^0}, \quad \ldots$$

et, par suite, à tous les ensembles

$$H_{i_1^0}, \quad H_{i_1^0 i_2^0}, \quad H_{i_1^0 i_2^0 i_3^0}, \quad \ldots, \quad H_{i_1^0 i_2^0 i_3^0 \ldots i_n^0}, \quad \ldots,$$

ce qui est précisément impossible, puisque, d'après l'hypothèse faite, nous avons

$$\lim H_{i_1 i_2 \ldots i_k} = 0.$$

Ainsi, nous avons abouti à une contradiction, et, par suite, *l'ensemble* E *est un élément de classe* 3.   C. Q. F. D.

Appelons *éléments de Baire* les éléments de classe 3 construits suivant la règle précédemment donnée. Nous n'insisterons pas sur la question de savoir si les éléments de Baire sont seuls, dans la classe 3, qui méritent le nom d'éléments *canoniques*.

C'est en raison de la facilité extrême qu'il y a à appliquer la règle de M. Baire qu'on peut donner un exemple *arithmétique* d'un élément de classe 3. C'est M. René Baire lui-même qui a trouvé cet exemple ([1]).

Posons, avec M. Baire

$$\cfrac{1}{a_1 + \cfrac{1}{a_2 + \ldots + \cfrac{1}{a_n + \ldots}}} = (a_1, a_2, \ldots, a_n, \ldots),$$

où chaque nombre a_n est un entier positif.

([1]) *Voir* R. BAIRE, *Sur la représentation des fonctions discontinues* (*Acta mathematica*, t. 30, 1905, p. 34-47).

Désignons par $p^{(n)}(a_1, a_2, \ldots, a_h)$ l'ensemble des points irrationnels du segment $(0, 1)$ représentables par des fractions continues commençant par $(a_1, a_2, \ldots, a_h)$, les autres quotients incomplets étant supérieurs à n.

On démontre immédiatement que $p^{(n)}(a_1, a_2, \ldots, a_h)$ est un ensemble parfait (relativement à $\mathcal{I}$) et non dense dans $\mathcal{I}$.

Un ensemble $p^{(n)}$ est dit *normal* si $h = n$, ou bien si $h > n$ et si $a_h \leqq n$.

Le nombre n étant fixe, tous les ensembles normaux $p^{(n)}$ sont sans points communs deux à deux. On voit bien que leur somme Q_n,

$$Q_n = \Sigma p^{(n)},$$

est *l'ensemble de tous les points irrationnels du segment* $(0, 1)$ *dont les quotients incomplets sont supérieurs à n à partir d'un certain rang.*

Cela posé, désignons par P_{i_1} $(i_1 = 1, 2, 3, \ldots)$ tous les ensembles normaux $p^{(1)}$ numérotés d'une manière quelconque. Comme deux ensembles normaux $p^{(n-1)}$ et $p^{(n)}$ *ou bien* n'ont aucun point commun, *ou bien* $p^{(n)}$ est contenu dans $p^{(n-1)}$, nous pouvons désigner par $P_{i_1 i_2 \ldots i_{k-1} i_k}$ tous les ensembles normaux contenus dans $P_{i_1 i_2 \ldots i_{k-1}}$ $(i_k = 1, 2, 3, \ldots)$.

On voit presque immédiatement que $P_{i_1 i_2 \ldots i_k}$ est non dense dans $P_{i_1 i_2, \ldots i_{k-1}}$ et que la somme $Q_{i_1 i_2 \ldots i_{k-1}}$ des ensembles $P_{i_1 i_2 \ldots i_{k-1} i_k}$ $(i_k = 1, 2, 3, \ldots)$ est partout dense dans $P_{i_1 i_2 \ldots i_{k-1}}$ $(^1)$.

Donc, les ensembles $P_{i_1 i_2 \ldots i_n}$ vérifient toutes les conditions de la règle de M. Baire. Dès que cette règle devient applicable, nous concluons que la partie commune

$$E = Q_1 \times Q_2 \times \ldots \times Q_n \times \ldots$$

est un élément de classe 3.

Or, on peut indiquer immédiatement la propriété très élégante caractéristique des points de E :

L'ensemble E est l'ensemble de tous les points irrationnels du segment $(0, 1)$ dont le quotient incomplet de rang n croît indéfiniment avec n.

$(^1)$ Pour les détails, nous renvoyons le lecteur au Mémoire cité de **M**. Baire (*Acta mathematica*, t. 30, 1905, p. 39).

On obtient cette propriété des points de E en considérant la propriété caractéristique des ensembles Q_n. Ainsi, *on peut nommer un élément de classe 3 au moyen d'une propriété arithmétique.*

Les recherches de Mlle Keldych sur l'existence constructive d'un élément de classe 4. — Les recherches de M. Baire peuvent-elles être prolongées au delà de la classe 3 ? Nous allons exposer ici la démonstration de l'existence constructive d'un élément de classe 4 due à Mlle Keldych. Ce résultat est le plus naturel dans la voie découverte par M. Baire.

Voici la marche suivie par Mlle Keldych : on construit d'abord une infinité dénombrable d'éléments de M. Baire (de classe **3**) $e_1, e_2, \ldots, e_n, \ldots$ sans points communs deux à deux et convenablement choisis, et l'on démontre ensuite que la somme $e_1 + e_2 + \ldots + e_n + \ldots$ ne peut pas être de classe inférieure à 4. On constate ce fait important en appliquant le critére de non-élévation de classe (p. 77) : on enferme l'élément e_n en un ensemble H_n de classe $\leqq 2$ et l'on démontre que nous n'avons jamais $\lim H_n \equiv 0$, quel que soit le choix des H_n.

Tout revient à déterminer convenablement les éléments de Baire $e_1, e_2, \ldots$. Le rôle essentiel dans cette construction appartient aux éléments canoniques de classe 2, et nous commençons par établir le lemme suivant :

Lemme I. — *Si un élément de Baire* E *défini par un système déterminant* $P_{i_1 i_2 \ldots i_n}$ *est enfermé dans une somme d'une infinité dénombrable d'éléments canoniques de classe* $\leqq 2$, $\Theta_1, \Theta_2, \ldots, \Theta_n, \ldots$, *il existe un* Θ_m *et une portion* π *d'un ensemble déterminant* $P_{i_1^0 i_2^0 \ldots i_n^0}$, *tels que* Θ_m *est de seconde catégorie sur chaque portion de* π *ainsi que sur chaque portion de tout ensemble déterminant situé sur* π.

Supposons, par impossible, qu'un tel Θ_m n'existe pas. Cela veut dire qu'il existe une portion π_1 d'un ensemble déterminant $P_{i_1^0 i_2^0 \ldots i_{m_1}^0}$ telle que Θ_1 n'a pas de points sur π_1. Comme Θ_2 ne vérifie pas l'énoncé du lemme, il existe, dans π_1, une portion π_2 d'un ensemble déterminant $P_{i_1^0 i_2^0 \ldots i_{n_1}^0 \ldots i_{n_2}^0}$ telle que Θ_2 n'a pas de points sur π_2. Il existe de même, dans π_2, une portion π_3 d'un ensemble déterminant $P_{i_1^0\ldots i_{n_1}^0\ldots i_{n_2}^0\ldots i_{n_3}^0}$ telle que Θ_3 n'a pas de points sur π_3. Si l'on opère de la même manière indéfiniment, on obtient une suite illimitée de portions $\pi_1, \pi_2, \ldots, \pi_\nu, \ldots$ chacune contenue dans la précédente et telles que l'ensemble π_n ne contient aucun point des ν ensembles $\Theta_1, \Theta_2, \ldots, \Theta_\nu$. Soit ξ un point appartenant à tous les $\pi_1, \pi_2, \ldots$ Ce point appartient évidemment à l'élément de Baire E, et comme il n'appartient à aucun des ensembles $\Theta_1, \Theta_2, \ldots$, nous aboutissons à une contradiction. C. Q. F. D.

Introduisons maintenant la définition suivante. Soit Θ un élément canonique de classe 2 qu'on obtient en enlevant d'un ensemble parfait P une infinité dénombrable d'ensembles parfaits $P_1, P_2, \ldots, P_n, \ldots$ sans points communs deux à deux, dont chacun est non dense sur P et dont la somme est partout dense sur P. Soit E un élément de Baire de classe 3 contenu dans Θ et partout dense sur P défini par un système déterminant $P_{i_1 i_2 \ldots i_n}$.

Définition. — Nous dirons que E est un élément de Baire *frontière de* Θ si chaque portion de tout ensemble déterminant $P_{i_1 i_2 \ldots i_k}$ contient une portion d'un ensemble parfait P_n.

Cette définition étant posée, nous allons démontrer la proposition suivante :

LEMME II. — *Chaque élément canonique Θ de classe 2 contient un élément de Baire de classe 3 frontière de Θ.*

Tout d'abord nous faisons observer que le lemme sera démontré si nous savons construire un ensemble parfait π contenu dans P, non dense sur P, et tel que chaque portion de π contienne une portion d'un ensemble P_n, cette portion étant non dense sur π.

En effet, supposons que nous ayons construit un tel ensemble π; nous le désignons par π_1 et, dans les intervalles contigus à π_1, nous prenons des ensembles parfaits $\pi_2, \pi_3, \ldots$ dont chacun jouit de la même propriété. La somme $\pi_1 + \pi_2 + \ldots + \pi_{i_1} + \ldots$ est partout dense sur P et est de première catégorie sur P.

Ces ensembles π_{i_1} seront les *ensembles déterminants à un indice* d'un élément de Baire E que nous allons obtenir.

Si l'on opère de la même manière pour les ensembles π_{i_1} en effectuant sur chacun de ces ensembles la même opération que nous venons de faire sur l'ensemble P, on formera des *ensembles déterminants* $\pi_{i,1}, \pi_{i,2}, \ldots, \pi_{i,i_2}, \ldots$ *à deux indices* de l'élément E, et *ainsi de suite*. On peut évidemment supposer que les ensembles $\pi_{i_1 i_2}$ à deux indices ne contiennent pas de points de P_1, puisque P_1 est non dense sur chaque π_{i_1}. Par la même raison, on peut supposer que les ensembles $\pi_{i_1 i_2 \ldots i_k}$ à k indices ne contiennent pas de points de l'ensemble P_{k-1}. On voit bien que l'élément de Baire E défini par le système déterminant $\pi_{i_1 i_2 \ldots i_n}$ est contenu dans Θ puisqu'il ne peut contenir de points des ensembles $P_1, P_2, \ldots, P_n$. Donc l'élément de Baire E ainsi défini est *frontière de* Θ.

Tout revient donc à la construction d'un ensemble parfait π ayant la propriété indiquée.

A cet effet prenons, dans l'ensemble P, des points $\xi_1, \xi_2, \ldots, \xi_n, \ldots$ n'appartenant à aucun des P_k et formant un ensemble dénombrable partout dense sur P. Considérons l'ensemble P_1 et supprimons dans P la portion σ_1 de P contiguë à P_1 et contenant le point ξ_1. Si nous parcourons la suite $P_1, P_2, \ldots, P_n, \ldots$ nous trouverons un ensemble dont une portion appartient à $P - \sigma_1$; soit P_{ν_2} le premier de ces ensembles. Supprimons dans P la portion σ_2 de P contiguë à $P_1 + P_{\nu_2}$ et centenant le point ξ_2. Si nous parcourons la suite $P_{\nu_2+1}, P_{\nu_2+2}, \ldots, P_n, \ldots$, nous trouverons un ensemble dont une portion appartient à $P - \sigma_1 - \sigma_2$; soit P_{ν_3} le premier de ces ensembles. Supprimons dans P la portion σ_3 de P contiguë à $P_1 + P_{\nu_2} + P_{\nu_3}$ et contenant le point ξ_3, et ainsi de suite.

Si l'on opère de la même manière indéfiniment on formera une suite infinie de portions $\sigma_1, \sigma_2, \ldots, \sigma_n, \ldots$ de l'ensemble P. L'ensemble π de points de P qu'on obtient en enlevant de P les σ est un ensemble parfait, et l'on voit bien que π jouit évidemment des propriétés indiquées.   C. Q. F. D.

Passons maintenant à la construction d'un ensemble de **classe 4**.

Prenons d'abord dans la portion $(0, 1)$ du domaine $\mathcal{I}_x$ un élément de Baire E_0 partout dense dans cette portion; soient $P^0_{n_1 n_2 \ldots n_k}$ les ensembles déterminants de E_0. Si nous enlevons de la portion $(0, 1)$ l'élément E_0, la partie restante se décompose en une infinité dénombrable d'éléments canoniques de classe 2 que nous désignerons par $\Theta^{(\nu_1)}$, $\nu_1 = 1, 2, 3, \ldots$.

Rappelons que chaque $\Theta^{(\nu_1)}$ n'est autre chose qu'une différence

$$P^0_{n_1 n_2 \ldots n_k} - \sum_{n_{k+1}=1}^{\infty} P^0_{n_1 n_2 \ldots n_k n_{k+1}}.$$

En appliquant le lemme II, nous construisons, dans chaque $\Theta^{(\nu_1)}$, un élément de Baire $E^{(\nu_1)}$ frontière de $\Theta^{(\nu_1)}$. Si nous enlevons de $\Theta^{(\nu_1)}$ l'élément $E^{(\nu_1)}$, la partie qui reste se décompose en une infinité dénombrable d'éléments canoniques de classe 2 que nous désignerons par $\Theta^{(\nu_1 \nu_2)}$.

Chaque $\Theta^{(\nu_1 \nu_2)}$ n'est autre chose qu'une différence

$$P^{(\nu_1)}_{n_1 n_2 \ldots n_k} - \sum_{n_{k+1}=1}^{\infty} P^{(\nu_1)}_{n_1 n_2 \ldots n_k n_{k+1}}$$

et nous pouvons évidemment supposer que les éléments E_0 et $E^{(\nu_1)}$ sont partout denses dans chaque $P^{(\nu_1)}_{n_1 n_2 \ldots n_k}$.

D'une manière générale, l'élément canonique $\Theta^{(\nu_1 \nu_2 \ldots \nu_m)}$ de classe 2 étant défini, en appliquant le lemme II nous construisons dans $\Theta^{(\nu_1 \nu_2 \ldots \nu_m)}$ un élément de Baire $E^{(\nu_1 \nu_2 \ldots \nu_m)}$ frontière de $\Theta^{(\nu_1 \nu_2 \ldots \nu_m)}$. Si nous enlevons de $\Theta^{(\nu_1 \nu_2 \ldots \nu_m)}$ l'élément $E^{(\nu_1 \nu_2 \ldots \nu_m)}$, la partie qui reste se décompose en une infinité dénombrable d'éléments canoniques de classe 2 que nous désignerons par $\Theta^{(\nu_1 \nu_2 \ldots \nu_{m+1})}$. Chaque $\Theta^{(\nu_1 \nu_2 \ldots \nu_{m+1})}$ n'est autre chose qu'une différence

$$P^{(\nu_1 \nu_2 \ldots \nu_m)}_{n_1 n_2 \ldots n_k} - \sum_{n_{k+1}=1}^{\infty} P^{(\nu_1 \nu_2 \ldots \nu_m)}_{n_1 n_2 \ldots n_k n_{k+1}}$$

et nous pouvons évidemment supposer que les éléments de Baire E_0, $E^{(\nu_1)}$, $E^{(\nu_1 \nu_2)}$, $\ldots$, $E^{(\nu_1 \nu_2 \ldots \nu_m)}$ sont partout denses dans chaque $P^{(\nu_1 \nu_2 \ldots \nu_m)}_{n_1 n_2 \ldots n_k}$.

Soit S la somme de tous les éléments de Baire ainsi construits :

$$S = E_0 + \sum_{\nu_1} E^{(\nu_1)} + \sum_{\nu_1 \nu_2} E^{(\nu_1 \nu_2)} + \ldots + \sum_{\nu_1 \ldots \nu_m} E^{(\nu_1 \ldots \nu_m)} + \ldots.$$

Nous allons démontrer que l'ensemble S ainsi construit est exactement de classe 4.

En effet, ainsi que nous avons remarqué précédemment, s'il n'en était pas ainsi, on aurait pu enfermer $E^{(\nu_1 \nu_2 \ldots \nu_m)}$ en un ensemble $H^{(\nu_1 \nu_2 \ldots \nu_m)}$

de classe 2 de telle manière que chaque point du domaine $\mathcal{J}_x$ n'appartienne qu'a un nombre *fini* au plus d'ensembles $H^{(v_1 v_2 \ldots v_m)}$.

Supposons, par impossible, que de tels ensembles $H^{(v_1 v_2 \ldots v_m)}$ existent et considérons le premier élément de Baire E_0. Comme H_0 est la somme d'une infinité dénombrable d'éléments canoniques de classe 2, nous sommes dans les conditions du lemme I. Soient donc Θ_0 un élément canonique de classe 2 et π_0 une portion d'un ensemble déterminant de E_0 tels que Θ_0 est de seconde catégorie sur chaque portion de π_0 ainsi que sur chaque portion de tout ensemble déterminant de E_0 située sur π_0. Dans ces conditions nous pouvons écrire

$$\pi_0 = \pi_0 \times \Theta_0 + F_{01} + F_{02} + \ldots + F_{0k} + \ldots,$$

où F_{0k} est un ensemble fermé non dense sur π_0 et sur chaque ensemble déterminant de E_0 situé sur π_0.

Il importe de remarquer que *chaque ensemble F_{0k} est non dense sur chaque ensemble déterminant situé sur π_0*. Démontrons-le par récurrence. Supposons que F_{0k} est non dense sur chaque ensemble déterminant des ensembles $E^{(v_1)}$, $E^{(v_1 v_2)}$, $\ldots$, $E^{(v_1 v_2 \ldots v_\lambda)}$ et démontrons qu'il en est de même pour $E^{(v_1 v_2 \ldots v_\lambda v_{\lambda+1})}$. Supposons qu'il n'en est pas ainsi et, par suite, que l'ensemble F_{0k} est dense sur une portion σ d'un ensemble déterminant de $E^{(v_1^0 v_2^0 \ldots v_\lambda^0 v_{\lambda+1}^0)}$. D'après le lemme II, σ contient une portion d'un ensemble déterminant de $E^{(v_1^0 v_2^0 \ldots v_\lambda^0)}$, ce qui n'est pas le cas.

C. Q. F. D.

Soit $E^{(v_1^0)}$ l'élément frontière de Baire partout dense sur π_0. Cet élément est enfermé en un ensemble $H^{(v_1^0)}$ de classe 2. En appliquant le lemme I, nous pouvons déterminer un élément canonique Θ_{μ_1} et une portion π_1 d'un ensemble déterminant de $E^{(v_1^0)}$ tels que Θ_{μ_1} soit de seconde catégorie sur chaque portion de π_1 ainsi que sur chaque portion de tout ensemble déterminant de $E^{(v_1^0)}$ située sur π_1. Dans ces conditions, nous pouvons écrire

$$\pi_1 = \pi_1 \times \Theta_{\mu_1} + F_{11} + F_{12} + \ldots + F_{1k} + \ldots,$$

où F_{1k} est un ensemble fermé non dense sur π_1 et sur chaque ensemble déterminant de $E^{(v_1)}$ situé sur π_1. En répétant le raisonnement précédent on démontre que chaque ensemble F_{1k} est non dense sur chaque ensemble déterminant situé sur π_1. Nous choisissons la portion π_1 de telle manière qu'elle ne contienne aucun point de F_{01}, ce qui est toujours possible, puisque F_{01} est non dense sur π_0.

D'une manière générale, les égalités

$$\pi_0 = \pi_0 \times \Theta_0 \qquad + F_{01} + F_{02} + \ldots + F_{0k} + \ldots,$$
$$\pi_1 = \pi_1 \times \Theta_{\mu_1} \qquad + F_{11} + F_{12} + \ldots + F_{1k} + \ldots,$$
$$\cdots\cdots\cdots\cdots\cdots\cdots\cdots\cdots\cdots\cdots\cdots\cdots\cdots\cdots\cdots,$$
$$\pi_m = \pi_m \times \Theta_{\mu_1\mu_2\ldots\mu_m} + F_{m1} + F_{m2} + \ldots + F_{mk} + \ldots$$

étant obtenues, nous prenons dans une portion π_m l'élément frontière de Baire $E^{(v_1^0 v_2^0 \ldots v_m^0 v_{m+1}^0)}$ partout dense sur π_m. Cet élément est enfermé en un ensemble $H^{(v_1^0 v_2^0 \ldots v_{m+1}^0)}$ de classe 2. En appliquant le lemme II, nous pouvons determiner un élément canonique $\Theta_{\mu_1\mu_2\ldots\mu_{m+1}}$ et une portion π_{m+1} d'un ensemble déterminant de $E^{(v_1^0 v_2^0 \ldots v_{m+1}^0)}$ tels que $\Theta_{\mu_1\mu_2\ldots\mu_{m+1}}$ soit de seconde catégorie sur chaque portion π_{m+1} ainsi que sur chaque portion de tout ensemble déterminant de $E^{(v_1^0 v_2^0 \ldots v_{m+1}^0)}$ située dans π_{m+1}. Dans ces conditions, nous pouvons écrire

$$\pi_{m+1} = \pi_{m+1} \times \Theta_{\mu_1\mu_2\ldots\mu_{m+1}} + F_{m+1,1} + F_{m+1,2} + \ldots + F_{m+1,k} + \ldots,$$

où $F_{m+1,k}$ est un ensemble fermé non dense sur π_{m+1} et sur chaque ensemble déterminant de $E^{(v_1 v_2 \ldots v_{m+1})}$ situé sur π_{m+1}. En répétant le raisonnement précédent on démontre que chaque ensemble $F_{m+1,k}$ est non dense sur chaque ensemble déterminant situé sur π_{m+1}. Nous choisissons la portion π_{m+1} de telle manière qu'elle ne contienne aucun point des $m+1$ premiers ensembles F de chaque ligne, ce qui est toujours possible puisque chacun de ces ensembles F est non dense sur π_m.

Cela posé, désignons par ξ un point commun à toutes les portions π_0, π_1, π_2, $\ldots$, π_m, $\ldots$ Un tel point existe nécessairement puisque les portions π_m sont des ensembles parfaits emboîtés les uns dans les autres. Il suit de la construction des portions π_m que le point ξ ne peut appartenir à aucun des ensembles fermés F_{pq}. Donc, le point ξ appartient à tous les ensembles Θ_0, Θ_{μ_1}, $\Theta_{\mu_1\mu_2}$, $\ldots$, $\Theta_{\mu_1\mu_2\ldots\mu_m}$, $\ldots$ et, par suite, à une infinité d'ensembles $H^{(v_1 v_2 \ldots v_n)}$, ce qui est précisément impossible.

Donc, *la classe de S est exactement de classe 4 et son complémentaire CS est un élément de classe 4.*   C. Q. F. D.

Exemple arithmétique d'un élément de classe 4. — Nous avons vu que M. R. Baire, après avoir donné un procédé régulier pour construire des éléments de classe 3, a formé un *exemple arithmétique* d'élément de classe 3. C'est suivant cette voie découverte par M. R. Baire, que Mlle Keldych a pu arriver à interpréter son procédé régulier de construction des éléments de classe 4 par un *exemple arithmétique* d'un élément de classe 4.

Comme l'étude complète de cet exemple contient trop de détails minutieux élémentaires, nous nous bornerons à exposer la marche de la construction de cet élément.

Nous commencerons par prendre pour E_0 précisément l'élément *arithmétique* de Baire de classe 3. Donc, *l'élément* E_0 *est l'ensemble des points irrationnels compris entre* 0 *et* 1 *pour lesquels le quotient incomplet de rang* n *croît indéfiniment avec* n.

Chaque ensemble déterminant $P^0_{n_1 n_2 \ldots n_k}$ de l'élément E_0 peut être caractérisé de la manière suivante : c'est l'ensemble des points irrationnels $(\alpha_1, \alpha_2, \ldots, \alpha_\nu, \ldots)$ de l'intervalle $(0, 1)$ tels que parmi les quotients incomplets α_ν il y en a exactement n_1 qui sont égaux a 1, n_2 égaux à 2, n_3 égaux à 3, $\ldots$ et n_k égaux à k.

Il en résulte que chaque élément canonique $\Theta^{(\nu_1)}$ de classe 2 qui est égal à la différence

$$P^0_{n_1 n_2 \ldots n_k} - \sum_{n_{k+1}=1}^{\infty} P^0_{n_1 n_2 \ldots n_k n_{k+1}}$$

peut être caractérisé de la manière suivante : c'est l'ensemble des points de $P^0_{n_1 n_2 \ldots n_k}$ pour lesquels parmi les quotients incomplets α_ν, il en existe une infinité d'égaux à $k+1$.

Dans ces conditions, on démontre immédiatement que l'élément frontière $E^{(\nu_1)}$ de $\Theta^{(\nu_1)}$ peut être caractérisé de la manière suivante : c'est l'ensemble des points irrationnels de $\Theta^{(\nu_1)}$ pour lesquels tous les entiers positifs excepté $k+1$ sont répétés une infinité de fois parmi les quotients incomplets α_ν.

Il en résulte que la somme $\sum_{\nu=1}^{\infty} E^{(\nu_1)}$ peut être caractérisée comme l'ensemble des points pour lesquels, parmi les quotients incomplets, un et un seul entier positif est répété une infinité de fois.

De cette manière, en suivant pas à pas la construction générale précédemment indiquée de l'ensemble S,

$$S = E_0 + \sum_{\nu_1} E^{(\nu_1)} + \sum_{\nu_1 \nu_2} E^{(\nu_1 \nu_2)} + \ldots + \sum_{\nu_1 \nu_2 \ldots \nu_m} E^{(\nu_1 \nu_2 \ldots \nu_m)} + \ldots,$$

on démontre par des raisonnements simples et sans aucune difficulté que la somme double $\sum_{\nu_1 \nu_2} E^{(\nu_1, \nu_2)}$ peut être caractérisée comme l'ensemble des points irrationnels pour lesquels, parmi les quotients incomplets α_ν, deux entiers positifs et deux seulement sont répétés une infinité de fois, et, d'une manière générale, la somme m-uple $\sum_{\nu \ldots \nu_m} E^{(\nu_1 \ldots \nu_m)}$ peut être caractérisée comme l'ensemble des points irrationnels pour lesquels, parmi les quotients incomplets α_ν, m entiers positifs et m seulement sont répétés une infinité de fois.

Il en résulte que le complémentaire de l'ensemble-somme S, c'est-à-dire L'ÉLÉMENT DE CLASSE 4, *est l'ensemble des points irrationnels* $(\alpha_1, \alpha_2, \alpha_3, \ldots, \alpha_\nu, \ldots)$ *compris entre* o *et* 1 *pour lesquels, parmi les quotients* α_ν, *il en existe une infinité d'inégaux dont chacun est répété une infinité de fois.*

NOTION, DUE A M. A. DENJOY, D'ENSEMBLE CLAIRSEMÉ.

C'est M. A. Denjoy qui a introduit, dans l'étude des ensembles, la notion très importante d'*ensemble clairsemé* et qui a montré leur rôle fondamental dans l'étude des ensembles dénombrables; notion qui a été ensuite généralisée et approfondie dans les travaux sur la Topologie ([1]).

Nous allons maintenant transporter ces idées de M. Denjoy dans l'étude des ensembles des classes supérieures. C'est à partir d'elles qu'on peut pénétrer l'essence du théorème de M. Baire concernant la classe 1 et chercher une véritable analogie dans la théorie des classes supérieures.

Ensembles clairsemés de points. — M. A. Denjoy appelle *clairsemé* tout ensemble *dénombrable* de points E qui ne contient aucune partie *dense en elle-même* ([2]).

En d'autres termes, l'ensemble E considéré doit avoir la propriété

([1]) *Voir* l'article fort intéressant de **M. M. Fréchet**, *Quelques propriétés des ensembles abstraits* (*Fundamenta Mathematicae*, t. **X**, p. 328). *Voir* aussi ses importants *Espaces abstraits*, Paris, 1928. p, 174 et 267.

([2]) « On dit qu'un ensemble est *dense en lui-même* si chacun de ses points est limite pour l'ensemble » (**Baire**, *Leçons sur les fonctions discontinues*, p. 53).

suivante : quelle que soit la partie E_1 de E, il existe dans E_1 un point x_1, *isolé* dans E_1.

Tout ensemble dénombrable clairsemé peut être mis sous forme bien ordonnée

$$(\Xi) \qquad \xi_0, \ \xi_1, \ \xi_2, \ \ldots, \ \xi_\omega, \ \ldots, \ \xi_\beta, \ \ldots \ | \ \alpha$$

de manière que chaque point ξ_β soit isolé dans l'ensemble des points suivants ξ_γ, $\gamma \geqq \beta$, c'est-à-dire on peut trouver une portion σ_β du domaine fondamental $\mathcal{J}$ telle qu'elle contienne le point ξ_β et ne contienne aucun point suivant ξ_γ, $\gamma > \beta$.

Pour le voir, numérotons tous les points x de l'ensemble clairsemé donné E au moyen des entiers positifs

$$(E) \qquad x_1, \ x_2, \ \ldots, \ x_n, \ \ldots.$$

Comme E est clairsemé, il existe un point isolé dans E; parmi ces points, nous prenons le premier dans la suite (E) et le désignons par ξ_0.

Supprimons, dans la suite (E), ce point ξ_0. Comme l'ensemble E est clairsemé, il existe, parmi les points restants de la suite (E), un point isolé; le premier d'eux sera désigné par ξ_1.

D'une manière générale, ayant défini l'ensemble bien ordonné $\xi_0, \xi_1, \xi_2, \ldots, \xi_\beta, \ldots, | \gamma$ formé de points de E affectés d'indices inférieurs à un nombre γ, fini ou de seconde classe, nous supprimons dans la suite (E) tous ces points. S'il y a, dans la suite (E), des points restants, nous prenons parmi eux le premier point isolé et le désignons par ξ_γ.

Puisque E est dénombrable, ce procédé aura nécessairement une fin. Ainsi, *tout ensemble dénombrable clairsemé* E *peut être mis sous forme bien ordonnée*

$$(\Xi) \qquad \xi_0, \ \xi_1, \ \xi_2, \ \ldots, \ \xi_\omega, \ \ldots, \ \xi_\beta, \ \ldots \ | \ \alpha$$

de manière que chaque point ξ_β *puisse être séparé des points suivants au moyen d'une portion* σ_β *du domaine* $\mathcal{J}$, *qui contient* ξ_β *et qui ne contient aucun point suivant* ξ_γ, γ *étant supérieur à* β.

Inversement, tout ensemble dénombrable E de points qu'on peut mettre sous la forme (Ξ) de manière que chaque ξ_β soit isolé dans l'ensemble des points suivants ξ_γ, $\gamma \geqq \beta$ est nécessairement *clairsemé*.

Pour le voir, il suffit d'observer que, (Ξ) étant bien ordonnée, chaque partie E_1 de E possède un point initial ξ_β. Et comme ξ_β est isolé dans l'ensemble de *tous* les points suivants ξ_γ, $\gamma \geqq \beta$, il est *a fortiori* isolé dans E_1, ce qui démontre l'affirmation.

Ainsi, sont identiques les ensembles dénombrables clairsemés de M. A. Denjoy et les ensembles qui peuvent être mis sous la forme bien ordonnée précédente.

Cela posé, nous allons démontrer une proposition fondamentale relative aux ensembles *dénombrables de classe* 1 :

Théorème. — *Pour qu'un ensemble dénombrable de points soit de classe* 1, *il faut et il suffit qu'il soit clairsemé.*

La condition est nécessaire. — En effet par définition même, si un ensemble dénombrable E n'est pas clairsemé, il contient une partie E_1 *dense en elle même.* Dans ces conditions, l'ensemble P des points du domaine fondamental $\mathcal{J}$ qui sont limites de points de E_1 est un ensemble *parfait* (relativement à $\mathcal{J}$) contenant E_1. Comme E_1 est évidemment partout dense dans P, la partie commune E_2 à E et P l'est aussi. Or, la classe de E_2 est $\leqq 1$. Donc, d'après le théorème de Baire sur les ensembles de classe $\leqq 1$, il existe une portion π de P qui est contenue entièrement : *ou bien* dans E_2, *ou bien* dans son complémentaire CE_2, ce qui est évidemment impossible.

Nous en concluons que chaque ensemble dénombrable de points non clairsemé est précisément un ensemble *de classe* 2 (accessible inférieurement).

La condition est suffisante. — Soit E un ensemble de points clairsemé. Cela veut dire que E peut être mis sous la forme bien ordonnée

$$(\Xi) \qquad \xi_0, \quad \xi_1, \quad \xi_2, \quad \ldots, \quad \xi_\omega, \quad \ldots, \quad \xi_\beta, \quad \ldots \mid \alpha,$$

où chaque ξ_β est séparable au moyen d'une portion σ_β du domaine $\mathcal{J}$ contenant ξ_β et ne contenant aucun point suivant ξ_γ, γ étant supérieur à β.

Soit F_β un ensemble fermé qu'on obtient en enlevant de $\mathcal{J}$ toutes les portions $\sigma_{\beta'}$, où β' est inférieur à β. D'après la propriété des portions $\sigma_{\beta'}$, il est clair que F_β contient le point ξ_β. Donc, si nous désignons par π_β la portion de F_β déterminée par σ_β, l'ensemble fermé π_β contient le point ξ_β.

Cela posé, désignons par H l'ensemble des points de $\mathcal{J}$ qui n'appartiennent à aucune des portions σ_β, $0 \leqq \beta < \alpha$; l'ensemble H est évidemment fermé. Dans ces conditions, la suite bien ordonnée

$$(1) \qquad \text{H,} \quad \pi_0, \quad \pi_1, \quad \pi_2, \quad \ldots, \quad \pi_\omega, \quad \ldots, \quad \pi_\beta, \quad \ldots \mid \alpha$$

est formée d'un infinité dénombrable d'ensembles fermés sans points communs deux à deux dont la somme coïncide avec $\mathcal{J}$. Donc, la suite (1) est une décomposition du domaine total $\mathcal{J}$ en une infinité dénombrable d'ensembles fermés sans points communs.

On voit bien que chaque terme de la suite (1), sauf le terme initial H, contient un point et un seul de E; dans le terme π_β, c'est le point ξ_β.

Si nous retranchons de π_β le point ξ_β, l'ensemble restant est évidemment de classe 1; nous le désignons par R_β.

Donc, le domaine total $\mathcal{J}$ est décomposé en une infinité dénombrable d'ensembles de classe $\leqq 1$: ce sont les ensembles H, ξ_β, R_β, ou $0 \leqq \beta < \alpha$. Comme ces ensembles sont sans points communs deux à deux, nous en concluons (p. 77, note) que la somme d'une infinité dénombrable de ces ensembles arbitrairement choisis est de classe $\leqq 1$.

En particulier, il en est de même pour l'ensemble E composé des points ξ_β. C. Q. F. D.

Analyse du procédé opératoire du théorème de Baire sur les ensembles de classe 1. — Pour chercher un point de départ pour une généralisation aussi naturelle que possible du théorème précédent, nous allons considérer le procédé opératoire qui a servi à M. R. Baire pour établir son théorème.

Soit E un ensemble de points qui possède la propriété nécessaire des ensembles de classe $\leqq 1$. Cela veut dire que, quel que soit un ensemble parfait P, il existe une portion π de P qui est contenue entièrement : *ou bien* dans E, *ou bien* dans sont complémentaire CE.

Appelons *normale* toute portion π de P qui possède cette propriété. Puisque chaque portion d'un ensemble de points est définie par une portion du domaine $\mathcal{J}$ dont les extrémités sont *rationnelles*, les portions normales sont en infinité dénombrable.

Voici maintenant le procédé opératoire de M. Baire.

Nous commençons par enlever du domaine $\mathcal{J}$ toutes les portions normales de ce domaine. L'ensemble des points restants est un ensemble fermé; nous le désignons par F_1. Il est clair que les portions de $\mathcal{J}$ contiguës à F_1 sont *normales* ([1]); désignons-les par $\pi_n^{(0)}$, $n = 1$, 2, 3, ...

Soit P_1 le plus grand ensemble parfait contenu dans F_1. Opérons de même sur P_1 en enlevant de P_1 toutes ses portions normales; l'ensemble des points restants de P_1 est un ensemble fermé que nous désignons par F_2. Il est clair que les parties de P_1 contiguës à F_2 sont décomposables en portions normales ([2]); nous les désignons par $\pi_n^{(1)}$, $n = 1$, 2, 3, ...

D'une manière générale, l'ensemble fermé F_β étant défini (si β est de seconde espèce, F_β est, par définition, la partie commune aux ensembles fermés précédemment définis), nous désignons par P_β le plus grand ensemble parfait contenu dans F_β. Enlevons de P_β toutes les portions normales de P_β; l'ensemble des points restants de P_β est un ensemble fermé que nous désignons par $F_{\beta+1}$. Il est clair que les parties de P_β contiguës à $F_{\beta+1}$ sont décomposables en portions normales; nous les désignons par $\pi_n^{(\beta)}$, $n = 1$, 2, 3, ...

Si l'on opère de la même manière, on formera ainsi une suite bien ordonnée d'ensembles parfaits

$$\mathcal{J}, \quad P_1, \quad P_2, \quad P_3, \quad .... \ P_\omega, \quad ..., \quad P_\beta, \quad ...$$

chacun intérieur au précédent et *non dense dans lui.*

Il résulte de là que cette suite est sûrement *dénombrable* et que, par suite, l'application du procédé de M. Baire finira par s'arrêter à un terme à un indice α,, fini ou de seconde classe, tel que l'ensemble P_α soit nul (dépourvu de points)

$$P_\alpha \equiv 0.$$

Tel est le procédé de M. R. Baire.

Si nous cherchons à analyser ce procédé, voici ce que nous constatons : *son but final est d'effectuer une décomposition totale du domaine fondamental $\mathcal{J}$ en une infinité dénombrable de points distincts et de portions normales d'ensembles parfaits sans points communs deux à deux.*

([1]) Nous faisons entrer, s'il est nécessaire, dans F_1 des points *rationnels.*

([2]) Un ensemble fermé F étant contenu dans un ensemble parfait P, nous appelons *partie de* P *contiguë à* F l'ensemble des points de P appartenant à un intervalle contigu à F.

En effet, puisque l'ensemble parfait P_β est le plus grand dans F_β, l'ensemble-différence $F_\beta - P_\beta$ est dénombrable (théorème de Cantor-Bendixon); donc, les points qui appartiennent à la somme des ensembles $F_\beta - P_\beta$ sont en infinité dénombrable. D'autre part, les portions $\pi_n^{(\beta)}$ ($0 \leqq \beta < \alpha$, $n = 1, 2, 3, \ldots$) sont encore en infinité dénombrable. Or, le domaine total $\mathcal{J}$ est évidemment la somme des ensembles *dénombrables* $F_\beta - P_\beta$ et des portions *normales* $\pi_n^{(\beta)}$.

Comme toute portion normale est entièrement contenue : *ou bien* dans E, *ou bien* dans son complémentaire CE, nous concluons que l'ensemble considéré E est une partie d'une décomposition complète du domaine fondamental $\mathcal{J}$ en une infinité dénombrable d'éléments de classe $\leqq 1$ et, par suite, est lui-même de classe $\leqq 1$ (p. 77, note).

Nous sommes ainsi amenés à conclure : au point de vue adopté, le procédé de Baire n'est qu'une constatation pour la classe 1 de ce fait général que tout ensemble E de classe α est une partie d'une décomposition complète du domaine fondamental $\mathcal{J}$ en une infinité dénombrable d'éléments de classe $\leqq \alpha$ sans parties communes deux à deux. Donc, au point de vue adopté, le théorème de Baire sur les ensembles de classe 1 est un cas particulier du théorème général sur la structure des ensembles mesurables B (*voir* p. 76).

Cependant, ce point de vue est en quelque sorte superficiel puisque le procédé de Baire n'est pas tout à fait adéquat au théorème indiqué sur la structure des ensembles mesurables B, mais cache quelque chose *de plus*.

Tout d'abord, le théorème mentionné sur la structure a le caractère de l'*indéfini* puisque tous les éléments constituant les ensembles E et CE sont numérotés au moyen des entiers positifs. Or, le procédé de Baire est essentiellement *transfini* et ce transfini ne peut être écarté d'aucune façon : nous démontrerons, dans ce qui suit, qu'il existe effectivement des ensembles E de classe 1 pour lesquels le procédé de Baire ne s'arrêtera jamais avant un nombre transfini β, et cela quel que soit β fixé d'avance. C'est grâce à ce fait important qu'*on peut classer les ensembles de classe 1 suivant la longueur du développement de Baire* et les *sous-classes* ainsi obtenues présenteront une suite tout à fait semblable à celle des classes que donne la classification de Baire-de la Vallée Poussin elle-même.

L'analogie entre le théorème de la page 76 et le procédé de Baire n'est pas complète puisque les ensembles fermés $\pi_n^{(\beta)}$ qui constituent l'ensemble E ne sont pas des ensembles fermés arbitraires sans points communs deux à deux dont nous parle ce théorème, mais *possèdent une propriété bien déterminée* dont est privée, en général, la décomposition arbitraire du domaine $\mathcal{J}$ en ensembles fermés. C'est cette propriété qui constitue l'*essence* même de la démonstration de M. Baire de son théorème sur les fonctions (ou ensembles) de classe 1.

Pour voir en quoi consiste cette propriété, revenons à l'analogie qui existe entre les points ordinaires et les éléments de classe quelconque.

Étant donné un ensemble $\mathcal{E}$ dénombrable d'éléments e de classe 1, nous appellerons cet ensemble *clairsemé* si chacune de ses parties $\mathcal{E}_1$ possède un élément *isolé* (¹). C'est une extension très naturelle de la notion de M. A. Denjoy relative aux *points*.

Si nous revenons maintenant à l'ensemble E considéré précédemment, nous constatons sans difficulté que *les éléments* $\pi_n^{(\beta)}$ *de classe* 1 *dont est formé* E *et que nous donne le procédé de Baire forment un ensemble clairsemé au sens de l'extension indiquée.*

En effet, désignons par $\mathcal{E}$ l'ensemble des points distincts et des portions normales $\pi_n^{(\beta)}$ qui appartiennent à E. Pour voir que $\mathcal{E}$ est clairsemé, il suffit de démontrer que chaque partie $\mathcal{E}_1$ de $\mathcal{E}$ possède un élément isolé. Or, l'ensemble $\mathcal{E}_1$ est composé de points d'ensembles-différences $F_\beta - P_\beta$ et de portions $\pi_n^{(\beta)}$. Parmi les indices β de ces ensembles, il y en a un qui est le plus petit; soit β_0 cet indice. Si l'ensemble $\mathcal{E}_1$ contient effectivement des points de $F_\beta - P_\beta$, il y a sûrement, parmi ces points, un point *isolé* puisque l'ensemble $F_\beta - P_\beta$ est clairsemé. Si $\mathcal{E}_1$ ne contient aucun point de $F_\beta - P_\beta$, il contient effectivement des portions $\pi_m^{(\beta)}$. Je dis maintenant que chacune de ces portions est isolée dans $\mathcal{E}_1$. Pour le voir, il suffit de remarquer que la portion $\pi_m^{(\beta)}$ est *normale*, donc définie par une portion du domaine $\mathcal{J}$ qui ne contient aucun point ni des ensembles $F_{\beta'} - P_{\beta'}$, ni des portions $\pi_q^{(\beta')}$ si β' dépasse β, $\beta' > \beta$. Donc, la portion considérée $\pi_m^{(\beta)}$ est isolée dans $\mathcal{E}_1$.   C. Q. F. D.

(¹) La notion générale d'élément isolé a été donnée précédemment (p. 70). Dans le cas considéré un élément e de classe 1 est dit *isolé* dans l'ensemble $\mathcal{E}$ d'éléments classe 1 si l'on peut enfermer e dans un ensemble H de la classe initiale K_0 de manière que H n'ait de partie commune avec aucun des autres éléments de $\mathcal{E}$.

D'une manière analogue, les points des $F_\beta - P_\beta$ et les portions $\pi_n^{(\beta)}$ dont est formé le complémentaire CE forment encore un ensemble *clairsemé*.

Inversement, si E et CE sont tous deux des suites clairsemées d'éléments de classe 1, il existe un procédé de Baire qui nous donne E et CE.

Donc, *il y a identité entre le procédé de Baire et le procédé qui permet de mettre un ensemble de classe 1 sous forme clairsemée d'une infinité dénombrable d'éléments de classe 1 (ensembles fermés).*

Nous sommes amenés ainsi très naturellement à considérer comme généralisation du procédé de Baire un procédé pour développer tout ensemble E de classe α en une suite *clairsemée* d'éléments de cette classe, à condition de démontrer l'existence effective de toutes les sous-classes de classe α qu'on obtient en classant les ensembles de classe α suivant la longueur transfinie de ce développement.

C'est ce procédé qui fera l'objet des considérations qui suivent.

LE PROCÉDÉ DE BAIRE DANS LES CLASSES SUPÉRIEURES.

Ensembles clairsemés d'éléments de classe $\leqq \alpha$. — Les études précédentes sur les ensembles de points nous étaient indispensables pour étudier le rôle des éléments de classe $\leqq \alpha$ dans la formation des ensembles. Il est temps d'introduire des notions nouvelles, inspirées des idées de M. Denjoy, et relatives aux *suites* d'éléments de classe $\leqq \alpha$, notions qui nous permettront, comme on le verra, d'établir les conditions nécessaires et suffisantes pour qu'un ensemble soit de classe $\leqq \alpha$ et de distribuer les ensembles de classe α en une infinité transfinie de sous-classes suivant la longueur du développement de Baire.

Tout d'abord nous posons la définition fondamentale suivante : *Un ensemble $\mathcal{E}$ formé d'une infinité dénombrable d'éléments de classe $\leqq \alpha$ n'empiétant pas les uns sur les autres est dit* CLAIRSEMÉ *si chaque partie de $\mathcal{E}$ contient un élément isolé* ([1]).

([1]) D'une manière générale, nous dirons qu'un élément e de classe α appartenant à une famille F d'ensembles est *isolé* dans cette famille s'il existe un ensemble sépa-

En répétant le même raisonnement que nous avons fait dans le cas des ensembles clairsemés *de points*, nous concluons qu'on peut mettre $\mathcal{E}$ sous forme bien ordonnée

$$(\mathcal{E}) \qquad e_0, \quad e_1, \quad e_2, \quad \ldots, \quad e_\omega, \quad \ldots, \quad e_\beta, \quad \ldots \mid \gamma,$$

de manière que chaque élément e_β puisse être séparé des éléments suivants au moyen d'un ensemble H_β contenant e_β et ne contenant aucune partie d'un élément $e_{\beta'}$ si l'indice β' dépasse β, l'ensemble séparateur H_β étant *ou bien* de classe inférieure à la classe de e_β, *ou bien* de la base de la classe de e_β.

D'autre part, il est clair que tout ensemble $\mathcal{E}$ d'éléments qu'on peut mettre sous la forme $(\mathcal{E})$ de manière que chaque élément e_β soit isolé dans l'ensemble des éléments suivants e_β, $\beta' \geqq \beta$, est nécessairement *clairsemé*.

Nous pouvons maintenant aborder l'étude des conditions que remplissent les ensembles de classe α. *La condition suffisante pour qu'un ensemble soit de classe $\leqq \alpha$ s'exprime* de la manière suivante :

Théorème I. — *Tout ensemble clairsemé d'éléments de classe $\leqq \alpha$ est un ensemble de classe $\leqq \alpha$.*

Soit

$$(\mathcal{E}) \qquad e_0, \quad e_1, \quad e_2, \quad \ldots, \quad e_\omega, \quad \ldots, \quad e_\beta, \quad \ldots \mid \gamma,$$

un ensemble clairsemé d'éléments de classe $\leqq \alpha$. Le terme e_β est contenu dans un ensemble séparateur H_β qui n'a pas de parties communes avec aucun des termes suivants $e_{\beta'}$, $\beta' > \beta$. L'ensemble H_β *ou bien* est de classe inférieure à la classe de e_β, *ou bien* appartient à la base de la classe de e_β.

Soit F_β un ensemble qu'on obtient en enlevant de $\mathcal{I}$ tous les ensembles séparateurs $H_{\beta'}$, où β' est inférieur à β ; on voit bien que F_β *ou bien* est de classe $< \alpha$, *ou bien* appartient à la base B_α, *ou bien* est un élément de classe α. D'après la propriété des ensembles $H_{\beta'}$, il est clair que F_β contient l'élément e_β. Donc si nous désignons par π_β la partie commune $H_\beta \times F_\beta$, l'ensemble π_β contient e_β.

---

rateur H ou bien de classe $< \alpha$ ou bien de la base B_α qui contient e et qui ne contient aucun point des autres ensembles de la famille F.

Cela posé, désignons par Q l'ensemble des points de $\mathcal{J}$ qui n'appartiennent à aucun des ensembles séparateurs H_β, $0 \leqq \beta < \gamma$. La suite bien ordonnée

$$(1) \qquad Q, \quad \pi_0, \quad \pi_2, \quad \pi_2, \quad \ldots, \quad \pi_\omega, \quad \ldots, \quad \pi_\beta, \quad \ldots \mid \gamma$$

est évidemment formée d'une infinité dénombrable d'ensembles : *ou bien* de classe $< \alpha$, *ou bien* de la base $B\alpha$, *ou bien* d'éléments de la classe α. On voit bien, que ces ensembles n'ont aucune partie commune deux à deux et que leur somme coïncide avec le domaine $\mathcal{J}$. Donc, la suite (1) est une décomposition du domaine entier $\mathcal{J}$ en une infinité dénombrable d'ensembles de classe $\leqq \alpha$.

Ceci étant, désignons par E la somme des termes de la suite clairsemée $(\mathscr{E})$. Il est clair que l'ensemble Q ne contient aucun point de E et que les points de E qui appartiennent à π_β forment l'élément e_β. Donc, si nous retranchons de π_β l'élément e_β, l'ensemble-différence R_β est de classe $\leqq \alpha$ et ne contient pas de points de E.

Il résulte de là que le domaine entier $\mathcal{J}$ est décomposé en une infinité dénombrable d'ensembles de classe $\leqq \alpha$: ce sont les ensembles Q, e_β, R_β, où $0 \leqq \beta < \gamma$. Comme ces ensembles sont sans points communs deux à deux, nous concluons (p. 77, note) que la somme d'une infinité de ces ensembles arbitrairement choisis est de classe $\leqq \alpha$. En particulier, il en est de même pour l'ensemble E composé des e_β.

C. Q. F. D.

Il importe de remarquer que la démonstration de ce théorème est identique (sauf les notations) à celle du théorème correspondant sur les ensembles clairsemés *de points* (p. 106).

Représentation paramétrique régulière des ensembles. — Nous sommes conduits à nous demander si cette condition suffisante trouvée pour qu'un ensemble de points soit de classe $\leqq \alpha$ est *nécessaire*. Pour résoudre cette question par l'affirmative, il convient d'étudier d'abord quelques questions préliminaires.

Nous allons d'abord poser une définition nouvelle.

Appelons *régulière* toute fonction $f(t)$ définie dans le domaine fondamental $\mathcal{J}_t$ qui ne prend jamais des valeurs égales; chaque fonction régulière est une fonction à valeurs distinctes : si $t' \neq t''$, on a

$$f(t') \neq f(t'').$$

Nous dirons maintenant qu'un ensemble E quelconque de points du domaine fondamental $\mathcal{J}_x$ *admet une représentation paramétrique régulière* si E est l'ensemble des valeurs d'une fonction $x = f(t)$ définie dans la portion (o, 1) du domaine fondamental $\mathcal{J}_t$, continue et régulière dans cette portion

Il est clair que *chaque ensemble* E *qui admet une représentation paramétrique régulière à la puissance du continu et contient même un ensemble parfait*. Pour le voir, prenons, dans la portion (o, 1) de $\mathcal{J}_t$, un ensemble P parfait au sens absolu. Comme la fonction $x = f(t)$ est contiuue et régulière, l'ensemble Q des valeurs que $f(t)$ prend dans P est un ensemble parfait; on voit bien que Q est contenu dans E.

D'ailleurs, on peut remarquer que chaque ensemble E qui admet une représentation paramétrique régulière ne peut avoir de point isolé.

Ceci étant, posons la définition suivante. Soit E un ensemble de la classe K_α formé de points de $\mathcal{J}_x$; nous supposons que E admet une représentation paramétrique régulière $x = f(t)$. Appelons cette représentation *normale* lorsque l'ensemble des valeurs que $f(t)$ prend dans une portion quelconque o et 1 est un ensemble de classe $\leq \alpha$.

Cette définition étant posée, nous pouvons démontrer le théorème suivant :

Théorème. — *Tout ensemble non dénombrable mesurable* B *admet une représentation normale quand on néglige une infinité dénombrable de points de cet ensemble.*

La proposition est évidente si E est de la classe initiale K_0 puisque, dans ce cas, E est une somme d'une infinité dénombrable de *portions* du domaine $\mathcal{J}_x : E = \pi_1 + \pi_2 + \ldots$ et l'on peut faire une transformation homographique de π_n en intervalle de Baire (n) d'ordre 1 du domaine $\mathcal{J}_t$ ce qui nous donne la représentation normale de E ([1]).

Cela posé, supposons que la proposition est vraie pour toutes les classes précédentes K_α et démontrons qu'elle subsiste pour la classe K_α elle-même.

([1]) D'une manière générale, étant donné un système d'entiers positifs rangés dans un ordre déterminé : $a_1, a_2, \ldots, a_k$, on appelle *intervalle de Baire* $(a_1, a_2, \ldots, a_k)$ l'ensemble des points irrationnels dont la représentation par des fractions continues commence par $(a_1, a_2, \ldots, a_k)$; cet intervalle sera dit d'*ordre k.*

Remarquons d'abord que tout revient à démontrer la proposition pour les *éléments* de la classe K_α. En effet, tout ensemble E de la classe K_α est la somme d'une infinité dénombrable d'éléments de classe $\leqq \alpha$ sans parties communes deux à deux : $E = \pi_1 + \pi_2 + \ldots$. Il suffit évidemment de représenter normalement π_n sur l'intervalle de Baire (n) d'ordre 1, pour avoir la représentation normale de E.

Supposons donc que E est un élément (non dénombrable si $\alpha = 1$) de classe α. Nous avons

$$E = E_1 \times E_2 \times \ldots \times E_n \times \ldots,$$

les ensembles E_n étant de classe $< \alpha$ et leur suite étant décroissante

$$E_1 > E_2 > \ldots > E_n > \ldots.$$

Soit $x = f_n(t_n)$ une représentation normale de E_n sur la portion $(0, 1)$ du domaine fondamental $\mathcal{J}_{t_n}$; dans cette représentation on néglige, peut-être, une partie dénombrable de E_n.

Cela posé, considérons un nouveau domaine $\mathcal{J}_t$ et prenons la portion $(0, 1)$ de ce domaine. Nous allons établir une correspondance univoque et réciproque entre les points t de la portion $(0, 1)$ du domaine $\mathcal{J}_t$ et les systèmes formés d'une infinité dénombrable de points $t_1, t_2, \ldots, t_n, \ldots$, chacun des points t_n étant pris dans la portion $(0, 1)$ du domaine $\mathcal{J}_{t_n}$ correspondant. Voici le procédé qui nous permet d'établir cette correspondance.

A tout intervalle de Baire d'ordre 1 du domaine $\mathcal{J}_t$ nous faisons correspondre un intervalle de Baire d'ordre 1 du domaine $\mathcal{J}_{t_1}$, et réciproquement.

A tout intervalle de Baire δ d'ordre 2 du domaine $\mathcal{J}_t$ nous faisons correspondre un groupe Γ_2 formé de deux intervalles δ_1 et δ_2 de Baire d'ordre 2 respectivement situés dans $\mathcal{J}_{t_1}$ et $\mathcal{J}_{t_2}$ de manière que l'intervalle d'ordre 1 contenant δ corresponde à l'intervalle d'ordre 1 contenant δ_1, et *vice versa* à tout groupe Γ_2 analogue corresponde un intervalle de Baire d'ordre 2 du domaine $\mathcal{J}_t$.

D'une manière générale, à tout intervalle δ de Baire d'ordre n du domaine $\mathcal{J}_t$ correspond un groupe Γ_n formé de n intervalles δ_1, $\delta_2, \ldots, \delta_n$ de Baire d'ordre n situés respectivement sur $\mathcal{J}_{t_1}, \mathcal{J}_{t_2}, \ldots$, $\mathcal{J}_{t_n}$ de telle manière que l'intervalle de Baire d'ordre $n-1$ contenant δ corresponde à un groupe Γ_{n-1} formé d'intervalles de Baire d'ordre $n-1$ contenant δ_1, $\delta_2, \ldots, \delta_{n-1}$, et *vice versa*, tout groupe analogue Γ_n corresponde un intervalle de Baire d'ordre n du domaine $\mathcal{I}_t$.

Comme tout point irrationnel compris entre o et 1 est la partie commune à une suite d'intervalles de Baire d'ordres 1, 2, ..., n, ..., emboîtés les uns dans les autres, on voit bien que le procédé indiqué nous donne les équations

$$t_1 = \varphi_1(t), \qquad t_2 = \varphi_2(t), \qquad \ldots, \qquad t_n = \varphi_n(t), \qquad \ldots,$$

$\varphi_n(t)$ étant continue sur $\mathcal{I}_t$. A toute suite de points $t_1, t_2, \ldots t_n, \ldots$ situés respectivement dans les portions (o, 1) des domaines $\mathcal{I}_{t_1}$, $\mathcal{I}_{t_2}, \ldots, \mathcal{I}_{t_n}, \ldots$ correspond un et un seul point t du domaine $\mathcal{I}_t$. Si $t' \neq t''$, il existe un nombre i tel que $\varphi_i(t') \neq \varphi_i(t'')$, puisque à deux intervalles différents de Baire δ' et δ'' d'ordre n contenant les points t' et t'' correspondent deux groupes *différents* Γ'_n et Γ''_n formés chacun de n intervalles de Baire d'ordre n situés dans $\mathcal{I}_{t_1}, \mathcal{I}_{t_2}, \ldots \mathcal{I}_{t_n}$.

Les substitutions

$$x = f_1[\varphi_1(t)] = F_1(t),$$
$$x = f_2[\varphi_2(t)] = F_2(t),$$
$$\ldots\ldots\ldots\ldots\ldots\ldots\ldots\ldots,$$
$$x = f_n[\varphi_n(t)] = F_n(t),$$
$$\ldots\ldots\ldots\ldots\ldots\ldots\ldots\ldots$$

donnent des fonctions continues sur $\mathcal{I}_t$. Il s'ensuit que les égalités simultanées

$$F_1(t) = F_2(t) = \ldots = F_n(t) = \ldots$$

définissent sur $\mathcal{I}_t$ un ensemble de points fermé sur $\mathcal{I}_t$; nous le désignons par T.

Si t parcourt (o, 1), le point t_i parcourt une infinité de fois la portion (o, 1) du domaine $\mathcal{I}_{t_i}$. Donc, $x = F_i(t)$ parcourt une infinité de fois l'ensemble E_i et n'en sort jamais. Il en résulte, en désignant par $F(t)$ la valeur commune des fonctions

$$F_1(t) = F_2(t) = \ldots = F_n(t) = \ldots,$$

que l'équation

$$x = F(t)$$

nous donne un point de la partie commune $E_1 \times E_2 \times \ldots \times E_n \times \ldots$, et que tout point x de cette partie commune peut être obtenu de cette manière.

La fonction $x = F(t)$ est continue sur T. Il importe de remarquer qu'elle est *régulière* sur T, puisque si $t' \neq t''$, il existe une fonction φ telle que

$$\varphi_i(t') \neq \varphi_i(t'');$$

donc, comme $f_i(t_i)$ est régulière sur $\mathcal{J}_{t_i}$, on a

$$F_i(t') \neq F_i(t'')$$

et, par suite,

$$F(t') \neq F(t'').$$

Nous avons supposé que l'ensemble E est non dénombrable. Donc, l'ensemble T l'est aussi; il est d'ailleurs fermé sur $\mathcal{J}_t$.

Comme T est non dénombrable, il existe une décomposition complète de la portion (o, 1) du domaine $\mathcal{J}_t$ en intervalles de Baire δ telle qu'il y a une infinité de δ contenant chacun une infinité non dénombrable de points de T. Établissons une correspondance univoque et réciproque entre ces δ et les intervalles de Baire Δ d'ordre 1 d'un domaine fondamental nouveau $\mathcal{J}_\tau$.

Chacun de ces δ peut être décomposé complètement en intervalles de Baire δ' de telle manière qu'il existe une infinité de δ' contenant chacun une partie non dénombrable de T. Établissons une correspondance univoque et réciproque entre ces δ' contenus dans δ et les intervalles de Baire Δ' d'ordre 2 appartenant au Δ correspondant.

D'une manière générale, étant donnés deux intervalles de Baire correspondants $\delta^{(n-1)}$ et $\Delta^{(n-1)}$ dont le premier contient une partie non dénombrable de T et dont le second est un intervalle de Baire d'ordre $n-1$ du domaine $\mathcal{J}_\tau$, décomposons complètement $\delta^{(n-1)}$ en intervalles de Baire $\delta^{(n)}$ de telle manière qu'il existe une infinité de $\delta^{(n)}$ contenant chacun une partie non dénombrable de T. Établissons une correspondance univoque et réciproque entre ces $\delta^{(n-1)}$ et les intervalles de Baire $\Delta^{(n)}$ d'ordre n appartenant à $\Delta^{(n-1)}$.

Nous avons défini dans (o, 1) du domaine nouveau $\mathcal{J}_\tau$ une fonction

$$t = \psi(\tau)$$

continue et régulière dans (o, 1). Si τ parcourt la portion (o, 1) de $\mathcal{J}_\tau$, le point t parcourt l'ensemble T sauf, peut-être, un ensemble dénombrable de points de T. Si τ parcourt un intervalle de Baire Δ du domaine $\mathcal{J}_\tau$, le point t parcourt évidemment une partie de T contenue dans un intervalle de Baire δ qui correspond à Δ (à une infinité dénombrable de points de cette partie). Soit ν l'ordre de δ. Si le point t parcourt δ, les points

$$t_1 = \varphi_1(t), \qquad t_2 = \varphi_2(t), \qquad \ldots, \qquad t_\nu = \varphi_\nu(t)$$

parcourent chacun un intervalle de Baire d'ordre ν, ces intervalles étant situés respectivement dans $\mathcal{J}_{t_1}$, $\mathcal{J}_{t_2}$, ..., $\mathcal{J}_{t_\nu}$, tandis que les autres points $t_{\nu+1} = \varphi_{\nu+1}(t)$, $t_{\nu+2} = \varphi_{\nu+2}(t)$, ... parcourent chacun la porportion $(0, 1)$ des domaines correspondants $\mathcal{J}_{t\nu+1}$, $\mathcal{J}_{t\nu+2}$, ...

Or, chaque fonction $x = f_i(t_i)$ nous donne une représentation *normale* de E_i sur la portion $(0, 1)$ de $\mathcal{J}_{t_i}$. Cela veut dire que si t_i parcourt une portion du domaine $\mathcal{J}_{t_i}$, le point x parcourt une partie de E_i de classe $< \alpha$. Il en résulte que si t parcourt δ, la fonction composée $x = f_i[\varphi_i(t)]$ parcourt une partie de E_i de classe $< \alpha$ lorsque $i \leqq \nu$, et parcourt un ensemble entier E_i lorsque $i > \nu$. On conclut de là que si τ parcourt un intervalle de Baire Δ dans $\mathcal{J}_\tau$, la fonction composée

$$x = F[\psi(\tau)] = \Phi(\tau)$$

parcourt la partie commune à une infinité dénombrable d'ensembles de classe $< \alpha$, donc, *ou bien* un ensemble de classe $< \alpha$, *ou bien* un ensemble de la base B_α, *ou bien* un élément de classe α. D'autre part on voit bien que $\Phi(\tau)$ est continue et régulière dans $(0, 1)$ du domaine $\mathcal{J}_\tau$, et que l'ensemble de ses valeurs sur $(0, 1)$ coïncide avec l'ensemble $E = E_1 \times E_2 \times \ldots$, sauf un ensemble dénombrable de points. Donc, l'équation $x = \Phi(\tau)$ nous donne une représentation paramétrique régulière de E.

Il ne reste plus qu'à démontrer que cette représentation est *normale*. A cet effet, nous allons démontrer que l'ensemble des valeurs de $\Phi(\tau)$ sur chaque ensemble H de classe 0 situé dans $(0, 1)$ du domaine $\mathcal{J}_\tau$ est un ensemble de classe $\leqq \alpha$. Or, comme H et son complémentaire CH sont tous les deux des sommes d'une infinité dénombrable de portions de $\mathcal{J}_\tau$, ils sont évidemment des sommes d'intervalles de Baire. Il en résulte que l'ensemble des valeurs de $\Phi(\tau)$ sur H, que nous désignons par $\Phi(H)$, ainsi que l'ensemble $\Phi(CH)$ des valeurs de $\Phi(\tau)$ sur CH sont tous les deux des sommes d'une infinité dénombrable d'ensembles de classe $\leqq \alpha$ sans parties communes deux à deux. Comme la somme totale de ces ensembles est évidemment E, nous en concluons que $\Phi(H)$ est une partie d'une décomposition complète d'un ensemble de classe $\leqq \alpha$ en une infinité dénombrable d'ensembles de classe $\leqq \alpha$ sans parties communes. Donc ([1]), la classe de $\Phi(\mathrm{H})$ est $\leqq \alpha$ et la représentation paramétrique $x = \Phi(\tau)$ de E est *normale*.

C. Q. D. F.

Nous compléterons ce résultat par les remarques suivantes :

Remarque I. — Il résulte de la démonstration que si E est un élément de classe α, la représentation paramétrique normale $x = \Phi(\tau)$ que nous avons obtenue précédemment fait correspondre à chaque intervalle de Baire δ de $\mathcal{J}_\tau$ un ensemble $\Phi(\delta)$ des valeurs de $\Phi(\tau)$ sur δ qui est : *ou bien* de classe $< \alpha$, *ou bien* de la base B_α, *ou bien* un élément de classe α.

Remarque II. — Si E est un ensemble bilatéral de la classe K_α, il existe une représentation normale $x = \Phi(\tau)$ de E, telle qu'à chaque ensemble de classe 0 corresponde : *ou bien* un ensemble de classe $< \alpha$, *ou bien* un ensemble de la base B_α.

En effet, il suffit de décomposer E en une infinité dénombrable d'éléments de classe $< \alpha$ et d'effectuer les représentations normales de ces éléments respectivement sur les intervalles de Baire d'ordre 1 du domaine $\mathcal{J}_\tau$. Il est clair que la représentation totale $x = \Phi(\tau)$ de E ainsi obtenue est une représentation normale ayant la propriété énoncée.

Représentation d'un ensemble arbitraire de classe α sous forme d'une suite clairsemée d'éléments. — Nous allons maintenant reprendre l'étude générale d'un ensemble arbitraire de la classe K_α. Soit E un ensemble quelconque de classe α. Nous avons

$$\mathrm{E} = \lim_{n = \infty} \mathrm{E}_n,$$

les ensembles E_n étant de classe $< \alpha$.

Tout d'abord, nous allons écarter le cas où l'un des ensembles complémentaires CE_i est dénombrable (ou fini). En effet, si les ensembles CE_i qui sont dénombrables (finis) sont en nombre limité, nous pouvons supprimer les ensembles correspondants E_i dans la suite $\mathrm{E}_1, \mathrm{E}_2, \ldots$.

([1]) *Voir* la note de la page 77.

Si ces ensembles CE_i sont en infinité, l'ensemble CE lui-même est manifestement dénombrable (fini). Donc, *ou bien* E est un élément de classe 2, *ou bien* E est de la classe 1 et, par suite, un *ensemble clairsemé de points* (p. 106).

Tout revient donc à examiner le cas où chacun des ensembles E_n et CE_n est *non dénombrable* quel que soit l'entier positif n.

Dans ces conditions, nous pouvons écrire une suite d'équations

$$x = f_1(t_1), \qquad x = f_2(t_2), \qquad \ldots, \qquad x = f_n(t_n), \qquad \ldots$$

qui donnent, quel que soit n, une représentation normale de E_n sur la portion $\left(0, \dfrac{1}{2}\right)$ et de CE_n sur $\left(\dfrac{1}{2}, 1\right)$ du domaine $\mathcal{J}_{t_n}$, en négligeant toujours les points en une infinité dénombrable.

Prenons un nouveau domaine fondamental $\mathcal{J}_t$ et considérons les équations

$$t_1 = \varphi_1(t), \qquad t_2 = \varphi_2(t), \qquad \ldots, \qquad t_n = \varphi_n(t), \qquad \ldots$$

et les fonctions composées

$$x = f_1[\varphi_1(t)] = F_1(t),$$
$$x = f_2[\varphi_2(t)] = F_2(t),$$
$$\ldots \ldots \ldots \ldots \ldots \ldots \ldots \ldots \ldots,$$
$$x = f_n[\varphi_n(t)] = F_n(t),$$
$$\ldots \ldots \ldots \ldots \ldots \ldots \ldots \ldots \ldots$$

que nous avons étudiées dans la démonstration du théorème précédent (p. 116).

De même que dans cette démonstration, les égalités simultanées

$$F_1(t) = F_2(t) = \ldots = F_n(t) = \ldots$$

définissent sur $\mathcal{J}_t$ un ensemble de points T fermé dans ce domaine.

Soit $F(t)$ la valeur commune de ces fonctions sur T. C'est une fonction définie sur T, continue et régulière dans cet ensemble et telle que l'équation

$$x = F(t)$$

transforme l'ensemble T en domaine fondamental $\mathcal{J}_x$ total, sauf un ensemble dénombrable de ses points.

De même que dans la démonstration du théorème précédent, nous transformons au moyen de la fonction

$$t = \psi(\tau),$$

la portion $(0, 1)$ du domaine $\mathcal{J}_\tau$ en l'ensemble T, sauf, peut-être, un ensemble dénombrable de points de T.

La fonction composée

$$x = \mathrm{F}[\psi(\tau)] = \Phi(\tau)$$

est continue et régulière dans $(0, 1)$ et transforme cette portion en domaine total $\mathcal{J}_x$, à un ensemble dénombrable de points de $\mathcal{J}_x$ près. Il importe d'étudier les propriétés de la fonction $\Phi(\tau)$.

Tout d'abord, la fonction $x = f_n(t_n)$ nous donne une représentation *normale* de E_n et de CE_n sur $\left(0, \frac{1}{2}\right)$ et $\left(\frac{1}{2}, 1\right)$ du domaine $\mathcal{J}_{t_n}$: cela veut dire que la fonction $f_n(t_n)$ fait correspondre à tout intervalle de Baire δ du domaine $\mathcal{J}_{t_n}$ un ensemble $f_n(\delta)$ des valeurs de $f_n(t_n)$ sur δ qui est de classe $< \alpha$. Il en résulte, par le même raisonnement que celui que nous avons fait pour démontrer le théorème précédent, que la fonction considérée $x = \Phi(\tau)$ fait correspondre à chaque intervalle de Baire δ du domaine $\mathcal{J}_\tau$ un ensemble $\Phi(\delta)$ de classe rigoureusement inférieure à α situé dans $\mathcal{J}_x$ ([1]).

Cela posé, désignons par e_n la transformée de l'ensemble E_n au moyen de la fonction $x = \Phi(\tau)$; e_n est l'ensemble situé dans $\mathcal{J}_\tau$ tel que $\Phi(e_n)$ coïncide avec E_n. Il est aisé de voir que l'ensemble e_n est de classe 0.

En effet, la condition nécessaire et suffisante pour que le point $x = \Phi(\tau)$ appartienne à E_n est que la valeur $\varphi_n[\psi(\tau)]$ appartienne à la portion $\left(0, \frac{1}{2}\right)$ du domaine $\mathcal{J}_{t_n}$ ce qui, d'après la continuité de $\varphi_n[\psi(\tau)]$ n'est possible que dans le cas où e_n est un ensemble de la classe initiale K_0.

Il est évident que la suite des ensembles de classe 0

$$e_1, \quad e_2, \quad \ldots, \quad e_n, \quad \ldots$$

est convergente et a pour limite un ensemble e qui est la tranformée de E au moyen de $x = \Phi(\tau)$; l'ensemble e est manifestement de classe $\leqq 1$.

Deux cas seulement sont possibles.

([1]) Nous désignons ici par $\Phi(\delta)$ l'ensemble des valeurs de la fonction $\Phi(\tau)$ sur l'intervalle δ. D'une manière générale, étant donnés une fonction $f(x)$ quelconque définie dans le domaine $\mathcal{J}_x$ et un ensemble E situé dans ce domaine, nous désignons par $f(\mathrm{E})$ *l'ensemble des valeurs que prend* $f(x)$ *sur* E.

Premier cas : l'ensemble e est de classe o. — Dans ce cas, e et son complémentaire Ce sont tous les deux des sommes d'une infinité dénombrable d'intervalles de Baire. Il s'ensuit que e et Ce sont tous les deux des sommes d'une infinité dénombrable d'ensembles de classe $< \alpha$. Donc, e est un ensemble de la base B_α.

Deuxième cas : la classe de e est 1. — Dans ce cas, le procédé de Baire appliqué à e nous donne un développement parfaitement déterminé de e en suite clairsemée d'éléments de classe 1 (ensembles fermés)

$$e = \eta_0 + \eta_1 + \eta_2 + \ldots + \eta_\omega + \ldots + \eta_\beta + \ldots \mid \gamma,$$

où η_n, l'indice n étant fini, est un intervalle de Baire et η_β, l'indice β étant de seconde classe, et inférieur à γ, est un ensemble parfait non dense et isolé de tous les $\eta_{\beta'}$ suivants, $\beta' > \beta$, au moyen d'un intervalle de Baire h_β.

Cette décomposition de e est effectuée dans le domaine $\mathcal{J}_\tau$. Or, dans le domaine $\mathcal{J}_x$, il lui correspond le développement suivant de l'ensemble E donné

$$(1) \qquad E = \varepsilon_0 + \varepsilon_1 + \varepsilon_2 + \ldots + \varepsilon_\omega + \ldots + \varepsilon_\beta + \ldots \mid \gamma,$$

où ε_β est la transformée de η_β au moyen de $x = \Phi(\tau)$. L'intervalle de Baire h_β se transforme en un ensemble H_β de classe rigoureusement inférieure à α. On voit bien que ε_β est contenu dans H_β, puisque η_β est contenu dans h_β. Comme h_β n'a de points communs avec aucun des ensembles suivants $\eta_{\beta'}$, $\beta' > \beta$, il en résulte que H_β n'a de points communs avec aucun des ensembles suivants $\varepsilon_{\beta'}$, $\beta' > \beta$.

Il ne reste qu'à examiner la nature des ensembles ε_β. Comme η_β est un ensemble parfait non dense, son complémentaire $C\eta_\beta$ est une somme d'intervalles de Baire. Donc, la transformée de $C\eta_\beta$ est : *ou bien* de classe $< \alpha$, *ou bien* un ensemble de classe α accessible inférieurement. Dans ces conditions, l'ensemble ε_β est : *ou bien* de classe $< \alpha$, *ou bien* de la base B_α, *ou bien* un élément de la classe α.

Cela posé, enlevons du développement (1) de E tous les ε qui sont : *ou bien* de classe $< \alpha$, *ou bien* de la base B_α et faisons leur somme S. Il ne reste que des éléments ε_β rigoureusement de classe α enfermés dans les ensembles correspondants H_β de classe $< \alpha$ qui les séparent des ensembles $\varepsilon_{\beta'}$ qui suivent. Donc, l'ensemble R des éléments restants est un ensemble *clairsemé*.

Nous sommes ainsi amenés au résultat suivant :

Tout ensemble E *de classe* α *peut être décomposé en un ensemble* S *accessible inférieurement de classe* α *et un ensemble* R *clairsemé formé d'éléments de classe* α ([1])

$$E = S + R.$$

LES SOUS-CLASSES, LEUR EXISTENCE.

Extension des résultats au cas d'ensembles de points dans l'espace à plusieurs dimensions. — Nous allons maintenant reprendre à un point de vue tout à fait général les questions étudiées dans les précédents numéros, en nous plaçant dans le cas des ensembles de points dans l'espace à plusieurs dimensions. Pour fixer les idées, nous nous bornons au cas de l'espace à *deux* dimensions.

Tout d'abord, si nous reprenons les définitions du Chapitre I (p. 51) relatives aux ensembles dans l'espace à plusieurs dimensions, nous remarquons immédiatement que toutes les notions et tous les raisonnements effectués pour les ensembles de points *linéaires* restent intacts dans le cas de l'espace euclidien à plusieurs dimensions. C'est ainsi que nous avons classé les ensembles mesurables B situés dans l'espace à plusieurs dimensions, en une infinité transfinie de classes de Baire-de la Vallée Poussin, et, dans chaque classe, K_α, de cette classification, nous avons des éléments, des ensembles accessibles inférieurement et des ensembles inaccessibles des deux côtés; si la classe K_α est de seconde espèce, il y a, dans K_α, des ensembles bilatéraux qui forment la base B_α de cette classe.

Il ne reste plus qu'à éclaircir la notion de *représentation paramétrique* dans le cas d'un ensemble de points à plusieurs dimensions.

([1]) Il serait très intéressant de démontrer que l'ensemble S lui-même est un ensemble *clairsemé* d'éléments *de classes inférieures à* α, la notion générale d'ensemble clairsemé formé d'éléments étant donnée précédemment (p. 111). Nous considérons cette proposition comme extrêmement probable.

En laissant au lecteur le soin de la démontrer, nous nous bornons ici à constater que du théorème du texte il résulte seulement que E est clairsemé *relativement à la classe* α (et non pas clairsemé au sens *absolu*). Cependant cette forme du théorème suffit pour les applications à l'étude de la structure des ensembles mesurables B ainsi qu'à la démonstration de l'existence des sous-classes.

D'une manière générale, nous dirons qu'un ensemble E de points dans le domaine fondamental $\mathcal{I}_{x_1 x_2 \ldots x_m}$ à m dimensions *admet une représentation paramétrique* si l'ensemble E est le lieu des positions successives d'un point mobile $M(x_1, x_2, \ldots, x_m)$ dont les coordonnées sont des fonctions d'un paramètre variable t définies dans la portion (o, 1) du domaine $\mathcal{I}_t$

$$x_1 = f_1(t), \qquad x_2 = f_2(t), \qquad \ldots, \qquad x_m = f_m(t).$$

Une représentation paramétrique de l'ensemble E est dite *régulière* si à deux valeurs différentes t' et t'' du paramètre t correspondent deux points distincts M' et M'' de l'ensemble E.

Soit E un ensemble mesurable B d'une classe quelconque K_α. Nous dirons que la représentation paramétrique régulière de l'ensemble E

$$x_1 = f_1(t), \qquad x_2 = f_2(t), \qquad \ldots, \qquad x_m = f_m(t)$$

est *normale* si les fonctions f_i sont *continues* dans la portion (o, 1) du domaine $\mathcal{I}_t$, et si à chaque portion de ce domaine correspond une partie de E *dont la classe ne dépasse pas α*.

Tous les raisonnements des numéros précédents restent intacts, et nous avons le théorème suivant : *Tout ensemble non dénombrable mesurable B admet une représentation normale quand on néglige les points de cet ensemble en nombre fini ou dénombrable.*

C'est au moyen de ce théorème, sans faire aucun changement dans les raisonnements précédents, que nous arrivons au résultat fondamental suivant :

Chaque suite clairsemée formée d'une infinité dénombrable d'éléments de classe $\leqq \alpha$ est un ensemble de classe $\leqq \alpha$. Inversement tout ensemble E de la classe K_α peut être décomposé en un ensemble S de classe α accessible inférieurement et en un ensemble R clairsemé formé d'éléments de classe α : $E = S + R$.

Pour $\alpha = 1$ nous obtenons le théorème de Baire sur les ensembles de classe 1 puisque le procédé effectif de M. R. Baire n'est autre chose qu'un développement d'un ensemble de classe 1 en une suite clairsemée d'éléments de classe 1.

La question se pose alors de savoir si la suite transfinie clairsemée R d'une infinité dénombrable d'éléments de la classe K_α, peut toujours être réduite à un nombre γ relativement faible de ses termes? En d'autres termes, peut-on toujours décomposer l'ensemble donné E de la classe K_α, de manière que la suite bien ordonnée clairsemée R d'éléments de classe α ait un nombre transfini correspondant γ toujours inférieur à un nombre fixe de seconde classe?

Nous verrons que la réponse sera *négative* et qu'il existe effectivement des ensembles E de la classe K_α pour lesquels l'ensemble clairsemé R peut avoir le nombre transfini de seconde classe γ aussi grand que l'on veut et que ce nombre ne peut pas être abaissé. Dans cet ordre d'idées il convient d'introduire une notion nouvelle, celle de *sous-classe* de la classification de Baire-de la Vallée Poussin.

Étant donné un ensemble E de la classe K_α, nous dirons que E est de *sous-classe* β si, dans chaque décomposition de E en un ensemble S de classe α accessible inférieurement et en une suite dénombrable bien ordonnée R, formée d'éléments de classe α et clairsemée

$$E = S + R,$$

le nombre γ correspondant à R est au moins égal à β et s'il est effectivement égal à β pour une certaine décomposition de E.

Il résulte de cette définition que chaque ensemble E de classe α accessible inférieurement est de *sous-classe* 0, et chaque élément de classe α est de *sous-classe* 1.

La question se pose de savoir s'il existe effectivement des ensembles de classe α et de toute sous-classe.

Nous allons maintenant exposer les recherches sur ce sujet de M. M. Lavrentieff, dont les résultats principaux ont été communiqués par lui à l'Académie des Sciences dans la Note *Sur les sous-classes de la classification de M. Baire* ([1]).

Élément universel à deux dimensions. — Prenons dans le domaine $\mathcal{I}_{x,y}$ à deux dimensions un ensemble E de la classe K_α. Si nous le coupons avec une droite $x = x_0$ parallèle à l'axe OY, nous obtenons un ensemble linéaire e bien déterminé, et il importe de reconnaître la nature de cet ensemble linéaire.

Tout d'abord, si E est de classe 0, l'ensemble linéaire e l'est aussi, puisque, dans ce cas, E et son complémentaire CE sont tous les deux des sommes de portions à deux dimensions; or, chaque telle portion est coupée par la droite $x = x_0$ suivant une portion linéaire.

([1]) *C. R. Acad. Sc.*, séance du 12 janvier 1925.

La *démonstration par récurrence* transfinie s'applique aux ensembles E des classes supérieures : *tout ensemble* E *à deux dimensions et de classe* α *est coupé par chaque droite* $x = x_0$ *suivant un ensemble linéaire e de classe* $\leqq \alpha$ regardé non pas comme une partie du plan, mais comme un ensemble linéaire mesurable B situé dans le domaine $\mathcal{J}$. Ce théorème est vrai pour $\alpha = o$, et l'on voit bien qu'il subsiste pour α (de première ou de seconde espèce), à condition d'être vrai pour les nombres $< \alpha$.

Comme tout ensemble de classe α accessible supérieurement est la partie commune à une infinité dénombrable d'ensembles de classe $< \alpha$, nous avons la conséquence suivante : *tout élément* E *à deux dimensions de classe* α *est coupé par chaque droite* $x = x_0$ *en un ensemble e qui est :* ou bien *de classe* $< \alpha$, ou bien *de la base* B_α, ou bien *un élément de classe* α.

Ceci étant établi, nous posons la définition suivante : nous dirons qu'un élément E à deux dimensions de classe α est *universel* si l'on obtient tous les éléments linéaires de classe α possibles en coupant l'ensemble E avec les droites $x = x_0$ parallèles à l'axe OY.

Il y a des éléments universels de classe 1. Pour le voir, prenons une suite

$$\pi_1, \quad \pi_2, \quad \ldots, \quad \pi_n, \quad \ldots$$

formée de toutes les portions du domaine fondamental linéaire $\mathcal{J}_y$.

Soit $\delta = (a_1, a_2, \ldots, a_k)$ un intervalle de Baire quelconque d'ordre k situé dans le domaine linéaire $\mathcal{J}_x$. Faisons correspondre à δ l'ensemble E_δ des points du domaine à deux dimensions $\mathcal{J}_{x,y}$ dont les abscisses x appartiennent à δ et dont les ordonnées y appartiennent à la somme des k portions $\pi_{a_1} + \pi_{a_2} + \ldots + \pi_{a_k}$ Il est clair que E_δ est une somme d'un nombre fini de portions a deux dimensions.

Cela posé, prenons la somme S de tous les ensembles E_δ ainsi définis. On voit bien que S est un ensemble de classe 1 accessible intérieurement. Je dis maintenant que son *complémentaire* $E = CS$ *est un élément universel de classe* 1.

Pour le voir, prenons un ensemble linéaire quelconque de classe 1 accessible inférieurement; soit e cet ensemble. Par définition, e est une somme $\pi_{a_1} + \pi_{a_2} + \ldots + \pi_{a_n} + \ldots$ d'une infinité dénombrable de portions *distinctes* du domaine linéaire $\mathcal{J}_y$. Si nous prenons un point irrationnel x_0 défini par la fraction continue illimitée

$$x_0 = (a_1, a_2, \ldots, a_n, \ldots),$$

on voit bien que la droite $x = x_0$ coupe S précisément en e. Donc, on obtient tous les éléments linéaires de classe 1 possibles en coupant E avec les droites $x = x_0$.   c. q. f. d.

Cela posé, nous allons démontrer l'existence, dans chaque classe K_α, d'éléments à deux dimensions universels. Dans nos démonstrations, nous ferons usage du lemme suivant.

Lemme. — *Si $\mathcal{E}$ est un ensemble plan situé dans le domaine $\mathcal{I}_{t,x}$ et si nous transformons le domaine $\mathcal{I}_{t,x}$ en un domaine nouveau $\mathcal{I}_{\tau,x}$ au moyen des équations*

$$t = \varphi(\tau), \qquad x = x,$$

la fonction φ étant continue dans $\mathcal{I}_\tau$, la transformée $\mathcal{E}'$ de $\mathcal{E}$ est un ensemble de classe qui ne dépasse pas la classe de $\mathcal{E}$.

On démontre ce lemme par la *récurrence transfinie*. La proposition est évidente si $\mathcal{E}$ est de classe 0, puisque la transformée d'une portion du domaine $\mathcal{I}_{t,x}$ est un ensemble de classe 0 situé dans $\mathcal{I}_{\tau,x}$.

D'autre part, chaque suite d'ensembles $\mathcal{E}_1, \mathcal{E}_2, \ldots, \mathcal{E}_n, \ldots$, ayant pour limite un ensemble $\mathcal{E}$, se transforme évidemment en une suite convergente d'ensembles $\mathcal{E}'_1, \mathcal{E}'_2, \ldots, \mathcal{E}'_n, \ldots$ ayant pour limite la transformée $\mathcal{E}'$ de $\mathcal{E}$. Cette remarque achève la démonstration.   c. q. f. d.

Ceci étant établi, revenons à l'*existence des éléments universels à deux dimensions*. Nous supposons que cette existence est déjà démontrée pour toutes les classes inférieures à α, et nous allons démontrer qu'elle a encore lieu pour la classe K_α elle-même.

Soit

$$(1) \qquad \mathcal{E}_1, \quad \mathcal{E}_2, \quad \ldots, \quad \mathcal{E}_n, \quad \ldots$$

une suite d'éléments universels de toutes les classes précédentes (sauf K_0), chacun de ces éléments géométriques étant répété dans la suite (1) une infinité de fois. Nous supposons que l'élément universel $\mathscr{E}_n$ est situé dans le domaine $\mathcal{I}_{t_n,x}$.

Cela posé, prenons une suite de fonctions

$$t_1 = \varphi_1(\tau), \qquad t_2 = \varphi_2(\tau), \qquad \ldots, \qquad t_n = \varphi_n(\tau), \qquad \ldots$$

continues dans le domaine $\mathcal{I}_\tau$ et telles que, quelle que soit une suite de nombres irrationnels t_1^0, t_2^0, $\ldots$, t_n^0, $\ldots$, il existe un nombre irrationnel τ^0 tel que nous ayons les égalités

$$t_1^0 = \varphi_1(\tau^0), \qquad t_2^0 = \varphi_2(\tau^0), \qquad \ldots \quad (^1).$$

Désignons par $\mathscr{E}'_n$ la transformée de $\mathscr{E}_n$ au moyen des équations $t_n = \varphi_n(\tau)$, $x = x$. D'après le lemme précédent, l'ensemble $\mathscr{E}'_n$ est de classe qui ne dépasse pas la classe de $\mathscr{E}_n$. Donc, la réunion S des ensembles $\mathscr{E}'_n$ est un ensemble : *ou bien* de classe $< \alpha$, *ou bien* accessible inférieurement de classe α. Nous allons démontrer que S a la propriété suivante : quel que soit un ensemble linéaire e, qui est *ou bien* de classe $< \alpha$, *ou bien* accessible inférieurement de la classe K_α, il existe un tel nombre irrationnel τ_0 que la droite $\tau = \tau_0$ parallèle à l'axe OX dans le domaine $\mathcal{I}_{\tau,x}$ coupe S précisément en cet ensemble e.

En effet, nous avons $e = e_1 + e_2 + \ldots + e_k + \ldots$, où e_k est un élément de classe $< \alpha$. D'après la définition même de la suite $\mathscr{E}_1$, $\mathscr{E}_2$, $\ldots$, $\mathscr{E}_n$, il existe un nombre irrationnel $t_{n_k}^0$ tel que la droite $t_{n_k} = t_{n_k}^0$ parallèle à l'axe OX dans le domaine $\mathcal{I}_{t_k,x}$ coupe l'ensemble $\mathscr{E}_{n_k}$ précisément en e_k. Puisque, dans la suite des éléments universels $\mathscr{E}_1$, $\mathscr{E}_2$, $\ldots$, $\mathscr{E}_n$, $\ldots$ chaque terme étant considéré comme un ensemble géométrique est répété une infinité de fois, nous pouvons supposer que la suite d'entiers positifs n_1, n_2, $\ldots$, n_k, $\ldots$ est croissante, donc elle n'a pas de nombres égaux. Dans ces conditions, d'après la propriété supposée des fonctions φ_1, φ_2, $\ldots$, il existe un nombre irrationnel τ_0 tel que $t_{n_k}^0 = \varphi_{n_k}(\tau^0)$ quel que soit k et tel que les autres t_n^0 définis par les égalités $t_0^n = \varphi_n(\tau^0)$ soient tels que les droites $t_n = t_n^0$ parallèles à l'axe OX dans les domaines $\mathcal{I}_{t_n,x}$ ne coupent pas les éléments universels correspondants $\mathscr{E}_n$. Le nombre irrationnel τ^0 étant défini de cette manière, on voit bien que la droite $\tau = \tau_0$ parallèle à l'axe OX dans le domaine $\mathcal{I}_{\tau,x}$ coupe S précisément en l'ensemble e.

(^{1}) Il s'agit ici évidemment d'une courbe péanienne continue remplissant tout l'espace à une infinité dénombrable de dimensions.

Il s'ensuit que l'ensemble S ainsi défini est sûrement de classe α, puisqu'il existe des droites $\tau = \tau_0$ qui coupent S précisément suivant des ensembles linéaires e accessibles inférieurement de classe α; *ceci suppose naturellement qu'il y a de tels ensembles linéaires dans la classe* K_α. D'ailleurs, on voit bien que S est un ensemble *universel* de classe α *accessible inférieurement*, puisqu'on obtient tous les ensembles linéaires de classe $< \alpha$ et tous les ensembles linéaires de la classe K_α accessibles inférieurement en coupant S par les droites parallèles à l'axe OX.

Donc, le complémentaire E de l'ensemble S est *un élément universel de classe* α, ce qui prouve la proposition.   C. Q. F. D.

Nous compléterons ce résultat par la remarque suivante : *si l'on transforme un élément universel* E *de classe* α *situé dans* $\mathcal{I}_{t,x}$ *au moyen des équations* $t = \varphi(\tau)$, $x = x$, *la fonction* φ *étant continue dans* $\mathcal{I}_\tau$, *la transformée* $\mathcal{E}$ *de* E *est encore un élément universel de classe* α *située dans le domaine* $\mathcal{I}_{\tau,x}$.

Tout d'abord, comme la transformée d'un ensemble de classe α est un ensemble de classe $\leqq \alpha$, la transformée $\mathcal{E}$ de E est : *ou bien* de classe $< \alpha$, *ou bien* un ensemble de la classe K_α accessible supérieurement. D'autre part, on obtient évidemment tous les ensembles linéaires de classe $< \alpha$ et tous les ensembles linéaires accessibles supérieurement de la classe K_α possibles en coupant $\mathcal{E}$ par les droites $\tau = \tau_0$ parallèles à l'axe OX dans le domaine $\mathcal{I}_{\tau,x}$. Donc, $\mathcal{E}$ est un élément universel de la classe K_α.

Les existences. Théorème fondamental de M. Lavrentieff. — Nous avons construit un élément universel de classe 1 d'une manière directe sans faire aucune hypothèse supplémentaire. Ensuite, nous avons défini un ensemble E, et nous avons démontré qu'il est un élément universel de la classe K_α *s'il existe effectivement des ensembles linéaires de la classe* K_α. Nous allons maintenant écarter cette hypothèse et démontrer directement que l'ensemble plan E ainsi défini est effectivement un élément de la classe K_α et, par suite, *qu'il existe des ensembles de toute classe.*

Pour le voir, nous menons la diagonale $x = t$ dans le domaine $\mathcal{I}_{t,x}$ et nous désignons par η l'ensemble des points de cette diagonale qui n'appartiennent pas à E.

Soit e la projection de η sur l'axe OX. Nous commençons par la

Fig. 4.

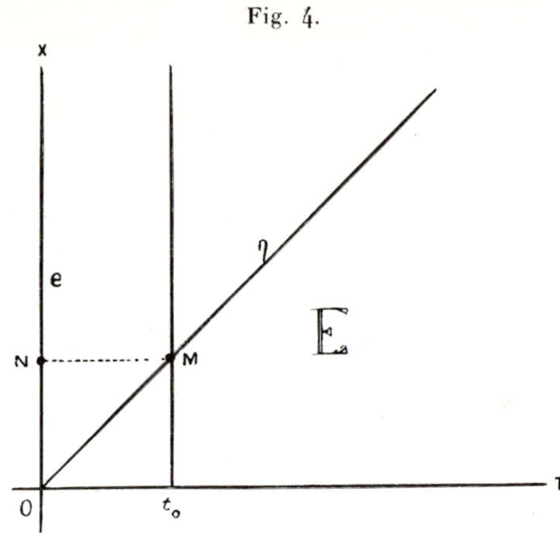

démonstration du fait que e ne peut être obtenu en coupant E par une droite $t = t_0$ parallèle à OX.

En effet, soit t_0 un point du domaine $\mathcal{I}_t$ tel que la droite $t = t_0$ coupe E en e. Considérons le point M de la diagonale situé sur la droite $t = t_0$. Nous allons démontrer que l'existence de ce point M est contradictoire. Deux cas seulement sont possibles.

Dans le premier cas, le point M appartient à E. Dans ce cas, la projection N de M appartient à e. D'autre part, e est la projection de l'ensemble η formé des points du complémentaire CE qui appartiennent à la diagonale. Donc, M appartient à CE, ce qui est contradictoire.

Dans le second cas, le point M appartient à CE. Dans ce cas, la projection N de M appartient à e. Or, l'ensemble e est la projection des points de E situés sur la droite $t = t_0$. Donc, M appartient à E et nous tombons dans une contradiction.

Cela posé, prenons l'ensemble plan E que nous avons défini précédemment pour la classe K_α. D'après la définition même de E, on obtient sûrement tous les ensembles linéaires possibles de classe $< \alpha$ en coupant E avec les parallèles $t = t_0$ à l'axe OX. Si l'ensemble E était lui-même de classe $< \alpha$, la partie commune à E et à la diagonale $x = t$ le serait aussi. Dans ces conditions, l'ensemble η serait de classe $< \alpha$ *ainsi que sa projection e sur l'axe* OX. Donc, l'ensemble e devrait être obtenu en coupant E par une droite $t = t_0$, ce qui est précisément impossible.

Donc, l'ensemble E est rigoureusement de classe α, et, par suite, *il existe des ensembles de toute classe.*

Le lecteur observera que, dans cette démonstration, nous sommes partis d'une énumération particulière (d'ailleurs quelconque) de tous les nombres transfinis inférieurs à α au moyen des entiers positifs. Cette énumération est intervenue dans la suite (1),

$$(1) \qquad \mathscr{E}_1, \quad \mathscr{E}_2, \quad \ldots, \quad \mathscr{E}_n, \quad \ldots$$

formée d'éléments universels de toutes les classes précédentes α (p. 127). Donc, nous pouvons démontrer l'existence d'un élément E de chaque classe *donnée* α, puisque nous savons déduire la construction de E du numérotage des nombres inférieurs à α au moyen d'entiers positifs.

Mais, on ne sait pas nommer une famille d'éléments de toutes les classes en prenant un élément et un seul dans chaque classe, puisque ceci supposerait (si l'on se borne à employer la méthode précédente) *la possibilité de nommer un numérotage et un seul des nombres transfinis qui précèdent chaque nombre transfini α.*

Or, nous croyons qu'un tel numérotage est impossible.

Passons maintenant à la démonstration du théorème fondamental de M. Lavrentieff sur l'existence des ensembles de toute sous-classe.

Voici la méthode de M. Lavrentieff.

Prenons formellement une classe α et une de ses sous-classes β. Chaque ensemble linéaire e qui appartient à cette sous-classe peut être mis sous la forme

$$e = S + R,$$

ou S est la somme d'une infinité dénombrable d'éléments de classe $< \alpha$ et R est un ensemble *clairsemé* d'une infinité dénombrable d'éléments de classe α, ce dernier ensemble étant bien ordonné $a \beta$ pour le nombre transfini correspondant.

Ainsi, nous pouvons écrire

$$(1) \quad e = (\varepsilon_1 + \varepsilon_2 + \ldots + \varepsilon_n + \ldots) + (\eta_0 + \eta_1 + \ldots + \eta_\omega + \ldots + \eta_\gamma + \ldots | \beta)$$

et faire correspondre à ce développement une suite transfinie

$$H_0, \quad H_1, \quad \ldots, \quad H_\omega, \quad \ldots, \quad H_\gamma, \quad \ldots \mid \beta,$$

où chaque ε_n est un élément de classe $< \alpha$ et η_γ est un élément de la classe α; l'ensemble séparateur H_γ est de classe $< \alpha$, contient η_γ et ne contient aucun point des éléments $\eta_{\gamma'}$ qui suivent η_γ, $\gamma' > \gamma$.

Tout ensemble e de classe α et de sous-classe β peut être mis sous la forme (1) et *inversement :* chaque ensemble linéaire de points e présenté sous la forme (1) est évidemment : *ou bien* de classe $< \alpha$, *ou bien* de classe α et de sous-classe $\leqq \beta$.

Il convient d'écrire le développement (1) sous la forme suivante

$$(2) \qquad e = \eta_0 + \eta_1 + \eta_2 + \ldots + \eta_\omega + \ldots + \eta_\gamma + \ldots \mid \beta,$$

où η_γ est *ou bien* un élément de classe $< \alpha$, *ou bien* un élément précisément de classe α.

Nous écrivons encore la suite transfinie correspondante des ensembles séparateurs sous la forme

$$H_0, \quad H_1, \quad H_2, \quad \ldots, \quad H_\omega, \quad \ldots, \quad H_\gamma, \ldots \mid \beta,$$

où H_γ coïncide avec η_γ si la classe de η_γ est inférieure à α, et si η_γ est un élément de classe α, l'ensemble H_γ est de classe $< \alpha$, contient η_γ et ne contient aucun point des éléments $\eta_{\gamma'}$ qui suivent η_γ, $\gamma' > \gamma$.

On voit bien que l'inverse a encore lieu : si un ensemble linéaire quelconque e est présenté sous la forme (2), cet ensemble est *ou bien* de classe $< \alpha$, *ou bien* de classe α et de sous-classe $\leqq \beta$.

Ceci étant établi, nous faisons correspondre à chaque suite simplement infinie d'éléments de classe $< \alpha$,

$$e_1, \quad e_2, \quad \ldots, \quad e_n, \quad \ldots$$

et à chaque nombre transfini β un ensemble de points e. A cet effet, numérotons tous les nombres γ finis et transfinis inférieurs à β au moyen des entiers *impairs* $1, 3, 5, \ldots, 2n - 1, \ldots$ et écrivons les e_1, $e_3, e_5, \ldots, e_{2n-1}, \ldots$ correspondants dans la suite transfinie

$$H_0, \quad H_1, \quad H_2, \quad \ldots, \quad H_\omega, \quad \ldots, \quad H_\gamma, \quad \ldots \mid \beta,$$

chaque H_γ étant un ensemble e_{2n-1}, dont l'indice $2n - 1$ correspond au nombre transfini γ.

Cela posé, définissons l'ensemble e par le développement transfini suivant

$$(3) \qquad e = \eta_0 + \eta_1 + \eta_2 + \ldots + \eta_\omega + \ldots + \eta_\gamma + \ldots \mid \beta,$$

où η_γ est un ensemble défini par la formule

$$\eta_\gamma = H_\gamma \times C \sum_{\lambda < \gamma} H_\lambda \times \prod_{k=1}^{\infty} C\, e_{2^n(2k-1)}.$$

Il est bien évident que l'ensemble η_γ ainsi défini est *ou bien* de classe $< \alpha$, *ou bien* de la base B_α, *ou bien* un élément de classe α. D'autre part, η_γ est contenu dans H_γ, l'ensemble H_γ étant un ensemble de classe $< \alpha$ et n'ayant aucun point commun avec tous les $\eta_{\gamma'}$, $\gamma' > \gamma$. Donc, l'ensemble e ainsi défini est *ou bien* de classe $< \alpha$, *ou bien* de classe α et de sous-classe $\leqq \beta$.

Il importe de remarquer que chaque ensemble linéaire e qui est *ou bien* de classe $< \alpha$, *ou bien* de classe α et de sous-classe $\leqq \beta$ peut être obtenu de cette manière si l'on choisit convenablement les ensembles $e_1, e_2, \ldots, e_n, \ldots$. En effet, comme les e_n sont des éléments *arbitraires* de classe $< \alpha$, le facteur

$$\prod_{k=1}^{\infty} C\, e_{2^n(2k-1)}$$

est un élément arbitraire de classe α, ou bien un ensemble arbitraire de la base B_α, ou bien un ensemble arbitraire de classe $< \alpha$. D'autre part, dans la définition d'un ensemble clairsemé chaque ensemble H_γ de classe $< \alpha$ qui sépare η_γ des éléments suivants peut être toujours décomposé en des *éléments* de classe qui ne dépasse pas la classe de H_γ. Donc, nous pouvons toujours considérer les ensembles séparateurs comme des *éléments* de classe $< \alpha$.

Il en résulte que l'ensemble e défini par l'égalité (3) peut coïncider avec chaque ensemble de classe α et de sous-classe $\leqq \beta$.

Ceci étant, supposons la suite

$$e_1, \quad e_2, \quad \ldots, \quad e_n, \quad \ldots$$

formée des éléments universels de toutes les classes inférieures à α, chaque élément étant répété une infinité de fois dans cette suite. Il est bien évident que l'ensemble e défini au moyen de cette suite et d'un nombre transfini donné β est un ensemble *ou bien* de classe $< \alpha$, *ou bien* de classe α et de sous-classe $\leqq \beta$. Or, la classe de e ne peut être inférieure à α puisque, en coupant e avec les parallèles à l'axe des ordonnées, on obtient tous les ensembles linéaires possibles de classe α et de sous-classe $\leqq \beta$ et, en particulier, tous les éléments de classe α.

Donc, la classe de e est égale à α.

Cela posé, coupons l'ensemble e par la diagonale $x = t$. La classe de e étant égale à α, l'ensemble des points de la diagonale qui n'appartiennent pas à e est un ensemble de classe $\leqq \alpha$. Il en résulte que sa projection sur l'axe OX est un ensemble de classe $\leqq \alpha$. Il importe de remarquer que cet ensemble linéaire ne peut pas être de classe $< \alpha$, puisque, dans le cas contraire, on pourrait l'obtenir en coupant e par une droite $t = t_0$ parallèle à l'axe OX, ce qui est impossible.

Donc, cet ensemble linéaire est de classe α.

D'ailleurs, il ne peut pas être de sous-classe $< \beta$ puisque, dans ce cas, on l'aurait encore obtenu en coupant e par une droite $t = t_0$.

Il en résulte que e est un ensemble de classe α et de sous-classe $\geqq \beta$, ce qui démontre l'existence des ensembles de toutes les sous-classes possibles.

NOTE.

Je signale, comme un important travail se rapportant à des questions connexes à celles qui sont étudiées dans ce chapitre :

M. Fréchet : *Les espaces abstraits*, Paris, 1928.

CHAPITRE III.

LES ENSEMBLES ANALYTIQUES.

DÉFINITIONS ET PREMIÈRES PROPRIÉTÉS.

Les ensembles analytiques linéaires. — Nous avons vu (p. 114) que tout ensemble E mesurable B non dénombrable situé dans le domaine $\mathcal{I}_x$ admet une représentation paramétrique *régulière*

$$x = f(t)$$

au moyen d'une fonction f *continue* dans $\mathcal{I}_t$ quand on néglige une infinité dénombrable de points de E.

Cela veut dire que l'ensemble E (à une infinité dénombrable de points près) peut être regardé comme l'ensemble des valeurs que prend, dans la portion $(0, 1)$, une fonction $f(t)$ continue dans $\mathcal{I}_t$, et la condition de *régularité* de f consiste précisément en ce que la fonction $f(t)$ ne prend jamais de valeurs égales ; donc si $t' \neq t''$, on a

$$f(t') \neq f(t'').$$

Dans ce chapitre, nous allons étudier la famille des ensembles qu'on obtient en écartant la condition de régularité imposée à la fonction représentative $f(t)$.

DÉFINITION. — *Nous appellerons « analytique » tout ensemble* E *qui admet une représentation paramétrique* $x = f(t)$ *au moyen d'une fonction continue sur* $\mathcal{I}_t$ [1].

La raison de cette dénomination est très claire : comme toute

---

[1] Cette définition est identique au théorème I de ma Note concernant les ensembles analytiques dans les *Comptes rendus Acad. Sc.*, 8 janvier 1917.

fonction

$$x = f(t)$$

continue dans $\mathcal{I}_t$ (relativement à ce domaine) est une fonction de classe 1 de la classification de M. Baire, il existe *une série de polynomes en t à coefficients rationnels* ([1])

$$\mathrm{P}_1(t) + \mathrm{P}_2(t) + \ldots + \mathrm{P}_n(t)\ldots$$

convergente pour toute valeur de t dans $(0, 1)$ et dont la somme est $f(t)$. Donc, tout ensemble analytique linéaire est l'ensemble des valeurs que prend dans $(0, 1)$ la somme d'une série de polynomes à coefficients rationnels et, par suite, est défini au moyen d'une égalité *analytique* ([2]).

([1]) Et même à coefficients *entiers*, puisque *toute fonction* $f(x)$ *de classe* 1 *définie dans* $(0 < x < 1)$, *les extrémités étant exclues, est développable en série de polynomes à coefficients entiers.* C'est une proposition de M. J. Chlodowski. *Voir* sa Note dans le *Recueil de la Soc. math. de Moscou,* t. 32, 1925.

D'ailleurs nous pouvons supposer la série de polynomes $\mathrm{P}_1(t) + \mathrm{P}_2(t) + \ldots$ *absolument* convergente, et ceci sans diminuer la généralité de la définition donnée d'ensemble analytique. *Voir* mon *Mémoire sur les ensembles analytiques et projectifs* dans *Recueil de la Soc. math. de Moscou,* t. 33, 1926, p. 266. *Voir* aussi l'article de M. W. SIERPINSKI, *Les ensembles analytiques et les fonctions semi-continues (Bulletin de l'Académie polonaise,* Cracovie, 1927).

([2]) Le nom *d'ensemble analytique* est donné suivant une proposition de M. H. Lebesgue de nommer *ensembles analytiques* tous les ensembles qui peuvent être définis par des égalités ou inégalités analytiques :

« ... De ce qui sera démontré dans la suite, il résulte que les ensembles mesurables B sont ceux qui peuvent être définis par des égalités ou inégalités analytiques; pour cette raison ils mériteraient d'être nommes *ensembles analytiques* » [II. LEBESGUE, *Sur les fonctions représentables analytiquement,* p.165, note ([1])]

La proposition inverse (c'est-à-dire que tout ensemble défini par des égalités ou inégalités analytiques est un ensemble mesurable B) n'a jamais été énoncée par lui. M. Lebesgue n'avait pas écrit une seule phrase, une allusion simple sur la possibilité de cette inversion. C'est la raison pour laquelle Souslin et moi, tenant à exécuter le programme de M. Lebesgue d'étude des fonctions les plus générales qu'on peut nommer, dès que nous nous sommes reconnus en présence d'une classe nouvelle d'ensembles intimement liés aux séries de polynomes, nous avons trouvé la terminologie déjà faite par M. Lebesgue lui-même. Mais, en même temps, nous avons eu soin de nous abstenir de donner la même dénomination *d'ensembles analytiques* aux ensembles complémentaires : ces derniers étant définis d'une manière purement négative comme les collections de *points qui ne*..., n'avaient pas besoin d'une preuve spéciale de leur analyticité au sens de M. Lebesgue. Or un exemple particulier d'un ensemble complémentaire obtenu en passant par M. Lebesgue lui-même (*voir* page 202 de ce Livre) a mis nettement en lumière l'impossibilité d'avoir une définition *positive* et *finie* pour les ensembles complémentaires, ce qui a été prouvé

Nous voulons attirer l'attention sur ce fait important que, dans la définition d'ensemble analytique, la fonction représentative $f(t)$ *peut prendre des valeurs égales*. Nous verrons bientôt que ce fait donne à la définition d'ensemble analytique une portée très grande.

Considérons maintenant quelques ensembles simples qui sont analytiques au sens de la définition donnée.

Tout d'abord, un point du domaine $\mathcal{I}_x$ *pris seul* est un ensemble analytique : il suffit de prendre pour la fonction représentative $f(t)$ *une constante.*

Il en résulte que tout ensemble dénombrable de points est un ensemble analytique : il suffit de prendre une fonction $f(t)$ qui est une constante convenablement choisie dans chaque intervalle de Baire d'ordre 1 du domaine $\mathcal{I}_t$.

Soit maintenant E un ensemble linéaire mesurable B. Si E est dénombrable (ou fini) nous avons vu que E est analytique, Si E est non dénombrable, nous avons démontré (p. 114) que E peut être décomposé de la manière suivante

$$E = E_1 + D,$$

où l'ensemble E_1 admet une representation normale et D est dénombrable (ou fini). En faisant une représentation paramétrique continue

---

ultérieurement par la théorie lorsqu'elle fut assez avancée : toute définition *positive* d'un ensemble complémentaire fait intervenir infailliblement *tous* les nombres transfinis de seconde classe (et non pas seulement ceux qui sont inférieurs à l'un d'eux fixé d'avance) *ou quelque chose sûrement adéquate à cette totalité illégitime.* La signification de ce fait nous sera particulièrement claire lorsque nous aborderons l'étude des ensembles que j'appelle *projectifs* et dont la première idée revient à M. Lebesgue. (*Voir* mes cinq Notes dans les *Comptes rendus* relatives aux ensembles analytiques et projectifs : 4 mai, 25 mai, 15 juin, 13 juillet et 25 août 1925).

Dans les cadres limités de nos Notes des *Comptes rendus de l'Académie des Sciences* (Souslin, *Sur une définition des ensembles mesurables* B *sans nombres transfinis;* N. Lusin, *Sur la classification de M. Baire*, t. 164, séance du 8 janvier 1917, p. 88 et 91), où l'on trouve tous les résultats principaux sur les ensembles analytiques enoncés, d'ailleurs, sans faire les démonstrations, nous avons appelé les ensembles analytiques par le nom succinct d'*ensembles* (A). A cause de l'existence de dénominations analogues dans des cas les plus divers [ainsi M. Borel a employé la même notation d'*ensembles* (A) pour les ensembles *bien définis* qui tous sont mesurables B. *Voir* Émile Borel, *Le Calcul des intégrales définies, Journal de Mathématiques*, 1912, p. 184; voir aussi les ensembles A (ambigus) de M. Ch. de la Vallée Poussin, *Intégrales de Lebesgue, fonctions d'ensembles, classes de Baire*, p. 135], je voudrais faire revenir la notation abrégée d'ensemble (A) à son sens initial : *ensemble analytique.*

de E_1 sur la portion $\left(0, \dfrac{1}{2}\right)$ et de D sur la portion $\left(\dfrac{1}{2}, 1\right)$, nous arrivons évidemment à la représentation paramétrique continue de l'ensemble total E sur $(0, 1)$.

Ainsi, *tout ensemble linéaire mesurable* B *est analytique*.

Donc, la famille des ensembles analytiques enferme celle des ensembles mesurables B ([1]).

Les ensembles analytiques à plusieurs dimensions. — D'une manière analogue, nous appelons *analytique* tout ensemble de points E situé dans le domaine $\mathcal{I}_{x_1 x_2 \ldots x_m}$ à m dimensions *qui admet une représentation paramétrique continue :* cela veut dire que l'ensemble E est le lieu des positions successives d'un point mobile $M(x_1, x_2, \ldots, x_m)$ dont les coordonnées sont des fonctions d'un paramètre variable t définies et continues dans la portion $(0, 1)$ du domaine $\mathcal{I}_t$

$$x_1 = f_1(t), \qquad x_2 = f_2(t), \qquad \ldots \qquad x_m = f_m(t).$$

On voit bien que cette définition est une généralisation très naturelle de la notion d'ensemble analytique *linéaire* ([2]).

Toutes les remarques que nous avons faites au sujet des ensembles analytiques linéaires s'appliquent immédiatement aux ensembles analytiques à plusieurs dimensions. En particulier, *tout ensemble mesurable* B *dans le domaine à plusieurs dimensions est un ensemble analytique.*

Premières propriétés des ensembles analytiques : somme et partie commune. — Nous allons démontrer la première proposition fondamentale relative aux ensembles analytiques :

Théorème. — *La somme d'une infinité dénombrable d'ensembles analytiques est un ensemble analytique* ([3]).

([1]) Souslin a déduit cette proposition de ce fait que la famille de tous les ensembles analytiques est invariante relativement aux deux opérations : *addition générale* et *partie commune*. *Voir* le théorème I de sa Note dans les *Comptes rendus Acad. Sc.*, t. 164, 1917.

([2]) *Voir* ma Note dans les *Comptes rendus Acad. Sc.*, mai 1925 et mon Mémoire *Sur les ensembles analytiques* (*Fundam. Math.*, t. X, 1926, p. 20).

([3]) Proposition due à Souslin. *Voir* le lemme II dans sa Note citée (*C. R. Acad. Sc.*, 8 janvier 1917).

Soient E_1, E_2, ..., E_n, ... une suite illimitée d'ensembles analytyques. Divisons $(0, 1)$ du domaine $\mathcal{I}_t$ en intervalles de Baire d'ordre $1 : (1)$, (2), (3), ..., (n), ... et faisons une représentation paramétrique continue de E_n sur l'intervalle de Baire (n). On voit bien qu'on obtient de cette manière une représentation paramétrique continue de la somme $E_1 + E_2 + ... + E_n + ...$ sur $(0, 1)$. Donc, cette somme est un ensemble analytique. C. Q. F. D.

Il convient ici de faire la remarque suivante : on peut représenter formellement un ensemble de points dans le domaine à plusieurs dimensions au moyen d'*une* fonction *et d'une seule* si l'on fait intervenir les nombres complexes à m unités imaginaires i_1, i_2, ..., i_m

$$a_1 i_1 + a_2 i_2 + ... + a_m i_m$$

en faisant la convention d'écrire

$$a_1 i_1 + a_2 i_2 + ... + a_m i_m = b_1 i_1 + b_2 i_2 + ... + b_m i_m$$

si l'on a séparément

$$a_1 = b_1, \qquad a_2 = b_2, \qquad ..., \qquad a_m = b_m,$$

de sorte qu'une équation entre quantités complexes revient à m équations entre quantités réelles. Dans ces conditions, tout ensemble analytyque E de points dans l'espace à m dimensions est représentable par une et une seule fonction imaginaire $f(t)$

$$f(t) = f_1(t) i_1 + f_2(t) i_2 + ... + f_m(t) i_m$$

d'un paramètre réel t définie et continue dans la portion $(0, 1)$ du domaine $\mathcal{I}_t$.

Cette remarque est souvent très utile puisque la plupart des raisonnements faits pour le cas des ensembles analytiques linéaires reste intacte dans le cas des ensembles analytiques à plusieurs dimensions, si l'on fait intervenir des fonctions complexes.

Théorème. — *La partie commune à une infinité dénombrable d'ensembles analytiques est un ensemble analytique* ([1]).

([1]) Proposition due à Souslin. *Voir* le lemme III de sa Note (*C. R. Acad. Sc.,* 8 janvier 1917). La méthode de Souslin fondée sur l'emploi des cortèges d'indices de M. H. Lebesgue (page 305 de ce Livre) diffère essentiellement de celle du texte. J'ai indiqué la méthode du texte dans mon Mémoire *Sur les ensembles analytiques*

Soit E la partie commune aux ensembles analytiques E_1, E_2, ..., E_n, ... et soient

$$x = f_1(t_1), \qquad x = f_2(t_2), \qquad \ldots, \qquad x = f_n(t_n), \qquad \ldots$$

les représentations paramétriques continues de ces ensembles respectivement sur la portion $(0, 1)$ des domaines correspondants $\mathcal{J}_{t_1}$, $\mathcal{J}_{t_2}$, ..., $\mathcal{J}_{t_n}$, ...

Définissons un domaine nouveau $\mathcal{J}_t$ et prenons les équations

$$t_1 = \varphi_1(t), \qquad t_2 = \varphi_2(t), \qquad \ldots, \qquad t_n = \varphi_n(t), \qquad \ldots$$

que nous avons employées dans la démonstration du théorème sur l'existence d'une représentation normale de tout ensemble non dénombrable mesurable B (p. 116). Ces fonctions $\varphi_n(t)$ sont continues dans $(0, 1)$ du domaine $\mathcal{J}_t$ et prennent des valeurs irrationnelles comprises entre 0 et 1. D'ailleurs quelle que soit la suite t_1^0, t_2^0, ..., t_n^0, ... de nombres irrationnels compris entre 0 et 1, il existe un nombre irrationnel t_0 et un seul tel que les valeurs des fonctions φ_1, φ_2, ..., φ_n, ... en t_0 sont respectivement égales à t_1^0, t_2^0, ..., t_n^0, ...

Cela posé, nous formons les fonctions composées

$$F_1(t) = f_1[\varphi_1(t)], \qquad \ldots \qquad F_n(t) = f_n[\varphi_n(t)], \qquad \ldots$$

Il est clair que ces fonctions sont continues dans $(0, 1)$. Donc les équations simultanées

$$F_1(t) = F_2(t) = \ldots = F_n(t) = \ldots$$

définissent un ensemble fermé T dans $\mathcal{J}_t$.

Il résulte de la définition des fonctions composées F_i que si la variable t parcourt l'ensemble T, la valeur commune des fonctions $F_i(t)$ que nous désignons simplement par $F(t)$ parcourt précisément la partie commune $E_1 \times E_2 \times \ldots \times E_n \times \ldots$ des ensembles donnés.

Or l'ensemble fermé T est mesurable B. Donc, T étant analytique, il existe une représentation paramétrique continue

$$t = \psi(\tau)$$

<hr>

(*Fund Math.*, t. X, 1926, p. 40); elle est utile dans bien des cas et, en particulier, elle s'applique au cas des ensembles projectifs. *Voir* la page 277 de ce Livre et l'article de M. W. SIERPINSKI, *Sur les produits des images continues des ensembles* C(A) (*Fund. Math.*, t. XI, p. 123).

de T sur la portion $(0, 1)$ du domaine nouveau $\mathcal{J}_\tau$, la fonction $\psi(\tau)$ étant définie et continue dans $(0, 1)$ de $\mathcal{J}_\tau$.

Il en résulte que la fonction composée

$$x = F[\psi(\tau)] = \Phi(\tau)$$

nous donne la représentation cherchée paramétrique continue de l'ensemble $E = E_1 \times E_2 \times \dots$. Donc, cet ensemble est analytique.

C. Q. F. D.

Il importe de remarquer que la démonstration donnée, faite pour le cas des ensembles analytiques linéaires, reste intacte pour les ensembles à plusieurs dimensions si l'on suppose que les fonctions représentatives $x = f_n$ sont complexes et que la lettre x désigne un point de l'ensemble E_n. Les autres fonctions, φ_n et ψ, doivent rester réelles.

PROJECTIONS.

Ensembles élémentaires. — Prenons le domaine fondamental à m dimensions $\mathcal{J}_{x_1 x_2 \dots x_m}$. Divisons chaque domaine linéaire $\mathcal{J}_{x_i}$ en portions au moyen des nombres entiers; chacune des portions obtenues a pour longueur 1 et nous les appellerons *intervalles de Baire d'ordre* 0. Dans chacun d'eux nous définissons les intervalles de Baire d'ordres $1, 2, 3, \dots$ précisément de la même manière que l'on fait habituellement pour la portion $(0, 1)$.

Cela posé, nous appellerons *parallélépipède de Baire d'ordre k* dans le domaine $\mathcal{J}_{x_1 x_2 \dots x_m}$ à m dimensions l'ensemble des points de ce domaine dont les coordonnées appartiennent aux intervalles de Baire quelconques d'ordre k, soient $\delta_1, \delta_2, \dots, \delta_m$, situés respectivement dans les domaines $\mathcal{J}_{x_1}, \mathcal{J}_{x_2}, \dots, \mathcal{J}_{x_m}$.

Ceci étant, nous allons introduire une notion très utile, celle d'*ensemble élémentaire*.

A cet effet, prenons dans le domaine $\mathcal{J}_{x_1 x_2 \dots x_m}$ une suite déterminée, dénombrable ou finie, de parallélépipèdes de Baire d'ordre 0 sans points communs deux à deux : ces parallélépipèdes de Baire seront dits les *parallélépipèdes de rang 0*.

Prenons, dans chacun de ces parallélépipèdes de rang 0 une suite bien déterminée, dénombrable ou finie, de parallélépipèdes de Baire d'ordre 1 sans points communs deux à deux : ces parallélépipèdes seront dits *parallélépipèdes de rang* 1.

D'une manière générale, quel que soit n, $n > 1$, prenons dans chacun des parallélépipèdes de Baire de rang $n-1$ une suite bien déterminée, dénombrable ou finie, de parallélépipèdes de Baire d'ordre n sans points communs deux à deux que nous appellerons *parallélépipèdes de rang* n et ainsi de suite.

Comme tous les parallélépipèdes de Baire de rang n sont en infinité dénombrable (ou en nombre fini), leur somme est un ensemble mesurable B; désignons-le par S_n. Donc, la partie commune $\mathscr{E}$ à toutes les sommes S_n

$$\mathscr{E} = S_1 \times S_2 \times \ldots \times S_n \times \ldots$$

est encore un ensemble *mesurable* B.

DÉFINITION. — *Nous appellerons* ENSEMBLE ÉLÉMENTAIRE *l'ensemble $\mathscr{E}$ ainsi défini.*

On voit bien que tout ensemble élémentaire est un ensemble d'une nature pas trop compliquée, mais ce n'est, en toute rigueur, que d'une manière très relative ([1]).

Cette définition étant posée, nous allons démontrer la proposition suivante :

THÉORÈME. — *Tout ensemble analytique situé dans un domaine à m dimensions est la projection orthogonale d'un ensemble élémentaire situé dans un domaine à $m+1$ dimensions qui enferme le premier domaine.*

Pour le démontrer, nous prenons un ensemble analytique E contenu dans le domaine $\mathcal{I}_{x_1 x_2 \ldots x_m}$. Soit

$$(1) \qquad x_1 = f_1(t), \qquad x_2 = f_2(t), \qquad \ldots, \qquad x_m = f_m(t)$$

une représentation paramétrique continue de E.

Considérons le domaine donné $\mathcal{I}_{x_1 x_2 \ldots x_m}$ comme partie du domaine nouveau à $m+1$ dimensions $\mathcal{I}_{x_1 x_2 \ldots x_m t}$. Désignons par $\mathscr{E}$ l'ensemble

---

([1]) La « simplicité » des ensembles élémentaires nous paraît bien illusoire. La traduction de la définition d'ensemble élémentaire en langage de l'Arithmétique se heurte à toutes les controverses relatives à la *Théorie de la croissance*. Il semble que toutes les difficultés de la théorie des ensembles *projectifs* sont contenues dans celles des ensembles élémentaires comme dans un germe.

des points $N(x_1, x_2, \ldots, x_m, t)$ de ce domaine dont les coordonnées vérifient les équations (1). Il est manifeste que la projection orthogonale de $\mathscr{E}$ sur le domaine $\mathcal{J}_{x_1 x_2 \ldots x_m}$ est l'ensemble donné E.

Tout revient donc à démontrer que $\mathscr{E}$ est un ensemble élémentaire.

A cet effet, considérons un intervalle de Baire δ d'ordre k situé dans $\mathcal{J}_t$. Soit $\mathscr{E}_\delta$ l'ensemble des points de $\mathscr{E}$ dont la coordonnée t appartient à δ. Désignons par $S_\delta^{(k)}$ la somme des parallélépipèdes de Baire d'ordre k dans le domaine $\mathcal{J}_{x_1 x_2 \ldots x_m t}$ qui contiennent des points de $\mathscr{E}_\delta$. La somme de tous les $S_\delta^{(k)}$ correspondant aux intervalles de Baire δ d'ordre k sera désignée par S_k.

On voit bien que la partie commune $\mathscr{E}' = S_1 \times S_2 \times \ldots$ est un ensemble élémentaire contenant l'ensemble $\mathscr{E}$. Il ne reste qu'à démontrer que $\mathscr{E}'$ est contenu dans $\mathscr{E}$.

Pour le voir, prenons un point $N(x_1^0, x_2^0, \ldots, x_m^0, t_0)$ de $\mathscr{E}'$. Soit π_ν le parallélépipède de Baire d'ordre ν qui contient le point N. Si nous faisons varier ν, nous obtenons la suite illimitée $\pi_0, \pi_1, \pi_2, \ldots, \pi_\nu, \ldots$ de parallélépipèdes de Baire d'ordres $0, 1, 2, \ldots, \nu, \ldots$ contenant le point N dont chacun est intérieur au précédent. Si nous désignons par δ_ν la projection de π_ν sur l'axe OT, la suite $\delta_0, \delta_1, \delta_2, \ldots, \delta_\nu, \ldots$ est formée des intervalles de Baire d'ordres $0, 1, 2, \ldots, \nu, \ldots$ contenant le point t_0 dont chacun est intérieur au précédent. Puisque le parallélépipède π_ν fait partie de la somme $S_{\delta_\nu}^{(\nu)}$ il contient des points de $\mathscr{E}_{\delta_\nu}$. Donc l'intervalle de Baire δ_ν contient sûrement un point t_ν tel que le point N_ν dont les coordonnées $x_1^{(\nu)}, x_2^{(\nu)}, \ldots, x_m^{(\nu)}, t_\nu$ vérifient les équations

$$(2) \qquad x_1^{(\nu)} = f_1(t_\nu), \qquad x_2^{(\nu)} = f_2(t_\nu), \qquad \ldots, \qquad x_m^{(\nu)} = f_m(t_\nu)$$

appartient à π_ν.

Si nous faisons ν croître indéfiniment, le point t_ν tend vers t_0. D'autre part, chaque $x_i^{(\nu)}$ tend vers x_i^0, puisque le parallélépipède π_ν contenant le point fixe N et le point variable N_ν, a un diamètre qui tend vers zéro.

Comme les fonctions $f_i(t)$ sont continues, les équations (2) nous donnent

$$x_1^0 = f_1(t_0), \qquad x_2^0 = f_2(t_0), \qquad \ldots, \qquad x_m^0 = f_m(t_0),$$

ce qui nous montre que le point N appartient à $\mathscr{E}$.

Donc, l'ensemble $\mathcal{E}'$ est identique avec $\mathcal{E}$ et, par suite, $\mathcal{E}$ est un ensemble élémentaire.   C. Q. F. D.

Le théorème inverse a encore lieu : *tout ensemble analytique a pour projection orthogonale un ensemble analytique* ([1]).

Pour démontrer ce théorème, prenons dans le domaine $\mathcal{I}_{x_1 x_2 \ldots x_m}$ à m dimensions un ensemble analytique E donné par la représentation paramétrique continue

$$x_1 = f_1(t), \qquad x_2 = f_2(t), \qquad \ldots,$$
$$x_{m'} = f_{m'}(t), \qquad \ldots, \qquad x_m = f_m(t).$$

Pour avoir la projection orthogonale de E sur le domaine $\mathcal{I}_{x_1 \ldots x_{m'}}$ à m' dimensions, $m' < m$, il nous suffit évidemment de supprimer les équations qui suivent $x_{m'} = f_{m'}(t)$, ce qui nous donne

$$x_1 = f_1(t), \qquad x_2 = f_2(t), \qquad \ldots, \qquad x_{m'} = f_{m'}(t).$$

Donc la projection de E est un ensemble analytique.

                                                    C. Q. F. D.

Ce théorème est très important puisqu'il nous montre qu'on ne sort jamais de la famille des ensembles analytiques en effectuant l'opération qui consiste à prendre la projection orthogonale d'un ensemble déjà défini. En particulier, on obtient un ensemble analytique en faisant la projection orthogonale d'un ensemble mesurable B. Et comme chaque ensemble analytique est une projection d'un ensemble élémentaire, donc d'un ensemble mesurable B (d'un élément de classe 2), nous en concluons qu'*il y a identité entre les ensembles analytiques et les projections des ensembles mesurables* B.

Représentation paramétrique au moyen de fonctions rentrant dans la classification de M. R. Baire. — Nous avons défini un ensemble analytique comme un ensemble qui admet une représentation paramétrique *continue* :

(1) $$x_1 = f_1(t), \qquad x_2 = f_2(t), \qquad \ldots, \qquad x_m = f_m(t).$$

([1]) *Voir* la proposition VI dans la Note de Souslin (*C. R. Acad. Sc.*, 8 janvier 1917).

Or, les fonctions continues sur $\mathfrak{I}_t$ sont des fonctions *de classe* 0 de la classification de M. R. Baire ([1]). Il est donc très naturel d'étudier maintenant la nature des ensembles qui admettent une représentation paramétrique au moyen de fonctions quelconques de la classification de M. R. Baire.

Dans nos raisonnements, nous ferons usage du théorème suivant dû à M. H. Lebesgue : *l'ensemble des points du domaine* $\mathfrak{I}_{x_1 x_2 \ldots x_m}$ *dans lesquels une fonction* $f(x_1, x_2, \ldots, x_m)$ *de la classification de M. Baire est égale à zéro est nécessairement mesurable* B ([2]).

Une autre proprieté des fonctions de la classification de M. R. Baire dont nous avons besoin est la suivante : *les sommes, différences et produits de fonctions de la classification de M. Baire rentrent encore dans cette classification* ([3]),

La *démonstration par récurrence* s'applique à ces propositions : le théorème est évident pour la classe 0, et l'on démontre qu'il subsiste pour la classe α à condition d'être vrai pour les classes $< \alpha$. Ainsi, nous n'insisterons plus sur ce point.

Ceci étant, revenons à l'étude de l'ensemble E défini par la représentation paramétrique (1) où les fonctions f_i rentrent dans la classification de M. Baire.

Considérons la fonction $F(x_1, x_2, \ldots, x_m, t)$ de $m+1$ variables réelles définie par l'égalité

$$F = [x_1 - f_1(t)^2] + [x_2 - f_2(t)]^2 + \ldots + [x_m - f_m(t)]^2.$$

Comme les fonctions $f_1, f_2, \ldots, f_m$ appartiennent à la classification

---

([1]) D'après la convention de ne considérer jamais que des points irrationnels, nous appelons *fonctions de classe zéro* les fonctions continues *sur le domaine* $\mathfrak{I}_t$ et *relativement à ce domaine*. On voit bien qu'une fonction de classe zéro au sens de cette définition est de classe $\leqq 1$ de la classification ordinaire de M. Baire où les points rationnels ne sont pas exclus. Or, la perturbation ne se produit que dans les classes 0 et 1 de sorte que les classes supérieures $\geqq 2$ restent intactes.

([2]) C'est un cas particulier du théorème général de M. H. Lebesgue : *pour qu'une fonction* f *partout définie soit de classe* α *au plus, il faut et il suffit que, quels que soient les nombres rationnels* r_1 *et* r_2, *l'ensemble des points où* $r_1 \leqq f \leqq r_2$ *soit de classe* α *au plus* (*Sur les fonctions représentables analytiquement*, p. 168, théorème V).

La démonstration de ce théorème est fondée sur la récurrence transfinie. Dans le cas du texte, nous avons $r_1 = r_2 = 0$.

([3]) *Voir* H. LEBESGUE, *Sur les fonctions représentables analytiquement*, p. 153.

de M. Baire, la fonction F en fait également partie. Donc l'ensemble $\mathcal{E}$ des points $N(x_1, x_2, \ldots, x_m, t)$ du domaine $\mathcal{I}_{x_1 x_2 \ldots x_m t}$ à $m + 1$ dimensions où la fonction $F(x_1, x_2, \ldots, x_m, t)$ s'annule est mesurable B. Or l'ensemble $\mathcal{E}$ est manifestement l'ensemble des points N dont les coordonnées vérifient les équations (1). Dans ces conditions, il est clair que la projection orthogonale de $\mathcal{E}$ sur le domaine $\mathcal{I}_{x_1 x_2 \ldots x_m}$ est l'ensemble E. Donc, E est un ensemble *analytique*.

Nous sommes ainsi amenés à la conclusion suivante :

On n'élargit nullement la définition des ensembles analytiques en considérant le lieu des positions successives que prend un point mobile $M(x_1, x_2, \ldots, x_m)$ *dont les coordonnées sont des fonctions arbitraires du paramètre variable t rentrant dans la classification de M. R. Baire* ([1]) :

$$x_1 = f_1(t), \qquad x_2 = f_2(t), \qquad \ldots, \qquad x_m = f_m(t).$$

Ensemble analytique universel. — Nous avons vu que la famille des ensembles analytiques contient la famille des ensembles mesurables B. Pour résoudre la question, à savoir si les ensembles analytiques débordent la famille des ensembles mesurables B nous allons introduire la définition suivante ([2]) :

Un ensemble analytique E *de points du domaine* $\mathcal{I}_{x,y}$ *à deux dimensions est dit* universel *si en le coupant avec les droites* $x = x_0$ *parallèles à l'axe* OY *on obtient tous les ensembles analytiques linéaires possibles.*

Il est facile à démontrer qu'il existe des ensembles analytiques universels.

Pour le voir, nous remarquons d'abord que tout ensemble élémen-

---

([1]) C'est le théorème III de ma Note des *Comptes rendus Acad. Sc.*, 8 janvier 1917.

([2]) J'ai introduit la notion d'ensemble analytique *universel* dans ma Note *Sur les ensembles non mesurables* B *et l'emploi de la diagonale de Cantor* (*C. R. Acad. Sc.*, 20 juillet 1925), mais l'idée générale d'ensemble plan et universel par rapport à une famille donnée d'ensembles est due à M. H. Lebesgue (*Sur les fonctions représentables analytiquement*, p. 207). Pour les autres applications de la notion d'*ensemble universel*, voir l'extrait de ma lettre à M. W. Sierpinski : *Sur l'accessibilité des points* (*Fundam. Math.*, t. XI, p. 158) et les articles fort intéressants de M. W. Sierpinski, *Sur l'existence de diverses classes d'ensembles* (*Fund. Math.*, t. XIV, p. 82) et de M. O. Nikodym, *Sur les diverses classes d'ensembles* (*Fund. Math.* t. XIV, p. 145).

taire est *ou bien* de classe < 2, *ou bien* un élément de classe 2. Ceci résulte de la définition même d'ensemble élémentaire (p. 142), puisque si E est un ensemble élémentaire, l'ensemble E est la partie commune, $E = S_1 \times S_2 \times \ldots \times S_n \times \ldots$, aux sommes S_n formées chacune d'une infinité dénombrable de parallélépipèdes de Baire.

Or, nous avons vu (p. 127) qu'il existe des éléments universels de toute classe K_α de la classification de Baire-de la Vallée Poussin et d'un nombre quelconque de dimensions. Prenons donc dans le domaine $\mathcal{I}_{xyz}$ à trois dimensions un élément universel $\mathcal{E}$ de classe 2. D'après la propriété des éléments universels, en coupant $\mathcal{E}$ avec les plans $y = \text{const.}$ parallèles au plan XOZ, nous avons tous les éléments plans de classe 2 possibles. En particulier, on obtient tous les ensembles élémentaires plans possibles.

Cela posé, soit E la projection orthogonale de l'élément universel $\mathcal{E}$ sur le plan YOZ. Comme $\mathcal{E}$ est mesurable B, sa projection E est un ensemble analytique plan.

Je dis maintenant que E est un ensemble analytique *universel*. En effet, quel que soit un ensemble analytique linéaire e, il est la projection orthogonale d'un ensemble élémentaire plan. Et puisque nous pouvons obtenir cet ensemble élémentaire plan en coupant l'élément $\mathcal{E}$ par un plan $y = y_0$ convenablement choisi, nous obtenons l'ensemble analytique linéaire e en coupant E par une droite $y = y_0$ parallèle à l'axe OZ et située dans le plan YOZ. Ceci nous montre que E est un ensemble analytique plan *universel*.

Vu l'importance de l'existence des ensembles analytiques universels, nous allons donner une autre démonstration à certains égards plus simple que la précédente ([1]).

La méthode que nous allons développer est fondée sur l'emploi d'une fonction $\varphi(x, t)$ jouissant de deux propriétés suivantes : $1°$ elle est définie pour tous les x et t appartenant à l'intervalle $(0, 1)$ et rentre dans la classification de M. Baire ; $2°$ on obtient toute fonction $f(x)$ de x et de classe ≤ 1 en attribuant à t une valeur numérique particulière t_0

$$\varphi(x, t_0) = f(x).$$

En effet, prenons une fonction $\varphi(x, t)$ ayant les deux propriétés indi-

---

([1]) *Voir* ma Note des *Comptes rendus Acad. Sc.*, 20 juillet 1925.

quées et considérons, dans l'espace à trois dimensions OXTY, la surface S définie par l'équation

$$y = \varphi(x, t).$$

Cette surface S considérée comme un ensemble de points dans l'espace OXTY est manifestement *mesurable* B.

Donc, la projection orthogonale de S sur le plan TOY est un ensemble *analytique;* désignons par E cette projection. Je dis maintenant que E est un ensemble analytique *universel.*

Pour le voir, il suffit de remarquer que chaque fonction $f(x)$ continue pour les points irrationnels est nécessairement de classe $\leqq 1$ de la classification de M. Baire. D'après la définition même d'ensemble analytique linéaire, on obtient donc tous les ensembles analytiques linéaires en coupant E avec les droites parallèles à l'axe OY. On conclut de là que E est un ensemble analytique universel.

Tout revient donc à avoir une telle fonction $\varphi(x, t)$. Or, voici la méthode de M. Ch. de la Vallée Poussin ([1]). Soient $P_1(x)$, $P_2(x)$, ..., $P_n(x)$, ... une suite formée de tous les polynomes en x à coefficients rationnels, et $\varphi_1(t)$, $\varphi_2(t)$, ..., $\varphi_n(t)$, ..., une suite de fonctions continues entre o et 1 ayant la propriété suivante : quelle que soit une suite de nombres réels a_1, a_2, ..., a_n, ..., il existe un nombre t_0 tel qu'on ait

$$a_1 = \varphi_1(t_0), \qquad a_2 = \varphi_2(t_0), \qquad \ldots, \qquad a_n = \varphi_n(t_0), \qquad \ldots \quad ([2]).$$

Cela posé, désignons par $S_n(x, t)$ la somme des n premiers termes de la série infinie

$$P_1(x).\varphi_1(t) + P_2(x).\varphi_2(t) + \ldots + P_n(x).\varphi_n(t) + \ldots.$$

Il est clair que $S_n(x, t)$ est une fonction continue par rapport à l'ensemble de ses variables. Donc, la fonction $\varphi(x, t)$ définie en considérant la plus grande limite

$$\varphi(x, t) = \overline{\lim_{n=\infty}} S_n(x, t)$$

([1]) *Voir* Ch. DE LA VALLÉE POUSSIN, *Intégrales de Lebesgue, fonctions d'ensemble, classes de Baire*, 1916, p. 148.

([2]) Il s'agit d'une courbe péanienne remplissant tout un domaine de l'espace à **une** infinité dénombrable de dimensions. *Voir* H. LEBESGUE, *Sur les fonctions représentables analytiquement*, p. 211.

est une fonction de classe 2 de la classification de M. Baire. Et comme toute fonction de classe ≤ 1 peut être mise sous la forme d'une série de polynomes à coefficients rationnels, on voit bien que la fonction $\varphi(x, t)$ ainsi définie possède les deux propriétés indiquées ([1]).

C. Q. F. D.

Ce résultat étant établi, prenons un ensemble analytique plan universel E situé dans le plan XOY. Comme E est universel, on obtient *tous* les ensembles analytiques linéaires et, parmi eux, *tous* les ensembles linéaires mesurables B, en coupant E avec les droites $x = x_0$ parallèles à l'axe OY.

Considérons la *diagonale* $y = x$ et désignons par e la partie commune à l'ensemble analytique universel E et à cette diagonale. On voit bien que e est un ensemble analytique linéaire.

Or, si nous nous rapportons au raisonnement sur la diagonale que nous avons fait précédemment (p. 130), nous remarquons immédiatement que la *projection orthogonale sur l'axe* OY *du complémentaire* Ce *de l'ensemble* e *par rapport à la diagonale* $y = x$ *ne peut jamais faire partie de la famille des ensembles qu'on obtient en coupant* E *avec les droites* $x = x_0$.

Donc, la projection de Ce sur l'axe OY n'est pas un ensemble analytique. Ceci nous montre que l'ensemble linéaire e n'est pas mesurable B, puisque autrement l'ensemble complémentaire Ce serait un ensemble linéaire mesurable B et, par suite, sa projection sur l'axe OY serait, dans ce cas, un ensemble analytique.

Ainsi, l'ensemble linéaire e est un ensemble analytique linéaire non mesurable B et, par suite, l'ensemble universel plan E est lui-même un ensemble analytique non mesurable B.

Ce raisonnement peut être complété par la remarque simple suivante : l'ensemble analytique universel E ne peut pas être mesurable B, puisque, dans le cas contraire, E devrait appartenir à une classe K_α déterminée de la classification de Baire-de la Vallée Poussin. Il en résulte qu'on ne peut jamais avoir un ensemble

---

([1]) Je signale un article très intéressant de M. W. SIERPINSKI, *Sur un ensemble analytique universel pour les ensembles mesurables* B (*Fund. Math.*, t. XII, p. 75), où M. W. Sierpinski donne un ensemble analytique plan qui est coupé avec les parallèles à l'axe OY *seulement* en les ensembles *mesurables* B, et *chaque* ensemble linéaire mesurable B peut être obtenu de cette manière.

linéaire mesurable B d'une classe supérieure à α en coupant E par une droite $x = x_0$. Or, puisque E est un ensemble *universel*, nous aurons sûrement des ensembles de classe $> \alpha$ en choisissant convenablement le point x_0. Ainsi, nous sommes arrivés à une contradiction.

Mais ce dernier raisonnement, si simple qu'il paraisse, fait intervenir les nombres transfinis, et fait appel à l'existence des ensembles de *toutes* les classes. A ce point de vue, le premier raisonnement est préférable.

Nous avons ainsi démontré que la notion d'ensemble analytique est plus générale que celle d'ensemble mesurable B. Ceci nous oblige à étudier, à leur propos, les propriétés fondamentales des ensembles *de points* telles que *puissance*, *mesure* et *catégorie*.

PROPRIÉTÉS DES ENSEMBLES ANALYTIQUES.

Étant donné un ensemble quelconque de points, trois questions principales se présentent immédiatement : cet ensemble est-il dénombrable ou bien a-t-il la puissance du continu? Cet ensemble est-il mesurable? Quelle est sa catégorie? Nous allons maintenant examiner les propriétés des ensembles analytiques relatives à ces questions.

Puissance. — Soit E un ensemble analytique *non dénombrable* situé dans un domaine à m dimensions. Soit $\mathcal{E}$ un ensemble élémentaire dans un domaine à $m + 1$ dimensions dont la projection orthoganale est l'ensemble donné E.

Comme le diamètre d'un parallélépipède de Baire d'ordre n tend vers zéro lorsque n croît indéfiniment, il existe un entier positif n suffisamment grand pour que, parmi les parallélépipèdes *de rang n* (p. 142), il y ait *deux* parallélépipèdes π et π' ayant les deux propriétés suivantes :

1° Les projections de π et de π' sont sans points communs ;

2° Les projections des parties de $\mathcal{E}$ enfermées dans π et dans π' sont, toutes les deux, encore non dénombrables.

Dès lors, nous sommes dans les mêmes conditions qu'auparavant et nous pouvons déterminer, dans chacun des deux parallélépipèdes π et π', deux parallélépipèdes de Baire nouveaux de rang supérieur à n

qui jouissent des mêmes propriétés; nous obtenons ainsi *quatre* parallélépipèdes déterminés. Nous continuons à opérer de la même manière sur chacun d'eux et nous obtenons *huit* parallélépipèdes déterminés jouissant des mêmes propriétés, et *ainsi indéfiniment*.

Il est clair que l'ensemble des points qui appartiennent chacun à une infinité de parallélépipèdes de Baire ainsi déterminés est un ensemble *parfait* au sens classique contenu dans l'ensemble élémentaire $\mathcal{E}$. D'ailleurs, les projections de deux points différents de cet ensemble parfait sont toujours *distinctes*.

Il en résulte que la projection de cet ensemble parfait est encore un ensemble parfait au sens classique. Et comme ce dernier est manifestement contenu dans l'ensemble analytique donné E, nous obtenons la proposition suivante :

Tout ensemble analytique non dénombrable contient nécessairement un ensemble parfait, donc a la puissance du continu ([1]).

Mesure. — Soit E un ensemble analytique quelconque sur lequel on sait seulement qu'il a une mesure extérieure *non nulle* $m_e E > 0$.

Tout d'abord, nous faisons cette remarque bien banale que pour démontrer qu'un ensemble quelconque E de points ayant la mesure extérieure *non nulle* est mesurable, il faut et il suffit de constater qu'il contient un ensemble fermé F dont la mesure est supérieure à $m_e E - \varepsilon$, le nombre ε étant positif et aussi petit qu'on veut.

En effet, d'une part, on peut enfermer les points de E dans une série de parallélépipèdes (rectangles, intervalles) dont l'étendue (volume, aire, longueur) totale est inférieure à $m_e E + \varepsilon$. D'autre part, tous les points qui n'appartiennent pas à E sont évidemment compris dans une série de parallélépipèdes extérieurs à l'ensemble fermé F dont l'étendue totale est inférieure à $1 - mF + \varepsilon$. Donc, l'étendue totale de ces deux séries de parallélépipèdes est inférieure à

$$m_e E + \varepsilon + 1 - mF + \varepsilon < 1 + 3\varepsilon,$$

et, par suite, E est mesurable. Malgré sa banalité, cette remarque nous sera bien utile.

Nous faisons encore une remarque : si nous avons une suite

([1]) Proposition due à Souslin. Voir *Comptes rendus Acad. Sc.*, 8 janvier 1918.

E_1, E_2, ... d'ensembles quelconques qui ne sont assujettis à aucune restriction, la mesure extérieure de l'ensemble-somme des n premiers termes de cette suite tend vers la mesure extérieure de la réunion de *tous* les termes de la suite, lorsque n croît indéfiniment.

Il en résulte qu'on peut prendre un nombre n_1 de parallélépipèdes *de rang* 1 suffisamment grand pour que la partie de l'ensemble élémentaire $\mathcal{E}$ comprise dans ces n_1 parallélépipèdes ait une projection dont la mesure extérieure est supérieure à $m_e E - \varepsilon_1$.

Opérons de même sur les parallélépipèdes *de rang* 2 contenus dans les parallélépipèdes choisis de rang 1 : nous pouvons prendre un nombre n_2 suffisamment grand pour que la partie de $\mathcal{E}$ comprise dans ceux-ci ait une projection dont la mesure extérieure est supérieure à $m_e E - \varepsilon_1 - \varepsilon_2$, et *ainsi de suite*.

On formera ainsi des sommes S'_1, S'_2, S'_3, ... de parallélépipèdes respectivement de rang 1, 2, 3, ..., chacune S'_n composée d'un nombre *fini* de parallélépipèdes de l'ensemble S_n (p. 142) et intérieure à la précédente S'_{n-1}, telles que la projection de la partie de l'ensemble élémentaire $\mathcal{E}$ comprise dans les parallélépipèdes de S'_n ait la mesure extérieure supérieure à $m_e E - \varepsilon_1 - \varepsilon_2 - ... - \varepsilon_n$; ici la série a termes positifs $\varepsilon_1 + \varepsilon_2 + \varepsilon_3 + ... + \varepsilon_n + ...$ est convergente et a la somme ε aussi petite qu'on veut.

Il en résulte que la projection de S'_n a une étendue qui dépasse $m_e E - \varepsilon$. Comme la projection de S'_n est formée évidemment d'un nombre fini de parallélépipèdes de Baire et est contenue dans la projection de S'_{n-1}, la partie commune aux projections de toutes les sommes S'_n est un ensemble fermé F dont la mesure dépasse $m_e E - \varepsilon$.

D'autre part, la partie commune aux sommes S'_1, S'_2, S'_3, ... est évidemment un ensemble fermé contenu dans l'ensemble élémentaire $\mathcal{E}$; nous désignons par H cet ensemble fermé.

On voit bien que l'ensemble H a pour projection l'ensemble fermé F. Donc, F est contenu dans l'ensemble analytique donné E.

D'après la remarque précédente, l'ensemble E est mesurable et nous sommes ainsi amenés à la proposition :

Tout ensemble analytique est mesurable ([1]).

([1]) *Voir* le théorème V de ma Note des *Comptes rendus Acad. Sc.*, 8 janvier 1917. *Voir* aussi W. SIERPINSKI, *Sur la mesurabilité des ensembles analytiques* (*Sprawordania z posiedzen towarzystwa naukowego warsazwskiego*, séance du 24 octobre 1929, p. 155).

Catégorie. — Nous allons démontrer que chaque ensemble analytique possède la propriété découverte par M. R. Baire qui appartient à tous les ensembles mesurables B ([1]).

Reportons-nous à la page 88 : tout revient à démontrer que si l'ensemble analytique donné E n'est de première catégorie dans *aucune* portion d'un ensemble parfait P, l'ensemble complémentaire CE est de première catégorie dans P.

Nous commençons par supprimer, dans le domaine à $m + 1$ dimensions où l'ensemble élémentaire $\mathcal{E}$ est situé, tous les parallélépipèdes, quel que soit leur ordre, tels que les parties de $\mathcal{E}$ qui leur appartiennent aient les projections de première catégorie dans P. Il est clair qu'il y a des parallélépipèdes conservés de tout ordre.

Cela posé, nous opérons sur chacun des parallélépipèdes restants, quel que soit son ordre, de la manière suivante : soit π le parallélépipède considéré; nous prenons la partie de $\mathcal{E}$ contenue dans π. Puisque π est conservé, cette partie de $\mathcal{E}$ a la projection qui n'est pas de première catégorie dans P. Donc, il existe dans P un ensemble fermé F qui possède cette propriété double :

1° Si σ est une portion de P contenue dans F, la projection de la partie de $\mathcal{E}$ contenue dans π est de première catégorie dans σ;

2° Si σ est une portion de P contenant un point qui n'appartient pas à F, la projection indiquée n'est pas de première catégorie dans σ.

Ce premier point établi, nous déterminons pour chaque parallélépipède conservé π' contenu dans π et d'ordre immédiatement suivant un ensemble fermé F' correspondant.

Il est clair que la partie commune à tous ces ensembles fermés F' est un ensemble *non dense* dans chaque portion de P qui ne contient pas de points de F. Cela veut dire que l'ensemble des points communs à tous les F' qui n'appartiennent pas à F est un ensemble non dense dans P; nous le désignons par H_π.

Ainsi, à tout parallélépipède conservé π de Baire, quel que soit son ordre, correspond un ensemble bien déterminé H_π non dense dans P.

([1]) *Voir* le théorème VI de ma Note des *Comptes rendus Acad. Sc.*, 8 janvier 1917. *Voir* aussi un article intéressant de M. O. NIKODYM, *Sur une propriété de l'opération* (A) (*Fund. Math.*, t. VII, p. 153).

Il en résulte que la réunion de tous les ensembles H_π correspondant aux différents π est un ensemble de première catégorie dans P. Désignons-le par H.

Nous allons démontrer que *chaque point* M *de* P *qui n'appartient pas à* H *est un point de l'ensemble analytique donné* E.

En effet, comme M n'appartient pas à H, il existe un parallélépipède de Baire conservé π_0 d'ordre o, tel que M est extérieur à l'ensemble fermé F_0 qui correspond à π_0; comme M n'appartient pas à H_{π_0}, il existe dans π_0 un parallélépipède de Baire conservé π_1 d'ordre 1, tel que M est extérieur à l'ensemble fermé F_1 qui correspond à π_1; comme M n'appartient pas à H_{π_1}, il existe dans π_1 un parallélépipède de Baire conservé π_2 d'ordre 2 tel que M est extérieur à l'ensemble fermé F_2 qui correspond à π_2, et *ainsi de suite*.

On formera ainsi des parallélépipèdes conservés π_0, π_1, π_2, ..., d'ordres respectivement égaux à o, 1, 2, 3, ..., chacun intérieur au précédent et tels que le point M n'appartient à aucun des ensembles fermés F_n, $n = $ o, 1, 2, ... Donc, le point M appartient nécessairement à la projection de chacun des parallélépipèdes π_0, π_1, π_2, ...

Nous concluons de là que M est la projection d'un point N qui appartient à tous les parallélépipèdes π_0, π_1, π_2, ... et qui, par suite, est un point de l'ensemble élémentaire $\mathscr{E}$. Donc, M appartient à E.

Ainsi, chaque point de P qui n'appartient pas à E doit appartenir à H. Comme H est de première catégorie dans P, CE l'est aussi.

C. Q. F. D.

Nous compléterons ce résultat par les remarques suivantes :

Remarque I. — Soit E un ensemble analytique linéaire non mesurable B, et soit $f(x)$ une fonction caractéristique de E, donc égale à 1 dans E et à o dans le complémentaire. Comme E est non mesurable B, $f(x)$ ne rentre pas dans les classes de Baire. Or, d'après le théorème démontré, l'ensemble E possède la propriété de M. Baire et, par suite, *la fonction* $f(x)$ *est ponctuellement discontinue sur tout ensemble parfait quand on néglige les ensembles de première catégorie par rapport à cet ensemble parfait.*

On voit bien que la propriété découverte par M. R. Baire et appartenant à toutes les fonctions de sa classification *n'est pas suffisante* (¹).

Remarque II. — Si un ensemble de points est mesurable, son complémentaire l'est aussi. Cette réciprocité subsiste pour la propriété de M. Baire. Donc :

Le complémentaire d'un ensemble analytique est mesurable et possède la propriété de M. Baire.

Dans ce qui suit, nous donnons aux ensembles qui sont les ensembles complémentaires des ensembles analytiques le nom succinct de *complémentaires analytiques*.

PREMIER PRINCIPE DES ENSEMBLES ANALYTIQUES.
SÉPARABILITÉ B.

Généralités. — Dans la définition des ensembles analytiques que nous avons donnée, la notion du transfini n'intervient pas *explicitement*. Cependant, l'étude détaillée de ces ensembles prouve que la totalité des nombres transfinis de seconde classe de Cantor est profondément cachée dans les ensembles analytiques qui ne sont pas mesurables B.

Les résultats acquis dans la théorie des ensembles analytiques prouvent surabondamment combien il est nécessaire de considérer les ensembles analytiques non mesurables B comme constituant en quelque sorte un prolongement de la classification de MM. Baire-de la Vallée Poussin, au delà des classes K_α numérotées au moyen de tous les nombres transfinis de seconde classe de Cantor. Plus précisément, ces ensembles analytiques doivent être regardés comme *les éléments de la classe* Ω, où Ω est le premier nombre transfini de « troisième classe » de Cantor. Parmi les nombreuses et frappantes analogies, nous allons indiquer celle qui est liée à la séparation des ensembles.

Nous avons vu, dans la théorie des ensembles mesurables B, que deux éléments de la classe K_α sans points communs sont toujours

---

(¹) C'est une réponse à la question posée par M. H. Lebesgue (*Sur les fonctions représentables analytiquement*, p. 188). C'est ce fait *négatif* qui est, peut-être, la raison de la stérilité de la propriété de Baire observée par M. de la Vallée Poussin. *Voir* Ch. DE LA VALLÉE POUSSIN, *Sur les fonctions à variation bornée et les questions qui s'y rattachent.* (*Comptes rendus du Congrès de Strasbourg*, 1921, p. 61). *Voir* aussi N. LUSIN et W. SIERPINSKI, *Sur un ensemble non mesurable* B (*Journal de Math.*, t. II, 1923, p. 68).

séparables au moyen d'ensembles, *ou bien* de classe $< \alpha$, *ou bien* de
la base B_α.

Une proposition tout à fait analogue a lieu pour les ensembles
analytiques ([1]). Pour le voir, nous allons introduire une notion nouvelle, celle de *séparabilité* B.

Nous dirons que deux ensembles de points E et E' n'ayant aucun
point commun sont *séparables* B lorsqu'il existe deux ensembles H
et H' mesurables B, n'ayant aucun point commun, et enfermant respectivement les ensembles E et E'.

Les ensembles H et H' ayant cette propriété seront dits *ensembles
séparateurs*.

Cette définition posée, voici la proposition fondamentale de la
théorie des ensembles analytiques que nous appellerons *premier
principe* de cette théorie ([2]).

Principe I. — *Deux ensembles analytiques n'ayant aucun point
commun sont toujours séparables* B.

Nous allons donner *deux* démonstrations différentes du principe I.
Pour mieux apprécier la différence essentielle entre ces deux démonstrations, nous rappelons deux propositions classiques : *tout ensemble
fermé qui ne contient aucun ensemble parfait est dénombrable*
(Cantor-Bendixon) et le *théorème de Baire* sur les fonctions de
classe 1.

Chacune de ces propositions a *deux* démonstrations. L'une d'elles
donne non seulement la démonstration du théorème proposé mais
encore un *procédé régulier* qui, dans le premier cas, nous offre le
numérotage bien déterminé des points de l'ensemble fermé considéré au moyen des entiers positifs, dans le second cas, la construction
effective d'une série de polynomes qui converge vers la fonction de
classe 1 considérée. On peut considérer cette démonstration comme

---

([1]) Les lecteurs désireux de renseignements plus détaillés sur cette analogie
pourront se reporter à mon Mémoire qui vient de paraître : *Analogies entre les
ensembles mesurables* B *et les ensembles analytiques* (*Fundamenta Mathematicæ*, t. XVI, 1930).

([2]) J'ai énoncé explicitement et démontré ce principe dans mon Mémoire *Sur les
ensembles analytiques* (*Fund. Math.*, t. X, p. 52). *Voir* aussi F. Hausdorff,
Grundzuge der Mengenlehre, Zweite Auflage. C'est à l'éminent géomètre allemand
qu'on doit le premier l'idée *générale* de séparation des ensembles si importante
dans la Topologie.

positive et l'on sait qu'elle est donnée pour les ensembles fermés par Bendixon-Sierpinski, et pour les fonctions de classe **1** par M. Baire lui-même.

Mais, on trouve une autre sorte de démonstration de ces théorèmes. Dans les démonstrations de ce genre on ne donne ni le procédé de numérotage des points de l'ensemble fermé, ni la détermination de la série de polynomes ayant pour somme la fonction de classe **1**, mais on démontre la seule *existence* d'un tel numérotage et d'une telle série de polynomes. Voici le mécanisme de telles démonstrations : on introduit chaque fois une notion générale et purement négative : dans le cas des ensembles fermés c'est la notion de *point de condensation* dues à M. E. Lindelöf et dans le cas des fonctions de classe **1** c'est la notion de *point où la fonction n'est pas de classe* **1** due à M. H. Lebesgue. On peut considérer ces démonstrations comme *négatives*.

D'une manière analogue, nous donnerons deux démonstrations du principe I : l'une d'elles est purement négative et très courte (comme celles d'ailleurs de MM. E. Lindelöf et H. Lebesgue), l'autre étant positive et assez difficile a l'avantage de donner effectivement la construction des ensembles H et H′ qui réalisent la séparation des ensembles analytiques donnés E et E′ et pas seulement leur *existence* comme c'est le cas pour la première démonstration.

Séparabilité B des ensembles analytiques. — Passons maintenant à la démonstration du principe I.

Première démonstration (négative). — Soient $x = f(t)$ la représentation paramétrique continue de l'ensemble analytique E et $x = \varphi(t')$ celle de l'ensemble analytique E′. Nous supposons que E et E′ n'ont aucun point commun.

Prenons dans la portion $(o, 1)$ du domaine $\mathscr{I}_t$ un intervalle de Baire δ d'ordre k et, d'une manière analogue, soit δ' un intervalle de Baire du même ordre k pris dans $(o, 1)$ du domaine $\mathscr{I}_{t'}$. Nous désignons par E_δ et $E'_{\delta'}$ les parties de E et E′ qu'on obtient en faisant t et t' parcourir respectivement δ et δ'. On voit que E_δ et $E'_{\delta'}$ n'ont aucun point commun.

Cela posé, nous dirons que le couple (δ, δ') d'intervalles de Baire δ et δ' est *singulier* si les ensembles correspondants E_δ et $E'_{\delta'}$ *ne sont pas séparables* B.

Il est bien évident que si le couple (δ, δ') est singulier, il existe un couple $(\delta_1,\ \delta'_1)$ formé d'intervalles de Baire δ_1 et δ'_1 d'ordre $k+1$ contenus respectivement dans δ et δ', qui est encore singulier. En effet, si deux ensembles E_{δ_1} et $E'_{\delta'_1}$ sont séparables B quels que soient δ_1 et δ'_1 pris respectivement dans δ et δ', l'ensemble E_{δ_1} est séparable B de $E_{\delta'}$ puisqu'il suffit de prendre la partie commune des ensembles séparateurs qui séparent E_{δ_1} des ensembles $E_{\delta'_1}$, en faisant parcourir à δ'_1 tous les intervalles de Baire d'ordre $k+1$ contenus dans δ' : cette partie commune étant mesurable B sépare évidemment E_{δ_1} de $E_{\delta'}$. Or, dès que que $E_{\delta'}$ est séparable B de E_{δ_1} quel que soit δ_1 dans δ, le raisonnement précédent s'applique encore et nous concluons de là que $E_{\delta'}$ est séparable B de E_δ ce qui, est impossible puisque le couple $(\delta,\ \delta')$ est singulier.

Ainsi, chaque couple singulier $(\delta,\ \delta')$ contient nécessairement un couple $(\delta_1,\ \delta'_1)$ d'intervalles de Baire d'ordre suivant, qui est encore singulier.

Ceci étant établi, supposons que les ensembles donnés E et E′ ne sont pas pas séparables B. Dans ces conditions, il existe une suite illimitée de couples singuliers

$$(\delta_1,\ \delta'_1),\quad (\delta_2,\ \delta'_2),\quad \ldots,\quad (\delta_n,\ \delta'_n),\quad \ldots$$

d'ordres respectivement égaux à 1, 2, ..., n, ..., chacun de ces couples étant intérieur au précédent. Il s'ensuit que l'intervalle de Baire δ_n tend vers un point irrationnel t_0 et δ'_n tend vers un point irrationnel t'_0.

Comme les ensembles E et E′ n'ont aucun point commun, on a $f(t_0) \neq \varphi(t'_0)$. D'autre part, les fonctions $f(t)$ et $\varphi(t')$ sont *continues*. Ceci veut dire que les valeurs de f et de φ dans δ_n et δ'_n sont aussi voisines que l'on veut respectivement de deux points *fixes* $f(t_0)$ et $\varphi(t'_0)$ lorsque n croît indéfiniment. Il résulte de là que deux ensembles E_{δ_n} et $E'_{\delta'_n}$ sont situés dans deux portions différentes σ et σ_1 du domaine $\mathcal{I}_x$ n'ayant aucun point commun, pour n assez grand. Donc, E_{δ_n} et $E'_{\delta'_n}$ sont séparés l'un de l'autre au moyen des portions et nous sommes ainsi amenés à une contradiction.　　　c. q. f. d.

Faisons la remarque suivante : pour fixer les idées nous nous sommes bornés au cas des ensembles analytiques *linéaires*. Or, en prenant pour f et φ des fonctions *complexes*, on obtient évidemment la démonstration du principe I pour les ensembles analytiques à un nombre quelconque de dimensions.

Deuxième démonstration (positive). — Cette démonstration est basée sur le lemme de Géométrie suivant :

Si la portion $(0 < t < 1,\ 0 < t' < 1)$ *du domaine à deux dimensions* $\Im t,\ t'$ *est divisée en rectangles partiels de Baire l'ensemble* R *des rectangles de Baire qui ne sont contenus au sens strict dans aucun des rectangles de cette division peut être mis effectivement sous la forme d'une suite bien ordonnée* $\rho_0,\ \rho_1,\ \rho_2,\ \ldots,\ \rho_\omega,\ \ldots,\ \rho_\alpha,\ \ldots \,|\, \gamma$ *de manière que des deux rectangles quelconques* ρ_α *et* ρ_β *de cette suite ou bien le suivant contient le précédent, ou bien ils n'ont aucun point commun.*

Pour le voir, rangeons les rectangles de R **en** suite simplement infinie

$$(1) \qquad\qquad r_1,\quad r_2,\quad r_3,\quad \ldots,\quad r_n,\quad \ldots.$$

Nous dirons qu'une suite bien ordonnée E de rectangles de R forme une *chaîne* si : $1°$ le premier terme ρ_0 de E est le premier terme de la suite (1) qui figure dans la division de la portion $(0 < t < 1,\ 0 < t' < 1)$ en rectangles de Baire partiels; $2°$ quel que soit le terme ρ de E, il est le premier rectangle dans la suite (1) qui ne coïncide avec aucun terme précédent ρ dans E et qui est ou bien un rectangle partiel de la division considérée, ou bien tous les rectangles de Baire d'ordre immédiatement supérieur à celui de ρ sont des termes de E qui précèdent ρ.

Il est clair qu'il y a des chaînes, puisque le premier terme de la suite (1) faisant partie de la division considérée en constitue une; il est évident que si l'on considère de chaînes quelconques E et E', l'une d'elles est un segment de l'autre, puisque chaque terme d'une chaîne est déterminé d'une façon unique par les termes qui précédent et par la connaissance de la suite (1). Il en résulte qu'à chaque chaîne E qui n'est pas la plus grande, c'est-à-dire qui est un segment d'une autre chaîne plus étendue, correspond un et un seul terme de la suite simple (1), donc, un entier positif n bien déterminé. Nous en concluons que l'ensemble de toutes les chaînes possibles est dénombrable, étant déjà numéroté au moyen d'entiers positifs.

Cela posé, désignons par C la réunion de toutes les chaînes possibles. Comme une chaîne est un segment d'une autre, C est encore une chaîne. On voit bien que c'est la chaîne *la plus grande*, donc telle que chaque autre chaîne est un segment de C.

Je dis maintenant que la chaîne C est composée de tous les rectangles de R et que la portion ($0 < t < 1$, $0 < t' < 1$) elle-même est le dernier terme de C.

En effet, désignons par R′ l'ensemble des rectangles de R qui figurent dans C. S'il y a des termes de R qui ne figurent pas dans R′, chacun d'eux contient des rectangles de Baire d'ordre immédiatement supérieur et qui ne figurent pas non plus dans R′, et, par suite, dans C. En effet, dans le cas contraire, parmi les rectangles de la différence R — R′ dans la suite (1), il **existe** le premier, soit r_m, dont tous les rectangles d'ordre immédiatement supérieur appartiennent à C. Dans ces conditions, en ajoutant r_m à la chaîne C on obtient une chaîne nouvelle (C, r_m) plus étendue que C, ce qui est impossible.

Ainsi, quel que soit un rectangle de la différence R — R′ (supposé existante) il contient des rectangles d'ordre immédiatement supérieur qui appartiennent également à R — R′. Nous avons donc une suite illimitée de rectangles de Baire

$$(2) \qquad r_{n_0}, \; r_{n_1}, \; r_{n_2}, \; r_{n_3}, \; \ldots, \; r_{n_k}, \; \ldots$$

d'ordres respectivement égaux à 0, 1, 2, 3, $\ldots$, k, $\ldots$, chacun intérieur au précédent, qui appartiennent tous à R — R′ et qui tendent manifestement vers un point $M(t_0, t'_0)$ du domaine $\mathcal{I}_{t, t'}$ situé à leur intérieur.

D'autre part, la portion ($0 < t < 1$, $0 < t' < 1$) a été complètement divisée en rectangles partiels de Baire; donc le point M appartient à un rectangle bien déterminé de cette division; soit r_ν ce rectangle dans la suite (1). Puisque la suite (2) contient *tous* les rectangles de Baire contenant le point M, r_ν doit figurer dans la suite (2), ce qui est précisément impossible, puisque r_ν appartient sûrement à C, donc à R′.

Ainsi, R′ coïncide avec R.

Il résulte de là que la plus grande chaîne C est composée de tous les rectangles de R. Or, parmi ces rectangles, nous avons la portion ($0 < t < 1$, $0 < t' < 1$) elle-même. Comme elle contient tous les autres termes de R, il suit de la définition même de chaîne que cette portion est le dernier terme de la chaîne C.

C. Q. F. D.

Ce lemme important étant démontré, revenons maintenant à la démonstration du principe I.

Soient

$$x_1 = f_1(t), \qquad x_2 = f_2(t), \qquad \ldots, \qquad x_m = f_m(t)$$

et

$$x_1 = \varphi_1(t'), \qquad x_2 = \varphi_2(t'), \qquad \ldots, \qquad x_m = \varphi_m(t')$$

les représentations paramétriques continues de deux ensembles analytiques E et E′ n'ayant aucun point commun.

Considérons la portion $(0 < t < 1, 0 < t' < 1)$ du domaine $\mathcal{I}_{t,t'}$. A chaque point $P_0(t_0, t'_0)$ de cette portion correspondent deux points M_0 et M'_0 appartenant respectivement à E et E′ et situés dans le domaine $\mathcal{I}_{x_1, x_2, \ldots, x_m}$ à m dimensions.

Comme les ensembles E et E′ sont sans points communs, les points M_0 et M'_0 sont toujours *distincts*. Il s'ensuit, d'après la continuité des fonctions f_i et φ_j, qu'il existe dans $(0 < t < 1, 0 < t' < 1)$ un rectangle de Baire, r, contenant le point P_0 tel que si nous faisons varier le point $P(t, t')$ dans r, les points correspondants M et M′ décrivent deux parties respectives des ensembles E et E′ situées dans deux portions du domaine $\mathcal{I}_{x_1, x_2, \ldots, x_m}$ n'ayant aucun point commun. Parmi ces rectangles r de Baire, nous prendrons celui qui a le plus petit ordre, donc qui est le plus grand.

Ainsi, nous faisons correspondre à chaque point $P(t, t')$ un rectangle de Baire qui le contient. Il en résulte que la portion $(0 < t < 1, 0 < t' < 1)$ est complètement divisée en rectangles de Baire d'ordres, en général, différents et qui n'ont pas de points communs deux à deux. En effet, si deux de ces rectangles avaient un point commun, l'un d'eux contiendrait l'autre, ce qui est précisément impossible puisque, parmi les rectangles de Baire contenant un point P, nous prenons chaque fois le plus grand qui correspond aux parties de E et E′ séparables au moyen de portions. Désignons par $\mathcal{D}$ l'ensemble des rectangles de cette division,

Cela posé, appliquons le lemme précédent et considérons la chaîne C

$$(\text{C}) \qquad \rho_0, \quad \rho_1, \quad \rho_2, \quad \ldots, \quad \rho_\omega, \quad \ldots, \quad \rho_\alpha, \quad \ldots \mid \rho_\gamma$$

formée de tous les rectangles de Baire qui ne sont contenus au sens strict dans aucun des rectangles partiels de la division définie.

Il résulte de la définition de la chaîne C que, quel que soit le terme ρ_α de C, ou bien il est un rectangle de $\mathcal{O}$, ou bien tous les rectangles d'ordre immédiatement supérieur contenus dans ρ_α appartiennent au segment de la chaîne C défini par ρ_α. Enfin, on sait que le dernier terme ρ_γ de la chaîne C est la portion $(0 < t < 1,\ 0 < t' < 1)$ du domaine $\mathcal{I}_{t,t'}$.

Il correspond à chaque terme ρ_α de la chaîne C deux parties des ensembles E et E' qu'on obtient en faisant varier le point $P(t, t')$ dans le rectangle ρ_α. Nous désignerons ces parties par E_{ρ_α} et E'_{ρ_α}.

Comme ρ_0 est un rectangle de $\mathcal{O}$, la séparation B des deux ensembles E_{ρ_0} et E'_{ρ_0} est faite au moyen de deux portions bien déterminées du domaine $\mathcal{I}_{x_1, x_2, \ldots, x_m}$ n'ayant pas de point commun. Supposons donc que nous avons une séparation B bien déterminée des deux ensembles E_{ρ_α} et $E'_{\rho_{\alpha'}}$ qui correspondent à un terme $\rho_{\alpha'}$ de la chaîne C qui précède le terme donné ρ_α, $\alpha' < \alpha$, et cela quel que soit α' inférieur à α. Nous allons en déduire une séparation B bien déterminée des deux ensembles E_{ρ_α} et E'_{ρ_α} Nous supposons naturellement que ρ_α n'est pas un rectangle de $\mathcal{O}$, puisque, dans ce cas, la séparation B de E_{ρ_α} et E'_{ρ_α} serait déjà faite au moyen de portions du domaine $\mathcal{I}_{x_1, x_2, \ldots, x_m}$

Soient δ et δ' les projections de ρ_α sur les axes OT et OT'. Il est clair que δ et δ' sont des intervalles de Baire d'ordre égal à celui de ρ_α; soit k cet ordre. Soient δ_1 et δ'_1 les intervalles de Baire d'ordre $k+1$ respectivement contenus dans δ et δ'. Le rectangle ρ dont les projections sur les axes OT et OT' sont δ_1 et δ'_1 est évidemment un rectangle de Baire d'ordre $k+1$ contenu dans ρ_α; d'après la définition de la chaîne C, le rectangle ρ figure sûrement dans la chaîne C et il précède ρ_α. Donc, d'après l'hypothèse faite, les ensembles $E_\rho (= E_{\delta_1})$ et $E'_\rho (= E_{\delta'})$ sont séparés et nous savons obtenir les ensembles séparateurs H_{δ_1} et $H_{\delta'_1}$ mesurables B.

Cela posé, considérons les deux ensembles nouveaux H_δ et $H_{\delta'}$ définis par les formules

$$H_\delta = \sum_{\delta_1} \prod_{\delta'_1} H_{\delta_1}$$

et

$$H_{\delta'} = \sum_{\delta'} \prod_{\delta_1} H'_{\delta'_1},$$

où, pour avoir H_δ, on prend d'abord la partie commune à tous les H_{δ_1} en faisant parcourir à δ_1' tous les intervalles de Baire d'ordre $k+1$ contenus dans δ', et, ensuite, on prend la somme des parties communes ainsi obtenues en faisant parcourir à δ_1 tous les intervalles de Baire d'ordre $k+1$ contenus dans δ; on procède d'une manière analogue pour avoir $H_{\delta'}'$.

Il est bien évident que les ensembles H_δ et $H_{\delta'}'$ ainsi définis n'ont aucun point commun et qu'ils contiennent respectivement $E\rho_\alpha\ (= E_\delta)$ et $E'\rho_\alpha(= E_{\delta'}')$. Et comme H_δ et $H_{\delta'}'$ sont évidemment mesurables B, il en résulte que les deux ensembles $E\rho_\alpha$ et $E'\rho_\alpha$ sont séparables B et que nous avons réalisé d'une façon unique cette séparation.

Ceci étant établi, revenons à la démontration du principe I. Comme ρ_α est un terme arbitraire de la chaîne C, nous pouvons prendre pour ρ_α le dernier terme de C. Les ensembles séparateurs H et H construits pour ce terme nous donnent la séparation cherchée des ensembles analytiques donnés E et E'. C. Q. F. D.

ÉTUDE DES REPRÉSENTATIONS RÉGULIÈRES ET SEMI-RÉGULIÈRES DES ENSEMBLES ANALYTIQUES.

REPRÉSENTATION RÉGULIÈRE.

Mesurabilité B des ensembles analytiques admettant une représentation régulière continue. — Nous avons vu (p. 114) que tout ensemble mesurable B non dénombrable admet une représentation continue (et même *normale*) quand on néglige une infinité dénombrable de points de cet ensemble.

La proposition *inverse* encore a lieu :

Tout ensemble analytique E *qui admet une représentation régulière continue est nécessairement mesurable* B, *et l'on sait déduire de cette représentation une construction effective de* E, *à partir de portions du domaine fondamental, au moyen des deux opérations : somme et partie commune, indéfiniment répétées* (¹).

(¹) C'est le théorème IV de ma Note des *Comptes rendus Acad. Sc.*, 8 janvier 1917. Donc, si l'ensemble quelconque E admet une représentation paramétrique régulière continue, il est nécessairement mesurable B, et l'on voit bien que *chaque point de* E *est un point de condensation au sens de E. Lindelöf.*

M. W. Sierpinski a montré que tout ensemble mesurable B ayant chacun de ses

Soient E un ensemble analytique et

$$x_1 = f_1(t), \qquad x_2 = f_2(t), \qquad \ldots, \qquad x_m = f_m(t)$$

une représentation continue régulière de E.

Soit k un entier positif quelconque, $k \geqq 1$. Divisons la portion $(o, 1)$ du domaine $\mathcal{J}_t$ en intervalles de Baire d'ordre k; soient $\delta_1^{(k)}$, $\delta_2^{(k)}, \ldots$, $\delta_n^{(k)}$, ... ces intervalles. En faisant parcourir à t l'intervalle $\delta_n^{(k)}$ nous obtenons une partie de E que nous désignons par $E_n^{(k)}$. On voit bien que les ensembles $E_n^{(k)}$, k étant *fixe*, sont des ensembles analytiques sans point commun deux à deux. Désignons par $\Delta_n^{(k)}$ le parallélépipède de Baire du domaine $\mathcal{J}_{x_1 x_2 \ldots x_m}$ contenant $E_n^{(k)}$ et qui a l'ordre le plus grand; un tel parallélépipède existe sûrement puisque l'ensemble $E_n^{(k)}$ ne peut pas être réduit à un seul point.

Cela posé, revenons aux ensembles $E_n^{(k)}$, le nombre k étant toujours fixe. Comme l'ensemble analytique $E_n^{(k)}$ n'a aucun point commun avec la somme des autres ensembles analytiques $E_{n'}^{(k)}$, n' étant différent de n, et comme cette somme est un ensemble analytique dont une représentation paramétrique continue est donnée, nous pouvons en déduire un ensemble $H_n^{(k)}$ mesurable B qui couvre l'ensemble $E_n^{(k)}$ sans avoir un point commun avec cette somme. Si nous faisons la construction de $H_n^{(k)}$ pour chaque ensemble $E_n^{(k)}$, nous obtenons la suite illimitée des ensembles mesurables B

$$H_1^{(k)}, \quad H_2^{(k)}, \quad \ldots, \quad H_n^{(k)}, \quad \ldots$$

dont chacun contient un terme et un seul de la suite $E_1^{(k)}$, $E_2^{(k)}, \ldots$, $E_n^{(k)}, \ldots$, sans avoir de point commun avec aucun des autres termes. Dans ces conditions, la partie commune

$$\Delta_n^{(k)} \times H_n^{(k)} \times \prod_{n' \neq n} C H_{n'}^{(k)}$$

au parallélépipède de Baire $\Delta_n^{(k)}$, à $H_n^{(k)}$ et aux complémentaires des ensembles $H_{n'}^{(k)}$ quel que soit n' différent de n, est un ensemble mesurable B, contenu dans $\Delta_n^{(k)}$ et contenant l'ensemble $E_n^{(k)}$; nous désigne-

---

points pour point de condensation au sens de E. Lindelöf admet une représentation paramétrique régulière continue sans qu'il soit nécessaire de négliger un point de cet ensemble. *Voir* son article *Sur les images continues et biunivoques de l'ensemble de tous les nombres irrationnels* (*Mathematica*, vol. II, 1928, Cluj, p. 18).

rons par $\Theta_n^{(k)}$ cette partie commune. Il importe de remarquer que, le nombre k étant fixe, les ensembles $\Theta_1^{(k)}$, $\Theta_2^{(k)}$, ..., $\Theta_n^{(k)}$, ... sont sans points communs deux à deux et, par suite, réalisent une séparation B *simultanée* des ensembles $E_1^{(k)}$, $E_2^{(k)}$, ...

Ceci étant établi, désignons par S_k la somme des ensembles séparateurs $\Theta_n^{(k)}$, $n = 1$, 2, 3, ..., et par $\mathscr{E}$ la partie commune commune aux sommes S_k, $\mathscr{E} = S_1 \times S_2$, $\times \ldots \times S_k \times \ldots$. Comme chaque $\Theta_n^{(k)}$ est mesurable B, l'ensemble $\mathscr{E}$ l'est aussi.

L'ensemble analytique considéré E est évidemment la somme des ensembles $E_n^{(k)}$, k étant fixe et $n = 1$, 2, 3, ... Il s'ensuit que E est contenu dans chaque somme S_k et, par conséquent, dans l'ensemble $\mathscr{E}$.

Nous allons démontrer que chaque point M de $\mathscr{E}$ appartient à E.

En effet, si un point M_0 du domaine $\mathcal{J}_{x_1 x_2 \ldots x_m}$ appartient à $\mathscr{E}$, il existe dans chaque somme S_k un terme et un seul $\Theta_n^{(k)}$ qui contient M_0; soit $\Theta_{n_k}^{(k)}$ ce terme. Désignons par $\delta_{n_k}^{(k)}$ l'intervalle de Baire qui correspond à l'ensemble $E_{n_k}^{(k)}$.

Il est évident que les intervalles de Baire de la suite $\delta_{n_1}^{(1)}$, $\delta_{n_2}^{(2)}$, ..., $\delta_{n_k}^{(k)}$, ... sont respectivement des ordres 1, 2, 3, ... et sont emboîtés les uns dans les autres. Donc, il existe un point irrationnel t_0 et un seul contenu dans tous ces intervalles.

Cela posé, considérons le point $P_0(x_1^0, x_2^0, \ldots, x_m^0)$ du domaine $\mathcal{J}_{x_1 x_2 \ldots x_m}$ défini par les équations

$$x_1^0 = f_1(t_0), \qquad x_2^0 = f_2(t_0), \qquad \ldots, \qquad x_m^0 = f_m(t_0).$$

On voit bien que P_0 est un point de E. Nous allons démontrer qu'il coïncide avec le point M_0.

En effet, puisque t_0 appartient à $\delta_{n_k}^{(k)}$ quel que soit le nombre k, le point P_0 appartient à $\Theta_{n_k}^{(k)}$. D'autre part, le point M_0 appartient au même ensemble $\Theta_{n_k}^{(k)}$. Donc, les deux points *fixes* M_0 et P_0 appartiennent au même parallélépipède de Baire $\Delta_{n_k}^{(k)}$ contenant l'ensemble $\Theta_{n_k}^{(k)}$. Or, lorsque k tend vers l'infini, le diamètre de $\Delta_{n_k}^{(k)}$ tend nécessairement vers zéro d'après la continuité des fonctions $f_i(t)$. Il en résulte que P_0 coïncide avec M_0.

Nous avons ainsi démontré que l'ensemble analytique donné E coïncide avec l'ensemble $\mathscr{E}$ mesurable B.   c. q. f. d.

Application aux projections des ensembles mesurables B. — Nous avons vu (p. 114) que la projection orthogonale d'un ensemble analytique est encore un ensemble analytique. En particulier, la projection orthogonale de tout ensemble *mesurable* B est un ensemble *analytique*. D'autre part, nous avons vu que chaque ensemble analytique est la projection orthogonale d'un ensemble B d'une nature très particulière que nous avons appelé *ensemble élémentaire* et qui est un élément de classe 2.

Il en résulte que, dans le cas général, la projection orthogonale d'un ensemble mesurable B n'est pas mesurable B.

Or, il y a un cas où l'on peut affirmer la mesurabilité B de la projection d'un ensemble mesurable B.

Théorème. — *La projection orthogonale d'un ensemble* E *mesurable* B *situé dans un domaine à m dimensions sur un domaine à m' dimensions, m' < m, est sûrement mesurable* B *si les projections de deux points différents de* E *sont distinctes* ([1]).

Pour le démontrer, prenons un ensemble E mesurable B ; soit

$$x_1 = f_1(t), \qquad x_2 = f_2(t), \qquad \ldots, \qquad x_m = f_m(t)$$

sa représentation continue régulière.

Il est évident que la projection de E sur le domaine à m' dimensions $\mathcal{I}_{x_1 x_2 \ldots x_{m'}}$ est donnée par la représentation paramétrique continue

$$x_1 = f_1(t), \qquad x_2 = f_2(t), \qquad \ldots, \qquad x_{m'} = f_{m'}(t)$$

avec $m' < m$.

Or, d'après l'hypothèse faite, les projections sur $\mathcal{I}_{x_1 x_2 \ldots x_{m'}}$ de deux points différents de E sont aussi différentes. Comme la représentation continue considérée de E est régulière, il résulte qu'à deux valeurs différentes de t correspondent deux points différents de E, donc deux points différents de sa projection.

Nous concluons de là que la représentation paramétrique continue de cette projection est *régulière*, et, par suite la projection elle-même est mesurable B. c. q. f. d.

Représentation paramétrique régulière au moyen de fonctions arbitraires de la classification de M. Baire. — Nous avons vu qu'on

---

([1]) *Cf.* H. Lebesgue, *Remarques sur les théories de la mesure et de l'inté-gration* [*Ann. Éc. Norm. sup.*, 3ᵉ série, t. XXXV, 1918, p. 242, note ([3])].

n'élargit nullement la définition des ensembles analytiques en prenant une représentation paramétrique

$$x_1 = f_1(t), \qquad x_2 = f_2(t), \qquad \ldots, \qquad x_m = f_m(t)$$

effectuée au moyen de fonctions arbitraires de la classification de M. Baire.

Une proposition importante, en tout points analogue, existe encore dans le cas de la représentation paramétrique *régulière*. En effet, nous avons ici ce théorème important :

THÉORÈME. — *Tout ensemble analytique qui admet une représentation régulière au moyen de fonctions quelconques de la classification de M. Baire est mesurable* B.

En effet, considérons la fonction $F(x_1, x_2, \ldots, x_m, t)$ définie par l'égalité suivante :

$$F(x_1, x_2, \ldots, x_m, t) = [x_1 - f_1(t)]^2 + [x_2 - f_2(t)]^2 + \ldots + \lfloor x_m - f_m(t)]^2.$$

On voit bien que cette fonction définie dans le domaine à $m+1$ dimensions $\mathcal{J}_{x_1 x_2 \ldots x_m t}$ rentre dans la classification de M. Baire. Donc, d'après le théorème de M. H. Lebesgue (p. 145), l'ensemble $\mathcal{E}$ des points du domaine $\mathcal{J}_{x_1 x_2 \ldots x_m t}$ pour lesquels cette fonction s'annule est mesurable B. On voit bien que les coordonnées des points $N(x_1, x_2, \ldots, x_m, t)$ de l'ensemble $\mathcal{E}$ vérifient les égalités simultanées

$$x_1 = f_1(t), \qquad x_2 = f_2(t), \qquad \ldots, \qquad x_m = f_m(t).$$

Donc, la projection orthogonale de $\mathcal{E}$ sur le domaine $\mathcal{J}_{x_1 x_2 \ldots x_m}$ coïncide avec l'ensemble donné E.

Or, il résulte de la régularité du système des fonctions f_i que les projections de deux points différents de $\mathcal{E}$ sur le domaine $\mathcal{J}_{x_1 x_2 \ldots x_m}$ sont distinctes. Donc, d'après le théorème précédent, l'ensemble E est mesurable B. C. Q. F. D.

Une extension du résultat précédent. — Il est très aisé de donner une extension considérable aux théorèmes précédents en les étendant au cas où l'on prend pour domaine de définition des fonctions f_i *ou bien* un ensemble analytique, *ou bien* un ensemble mesurable B arbitraire.

En effet, nous avons ici la proposition suivante :

THÉORÈME. — *Si $x_1 = f_1(t)$, $x = f_2(t)$, ..., $x_m = f_m(t)$ est un système formé de fonctions quelconques de la classification de M. Baire, l'ensemble* E *des points* M$(x_1, x_2, ..., x_m)$ *qu'on obtient en faisant parcourir à* t *un ensemble analytique* e *est aussi un ensemble analytique. De plus, si* e *est mesurable* B *et si la représentation paramétrique effectuée par le système des fonctions f_i est régulière sur* e, *l'ensemble* E *est mesurable* B.

En effet, comme e est un ensemble analytique, nous avons une représentation paramétrique continue

$$t = \varphi(\tau)$$

de cet ensemble sur la portion $(0, 1)$ du domaine $\mathcal{J}_\tau$, la fonction φ étant continue sur cette portion.

Dans ces conditions, les fonctions composées

$$x_1 = f_1[\varphi(\tau)], \qquad x_2 = f_2[\varphi(\tau)], \qquad \ldots, \qquad x_m = f_m[\varphi(\tau)]$$

réalisent une représentation paramétrique de E sur la portion $(0, 1)$ du domaine $\mathcal{J}_\tau$. On voit bien que ces fonctions composées rentrent dans la classification de M. Baire. Donc, l'ensemble E est *analytique*. Si e est non dénombrable mesurable B, en négligeant une infinité dénombrable de points de e, nous pouvons supposer la fonction φ régulière. Il en résulte que si le système proposé des fonctions f_i est régulière sur e, le système des fonctions composées $f_i[\varphi(t)]$ l'est aussi. Donc, E est mesurable B.   C. Q. F. D.

REPRÉSENTATION SEMI-RÉGULIÈRE.

Nous dirons que la représentation paramétrique d'un ensemble de points E situé dans le domaine $\mathcal{J}_{x_1 x_2 \ldots x_m}$,

$$x_1 = f_1(t), \qquad x_2 = f_2(t), \qquad \ldots, \qquad x_m = f_m(t).$$

est *semi-régulière* lorsqu'à chaque point M de l'ensemble E correspond au plus une infinité dénombrable de valeurs de t (¹).

(¹) *Voir* ma Note des *Comptes rendus Acad. Sc.*, 29 juillet 1929 : *Sur la représentation paramétrique semi-régulière des ensembles.*

En particulier, une fonction $f(t)$ définie dans $(o, 1)$ est dite *semi-régulière* si l'équation $x^0 = f(t)$ a une infinité dénombrable au plus des racines quel que soit le nombre réel x^0.

Nous allons étudier la nature des ensembles analytiques qui admettent une représentation semi-régulière continue ou effectuée au moyen de fonctions de la classification de M. Baire.

Pour étudier ces questions, nous avons besoin du théorème de Géométrie suivant :

Si $\mathcal{E}$ est un ensemble analytique situé dans le domaine à $m + 1$ dimensions $\mathcal{I}_{x_1 x_2 \ldots x_m y}$, l'ensemble E des points M du domaine à m dimensions $\mathcal{I}_{x_1 x_2 \ldots x_m}$ tels que la parallèle à l'axe OY menée par M coupe $\mathcal{E}$ en deux points au moins est un ensemble analytique.

Pour le démontrer, rangeons tous les points *rationnels* de l'axe OY en suite infinie $r_1, r_2, \ldots, r_n, \ldots$ et prenons le point r_n. Soient $\mathcal{E}'_n$ et $\mathcal{E}''_n$ les parties de $\mathcal{E}$ pour les points desquels nous avons respectivement $y < r_n$ et $y > r_n$. Désignons par E'_n et E''_n respectivement les projections de $\mathcal{E}'_n$ et $\mathcal{E}''_n$ sur le domaine $\mathcal{I}_{x_1 x_2 \ldots x_m}$ et par E_n la partie commune $E'_n \times E''_n$.

On voit bien que E_n est l'ensemble des points M de E tels que la parallèle à l'axe OY menée par M coupe E au moins en deux points pour lesquels on a $y < r_n$ et $y > r_n$. Donc, l'ensemble-somme $E_1 + E_2 + \ldots + E_n + \ldots$ coïncide avec l'ensemble E.

Or, puisque $\mathcal{E}'_n$ et $\mathcal{E}''_n$ sont des ensembles analytiques, les ensembles E'_n et E''_n le sont aussi. Donc, l'ensemble E_n est analytique et, par suite, E est de même analytique.

Transformation du domaine à plusieurs dimensions en domaine linéaire. — Nous commençons par démontrer que l'étude des ensembles de points dans le domaine à plusieurs dimensions peut être réduite à celle des ensembles *linéaires*. A cet effet, nous allons transformer le domaine $\mathcal{I}_{x_1 x_2 \ldots x_m}$ à m dimensions en un domaine linéaire $\mathcal{I}_x$ au moyen d'une transformation univoque, réciproque et continue dans les deux sens.

Considérons, dans le domaine $\mathcal{I}_{x_1 x_2 \ldots x_m}$, tous les parallélépipèdes de Baire d'ordre 1 et effectuons une correspondance univoque et réciproque entre ces parallélépipèdes π' et les intervalles de Baire δ'

dans la portion $(o, 1)$ du domaine $\mathcal{I}_x$. La correspondance entre π' et δ' étant établie, nous faisons une correspondance univoque et réciproque entre tous les parallélépipèdes de Baire π'' d'ordre 2 situés dans π' et tous les intervalles de Baire δ'' d'ordre 2 dans δ'. D'une manière générale, la correspondance entre un parallélépipède de Baire $\pi^{(k-1)}$ d'ordre $k-1$ du domaine $\mathcal{I}_{x_1 x_2 \ldots x_m}$ et un intervalle de Baire $\delta^{(k-1)}$ dans $(o, 1)$ du domaine $\mathcal{I}_x$ étant établie, nous faisons une correspondance univoque et réciproque entre tous les parallélépipèdes de Baire $\pi^{(k)}$ d'ordre k situés dans $\pi^{(k-1)}$ et tous les intervalles de Baire $\delta^{(k)}$ d'ordre k situés dans $\delta^{(k-1)}$.

Il est évident que nous obtenons ainsi une correspondance *univoque et réciproque* entre les points du domaine entier $\mathcal{I}_{x_1 x_2 \ldots x_m}$ et les points de la portion $(o, 1)$ du domaine linéaire $\mathcal{I}_x$. On voit bien que cette correspondance est *continue dans les deux sens* et que *si le point x parcourt un intervalle de Baire d'ordre k dans $(o, 1)$ de $\mathcal{I}_x$, le point correspondant $\mathrm{M}(x_1, x_2, \ldots, x_m)$ parcourt un parallélépipède de Baire d'ordre k dans $\mathcal{I}_{x_1 x_2 \ldots x_m}$.*

Donc, cette correspondance entre $\mathcal{I}_{x_1 x_2 \ldots x_m}$ et la portion $(o, 1)$ de $\mathcal{I}_x$ peut être écrite sous les deux formes

$$(1) \quad \begin{cases} x_1 = g_1(x), \qquad x_2 = g_2(x), \qquad \ldots \qquad x_m = g_m(x) \\ \text{et} \\ \qquad x = \mathrm{G}(x_1, x_2, \ldots, x_m) \end{cases}$$

où les fonctions $g_i(x)$ sont *continues* dans $(o, 1)$ de $\mathcal{I}_x$ et la fonction $\mathrm{G}(x_1, x_2, \ldots, x_m)$ est *continue* dans $\mathcal{I}_{x_1 x_2 \ldots x_m}$.

La correspondance établie fait évidemment correspondre à chaque ensemble e de classe 0 dans $\mathcal{I}_x$ un ensemble E de classe 0 dans $\mathcal{I}_{x_1 x_2 \ldots x_m}$ et *vice versa*. D'autre part, chaque suite d'ensembles e_1, e_2, $\ldots$, e_n, $\ldots$ situés dans $\mathcal{I}_x$ et tendant vers une limite e se transforme en une suite d'ensembles E_1, E_2, $\ldots$, E_n, $\ldots$ situés dans $\mathcal{I}_{x_1 x_2 \ldots x_m}$ et tendant vers une limite E qui est la transformée de e. Il en résulte que chaque ensemble e mesurable B du domaine linéaire $\mathcal{I}_x$ se transforme en un ensemble E du domaine $\mathcal{I}_{x_1 x_2 \ldots x_m}$ à m dimensions encore *mesurable* B et de *la même classe et sous-classe* et *vice versa*.

Cela posé, considérons un ensemble analytique E situé dans $\mathcal{I}_{x_1 x_2 \ldots x_m}$ et admettant une représentation continue *semi-régulière*

$$x_1 = f_1(t), \qquad x_2 = f_2(t), \qquad \ldots, \qquad x_m = f_m(t).$$

Si nous faisons la substitution de ces fonctions φ_i dans la fonction $G(x_1, x_2, \ldots, x_m)$ précédemment définie, nous obtenons une fonction continue $f(t)$ définie par l'égalité

$$x = f(t) = G[\varphi_1(t), \varphi_2(t), \ldots, \varphi_m(t)].$$

Si nous faisons parcourir à t la portion $(0, 1)$ du domaine $\mathcal{I}_t$, le point x parcourt évidemment un ensemble linéaire e dans $\mathcal{I}_x$, et l'on voit bien que e *est la transformée de* E *au moyen de la transformation* (1) *des domaines* $\mathcal{I}_x$ *et* $\mathcal{I}_{x_1 x_2 \ldots x_m}$.

Si le système des fonctions $x_i = \varphi_i(t)$ est semi-régulier, la fonction $f(t)$ l'est aussi. Donc, l'étude d'un ensemble E dans $\mathcal{I}_{x_1 x_2 \ldots x_m}$ admettant une représentation semi-régulière se réduit à celle d'un ensemble *linéaire* e admettant une représentation semi-régulière. Ainsi, si nous réussissons à démontrer que e est mesurable B, il en est de même pour E.

Étude des représentations semi-régulières continues. — Nous allons démontrer un théorème relatif aux représentations semi-régulières qui est en tous points analogue au théorème précédent concernant les représentations régulières (p. 163).

Théorème. — *Tout ensemble analytique qui admet une représentation semi-régulière continue est nécessairement mesurable* B.

Comme le cas général d'un ensemble analytique à plusieurs dimensions se réduit à celui d'un ensemble analytique linéaire, nous nous bornerons à l'étude de ce dernier cas.

Prenons une fonction continue semi-régulière

$$x = f(t)$$

définie dans $(0, 1)$ du domaine $\mathcal{I}_t$ et désignons par E l'ensemble des valeurs de $f(t)$ dans $(0, 1)$. Puisque $f(t)$ est semi-régulière, à chaque point x de E correspond au plus une infinité dénombrable de valeurs de t.

Tout revient à démontrer que E est mesurable B. Supposons le contraire, c'est-à-dire que E soit non mesurable B.

Je dis que, dans ces conditions, il existe deux intervalles *différents* de Baire, δ_1 et δ_2, situés dans $\mathcal{I}_t$ et tels que si e_1 et e_2 sont les ensembles des valeurs de $f(t)$ sur δ_1 et δ_2 respectivement, *la partie commune* $e_1 \times e_2$ *est non séparable* B *du complémentaire* CE *de l'ensemble donné* E.

En effet, s'il n'en était pas ainsi, chaque partie commune $e_1 \times e_2$ serait séparable B de CE. Soit h un ensemble mesurable B contenant CE et ne contenant aucun point de $e_1 \times e_2$. Comme ces parties communes $e_1 \times e_2$ sont en infinité dénombrable, il en est de même pour les ensembles h correspondants. Désignons par H la partie commune à ces ensembles h; il est évident que H est mesurable B et contient CE. D'ailleurs, H ne contient aucun point des parties communes $e_1 \times e_2$. Donc, quel que soit x appartenant à H, il existe au plus une seule valeur de t vérifiant l'égalité $x = f(t)$. Désignons par θ l'ensemble des points t pour lesquels les points x correspondants appartiennent à H. D'après le théorème généralisé de M. H. Lebesgue (^{1}), l'ensemble θ est mesurable B. Et comme la fonction $f(t)$ est régulière sur θ (c'est-à-dire à valeurs distinctes sur θ), il en résulte que l'ensemble des valeurs $f(t)$ sur θ est mesurable B (p. 168). Désignons cet ensemble par H_1; l'ensemble H_1 situé sur $\mathcal{J}_x$. Comme l'ensemble CE est évidemment la différence entre H et H_1, on voit que CE est mesurable B, ce qui est impossible puisque nous avons supposé que E est non mesurable B.

Cela posé, nous supposons qu'il existe k intervalles *distincts* de Baire, $\delta_1, \delta_2, \ldots, \delta_k$, situés dans $\mathcal{J}_t$ et tels que si nous désignons par e_i l'ensemble des valeurs de $f(t)$ sur δ_i, la partie commune $e_1 \times e_2 \times \ldots \times e_k$ est non séparable B de l'ensemble CE. Je dis que, dans ces conditions, nous pouvons choisir dans chaque δ_i deux intervalles de Baire nouveaux, δ_i' et δ_i'', *sans points communs* et tels que si e_i' et e_i'' désignent les ensembles des valeurs de $f(t)$ sur e_i' et e_i'' respectivement, *la partie commune* $(e_1' \times e_1'') \times (e_2' \times e_2'') \times \ldots \times (e_k' \times e_k'')$ *est encore non séparable* B *de* CE.

En effet, supposons le contraire. Cela veut dire que quel que soit le choix des intervalles de Baire δ_i' et δ_i'' dans δ_i, $i = 1, 2, 3, \ldots, k$, la partie commune correspondante $(e_1' \times e_1'') \times \ldots \times (e_k' \times e_k'')$ est séparable B de CE. Soit h l'ensemble mesurable B contenant CE et

---

(^{1}) Il s'agit de la proposition suivante : *quelle que soit une fonction f de la classification de M. Baire, et quel que soit un ensemble $\mathcal{E}$ mesurable* B, *l'ensemble* E *des points pour lesquels la valeur de f appartient à $\mathcal{E}$, est un ensemble mesurable* B. On démontre cette proposition par récurrence transfinie à partir du théorème V de M. H. Lebesgue précédemment cité (p. 145 de ce Livre).

ne contenant aucun point de cette partie commune. Comme ces parties communes sont en une infinité dénombrable, il en est de même pour les ensembles h. Donc, la partie commune H à ces ensembles h est un ensemble mesurable B, et l'on voit bien que H contient CE et ne contient pas de points des parties communes $(e'_1 \times e''_1) \times \ldots \times (e'_k \times e''_k)$. Il en résulte que si le point x appartient à H, l'équation $x = f(t)$ a dans l'un au moins des intervalles δ_i une racine au plus.

Cela posé, désignons par η_i l'ensemble des points x tels que l'équation $x = f(t)$ a au moins deux racines dans δ_i. Il est évident que η_i est contenu dans e_i. Il est aisé de voir que η_i est un ensemble *analytique*. A cet effet, reportons-nous au théorème de Géométrie précédemment donné (p. 169) et considérons, dans le plan TOX, la partie de la courbe $x = f(t)$ qu'on obtient en faisant parcourir à t l'intervalle de Baire δ_i. Comme la fonction f est continue dans $\mathcal{I}_t$, la courbe $x = f(t)$ est un ensemble de points plan mesurable B. Il en est de même pour la partie de cette courbe qui correspond à l'intervalle δ_i. D'après le théorème de Géométrie indiqué, l'ensemble η_i des points x_0 tels que la droite $x = x_0$ coupe cette partie de la courbe $x = f(t)$ au moins en deux points est un ensemble analytique.

Ceci étant établi, démontrons que l'ensemble η_i possède cette propriété remarquable : tout ensemble Q mesurable B, situé dans $\mathcal{I}_x$ et qui ne contient aucun point de η_i, est tel que la partie commune $Q \times e_i$ est nécessairement mesurable B.

Pour le voir, désignons par T l'ensemble des points t de δ_i tels que les points $x = f(t)$ appartiennent à Q. D'après le théorème de MM. Lebesgue (*voir* la note 2 de la page 145), T est mesurable B. On voit bien que $f(t)$ est régulière sur T (à valeurs distinctes). Donc, l'ensemble des valeurs de $f(t)$ sur T est mesurable B (p. 168). Or, cet ensemble est précisément la partie commune $Q \times e_i$.

Cela posé, revenons à l'ensemble H mesurable B. Nous avons vu que si x appartient à H, l'équation $x = f(t)$ a dans l'un au moins des intervalles δ_i une racine au plus. Il en résulte que la partie commune $\eta_1 \times \eta_2 \times \ldots \times \eta_k$ n'a aucun point commun avec H. Donc, chaque point de H ne peut appartenir qu'à $k - 1$ au plus des ensembles η_i simultanément.

Désignons par θ_1 l'une des parties communes à des $k - 1$ ensembles η_i; il existe k ensembles θ_1. La partie commune à H et θ_1 est un ensemble analytique qui n'a aucun point commun avec l'un des ensembles analytiques $H \times \eta_i$. Donc, on peut enfermer $\theta_1 \times H$ en un ensemble $\overline{\theta}_1$ mesurable B ne contenant aucun point d'un ensemble η_i. Donc, la partie commune à $\overline{\theta}_1$ et à l'ensemble e_i correspondant est mesurable B. Il en résulte que les points de la partie commune $e = e_1 \times e_2 \times \ldots \times e_k$ qui se trouvent dans $\overline{\theta}_1$ forment un ensemble séparable B de CE.

Cela posé, enlevons de H les points appartenant à la réunion des ensembles $\overline{\theta}_1$ et désignons par H_1 l'ensemble des points restants. On voit bien que H_1 est mesurable B et que chaque point x de H_1 appartient au plus à $k - 2$ des ensembles η_i simultanément. D'ailleurs, la partie de e contenu dans $H - H_1$ est séparable B de CE.

Désignons par θ_2 l'une des parties communes à des groupes de $k - 2$ ensembles η_i. Nous avons au plus $\dfrac{k(k-1)}{2}$ ensembles θ_2. La partie commune à H_1 et θ_2 est un ensemble analytique qui n'a aucun point commun avec l'un des ensembles analytiques $H \times \eta_i$. Donc, on peut enfermer chaque ensemble $H \times \theta_2$ en un ensemble $\overline{\theta}_2$ mesurable B ne contenant aucun point d'un ensemble η_i. Donc, la partie commune à $\overline{\theta}_1$ et à l'ensemble e_i correspondant est mesurable B. Il en résulte que les points de la partie commune $e = e_1 \times e_2 \times \ldots \times e_k$ qui se trouvent sur $\overline{\theta}_2$ forment un ensemble séparable B de CE.

Cela posé, enlevons de H_1 les points appartenant à la réunion des ensembles $\overline{\theta}_2$ et désignons par H_2 l'ensemble des points restants. On voit bien que H_2 est mesurable B et que chaque point x de H_2 appartient au plus à $k - 3$ des ensembles η_i simultanément. D'ailleurs, la partie de e appartenant à $H_1 - H_2$ est séparable B de CE.

Si l'on opère de la même manière, on obtient une suite finie d'ensembles H, H_1, H_2, H_3, $\ldots$, H_{k-2}, H_{k-1}. Ces ensembles ont les propriétés suivantes : chaque ensemble H_j est mesurable B et contenu dans l'ensemble précédent H_{j-1} ; chaque point x de H_j appartient au plus à $k - j - 1$ des ensembles η_i ; mais la propriété la plus importante consiste en ce que la partie de l'ensemble e contenue dans $H_{j-1} - H_j$ est séparable B de CE.

Comme la partie de l'ensemble e contenue dans H est non séparable B de CE, nous en concluons que la partie de l'ensemble e contenue dans H_{k-1} est encore non séparable B de CE. Or, H_{k-1} ne contient pas des points des η_i; donc, la partie de l'ensemble e contenue dans H_{k-1} est mesurable B, et, par suite, séparable B de CE, ce qui nous amène à une contradiction. C. Q. F. D.

Ceci étant établi, revenons à la démonstration du théorème proposé. Tout d'abord, nous avons démontré que si E est non mesurable B, il existe deux intervalles de Baire, δ_1 et δ_2, situés dans $\mathcal{J}_t$ et sans points communs, tels que si e_1 et e_2 sont respectivement les ensembles des valeurs de $f(t)$ sur δ_1 et δ_2, la partie commune $e_1 \times e_2$ est non séparable B de CE. D'autre part, nous avons démontré que si nous avons k intervalles distincts de Baire, δ_1, δ_2, ..., δ_k, situés sur $\mathcal{J}_t$ et sans points communs deux à deux, tels que la partie commune $e_1 \times e_2 \times \ldots \times e_k$, e_i étant l'ensemble des valeurs de $f(t)$ sur δ_i, est non séparable B de CE, on peut trouver, dans chaque δ_i, deux intervalles de Baire, δ_i' et δ_i'', sans points communs tels que la partie commune $(e_1' \times e_1'') \times (e_2' \times e_2'') \times \ldots \times (e_k' \times e_k'')$ est encore non séparable B de CE.

En comparant ces deux résultats, nous voyons qu'il existe dans $\mathcal{J}_t$ un ensemble parfait P tel que, quel que soit n, l'ensemble parfait P est enfermé dans 2^n intervalles de Baire sans points communs deux à deux, δ_1, δ_2, ... δ_{2^n}, tels que la partie commune des ensembles correspondants, $e = e_1 \times e_2 \times \ldots \times e_{2^n}$, est non séparable B de CE. D'ailleurs, nous pouvons supposer l'*ordre* des intervalles de Baire δ_i aussi élevé qu'on veut.

Il en résulte que *la fonction $f(t)$ considérée est une constante sur* P. En effet, s'il existe deux points, t_1 et t_2, de P tels que $f(t_1) \neq f(t_2)$, comme la fonction $f(t)$ est *continue* sur $\mathcal{J}_t$, il y aura, parmi les intervalles de Baire δ_1, δ_2, ..., δ_{2^n} deux intervalles, soient δ_i et δ_j, enfermant respectivement les points t_1 et t_2 et tels que les ensembles correspondants e_i et e_j n'ont aucun point commun. Or, ceci est précisément impossible puisque la partie commune $e = e_1 \times e_2 \times \ldots \times e_{2^n}$ est non séparable B de CE, donc contient effectivement des points.

Ainsi, la fonction $f(t)$ est une constante sur P; désignons-la par x_0. Comme l'équation

$$x_0 = f(t)$$

admet une infinité non dénombrable de racines, $f(t)$ n'est pas semi-régulière, ce qui contredit l'hypothèse. C. Q. F. D.

Représentation paramétrique semi-régulière au moyen de fonctions arbitraires de la classification de M. Baire. — Nous allons maintenant généraliser le résultat précédent et démontrer la proposition suivante :

THÉORÈME. — *Tout ensemble analytique qui admet une représentation semi-régulière au moyen de fonctions quelconques de la classification de M. Baire est mesurable* B ([1]).

Pour le voir, prenons, dans le domaine à m dimensions $\mathcal{I}_{x_1 x_2 \ldots x_m}$, un ensemble analytique E admettant une représentation *semi-régulière*

$$x_1 = f_1(t), \qquad x_2 = f_2(t), \qquad \ldots, \qquad x_m = f_m(t),$$

effectuée par les fonctions f_i rentrant dans la classification de M. Baire.

Considérons la fonction $F(x_1, x_2, \ldots, x_m, t)$ de $m+1$ variables réelles définie dans le domaine à $m+1$ dimensions $\mathcal{I}_{x_1 x_2 \ldots x_m t}$ par la formule

$$F(x_1, x_2, \ldots, x_m, t) = [x_1 - f_1(t)]^2 + [x_2 - f_2(t)]^2 + \ldots + [x_m - f_m(t)]^2.$$

Comme cette fonction rentre évidemment dans la classification de M. Baire, l'ensemble $\mathcal{E}$ des points $M(x_1, x_2, \ldots, x_m, t)$ du domaine $\mathcal{I}_{x_1 x_2 \ldots x_m t}$ dans lesquels la fonction F s'annule, est un ensemble mesurable B. On voit bien que les coordonnées des points M de $\mathcal{E}$ vérifient les équations

$$x_1 = f_1(t), \qquad x_2 = f_2(t), \qquad x_m = f_m(t).$$

Il en résulte que l'ensemble analytique considéré E est la projection de $\mathcal{E}$.

Comme $\mathcal{E}$ est mesurable B, il admet (en négligeant une infinité dénombrable de points de $\mathcal{E}$) une représentation *régulière continue* sur la portion $(0, 1)$ du domaine $\mathcal{I}_\tau$,

$$x_1 = \varphi_1(\tau), \qquad x_2 = \varphi_2(\tau), \qquad \ldots, \qquad x_m = \varphi_m(\tau), \qquad t = \varphi_{m+1}(\tau).$$

On voit bien que les m premières équations

$$x_1 = \varphi_1(\tau), \qquad x_2 = \varphi_2(\tau), \qquad \ldots, \qquad x_m = \varphi_m(\tau)$$

([1]) *Voir* ma Note des *Comptes rendus Acad. Sc.,* 29 juillet 1929.

nous donnent une représentation *continue* de l'ensemble analytique considéré E.

Je dis maintenant que cette représentation est *semi-régulière*. En effet, si $M_0(x_1^0, x_1^0, x_2^0, \ldots, x_m^0)$ est un point de E, il existe au plus une infinité dénombrable de valeurs de t_ν vérifiant les équations

$$x_1^0 = f_1(t), \qquad x_2^0 = f_2(t), \qquad \ldots, \qquad x_m^0 = f_m(t)$$

puisque la représentation $(x_i = f_i(t) \ (i = 1, 2, 3, \ldots), m$, est semi-régulière. Or, à chaque système des nombres x_1^0, x_2^0, $\ldots$, x_m^0, t_ν vérifiant ces équations correspond un point $\mathcal{E}$ et, par suite, une valeur et une seule τ_ν de τ. Il en résulte qu'à chaque point M_0 de E correspond au plus une infinité dénombrable de valeurs de τ vérifiant les équations

$$x_1 = \varphi_1(\tau), \qquad x_2 = \varphi_2(\tau), \qquad x_m = \varphi_m(\tau).$$

Donc, cette représentation continue de l'ensemble E est semi-régulière, ce qui entraîne la mesurabilité B de E. C. Q. F. D.

Comme extension de ce résultat, nous avons :

Si la représentation paramétrique

$$x_1 = f_1(t), \qquad x_2 = f_2(t), \qquad \ldots, \qquad x_m = f_m(t)$$

effectuée au moyen de fonctions quelconques de la classification de M. Baire est semi-régulière sur un ensemble e mesurable B *situé dans* $\mathcal{I}_t$, *l'ensemble* E *des points qu'on obtient en faisant parcourir à t l'ensemble e est mesurable* B.

En effet, puisque e est mesurable B, il existe une représentation continue et régulière de e,

$$t = \varphi(\tau)$$

quand on néglige une infinité dénombrable de points de e. Dans ces conditions, les fonctions composées

$$x_1 = f_1[\varphi(\tau)], \qquad x_2 = f_2[\varphi(\tau)], \qquad \ldots, \qquad x_m = f_m[\varphi(\tau)]$$

nous donnent évidemment une représentation semi-régulière de E formée de fonctions de la classification de Baire. Donc, E est mesurable B.

Application aux projections des ensembles mesurables B. — Nous avons vu (p. 166) que la projection orthogonale E d'un ensemble $\mathcal{E}$ mesurable B situé dans un domaine à m dimensions, sur un domaine à m' dimensions, $m' < m$, est mesurable B si les projections de deux points différents de $\mathcal{E}$ sont distinctes.

Comme une généralisation de ce théorème. nous avons :

THÉORÈME. — *La projection orthogonale* E *d'un ensemble* $\mathcal{E}$ *mesurable* B, *situé dans un domaine à m dimensions, sur un domaine à m' dimensions, $m' < m$, est mesurable* B *si chaque point de* E *est la projection d'une infinité au plus aénombrable de points de* $\mathcal{E}$ (¹).

Pour le voir, il suffit de prendre une représentation continue et régulière de $\mathcal{E}$, $x_1 = f_1(t)$, ..., $x_{m'} = f_{m'}(t)$, ..., $x_m = f_m(t)$. Les m' premières équations nous donnent une représentation paramétrique continue de E, et l'on voit bien qu'elle est *semi-régulière* d'après l'hypothèse faite sur les points de E. Donc, E est mesurable B.   C. Q. F. D.

CRIBLES. LE CRIBLE BINAIRE DE M. H. LEBESGUE.

Définition générale du crible (²). — Les études précédentes sur les ensembles analytiques établissaient les propriétés de ces ensembles qui sont indépendantes de la notion du *transfini*. Il est temps d'introduire une notion qui nous permettra, comme on le verra, d'établir un rapport direct entre les ensembles analytiques non mesurables B et le transfini.

Prenons le domaine à $m + 1$ dimensions $\mathcal{I}_{x_1 x_2 \ldots x_m y}$ et considérons, dans ce domaine, un ensemble de points quelconque C. Soient

---

(¹) *Voir* ma Note *Sur la représentation paramétrique semi-régulière des ensembles* (*C. R. Acad. Sc.*, 29 juillet 1929). *Cf.* les résultats de M. P Novikoff concernant les fonctions implicites.

(²) J'ai introduit explicitement la notion générale de *crible* dans mon Mémoire *Sur les ensembles analytiques* (*Fund. Math.*, t. X, 1926, p. 20), mais en réalité, le premier exemple particulier d'un crible se trouve chez M. H. Lebesgue : c'est un crible *binaire*. *Voir* page 198 de ce Livre.

Voir aussi l'article de M. W. SIERPINSKI, *Le crible de M. Lusin et l'opération* (A) *dans les espaces abstraits* (*Fund. Math.*, t. XI. p. 16).

$M(x_1, x_2, \ldots, x_m)$ un point du domaine $\mathcal{I}_{x_1 x_2 \ldots x_m}$ et D_M la droite parallèle à l'axe OY menée par le point M.

Cela posé, désignons par R_M l'ensemble des points de C qui appartiennent à D_M. Deux cas seulement sont possibles.

Premier cas. — L'ensemble linéaire R_M est *bien ordonné* suivant cette convention que le rang des points de R_M soit conforme à la direction positive de l'axe OY.

Deuxième cas. — L'ensemble linéaire R_M *n'est pas* bien ordonné en adoptant la même convention d'ordre.

Désignons par $\mathcal{E}$ la totalité des points M du domaine $\mathcal{I}_{x_1 x_2 \ldots x_m}$ pour lesquels le premier cas se produit, et par E l'ensemble des points M de ce domaine pour lesquels le deuxième cas a lieu.

L'ensemble E est le complémentaire de la totalité $\mathcal{E}$, et l'on voit bien que cette totalité $\mathcal{E}$ est nommée *d'une manière positive* et que la définition de l'ensemble E n'est que *négative*.

Or, nous verrons dans ce qui suit que, si l'ensemble C est analytique, c'est l'inverse qui a précisément lieu : nous démontrerons que E est un ensemble *analytique*, et, par suite, admet une définition positive (représentation paramétrique, projection d'un ensemble mesurable B). Quant à la totalité $\mathcal{E}$, nous n'avons aucune autre définition *positive* de cette totalité que celle que nous venons de donner.

Pour abréger l'exposition, nous allons introduire la terminologie suivante. En tenant compte du rôle de l'ensemble à $m + 1$ dimensions C, qui consiste à cribler d'une manière automatique les points du domaine $\mathcal{I}_{x_1 x_2 \ldots x_m}$ à m dimensions en laissant passer les points de la totalité $\mathcal{E}$ et en arrêtant ceux de E, nous appellerons cet ensemble C *crible à $m + 1$ dimensions*.

Conformément à cette dénomination, nous appellerons *ensemble criblé au moyen du crible* C cet ensemble E (et non pas la totalité $\mathcal{E}$).

Parmi les cribles divers C, nous pouvons faire les distinctions suivantes. Un crible C à $m + 1$ dimensions est dit *dénombrable* si chaque droite D parallèle à l'axe OY coupe C en une infinité dénombrable de points au plus. Le crible C est dit *non dénombrable* dans le cas contraire; dans ce cas, il existe un point M dans le domaine $\mathcal{I}_{x_1 x_2 \ldots x_m}$, tel que la droite D_M parallèle à l'axe OY et menée par M coupe le crible C en un ensemble linéaire R_M non dénombrable.

Étude des cribles analytiques. — Comme chaque ensemble C situé dans le domaine $\mathcal{I}_{x_1\ldots x_m}$ peut être pris pour crible, l'étude des ensembles criblés E présente des difficultés considérables. Ainsi, on n'obtient des résultats sensibles qu'en se bornant à l'étude des familles particulières de cribles. Nous allons étudier le cas d'un crible *analytique.*

Théorème. — *Tout ensemble criblé au moyen d'un crible analytique est un ensemble analytique* ([1]).

Pour fixer les idées, nous allons considérer seulement les cribles *plans* puisque l'étude d'un crible situé dans un domaine à un nombre quelconque de dimensions se réduit à l'étude des cribles plans : il suffit de transformer le domaine $\mathcal{I}_{x_1\ldots x_m}$ en domaine linéaire $\mathcal{I}_x$ par une transformation univoque, réciproque et continue dans les deux sens; si nous ajoutons aux équations qui déterminent cette transformation (p. 169) l'identité $y = y$, nous obtenons une transformation analogue du domaine $\mathcal{I}_{x_1\ldots x_m y}$ en un domaine *plan* $\mathcal{I}_{xy}$. On voit bien que nous transformons de cette manière chaque crible à $m + 1$ dimensions en crible *plan* et que, si le crible considéré à $m + 1$ dimensions est mesurable B ou analytique, son transformé l'est aussi.

Ceci étant établi, prenons dans un domaine plan $\mathcal{I}_{xy}$ un crible C quelconque. Pour le moment, nous ne faisons aucune hypothèse sur la nature de C.

Soient

$$(1) \qquad \begin{cases} x = \varphi(t), \qquad y = \psi(t), \\ \qquad t = F(x, y) \end{cases}$$

les formules qui définissent une transformation du domaine $\mathcal{I}_{xy}$ en portion $(0, 1)$ du domaine linéaire $\mathcal{I}_t$; les fonctions φ, ψ et F sont continues.

Considérons en même temps une suite illimitée de fonctions

$$t_1 = f_1(\tau), \qquad t_2 = f_1(\tau), \qquad \ldots, \qquad f_n = f_n(\tau), \qquad \ldots$$

([1]) C'est une généralisation d'un théorème sur les cribles d'une nature très spéciale que j'ai donné dans le Mémoire *Sur les ensembles analytiques* (*Fund. Math.*, t. X, 1926, p. 21). Une autre généralisation, dans le domaine des ensembles *projectifs,* a été publiée par M. W. Sierpinski dans sa Note *Sur quelques propriétés des ensembles projectifs* (*C. R. Acad. Sc.*, 24 octobre 1927, théorème VI).

Une généralisation analogue a été considérée par moi dans mes leçons sur la théorie des ensembles projectifs (*voir* pages 269 et 287 de ce Livre).

continues sur la portion $(o, 1)$ du domaine $\mathcal{J}_\tau$ et jouissant de la propriété suivante : quelle que soit la suite des nombres irrationnels t_1^0, t_2^0, ..., t_n^0, ... compris entre o et 1, il existe un nombre irrationnel τ_0, $o < \tau_0 < 1$, tel que

$$f_n(\tau_0) = t_n^0 \qquad (n = 1, 3, 3, \ldots).$$

Désignons par $\mathcal{M}_n$ le point du domaine $\mathcal{J}_{xy}$ dont les coordonnées x_n, y_n sont définies par les formules

$$x_n = \varphi[f_n(\tau)], \qquad y_n = \psi[f_n(\tau)].$$

Si nous faisons parcourir à τ le domaine $\mathcal{J}_\tau$, chaque point $\mathcal{M}_n$ parcourt le domaine total $\mathcal{J}_{xy}$ indépendamment du mouvement des autres points $\mathcal{M}_i$ de manière que, quelle que soit la suite des points fixes $\mathcal{M}_1^0$, $\mathcal{M}_2^0$, ..., $\mathcal{M}_n^0$, ..., il existe un nombre irrationnel τ_0 tel que, pour $\tau = \tau_0$, les points mobiles $\mathcal{M}_n$ coïncident respectivement avec les points fixes $\mathcal{M}_n^0$.

En donnant à n une valeur fixe, examinons la nature de l'ensemble H_n des points τ pour lesquels le point $\mathcal{M}_n$ correspondant appartient au crible C.

Les fonctions $\varphi[f_n(\tau)]$ et $\psi[f_n(\tau)]$ étant continues sur $\mathcal{J}_\tau$, on voit bien que l'ensemble considéré H_n est la transformée du crible C au moyen de la transformation continue

$$x = \varphi[f_n(\tau)], \qquad y = \psi[f_n(\tau)].$$

Donc, si le crible C est mesurable B ou analytique, l'ensemble H_n l'est aussi.

Pour que tous les points $\mathcal{M}_1$, $\mathcal{M}_2$, ..., $\mathcal{M}_n$, ... appartiennent au crible C, il est nécessaire et suffisant que τ appartienne à la partie commune

$$H = H_1 \times H_2 \times \ldots \times H_n \times \ldots.$$

Il résulte de ce qui précède que H est mesurable B ou analytique suivant que C est mesurable B ou analytique.

Cela posé, examinons la nature de l'ensemble Θ des points τ pour lesquels nous avons simultanément les égalités et les inégalités suivantes :

$$\varphi[f_1(\tau)] = \varphi[f_2(\tau)] = \ldots = \varphi[f_n(\tau)] = \ldots,$$
$$\psi[f_1(\tau)] > \psi[f_2(\tau)] > \ldots > \psi[f_n(\tau)] > \ldots.$$

On voit immédiatement que l'ensemble Θ est *mesurable* B puisque toutes ces fonctions composées sont continues sur $\mathcal{J}_\tau$.

Si τ appartient à la partie commune $\Theta \times H$, les points correspondants $\mathfrak{M}_1, \mathfrak{M}_2, \ldots, \mathfrak{M}_n, \ldots$ appartiennent au crible C, sont situés sur une même parallèle à l'axe OY et forment une suite descendante de points. Donc, le point x défini par la formule $x = \varphi[f_1(\tau)]$ appartient à un ensemble E criblé au moyen du crible donné C quand τ appartient à $\Theta \times H$. Et comme on obtient évidemment de la manière indiquée toutes les suites descendantes des points du crible C, on en conclut que *l'ensemble criblé* F *est l'ensemble des valeurs de la fonction continue* $\varphi[f_1(\tau)]$ *sur* $\Theta \times H$.

D'après ce que nous avons dit sur la nature des ensembles H et Θ, et puisque $\varphi f_1(\tau)]$ est une fonction continue sur $\mathfrak{I}_\tau$, on conclut finalement que l'ensemble criblé E est un ensemble *analytique*.

C. Q. F. D.

Ainsi, on ne sort pas des limites de la famille des ensembles analytiques en effectuant l'opération qui consiste à prendre l'ensemble criblé, le crible étant analytique. Dans ce qui suit, nous donnerons à ce théorème une extension considérable en l'étendant à la famille des ensembles *projectifs* (p. 287).

Nous compléterons ce résultat par la remarque suivante : si nous classons les points M du domaine $\mathfrak{I}_{x_1 \ldots x_m}$ d'après le caractère non pas bien ordonné, mais *clairsemé* de l'ensemble linéaire R_M en lequel la droite D_M parallèle à l'axe OY et menée par M coupe l'ensemble donné C situé dans $\mathfrak{I}_{x_1 \ldots x_m Y}$, nous arrivons au même résultat :

L'ensemble des points M *de* $\mathfrak{I}_{x_1 \ldots x_m}$ *tels que la droite* D_M *parallèle à l'axe* OY *et menée par* M *coupe l'ensemble analytique donné* C *situé dans* $\mathfrak{I}_{x_1 \ldots x_m Y}$ *en un ensemble linéaire* R_M QUI N'EST PAS CLAIRSEMÉ *est encore un ensemble analytique.*

Pour arriver à ce résultat, il suffit de répéter mot à mot le raisonnement précédent mais en imposant à l'ensemble des nombres $\psi[f_1(\tau)], \psi[f_2(\tau)], \ldots, \psi[f_n(\tau)], \ldots$ d'être *dense en lui-même* au sens de M. Baire [1]. Dans ces conditions, l'ensemble Θ est encore mesurable B et toutes les conclusions restent intactes.

C. Q. F. D.

---

[1] On dit qu'un ensemble est *dense en lui-même* si chacun de ses points est limite pour l'ensemble. *Voir* R. BAIRE, *Leçons sur les fonctions discontinues*, p. 53.

Avant de pousser plus loin l'étude des cribles analytiques, il convient d'introduire d'abord une notion préliminaire importante.

Soient C un crible quelconque situé dans $\mathcal{J}_{x_1\ldots x_m y}$ et E un ensemble dans $\mathcal{J}_{x_1\ldots x_m}$ criblé au moyen de C. Prenons un point quelconque M dans $\mathcal{J}_{x_1\ldots x_m}$. Si M n'appartient pas à E, la droite D_M parallèle à OY et menée par M coupe le crible C en un ensemble bien ordonné, suivant la direction positive de l'axe OY; soit R_M cet ensemble. Comme R_M est bien ordonné, à R_M, et, par suite, au point M lui-même correspond un nombre transfini de seconde classe (ou fini) bien déterminé que nous désignons par α_M. Ainsi, à chaque point M de $\mathcal{J}_{x_1\ldots x_m}$ qui n'appartient pas à E correspond un nombre transfini (ou fini) α_M bien déterminé.

Cela posé, considérons un ensemble quelconque Θ situé dans $\mathcal{J}_{x_1\ldots x_m}$ et qui ne contient aucun point de E. A chaque point M de Θ correspond un nombre transfini (fini) α_M bien déterminé; si M parcourt l'ensemble Θ, le nombre α_M varie.

Ceci étant, *nous dirons que le crible C est* BORNÉ SUR Θ *s'il existe un nombre transfini de seconde classe* β, *fixe et supérieur à tous les nombres transfinis* α_M *qui correspondent aux points* M *de* Θ. *Le crible C est dit* NON BORNÉ SUR Θ *dans le cas contraire* ([1]).

Si le crible C est borné sur Θ, il existe un ensemble fixe W dénombrable et bien ordonné, formé d'éléments quelconques, qui est *plus étendu* que chaque ensemble bien ordonné R_M, quel que soit un point M de Θ; ceci veut dire que R_M est semblable à un segment de W quand M appartient à Θ.

Cette notion étant acquise, nous ferons usage du théorème important suivant :

THÉORÈME. — *Tout crible analytique C est borné sur chaque ensemble analytique* Θ *qui n'a pas de points communs avec l'ensemble* E *criblé au moyen de* C ([2]).

Pour le voir, nous allons montrer qu'on aboutit à une contra-

---

([1]) J'ai donné la définition de « crible borné » et « non borné » dans le Mémoire *Sur les ensembles analytiques* (*Fund. Math.*, t. X, 1926, p. 70).

([2]) Cette proposition est une extension du théorème analogue concernant les cribles d'une nature spéciale démontré dans le Mémoire cité (*Fund. Math.*, t. X, p. 67).

diction en supposant qu'il existe un ensemble analytique Θ sans points communs avec E et tel que C est non borné sur Θ.

Pour cela, désignons par H l'ensemble des points de C, dont les projections sur $\mathcal{J}_{x_1\ldots x_m}$ appartiennent à Θ. Comme les ensembles C et Θ sont analytiques, l'ensemble H l'est aussi.

Puisque chaque droite D parallèle à l'axe OY coupe H en une infinité dénombrable de points au plus, nous pouvons appliquer le théorème du chapitre suivant sur la structure des ensembles analytiques ayant cette propriété (p. 244 et 252). Donc, l'ensemble H est composé d'une infinité dénombrable d'ensembles analytiques H_1, H_2, ..., H_n, ..., situés respectivement sur les surfaces uniformes S_1, S_2, ..., S_n, ... mesurables B, dont l'une est entièrement au-dessous ou bien au-dessus de l'autre.

Cela posé, soit

$$x_1 = \varphi_1(\tau), \qquad x_2 = \varphi_2(\tau), \qquad \ldots, \qquad x_m = \varphi_m(\tau)$$

une représentation paramétrique *continue* de Θ, et soit

$$x_1 = f_1^{(k)}(t_k), \qquad x_2 = f_2^{(k)}(t_k), \qquad \ldots, \qquad x_m = f_m^{(k)}(t_k), \qquad y = g^{(k)}(t_k)$$

une représentation analogue de l'ensemble H_k sur la portion $(o, 1)$ du domaine $\mathcal{J}_{t_k}$, $k = 1, 2, 3, \ldots$.

Ceci étant, opérons de la manière suivante. Prenons une surface S_k et désignons par C_k la partie de C située *au-dessous* de S_k. Nous choisissons un entier positif k_1 de manière que C_{k_1} soit encore non borné sur la projection de H_{k_1}. Ce nombre k_1 étant choisi, nous prenons dans $(o, 1)$ des domaines $\mathcal{J}_\tau$ et $\mathcal{J}_{t_{k_1}}$, respectivement, deux intervalles de Baire d'ordre 1, soient δ et $\delta_1^{(k_1)}$, tels que, si nous faisons parcourir à τ et τ_{k_1} respectivement δ_1 et $\delta_1^{(k_1)}$ dans les m premières équations des représentations paramétriques correspondantes et si nous prenons la partie commune $\mathfrak{I}_1$ à deux ensembles analytiques ainsi obtenus, C_{k_1} soit encore non borné sur $\mathfrak{I}_1$.

Opérons de même sur $\mathfrak{I}_1$. Nous prenons un entier positif k_2 tel que la surface S_{k_2} soit *au-dessous* de S_{k_1} et, en même temps, C_{k_2} soit non borné sur la partie commune à $\mathfrak{I}_1$ et à la projection de H_{k_2}. Nous prenons, dans $(o, 1)$, des domaines $\mathcal{J}_\tau$, $\mathcal{J}_{t_{k_1}}$, $\mathcal{J}_{t_{k_2}}$, respectivement trois intervalles de Baire d'ordre 2, soient δ_2, $\delta_2^{(k_1)}$ et $\delta_2^{(k_2)}$, dont deux premiers sont contenus respectivement dans δ_1 et $\delta_1^{(k_1)}$, tels que, si nous faisons parcourir à τ, t_{k_1} et t_{k_2} respectivement δ_2, $\delta_2^{(k_1)}$ et $\delta_2^{(k_2)}$ dans les

m premières équations des représentations paramétriques correspondantes et si nous prenons la partie commune $\Im_2$ aux trois ensembles analytiques ainsi obtenus, C_{k_2} soit encore non borné sur $\Im_2$.

Opérons de même sur $\Im_2$; il y aura une surface S_{k_3} et une partie C_{k_3} de C non bornée sur $\Im_3$. Ici, l'ensemble $\Im_3$ est la partie commune à quatre ensembles analytiques qu'on obtient en faisant parcourir à τ, t_{k_1}, t_{k_2} et t_{k_3} respectivement les intervalles de Baire d'ordre 3, soient δ_3, $\delta_3^{(k_1)}$, $\delta_3^{(k_2)}$ et $\delta_3^{(k_3)}$, dont les trois premiers sont contenus respectivement dans les intervalles δ_2, $\delta_2^{(k_1)}$, $\delta_2^{(k_2)}$ précédemment définis, *et ainsi de suite*.

On formera ainsi des ensembles analytiques $\Im_1$, $\Im_2$, $\Im_3$, ..., chacun intérieur au précédent et qui ont tous un point commun M appartenant à l'ensemble Θ. En effet, on obtient évidemment ce point M en posant $\tau = \tau_0$ dans la représentation paramétrique de Θ, où τ_0 est un nombre irrationnel qui appartient à tous les intervalles de Baire δ_1, δ_2, ..., δ_ν, ...

D'autre part, ce point M appartient évidemment à la projection orthogonale sur $\mathcal{I}_{x_1 \ldots x_m}$ de H_{k_ν} quel que soit ν ([1]). Donc, la droite D_M parallèle à l'axe OY et menée par par M coupe sûrement les ensembles H_{k_1}, H_{k_2}, ..., H_{k_ν}, ... Or, ces ensembles sont situés respectivement sur les surfaces S_{k_1}, S_{k_2}, ..., S_{k_ν}, ..., dont chacune est *au-dessous* de la précédente. Ainsi, la droite D_M coupe le crible C en suite *descendante* de points, ce qui est précisément impossible puisque le point M n'appartient pas à l'ensemble criblé E.   c. q. f. d.

Nous compléterons ce résultat par les remarques suivantes :

Remarque I. — Le théorème démontré peut être transposé dans le caractère *clairsemé*. Pour le voir, il convient de commencer par des considérations générales.

Étant donné un ensemble de points E, nous désignons par $E^{[1]}$ le résultat de l'opération effectuée sur E qui consiste à supprimer de E tous les points *isolés* de E. Si nous opérons de même sur $E^{[1]}$, nous obtenons un ensemble que nous désignons par $E^{[2]}$. Opérons de même sur $E^{[2]}$; il y aura l'ensemble $E^{[3]}$, et ainsi de suite.

([1]) En effet, comme les fonctions φ et f sont *continues*, on obtient évidemment le même point M en posant $t_{k_\nu} = t_{k_\nu}^0$ dans les m premières équations de la représentation paramétrique de H_{k_ν}, où $t_{k_\nu}^0$ est un nombre irrationnel qui appartient à tous les intervalles de Baire $\delta_\nu^{(k_\nu)}$, $\delta_{\nu+1}^{(k_\nu)}$, $\delta_{\nu+2}^{(k_\nu)}$, ..., le nombre ν étant quelconque et fixe.

On formera ainsi des ensembles

$$\mathrm{E}, \quad \mathrm{E}^{[1]}, \quad \mathrm{E}^{[2]}, \quad \ldots, \quad \mathrm{E}^{[\omega]}, \quad \ldots, \quad \mathrm{E}^{[\alpha]}, \quad \ldots \ | \ \Omega$$

dont chacun est intérieur au précédent; par définition même, si α est de deuxième espèce, l'ensemble $\mathrm{E}^{[\alpha]}$ est la partie commune aux ensembles précédents.

Cela posé, on démontre immédiatement que, quel que soit l'ensemble initial E, il existe un certain nombre β, à partir duquel les ensembles considérés sont tous identiques, c'est-à-dire que l'on a

$$\mathrm{E}^{[\beta]} = \mathrm{E}^{[\beta+1]} = \mathrm{E}^{[\beta+2]} = \ldots \ | \ \Omega.$$

Si l'ensemble donné E est *clairsemé*, les ensembles

$$\mathrm{E}^{[\beta]} = \mathrm{E}^{[\beta+1]} = \ldots$$

sont *nuls*. Dans ce cas, le plus petit nombre β ayant cette propriété est dit *ordre* de l'ensemble clairsemé E. Au contraire, si l'ensemble donné E n'est pas clairsemé, l'ensemble $\mathrm{E}^{[\beta]} = \mathrm{E}^{[\beta+1]} = \ldots$ est la plus grande partie de E *dense en elle-même*.

Cela posé, considérons dans $\mathcal{J}_{x_1 \ldots x_m y}$ un ensemble analytique C et désignons par E l'ensemble des points M de $\mathcal{J}_{x_1 \ldots x_m}$ tels que la droite $\mathrm{D_M}$ parallèle à l'axe OY et menée par M, coupe C en un ensemble linéaire $\mathrm{R_M}$ *qui n'est pas clairsemé*. Nous avons vu précédemment que E est un *ensemble analytique*.

Si le point M n'appartient pas à E, à M correspond un nombre transfini (ou fini) α_M qui est l'ordre de l'ensemble linéaire clairsemé $\mathrm{R_M}$. Soit Θ un ensemble de points situé dans $\mathcal{J}_{x_1 \ldots x_m}$ et qui n'a pas de points communs avec E. Si les nombres α_M correspondant aux points M de Θ sont tous inférieurs à un nombre transfini β de seconde classe, l'ensemble C est dit *borné sur Θ au sens clairsemé*.

Ceci étant, le théorème en tous points analogue au théorème précédemment démontré est le suivant :

L'ensemble analytique C *est borné au sens clairsemé sur tout ensemble analytique* Θ *qui n'a pas de point commun avec l'ensemble* E.

La démonstration est encore analogue à celle du théorème précédent et consiste à former les ensembles analytiques $\mathcal{J}_1, \mathcal{J}_2, \mathcal{J}_3, \ldots$

qui ont tous un point commun M appartenant à Θ et, néanmoins, tels que l'ensemble correspondant R_M ne soit pas clairsemé.

Remarque II. — Revenons maintenant au caractère bien ordonné. Appelons *crible borné* tout crible C qui est borné sur le complémentaire de l'ensemble E criblé au moyen de C. Nous avons vu précédemment que chaque crible *analytique* C est nécessairement borné sur tout ensemble analytique Θ qui n'a pas de points communs avec E. Donc, si l'ensemble criblé E est *mesurable* B, le crible analytique C est sûrement un crible *borné*.

Ainsi, nous sommes amenés à conclure que *chaque crible analytique non borné a pour ensemble criblé un ensemble non mesurable* B.

Malheureusement, ce théorème n'admet pas une proposition inverse, puisqu'un crible analytique peut être borné et avoir l'ensemble criblé non mesurable B. Néanmoins, il existe une famille des cribles pour lesquels la proposition inverse a tout de même lieu : c'est la famille des cribles *dénombrables mesurables* B.

Étude des cribles dénombrables mesurables B. — Pour étudier les propriétés importantes de ces cribles, nous prenons comme un instrument utile la notion de *constituante d'un ensemble criblé* E *et de son complémentaire* 𝒠.

Considérons dans le domaine $\mathcal{J}_{x_1\ldots x_m y}$ un crible C d'une nature quelconque, et désignons par E et 𝒠 respectivement l'ensemble criblé au moyen de C et son complémentaire ; les ensembles E et 𝒠 sont situés dans le domaine $\mathcal{J}_{x_1\ldots x_m}$.

Prenons, dans le domaine $\mathcal{J}_{x_1\ldots x_m}$, un point quelconque M et désignons par D_M la parallèle à l'axe OY menée par M ; cette droite coupe le crible C en un ensemble linéaire de points que nous désignons par R_M.

Si le point M *appartient à* 𝒠, l'ensemble R_M est bien ordonné suivant la direction positive de l'axe OY ; dans ce cas, au point M correspond un nombre transfini de seconde classe (ou fini) bien déterminé que nous désignons par α_M.

Si le point M *appartient à* E, l'ensemble R_M n'est plus bien ordonné, en adoptant la même convention d'ordre. Or, dans ce cas, il existe sûrement sur la droite D_M un segment $(-\infty \leqq y \leqq N)$ tel que la partie de R_M située sur ce segment soit bien ordonnée suivant la convention adoptée, tandis qu'un segment plus étendu $(-\infty \leqq y \leqq N + \varepsilon)$, ε étant un nombre positif aussi petit que l'on veut, ne possède plus cette propriété. Comme ce point N sur la droite D_M est *unique* [1], la partie bien ordonnée de R_M enfermée dans $(-\infty \leqq y \leqq N)$ l'est aussi. Donc, au point M correspond un nombre transfini de seconde classe (ou fini) bien déterminé que nous désignons encore par α_M.

Ceci étant, nous posons les définitions suivantes :

Appelons *partie constituante* (α) *de l'ensemble criblé* E ou simplement *constituante* E_α, l'ensemble des points M de E qui correspondent à un nombre α donné, $\alpha_M = \alpha$.

Appelons aussi *partie constituante* (α) *du complémentaire $\mathscr{E}$ de l'ensemble criblé* E ou simplement *constituante* $\mathscr{E}_\alpha$, l'ensemble des points M de $\mathscr{E}$ pour lesquels nous avons encore $\alpha_M = \alpha$, α étant un nombre fixe, fini ou transfini de seconde classe, donné à l'avance.

On voit bien que les constituantes E_α et $\mathscr{E}_\beta$ sont sans points communs deux à deux et, par suite, que les ensembles E et $\mathscr{E}$ sont décomposés complètement en leurs constituantes

$$E = E_0 + E_1 + E_2 + \ldots + E_\omega + \ldots + E_\alpha + \ldots \mid \Omega$$

et

$$\mathscr{E} = \mathscr{E}_0 + \mathscr{E}_1 + \mathscr{E}_2 + \ldots + \mathscr{E}_\omega + \ldots + \mathscr{E}_\alpha + \ldots \mid \Omega.$$

En ajoutant ces égalités, nous obtenons un développement du domaine total $\mathscr{J}$ en suite d'ensembles numérotés au moyen des nombres finis et transfinis de seconde classe

$$\mathscr{J} = E_0 + \mathscr{E}_0 + E_1 + \mathscr{E}_1 + \ldots + E_\omega + \mathscr{E}_\omega + \ldots + E_\alpha + \mathscr{E}_\alpha + \ldots \mid \Omega.$$

Ceci étant établi, nous allons démontrer le théorème important suivant :

THÉORÈME. — *Si le crible donné* C *est dénombrable et mesurable* B, *toutes les constituantes* E_α *et* $\mathscr{E}_\alpha$ *sont mesurables* B.

Nous allons d'abord montrer que les constituantes initiales E_0 et $\mathscr{E}_0$ sont mesurables B. La chose est evidente pour la constituante $\mathscr{E}_0$, puisque si le crible C est dénombrable et mesurable B, la projection

---

de C sur le domaine $\mathcal{I}_{x_1\ldots x_m}$ est mesurable B (p. 178); or, la constituante $\mathcal{E}_0$ est évidemment le complémentaire de cette projection.

Pour examiner la nature de la constituante E_0, nous avons besoin du théorème sur la structure des ensembles mesurables B qui sont coupés par chaque parallèle D à l'axe OY en un ensemble de points au plus dénombrable (p. 244). D'après ce théorème, les points du crible C sont distribués sur une infinité dénombrable de surfaces uniformes S_1, S_2, ..., S_n, ..., mesurables B, partout définies sur $\mathcal{I}_{x_1\ldots x_m}$ et telles que de deux quelconques de ces surfaces, l'une soit entièrement ou bien au-dessus, ou bien au-dessous de l'autre. Cela posé, désignons par H_n l'ensemble des points du crible C situés sur la surface S_n; l'ensemble H_n est mesurable B et uniforme par rapport à $\mathcal{I}_{x_1\ldots x_m}$. Désignons par Γ_n l'ensemble des points du crible C situés *au-dessous* de la surface S_n; on voit bien que la projection de Γ_n sur le domaine $\mathcal{I}_{x_1\ldots x_m}$ est mesurable B. On en conclut que *l'ensemble des points de* H_n *dont les projections sur* $\mathcal{I}_{x_1\ldots x_m}$ *n'appartiennent pas à la projection de* Γ_n *est encore mesurable* B; nous désignerons par Θ_n cet ensemble. Comme les ensembles uniformes Θ_1, Θ_2, ... sont en infinité dénombrable, la réunion S de leurs projections sur $\mathcal{I}_{x_1\ldots x_m}$ est un ensemble *mesurable* B. Or, les points M de S ont évidemment cette propriété caractéristique que la droite D_M, parallèle à l'axe OY et menée par M, coupe le crible C en un ensemble linéaire R_M qui possède un point initial, c'est-à-dire un point dont la coordonnée y est inférieure aux coordonnées y de tous les autres points de R_M. Nous concluons de là que si l'on supprime de $\mathcal{I}_{x_1\ldots x_m}$ les points de $\mathcal{E}_0$ et de S, l'ensemble des points restants coïncide avec E_0. Donc, E_0 est *mesurable* B.

Pour établir la mesurabilité B des constituantes E_α et $\mathcal{E}_\alpha$, nous faisons introduire la notion de *crible dérivé* C' : c'est un crible déduit du crible donné C en enlevant de chaque ensemble H_n tous les points de l'ensemble Θ_n ($n = 1, 2, 3$), ...

On voit bien que le crible dérivé C' est un crible dénombrable mesurable B bien déterminé *ayant le même ensemble criblé* E *et* que C' considéré comme un ensemble de points dans $\mathcal{I}_{x_1\ldots x_m y}$ est contenu dans le crible donné C. Mais la propriété la plus remarquable du crible dérivé C' est la suivante : *On passe de* C *à* C' *en supprimant sur chaque droite* D *parallèle à l'axe* OY *un point initial du crible* C (*s'il existe un tel point*). Ceci nous montre que *les constituantes initiales de* E *et* $\mathscr{E}$ *déterminées par le crible dérivé* C' *coïncident respectivement avec* $E_0 + E_1$ *et* $\mathscr{E}_0 + \mathscr{E}_1$.

Ceci étant établi, nous formons une suite transfinie des cribles dérivés successifs

$$C, \quad C', \quad C'', \quad \ldots, \quad C^{(\nu)}, \quad \ldots, \quad C^{(\omega)}, \quad \ldots, \quad C^{(\alpha)}, \quad \ldots \quad | \ \Omega.$$

Si α est de première espèce, $\alpha = \alpha^\star + 1$, on définit le crible $C^{(\alpha)}$ comme le crible dérivé de $C^{(\alpha^\star)}$; si α est de deuxième espèce, on définit le crible $C^{(\alpha)}$ comme la partie commune aux cribles précédemment définis. Avec ces définitions, on voit bien que tous les cribles $C^{(\alpha)}$ ont le même ensemble E pour ensemble criblé, et que les constituantes initiales de E et $\mathscr{E}$ déterminées par le crible $C^{(\alpha)}$ coïncident respectivement avec les sommes

$$E_0 + E_1 + E_2 + \ldots + E_\omega + \ldots + E_\alpha$$

et

$$\mathscr{E}_0 + \mathscr{E}_1 + \mathscr{E}_2 + \ldots + \mathscr{E}_\omega + \ldots + \mathscr{E}_\alpha$$

formées des constituantes E_β et $\mathscr{E}_\beta$ qui précèdent respectivement les constituantes E_α et $\mathscr{E}_\alpha$.

Comme les constituantes initiales sont toujours mesurables B, les sommes précédemment écrites le sont aussi. Il en résulte que les constituantes E_α et $\mathscr{E}_\alpha$ sont encore mesurables B, ce qui démontre le théorème proposé. C. Q. F. D.

L'une des applications les plus importantes des considérations précédentes est relative aux ensembles analytiques eux-mêmes. En effet, nous avons maintenant la possibilité de démontrer la proposition suivante :

Théorème. — *Pour qu'un ensemble analytique* E *criblé au moyen d'un crible* C *dénombrable mesurable* B *soit lui-même mesurable* B, *il faut et il suffit que le crible* C *soit borné.*

La condition est nécessaire, puisque chaque crible analytique C est borné sur tout ensemble analytique Θ qui n'a pas de points communs avec l'ensemble E criblé au moyen de C. Donc, si E est mesurable B, l'ensemble complémentaire $\mathscr{E}$ l'est aussi et, par suite, le crible C est borné.

La condition est suffisante. En effet, si le crible C est borné, l'ensemble $\mathscr{E}$ est la somme *d'une infinité dénombrable* de constituantes $\mathscr{E}_\alpha$, puisque toutes les autres constituantes de $\mathscr{E}$ sont *nulles*.

Et comme chaque constituante $\mathcal{E}_\alpha$ est mesurable B, l'ensemble $\mathcal{E}$ l'est aussi. Donc, l'ensemble criblé E est *mesurable* B.

C. Q. F. D.

On pourrait se demander si tous les ensembles analytiques ne sont pas des ensembles criblés au moyen des cribles dénombrables mesurables B et, s'il en était ainsi, l'utilité pratique, sinon l'intérêt théorique des recherches sur les cribles dénombrables mesurables B en général serait singulièrement augmentée. Nous allons voir qu'*on peut effectivement déterminer, quel que soit un ensemble analytique* E, *un crible* C *dénombrable mesurable* B *d'une nature extrêmement élémentaire, tel que* E *soit un ensemble criblé au moyen de* C.

Pour le voir, posons la définition suivante. Considérons une suite illimitée de segments fermés

$$\sigma_1, \quad \sigma_2, \quad \ldots, \quad \sigma_\nu, \quad \ldots$$

aux extrémités *irrationnelles* situées sur l'axe OY; nous supposons que ces segments n'ont aucun point commun deux à deux, les extrémités comprises. Cette suite σ_1, σ_2, $\ldots$, σ_ν, $\ldots$ est dite *ascendante* lorsque l'indice de ces segments est conforme à la direction positive de l'axe OY; cela veut dire que chacun de ces segments est au-dessus du précédent.

Cela posé, prenons, dans le domaine $\mathcal{I}_{x_1 x_2 \ldots x_m}$, un ensemble analytique quelconque E. Soit H un *ensemble élémentaire* situé dans le domaine à $m+1$ dimensions $\mathcal{I}_{x_1 x_2 \ldots x_m y}$ et ayant l'ensemble E pour projection orthogonale sur le domaine $\mathcal{I}_{x_1 x_2 \ldots x_m}$.

D'après la définition même, l'ensemble élémentaire H est une partie commune. $H = S_1 \times S_2 \times \ldots \times S_n \times \ldots$, où chaque ensemble S_n est la somme d'une infinité dénombrable de parallélépipèdes de Baire $\pi_i^{(n)}$, $i = 1, 2, 3, \ldots$, situés dans le domaine à $m+1$ dimensions $\mathcal{I}_{x_1 x_2 \ldots x_m y}$ et sans points communs deux à deux. Ces parallélépipèdes de Baire $\pi_i^{(n)}$ ($i = 1, 2, 3, \ldots$), sont dits *parallélépipèdes de rang* n; l'ordre de chacun des parallélépipèdes de rang n est égal à n. D'ailleurs, on sait que chacun des parallélépipèdes $\pi_i^{(n)}$ de rang n est contenu dans un parallélépipède bien déterminé $\pi_j^{(n-1)}$ de rang précédent $n-1$ et contient une infinité dénombrable de parallélépipèdes de rang suivant $n+1$ (p. 141).

Ceci étant, transformons l'ensemble élémentaire H. Comme la projection orthogonale sur le domaine $\mathcal{J}_{x_1 x_2 \ldots x_m}$ d'un parallélépipède π à $m+1$ dimensions orienté suivant les axes OX_1, OX_2, ..., OX_m, OY reste évidemment la même si l'on déplace ou contracte le parallélépipède π dans la direction parallèle à l'axe OY, nous pouvons supposer que les projections orthogonales des parallélépipèdes $\pi_i^{(1)}$ de rang 1 sur l'axe OY forment une suite *ascendante* des segments $\sigma_i^{(1)}$ aux extrémités irrationnelles que nous appellerons *segments de rang* 1. D'une manière générale, quel que soit un parallélépipède $\pi_i^{(n-1)}$ de rang $n-1$, nous pouvons supposer que les projections orthogonales sur l'axe OY des parallélépipèdes $\pi_j^{(n)}$ de rang n contenus dans $\pi_i^{(n-1)}$ forment une suite *ascendante* des segments correspondants $\sigma_j^{(n)}$ aux extrémités irrationnelles; nous appelons ces segments $\sigma_j^{(n)}$ *segments de rang* n.

Ainsi, quel que soit n, les segments $\sigma_i^{(n)}$ de rang n sont sans points communs deux à deux, et les segments $\sigma_j^{(n+1)}$ de rang $n+1$ contenus dans un segment $\sigma_i^{(n)}$ de rang n forment toujours une suite *ascendante*.

Faisons enfin la remarque suivante. Rangeons les points rationnels de l'axe OY en suite simplement infinie r_1, r_2, ..., r_n, ... Je dis maintenant que, quel que soit l'entier positif n, nous pouvons supposer que le point rationnel r_n n'appartient à aucun des segments $\sigma_i^{(n)}$ de rang n. En effet, un segment $\sigma_i^{(n-1)}$ de rang $n-1$ étant déterminé, nous pouvons former dans $\sigma_i^{(n-1)}$ une suite ascendante des segments $\sigma_j^{(n)}$ de rang n contenus dans $\sigma_i^{(n-1)}$ dont aucun ne contient le point rationnel r_n.

Dans ce qui suit, nous supposerons que le choix des parallélépipèdes π de tout rang et, par suite, de l'ensemble élémentaire H est fait de la manière indiquée. L'ensemble analytique donné E est la projection orthogonale sur le domaine $\mathcal{J}_{x_1 x_2 \ldots x_m}$ de l'ensemble élémentaire H ainsi construit (p. 142).

Cela posé, désignons par C l'ensemble des points du domaine $\mathcal{J}_{x_1 x_2 \ldots x_m y}$ *situés sur les faces supérieures de tous les parallélépipèdes* $\pi_i^{(n)}$ *ainsi construits* (n, $i = 1, 2, 3, \ldots$). On voit bien que C est la réunion d'une infinité dénombrable d'ensembles uniformes mesurables B très simples, et que chaque droite D parallèle à l'axe OY coupe C en une infinité dénombrable de points au plus.

Donc, l'ensemble C est un crible dénombrable mesurable B de structure très élémentaire. Dans ce qui suit, nous appellerons l'ensemble C, ainsi construit, *crible élémentaire*.

Ceci étant, nous allons démontrer le théorème suivant :

THÉORÈME. — *Tout ensemble analytique peut être considéré comme criblé au moyen d'un crible élémentaire.*

Pour le voir, il suffit de démontrer que l'ensemble analytique E précédemment considéré est criblé au moyen du crible élémentaire C que nous avons construit.

Soit M un point quelconque du domaine $\mathcal{I}_{x_1 x_2 \ldots x_m}$. Désignons par D_M la droite parallèle à l'axe OY menée par M et par R_M l'ensemble des points du crible C appartenant à D_M.

Je dis maintenant que la condition nécessaire et suffisante pour que l'ensemble linéaire R_M ne soit pas bien ordonné suivant la direction positive de l'axe OY est que la droite D_M contienne un point de l'ensemble élémentaire H.

La condition est nécessaire. En effet, si R_M n'est pas bien ordonné suivant la convention adoptée, il est possible de déterminer une suite illimitée *descendante* de points de R_M : P_1, P_2, ..., P_ν, ..., chacun de ces points étant au-dessous du précédent. Comme les projections orthogonales sur l'axe OY de tous les parallélépipèdes $\pi_i^{(n)}$ de rang fixe n forment un ensemble dénombrable de segments $\sigma_i^{(n)}$ sans points communs deux à deux, et bien ordonné suivant la direction positive de l'axe OY, les points P_1, P_2, ..., P_ν, ... appartiennent tous à partir d'un certain indice ν, à un même parallélépipède $\pi_i^{(n)}$, de rang n, soit π_n ce parallélépipède de rang n.

La suite illimitée π_1, π_2, ..., π_n, ... est évidemment formée de parallélépipèdes de tous rangs, emboîtés les uns dans les autres et contenant chacun tous les points P_1, P_2, ..., sauf un nombre fini d'entre eux. Donc, le point N_0 commun à tous les parallélépipèdes π_1, π_2, ... appartient sûrement à la droite D_M. D'ailleurs, les coordonnées x_1^0, x_2^0, ..., x_m^0, y^0 du point N_0 sont toutes des nombres irrationnels. La chose est évidente pour les coordonnées x_i^0 puisque la projection orthogonale de π_n sur le domaine $\mathcal{I}_{x_1 x_2 \ldots x_m}$ est un parallélépipède *de Baire d'ordre* n. Or, la projection orthogonale de π_n sur l'axe OY est un segment de rang n et, par suite, ne contient aucun des n premiers points rationnels de la suite infinie r_1, r_2, r_3, ... en laquelle nous avons rangé tous les points rationnels de l'axe OY (p. 192). Donc, le nombre y^0 est irrationnel.

Il en résulte que le point N_0 du domaine $\mathcal{J}_{x_1 x_2 \ldots x_m y}$ appartient à l'ensemble élémentaire H.

La condition est suffisante. En effet, si la droite D_M contient un point N de l'ensemble élémentaire H, ce point N est évidemment la limite d'une suite *descendante* de points de R_M; donc R_M n'est pas bien ordonné suivant la direction positive de l'axe OY.

Ainsi, l'ensemble criblé au moyen du crible élémentaire C coïncide avec la projection de l'ensemble élémentaire H et, par suite, est identique à E. C. Q. F. D.

Les considérations précédentes sont très importantes parce qu'elles nous montrent qu'il y a *trois* méthodes rigoureusement équivalentes pour définir les ensembles analytiques :

1° *Écrire les équations paramétriques* $x_i = f_i(t)$;
2° *Projeter les ensembles élémentaires mesurables* B;
3° *Cribler au moyen des cribles dénombrables mesurables* B.

Critérium transfini de mesurabilité B des ensembles analytiques. — Dans ce qui précède, nous avons montré l'existence d'un ensemble analytique non mesurable B de la manière suivante (*voir* p. 149): nous avons trouvé *un ensemble analytique linéaire e dont le complémentaire Ce n'était pas sûrement un ensemble analytique.* Voici le raisonnement qui nous a permis de constater la non-mesurabilité B de l'ensemble e ayant cette propriété : si l'ensemble e était mesurable B, son complémentaire Ce le serait aussi. Donc, Ce serait un ensemble analytique. Or, ce n'est pas le cas.

Nous allons démontrer maintenant par un raisonnement très simple que le cas considéré ne présente aucune particularité puisque, *quel que soit un ensemble analytique* E *non mesurable* B, *son complémentaire* CE *ne peut pas être un ensemble analytique* ([1]). Ainsi,

---

([1]) C'est le théorème III de la Note de Souslin (*C. R. Acad. Sc.*, 8 janvier 1917). Le théorème II sur l'existence des ensembles analytiques non mesurables B a été démontré par lui par un raisonnement fondé sur les propriétés spéciales des cortèges d'indices.

la non-analyticité de l'ensemble complémentaire CE d'un ensemble
analytique E quelconque est une condition non seulement *suffisante*,
mais en même temps *nécessaire* pour que l'ensemble analytique E
soit non mesurable B.

Pour le voir, supposons que l'ensemble CE soit analytique. Comme
l'ensemble E est aussi analytique et n'a aucun point commun avec CE,
les ensembles E et CE sont séparables B. Il est manifeste que les
ensembles séparateurs, qui sont mesurables B, coïncident nécessairement avec E et avec CE.   C. Q. F. D.

Ce raisonnement simple nous donne ainsi un critère nécessaire et
suffisant de la mesurabilité B d'un ensemble analytique, et l'on
voit bien que ce critère a un caractère purement *négatif* : il faut
constater que l'ensemble *complémentaire* CE *n'est pas* un ensemble
analytique. Or, les considérations précédentes sur les cribles dénombrables mesurables B nous montrent qu'il y a un critère d'une autre
nature intimement lié à la totalité des nombres transfinis de
seconde classe, qui a un caractère *positif*, et qui nous permet de constater la non-mesurabilité B d'un ensemble analytique. Ce critère
provient de la *possibilité de considérer tout ensemble analytique* E
*comme un ensemble criblé au moyen d'un crible dénombrable
mesurable* B.

En effet, d'une part, nous avons montré qu'on peut construire
effectivement pour chaque ensemble analytique E un crible élémentaire C qui est, par suite, dénombrable et mesurable B, tel qu'il
admette E pour ensemble criblé. D'autre part, nous avons introduit
une distinction importante entre les cribles. Par définition même est
borné tout crible C tel qu'il existe un ensemble énumérable bien
ordonné W *fixe* plus étendu que chaque ensemble bien ordonné R_M,
quel que soit un point M n'appartenant pas à l'ensemble E criblé au
moyen de C. Dans le cas où un tel ensemble fixe W n'existe pas, le
crible C est dit *non borné*.

L'importance extrême de cette distinction provient du théorème
que nous avons précédemment démontré (p. 190) et dont l'énoncé
est le suivant : *La condition nécessaire et suffisante pour qu'un
ensemble analytique* E *soit mesurable* B, *est qu'un crible* C
dénombrable et mesurable B *définissant* E *soit borné*. On voit
bien que ce critère a un caractère en quelque sorte *positif*.

Tout revient donc à résoudre le problème suivant :

Étant donné un crible C *dénombrable et mesurable* B, *reconnaître s'il est borné ou non.*

Malheureusement, ce problème n'est facile à résoudre, à ce qu'il semble, que pour les cribles qu'on donne *a priori* bornés ; par suite, on n'a pas une solution générale de ce problème, même pour les cribles élémentaires.

Nous doutons fort qu'on puisse donner une solution générale de ce problème, du moins si l'on admet, avec M. Henri Lebesgue, que définir un crible C c'est nommer une propriété P caractérisant C de laquelle il faut *tirer* l'existence ou la non-existence de la borne du crible C. Nous doutons fort qu'on puisse tirer, *dans tous les cas*, de cette propriété P, la constatation de la borne du crible C.

Dans ces conditions, la question est maintenant de savoir si la distinction faite est assez sérieuse pour lui attribuer un sens. La notion de *crible borné* est évidemment légitime puisqu'il s'agit d'un ensemble bien ordonné W *qui est énumérable :* il faut comparer l'ensemble bien ordonné variable R_M avec cet ensemble W *qui est fixe.*

Tout au contraire, la notion de *crible non borné* est purement négative et assez peu kroneckérienne, puisque, pour constater effectivement qu'un crible élémentaire C est non borné, il faut évidemment prendre *tous* les ensembles bien ordonnés dénombrables et les comparer avec l'ensemble bien ordonné variable R_M, *ce qui fait intervenir la totalité de tous les nombres transfinis de seconde classe.*

Il paraît donc préférable de revenir au premier critère. Je voudrais indiquer brièvement et sans entrer dans une discussion relative à la nature de ce critère que le caractère de celui-ci est *négatif ;* comme le premier critère est rigoureusement équivalent au deuxième, nous sommes amenés à conclure qu'*une définition positive faite au moyen du transfini peut être équivalente à une définition négative ne faisant pas intervenir explicitement la notion du transfini.*

Ainsi, LE TRANSFINI PEUT ÊTRE PROFONDÉMENT CACHÉ SOUS LA FORME D'UNE DÉFINITION OU D'UNE NOTION NÉGATIVE.

Premier exemple d'un ensemble analytique non mesurable B dû à M. H. Lebesgue. Le crible binaire de M. H. Lebesgue. — Néanmoins, malgré les remarques critiques faites précédemment, il y a un cas particulier où nous pouvons constater immédiatement que le crible considéré C est *non borné* et, par suite, que l'ensemble E criblé au moyen de C est non mesurable B.

C'est le cas d'un crible dénombrable mesurable B *universel*, donc tel qu'on obtient *tous* les ensembles dénombrables linéaires possibles en coupant C par les droites D parallèles à l'axe OY. En effet, d'après les recherches de M. G. Cantor, quel que soit un ensemble bien ordonné dénombrable W formé d'éléments quelconques, on peut construire effectivement un ensemble linéaire R *de points* qui est *semblable* à W. Comme l'on obtient *tous* les ensembles dénombrables linéaires possibles en coupant C par les droites D parallèles à OY, on voit *a priori* que le crible considéré C ne peut pas être borné (¹).

Tout revient donc à construire un crible dénombrable mesurable B universel. Or, cette construction est immédiate.

En effet, prenons une suite illimitée de fonctions

$$y_1 = \varphi_1(x). \qquad y_2 = \varphi_2(x), \qquad \ldots, \qquad y_n = \varphi_n(x), \qquad \ldots$$

continues sur l'intervalle $(0 < x < 1)$ et ayant la propriété suivante : quelle que soit la suite des nombres réels $y_1^0, y_2^0, \ldots, y_n^0, \ldots$, il existe un nombre réel x_0 compris entre 0 et 1 tel que $y_n^0 = \varphi_n(x_0)$, quel que soit n.

Cela posé, désignons par C_n la courbe continue entre 0 et 1, tracée dans le plan XOY et définie par l'équation $y = \varphi_n(x)$. La réunion C des courbes C_1, C_2, $\ldots$, C_n, $\ldots$ est évidemment un ensemble plan mesurable B et l'on voit bien que C est un crible dénombrable *universel*.

C. Q. F. D.

Le crible dénombrable universel C ainsi défini n'est qu'une modification d'un autre crible dénombrable Γ *également non borné* qui a

---

(¹) Une question très importante est maintenant de savoir si le cas considéré est le seul, sauf naturellement des modifications évidentes, où l'on déduit de la définition de C que C est un crible non borné. Nous croyons que ce problème est *insoluble* puisque la notion de crible non borné n'a pas de sens (au moins kroneckérien).

été découvert en 1905 par M. H. Lebesgue ([1]) et que nous appellerons *crible binaire*.

Pour définir le crible binaire Γ, suivons le texte de M. H. Lebesgue (*Journal de Mathématiques*, 1905, p. 213, ligne 25) :

« … Je suppose les nombres rationnels compris entre o et 1 rangés dans un certain ordre que je ne précise pas, mais que je suppose précisé; soit z_1, z_2, … la suite considérée. Je prends une valeur de t comprise entre o et 1 et je l'écris dans le système de numération de base 2, en employant seulement, lorsque cela est possible, un nombre fini de fois le chiffre 1 ; l'expression de t est bien déterminée dès que t est donnée

$$t = \frac{\theta_1}{2} + \frac{\theta_2}{2^2} + \ldots.$$

Barrons dans la suite z_1, z_2, … tous les z_i qui correspondent aux indices i des chiffres θ_i qui sont nuls; soient z'_1, z'_2, … les z conservés. »

Si nous interprétons *géométriquement* pas à pas la construction analytique de M. H. Lebesgue, voici ce que nous trouvons : l'illustre auteur prend le plan TOZ et, dans ce plan, le carré $(o \leqq t \leqq 1, o \leqq z \leqq 1)$. Dans le côté

$$t = o$$

de ce carré, M. H. Lebesgue prend tous les points *rationnels* et il les numérote d'une manière bien déterminée (d'ailleurs quelconque) au moyen des entiers positifs

$$z_1, \quad z_2, \quad \ldots, \quad z_n, \quad \ldots.$$

Ensuite M. H. Lebesgue mène par le point z_n la parallèle à l'axe horizontal OT et, en divisant la partie de cette parallèle comprise dans le carré en 2^n segments égaux, il ne conserve que des segments dont les numéros (dans un ordre croissant des abscisses) sont *pairs*. Enfin, M. H. Lebesgue fait varier n ($n = 1, 2, 3, \ldots$) en marquant dans le carré considéré tous les segments conservés.

La figure ainsi obtenue est manifestement formée d'une infinité

([1]) *Voir* son Mémoire *Sur les fonctions représentables analytiquement* (*Journal de Math.*, 1905).

dénombrable de segments parallèles à l'axe OT ; donc, c'est un crible dénombrable mesurable B. Nous appelons ce crible de M. H. Lebesgue *crible binaire* et nous le désignons par Γ.

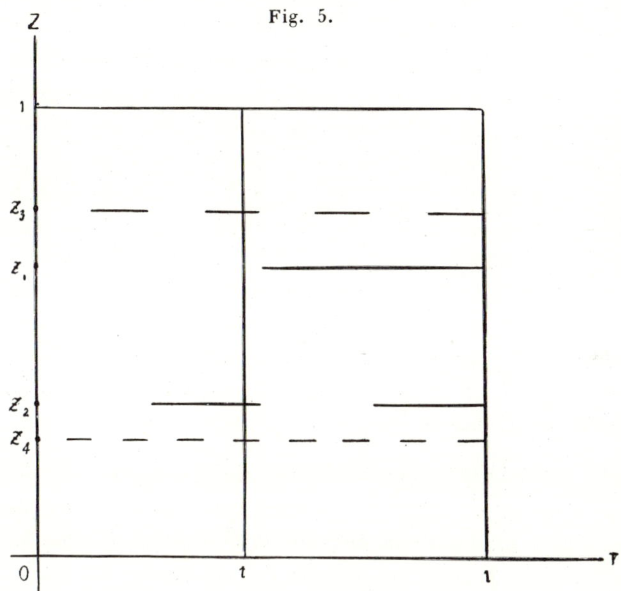

Fig. 5.

Il est très aisé de voir que cette construction géométrique n'est qu'une interprétation dans l'espace de la construction analytique de M. H. Lebesgue. En effet, si

$$t = \frac{\theta_1}{2} + \frac{\theta_2}{2^2} + \ldots + \frac{\theta_n}{2^n} + \ldots$$

est le développement *binaire* d'un nombre irrationnel t compris entre o et 1, la condition nécessaire et suffisante pour qu'on ait $\theta_n = 1$ est que la parallèle D_t à l'axe OZ menée par le point t coupe la droite $z = z_n$ en un point de l'un des segments conservés. Il en résulte que *si nous « barrons dans la suite $z_1, z_2, \ldots$ tous les z_i qui correspondent aux indices i des chiffres θ_i qui sont nuls » les z conservés ne sont simplement que les coordonnées z des points en lesquels la droite D_t coupe le crible binaire Γ.*

Donc, le procédé analytique de M. H. Lebesgue n'est qu'une description du crible binaire Γ tant qu'on se tient au point de vue purement géométrique.

Voici maintenant l'emploi que M. H. Lebesgue fait de sa construction analytique (*ibid.*, p. 214, ligne 2) :

« … Il se peut, et il en sera toujours ainsi si les z' sont en nombre fini, qu'on puisse trouver un symbole de classe α jouissant de la propriété suivante : on peut établir une correspondance entre les z' et tous les symboles β inférieurs à α de manière qu'à un z' corresponde un seul β, et inversement, et que, si à β et β_1 correspondent $z'(\beta)$ et $z'(\beta_1)$, on ait $z'(\beta) < z'(\beta_1)$ si β est plus petit que β_1. Alors α sera dit le symbole correspondant à t. …

» … A la valeur de t considéré nous pouvons, par suite, faire correspondre une fonction $\varphi_\alpha(x)$ de classe α…; cette fonction $\varphi_\alpha(x)$, qui n'est pas déterminée dès que α est donné, mais qui l'est dès que t est donné, si à t correspond un symbole α, je l'appellerai $\varphi(t, x)$. Si à t ne correspond pas de symbole α, je poserai $\varphi(t, x) = 0$. »

Si nous interprétons géométriquement les opérations analytiques de M. H. Lebesgue, nous constatons que l'illustre auteur partage $(-\infty < t < +\infty)$ en deux ensembles $\mathscr{E}$ et E complémentaires l'un de l'autre et tels que si t appartient à $\mathscr{E}$, la droite D_t coupe le crible binaire Γ en un ensemble *bien ordonné* de manière qu'à t corresponde un nombre transfini α bien déterminé, et si t appartient à E la droite D_t ne coupe pas Γ en un ensemble bien ordonné suivant l'ordre de grandeur croissante de z. Dans le premier cas, M. H. Lebesgue pose $\varphi(t, x) \equiv \varphi_\alpha(x)$, où $\varphi_\alpha(x)$ est une fonction bien déterminée de classe α; dans le second cas, M. H. Lebesgue pose $\varphi(t, x) \equiv 0$.

Ainsi on voit bien que *M. H. Lebesgue crible l'ensemble* E *au moyen du crible binaire* Γ *et qu'il définit une fonction* $\varphi(t, x)$ *par les ensembles complémentaires* E *et* $\mathscr{E}$ *ainsi obtenus.*

Nous savons bien que l'ensemble E est *analytique* et, comme son crible Γ est dénombrable et mesurable B, pour que E soit non mesurable B, il faut et il suffit que le crible Γ soit non borné.

Voici maintenant la méthode au moyen de laquelle M. H. Lebesgue lui-même a démontré que son crible binaire Γ n'est pas borné. Nous citons textuellement le passage correspondant de M. H. Lebesgue (*ibid*, p. 214, ligne 18) :

« ... Je dis que *la fonction* $\varphi(t, x)$ *échappe à toute représenta-tion analytique;* cela sera évidemment démontré quand il sera prouvé que tout symbole α correspond à une valeur t, de sorte que, quel que soit α, il existe une valeur de t telle que $\varphi(t, x)$, en tant que fonction de x, est de classe α....

» Soient α un symbole et α_1, α_2, ... les symboles inférieurs à α, pris chacun une seule fois, et rangés en suite simplement infinie. Je prends arbitrairement une série convergente de somme inférieure à $0,5$ et dont les termes ε_1, ε_2, ... sont positifs. Soit β un symbole inférieur à α, il a un certain rang i dans la suite α_1, α_2, ...; à β je fais correspondre ε_i. Soit S_β la somme inférieure à $0,5 - \varepsilon_i$, de tous les ε qui correspondent à des symboles inférieurs à β, posons $l_\beta = 2 S_\beta + \varepsilon_i$, $l'_\beta = 2 S_\beta + 2 \varepsilon_i$; soit enfin y_β celui des nombres ration-nels compris entre l_β et l'_β qui, écrit sous forme irréductible, fournit pour la somme de ses deux termes le résultat le plus petit possible. La suite des y_β forme une suite telle que z'_1, z'_2, ... Dans la suite des z', y_β occupe le $i^{\text{ème}}$ rang, dans la suite des z il occupe le rang $\mathrm{I}(\mathrm{I} \geqq i)$. Je pose

$$t = \frac{\theta_1}{2} + \frac{\theta_2}{2^2} + \ldots + \frac{\theta_n}{2^n} + \ldots$$

en convenant de prendre $\theta_k = 1$ si K est l'un des rangs I correspon-dant aux $\beta < \alpha$ et $\theta_k = 0$ dans le cas contraire. Il est évident alors qu'à cette valeur de t correspond α; il reste cependant à démontrer que l'expression choisie pour t n'est pas l'une de celles exclues; c'est-à-dire que tous les θ d'indice assez grand ne sont pas égaux à 1. S'il en était ainsi l'ensemble des y_β ne différerait de celui des z_p que par la suppression d'un nombre fini de termes, or cela est impossible puisque tous les nombres rationnels compris entre y_1 et y_2 ne font pas partie des y_β. »

D'ailleurs, on peut arriver au même résultat par la voie suivante. On remarque d'abord que, quelle que soit une partie infinie P de la suite z_1, z_2, ..., z_n, ..., il existe un point t_0 et un seul tel que la droite D_{t_0} coupe le crible binaire Γ précisément aux points dont les coordonnées z forment l'ensemble P. Pour le voir, il suffit de prendre le développement binaire $\frac{\theta_1}{2} + \frac{\theta_2}{2^2} + \ldots + \frac{\theta_n}{2^n} + \ldots$ et de poser $\theta_n = 1$ si z_n appartient à P et de poser $\theta_n = 0$ dans le cas contraire. Le nombre $t_0 = \dfrac{\theta_1}{2} + \dfrac{\theta_2}{2^2} + \ldots$ ainsi défini possède évidemment la pro-priété énoncée.

Ainsi, *en coupant le crible binaire Γ avec les droites D paral-lèles à l'axe OZ on obtient toutes les parties possibles de la suite infinie z_1, z_2, ...*

Or, l'ensemble z_1, z_2, ... est formé de tous les points rationnels compris entre o et 1 ; donc, cet ensemble est partout dense. Dans ces conditions, le théorème de G. Cantor est encore applicable (p. 197) et, par suite, quel que soit un ensemble bien ordonné dénombrable W formé d'éléments quelconques, on peut déterminer une partie P de la suite z_1, z_2, ... qui, étant rangée par ordre de grandeur croissante de z, est semblable à W. Nous concluons de là que *le crible binaire Γ ne peut pas être borné.*

Voici la conclusion à laquelle nous arrivons ; M. H. Lebesgue a construit un crible Γ dénombrable mesurable B ; ensuite il a défini un ensemble E criblé au moyen de Γ et il a considéré son complémen-taire $\mathscr{E}$; puis il a démontré que le crible Γ n'est pas borné ; enfin, il a employé les ensembles E et $\mathscr{E}$ ainsi définis comme instrument de cons-truction d'une fonction $\varphi(t, x)$ qui échappe à toute mode de repré-sentation analytique. En somme, il ne restait qu'à démontrer la non-mesurabilité B de l'ensemble E, or c'est précisément ce qui exigeait que la théorie des ensembles analytiques soit assez avancée.

L'ensemble criblé E *défini par M. H. Lebesgue est le premier exemple d'un ensemble analytique non mesurable* B *qui existe dans la bibliographie mathématique.* C'est l'étude de cet exemple qui a été l'origine des recherches de Souslin et des miennes [1] sur la théorie des ensembles analytiques, dix années après l'apparition du Mémoire de M. H. Lebesgue.

La nature de la fonction $\varphi(t, x)$ de M. H. Lebesgue est inconnue. Si cette fonction n'est pas projective, elle servira sûrement d'origine à une série de travaux importants aboutissant à des notions nouvelles (p. 310 et 312).

---

[1] *Voir* nos Notes des *Comptes rendus Acad. Sc.*, 8 janvier 1917. *Voir* aussi ma Note ultérieure des *Comptes rendus Acad. Sc.*, séance du 4 mai 1925. Le sym-bolisme que nous avons employé dans ces recherches : « les cortèges d'indices », suivant l'expression de M. H. Lebesgue, a été emprunté à son Mémoire *Sur les fonctions représentables analytiquement*, p. 209.

Propriétés des constituantes. — Les propriétés des constituantes E_α de l'ensemble analytique E lui-même sont inconnues : nous savons seulement que les E_α sont mesurables B quand le crible générateur C est dénombrable et mesurable B. Nous avons plus de renseignements sur les propriétés des constituantes $\mathscr{E}_\alpha$ de l'ensemble complémentaire $\mathscr{E}$:

$$\mathscr{E} = \mathscr{E}_0 + \mathscr{E}_1 + \mathscr{E}_2 + \ldots + \mathscr{E}_\omega + \ldots + \mathscr{E}_\alpha + \ldots \mid \Omega.$$

Nous allons d'abord signaler une propriété intéressante des constituantes $\mathscr{E}_\alpha$: *Quel que soit un ensemble analytique* E' *contenu dans* $\mathscr{E}$, *il appartient toujours seulement à une infinité dénombrable de constituantes* $\mathscr{E}_\alpha$.

Pour le voir, il suffit de remarquer que le crible générateur C est *borné sur* E'. Cela veut dire qu'il existe un nombre transfini de seconde classe β fixe qui est supérieur à tous les nombres transfinis α_M qui correspondent aux points M de E' (*voir* p. 183). Il en résulte que chaque point M de E' appartient à une constituante $\mathscr{E}_\alpha$ dont l'indice α est inférieur à β. Donc, l'ensemble E' est enfermé dans la somm d'une infinité *dénombrable* de constituantes $\mathscr{E}_\alpha$.   C. Q. F. D.

Nous compléterons ce résultat par la remarque suivante : la propriété démontrée sur les constituantes $\mathscr{E}_\alpha$ nous donne immédiatement une démonstration nouvelle de ce théorème important que deux ensembles analytiques E et E' sans point commun sont toujours séparables B.

En effet, prenons toutes les constituantes $\mathscr{E}_\alpha$ de CE qui contiennent des points de E'. Ces constituantes sont en une infinité dénombrable et sont toutes mesurables B. Donc, leur somme H' est un ensemble mesurable B contenant E' et n'ayant aucun point commun avec E. Si nous désignons par H le complémentaire de H', l'ensemble H est mesurable B et contient E. Donc, E et E' sont séparés au moyen de deux ensembles H et H' mesurables B.   C. Q. F. D.

Nous croyons que cette remarque ne doit pas être considérée comme une simple curiosité, puisque il y a là, à notre avis, quelque chose de plus. En effet, nous savons que, dans la classification de Baire - de la Vallée Poussin, deux *éléments* quelconques E et E' de classe α sont toujours séparables au moyen de deux ensembles H et H' de classes inférieures. D'autre part, le complémentaire CE de chaque élément E de classe α peut être décomposé en une infinité dénombrable d'ensembles de classes inférieures à α.

Pour les ensembles analytiques non mesurables B nous avons deux propositions parfaitement analogues : deux ensembles analytiques E et E' sans point commun sont toujours séparables au moyen de deux ensembles H et H' mesurables B. D'autre part, le complémentaire CE d'un ensemble analytique E non mesurable B est toujours décomposé en une somme transfinie d'ensembles mesurables B.

Comme dans les recherches scientifiques l'analogie est souvent un instrument extrêmement précieux et même indispensable pour pousser ces recherches plus loin, nous sommes naturellement amenés *à considérer les ensembles analytiques non mesurables* B *comme les éléments de classe* Ω *de la classification prolongée de Baire - de la Vallée Poussin*. Cette analogie frappante entre les ensembles analytiques non mesurables B et les éléments de la classe hypothétique Ω peut rendre des services précieux en nous guidant dans la découverte des phénomènes analytiques nouveaux, résultats restant ensuite à vérifier.

Voici un exemple : nous verrons qu'il existe deux complémentaires analytiques $\mathcal{E}$ et $\mathcal{E}'$ sans point commun *qui ne sont pas séparables* B (p. 219, 260 et 263). On déduit cette proposition par dualité du théorème :

Il existe, dans chaque classe K_α *de la classification Baire-de la Vallée Poussin, deux ensembles* $\mathcal{E}$ *et* $\mathcal{E}'$ *accessibles inférieurement sans point commun qui ne sont pas séparables au moyen d'ensembles de classe inférieure à* α.

La démonstration de ce théorème ne présente aucune difficulté ([1]).

Revenons maintenant à la propriété établie des constituantes $\mathcal{E}_\alpha$:

$$\mathcal{E} = \mathcal{E}_0 + \mathcal{E}_1 + \mathcal{E}_2 + \ldots + \mathcal{E}_\omega + \ldots + \mathcal{E}_\alpha + \ldots \mid \Omega.$$

Nous savons que toutes ces constituantes sont mesurables B. Donc, quel que soit l'indice α, l'ensemble $\mathcal{E}_\alpha$ ou bien est *dénombrable* (fini), ou bien *contient un ensemble parfait* P ([2]). Et dans ce cas dernier, l'ensemble $\mathcal{E}$ a évidemment la puissance du continu ([3]).

([1]) *Voir* mon article *Analogies entre les ensembles mesurables* B *et les ensembles analytiques* (*Fundamenta Mathematical*, t. XVI, 1930).

([2]) Théorème de Hausdorff–Alexandroff (*voir* p. 33).

([3]) Théorème de Cantor-Bernstein (*voir* la démonstration de M. E. Borel dans ses *Leçons sur la théorie des fonctions*, 1re édition 1898, p. 102).

D'autre part, si $\mathscr{E}$ contient un ensemble parfait P_1 l'une au moins de ses constituantes doit être non dénombrable et, par suite, doit contenir un ensemble parfait. En effet, si $\mathscr{E}$ contient un ensemble parfait P_1, cet ensemble, étant mesurable B, doit être enfermé dans la somme d'une infinité *dénombrable* de constituantes $\mathscr{E}_\alpha$, d'après la propriété établie. Donc, une au moins de ces constituantes doit être non dénombrable.

Ainsi, *la condition nécessaire et suffisante pour qu'un complémentaire analytique $\mathscr{E}$ contienne un ensemble parfait est qu'une au moins de ses constituantes $\mathscr{E}_\alpha$ soit non dénombrable* ([1]).

Donc, si un complémentaire analytique $\mathscr{E}$ est non mesurable B et ne contient aucun ensemble parfait, ce complémentaire analytique $\mathscr{E}$ est *la réunion d'ensembles dénombrables (finis) numérotés au moyen des nombres transfinis de seconde classe de Cantor.*

D'autre part, tout ensemble analytique E est évidemment *défini par une infinité dénombrable de conditions.*

C'est la raison pour laquelle les mathématiciens qui admettent des raisonnements sur le transfini et qui admettent le partage *simultané* d'un complémentaire analytique non mesurable B en une infinité transfinie de constituantes numérotées au moyen de *tous* les nombres transfinis de seconde classe de G. Cantor, ces mathématiciens tiennent à définir un tel complémentaire analytique extraordinaire. En effet, si ce complémentaire analytique, logiquement possible, est de plus pratiquement réel, on pourra affirmer que l'existence de *tous* les nombres transfinis de seconde classe est un fait d'ordre expérimental, ce qui confirmerait leurs théories favorites.

Le problème restreint du continu et le problème restreint de M. H. Lebesgue. — Pour expliquer aussi clairement que possible en quoi consistent ces problèmes, nous prendrons d'abord un ensemble

---

([1]) De même, on voit bien que si le complémentaire analytique $\mathscr{E}$ a une mesure positive ou bien est de seconde catégorie sur un ensemble parfait P, une au moins de ses constituantes a une mesure positive ou bien est de seconde catégorie sur P. D'ailleurs, si l'on sait choisir un point et un seul distingué dans *toute* constituante $\mathscr{E}_\alpha$ de $\mathscr{E}$, *l'ensemble des points choisis est de première catégorie sur tout ensemble parfait* P. Voir la Note de N. Lusin et W. Sierpinski, *Sur un ensemble non dénombrable qui est de première catégorie sur tout ensemble parfait* (*Rendiconti dei Lincei*, Roma, février, 1928).

analytique quelconque E non mesurable B. Soit C un crible dénombrable mesurable B au moyen duquel l'ensemble E est criblé.

Dans ces conditions, nous avons les développements

$$E = E_0 + E_1 + E_2 + \ldots + E_\omega + \ldots + E_\alpha + \ldots \mid \Omega$$

et

$$\mathscr{E} = \mathscr{E}_0 + \mathscr{E}_1 + \mathscr{E}_2 + \ldots + \mathscr{E}_\omega + \ldots + \mathscr{E}_\alpha + \ldots \mid \Omega,$$

de l'ensemble analytique E et de son complémentaire $\mathscr{E}$ en une infinité d'ensembles constituants E_α et $\mathscr{E}_\alpha$, chacun desquels étant *mesurable* B.

Comme l'ensemble analytique donné E est supposé non mesurable B, le second développement a sûrement une infinité *transfinie* de termes *non nuls*. Donc, si nous désignons par Θ_α la somme $E_\alpha + \mathscr{E}_\alpha$ et si nous ajoutons terme à terme les développements précédents, nous obtenons la formule

$$\mathscr{J} = \Theta_0 + \Theta_1 + \Theta_2 + \ldots + \Theta_\omega + \ldots + \Theta_\alpha + \ldots \mid \Omega$$

qui nous donne *une décomposition complète du domaine total $\mathscr{J}$ en une infinité transfinie d'ensembles Θ mesurables B et non nuls, numérotés au moyen de tous les nombres transfinis de seconde classe de G. Cantor* [1].

On sait que le problème fameux du continu consiste à savoir si l'on peut ou non numéroter tous les points d'un segment au moyen de tous les nombres transfinis de seconde classe de G. Cantor. Il est manifeste que ce problème peut être considéré comme une sorte de décomposition complète du domaine $\mathscr{J}$ en une infinité transfinie d'ensembles Θ_α mesurables B numérotés au moyen de tous les nombres transfinis de seconde classe de G. Cantor, et dont *chacun se réduit à un point et un seul*.

Or, un point pris seul est un ensemble mesurable B de classe 1. Donc, d'après le résultat précédent, il serait très désirable qu'on ait quelques résultats généraux sur la décomposition du continu en une infinité transfinie d'ensembles Θ_α mesurables B et *de classes bornées*. C'est en quelque sorte un problème affaibli du continu que nous appellerons *problème restreint du continu*.

---

[1] La possibilité d'une telle décomposition du domaine $\mathscr{J}$ total a été constatée, pour la première fois par M. W. Sierpinski et par moi. *Voir* notre Note dans les *Comptes rendus Acad. Sc.*, t. 175, 1922, p. 357 : *Sur une décomposition du continu.*

D'autre part, on doit à M. H. Lebesgue le problème suivant : *Reconnaître si l'on peut ou non nommer un ensemble* de points *distincts numérotés au moyen de tous les nombres transfinis de seconde classe de Cantor* ([1]). Ce n'est qu'après avoir donné une solution *positive* de ce problème qu'on peut considérer comme établi que la puissance du continu est *comparable* avec celle de l'ensemble de tous les nombres transfinis de seconde classe de Cantor. Il serait donc très naturel de chercher à nommer une infinité transfinie d'ensembles $\mathcal{E}_\alpha$ non nuls et mesurables B dont les classes restent *bornées*. C'est encore un problème affaibli que nous appellerons *problème restreint de M. H. Lebesgue.*

Nous sommes ainsi amenés naturellement à poser la question importante suivante : *Quelles sont les classes des constituantes $\mathcal{E}_\alpha$ du complémentaire analytique $\mathcal{E}$? Et peut-on nommer un complémentaire analytique $\mathcal{E}$ non mesurable B dont les constituantes $\mathcal{E}_\alpha$ sont de classes bornées?*

Nous nous bornons ici à constater simplement *l'existence des complémentaires analytiques $\mathcal{E}$ dont les constituantes $\mathcal{E}_\alpha$ sont de classes non bornées* ([2]).

([1]) Citons textuellement un passage correspondant de M. H. Lebesgue de sa lettre à M. E. Borel (*Cinq lettres sur la théorie des ensembles* dans le *Bulletin de la Société mathématique de France*, décembre 1904) :

« … Quand j'entends parler d'une loi définissant une infinité transfinie de choix, je suis très méfiant, parce que je n'ai, jamais encore vu de pareilles lois, tandis que je connais des lois définissant une infinité dénombrable de choix. Mais ce n'est qu'une affaire de routine et, à la réflexion, je vois parfois des difficultés aussi graves, à mon avis, dans des raisonnements où n'interviennent qu'une infinité dénombrable de choix que dans des raisonnements où il y en a une transfinité. Par exemple, si je ne considère pas comme établi par le raisonnement classique que tout ensemble de puissance supérieure au dénombrable contient un ensemble dont la puissance est celle de l'ensemble des nombres transfinis de la classe II de M. Cantor, je n'attribue pas plus de valeur à la méthode pour laquelle on démontre qu'un ensemble non fini contient un ensemble dénombrable. Bien que je doute fort qu'on nomme jamais un ensemble qui ne soit ni fini, ni infini, l'impossibilité d'un tel ensemble ne me paraît pas démontrée…. »

Ce sont des lignes qu'on peut rapprocher de l'attaque contre le principe du tiers exclu soulevée par les travaux de M. W. Brouwer et de M. H. Weyl. *Voir* H. Lebesgue, *Leçons sur l'intégration*, 2e édition, 1928, p. 329.

([2]) En réalité, si l'on emploie le langage des idéalistes, les classes de $\mathcal{E}_\alpha$ « tendent uniformément vers Ω ». Nous avons constaté, M. Sierpinski et moi, l'existence de tels complémentaires analytiques dans notre Note des *Comptes rendus*, 12 novembre 1929 : *Sur les classes des constituantes d'un complémentaire analytique.* La méthode du texte est due à M. W. Sierpinski.

Pour le voir, nous prenons dans le plan XOY un ensemble analytique *universel* U : cela veut dire qu'on obtient tous les ensembles analytiques linéaires possibles en coupant U par les droites $x = x_0$ parallèles à l'axe OY. Nous affirmons maintenant que *le complémentaire* CU *jouit de la propriété énoncée.*

En effet, supposons que dans le développement

$$CU = \mathscr{E}_0 + \mathscr{E}_1 + \mathscr{E}_2 + \ldots + \mathscr{E}_\omega + \ldots + \mathscr{E}_\alpha + \ldots \mid \Omega,$$

les constituantes $\mathscr{E}_\alpha$ sont de classes bornées, donc inférieures à un nombre transfini fixe $\beta < \Omega$. On conclut de là que la somme

$$S_\alpha = \mathscr{E}_0 + \mathscr{E}_1 + \ldots + \mathscr{E}_\omega + \ldots \mid \alpha$$

d'une infinité *dénombrable* de constituantes est un ensemble mesurable B de classe $\leqq \beta + 1$. Il s'ensuit que, quel que soit le nombre transfini α, les parallèles $x = x_0$ à l'axe OY coupent S_α en un ensemble mesurable B de classe $\leqq \beta + 1$.

D'autre part, l'ensemble U étant universel, il existe des parallèles à OY, soit $x = x_0$, qui coupent CU en un ensemble H mesurable B et *donné à l'avance.* Et comme H doit appartenir à une infinité *dénombrable* de constituantes $\mathscr{E}_\alpha$, il existe un nombre transfini α suffisamment grand et tel que H est la partie commune à S_α et à la droite $x = x_0$. Donc, H est toujours de classe $\leqq \beta + 1$, ce qui est impossible puisque H est un ensemble mesurable B *arbitraire.*

DEUXIÈME PRINCIPE DES ENSEMBLES ANALYTIQUES.
SÉPARABILITÉ (CA).

Séparabilité au moyen des complémentaires analytiques. — Nous allons généraliser maintenant la *notion de séparabilité* B de deux ensembles et introduire la séparabilité au moyen des ensembles d'autres familles ([1]).

Plus précisément, nous allons introduire la *notion de séparabilité au moyen de deux complémentaires analytiques* sans point commun.

---

[1] Les définitions et les propositions de cette Section ont été énoncées dans ma Note *Sur un principe général de la théorie des ensembles analytiques* (*C. R. Acad. Sc.*, 2 septembre 1929).

Soient E_1 et E_2 deux ensembles de points quelconques situés dans le domaine $\mathcal{I}_{x_1 \ldots x_m}$. Nous supposons que E_1 et E_2 n'ont aucun point commun.

Définition. — *Nous dirons que deux ensembles* E_1 *et* E_2 *sont séparables au moyen de deux complémentaires analytiques s'il existe deux ensembles* H_1 *et* H_2 *contenant respectivement* E_1 *et* E_2, *sans point commun, et dont chacun est un complémentaire analytique.*

Cette notion importante jouera un rôle essentiel dans les considérations qui suivent.

Faisons maintenant une remarque : il serait vain d'introduire la notion de séparabilité *simultanée* au moyen de deux ensembles analytiques. En effet, si les ensembles H_1 et H_2 enfermant respectivement E_1 et E_2 étaient des ensembles analytiques, H_1 et H_2 seraient séparables B, et nous n'aurions obtenu rien de nouveau. Au contraire la notion de séparabilité simultanée au moyen de complémentaires analytiques présente une grande importance puisque nous verrons *qu'il existe deux complémentaires analytiques qui ne sont pas séparables* B.

D'ailleurs, on peut concevoir une séparabilité en quelque sorte *unilatérale* faite au moyen d'ensembles analytiques ou de complémentaires analytiques. Voici en quoi consiste la première.

Soient E_1 et E_2 deux ensembles quelconques sans points communs. *Nous dirons que* E_1 *et* E_2 *sont séparables* l'un de l'autre *au moyen d'ensembles* analytiques *s'il existe deux ensembles analytiques* H_1 *et* H_2 *contenant respectivement* E_1 *et* E_2 *et tels que* H_1 *ne contient aucun point de* E_2 *et* H_2 *ne contient aucun point de* E_1.

On obtient une définition en tous points analogue relative à la séparabilité des ensembles E_1 et E_2 *l'un de l'autre* au moyen de complémentaires analytiques simplement en remplaçant, dans la définition précédente, le mot *analytique* par celui de *complémentaire analytique.*

Cependant, nous verrons immédiatement que l'introduction de ces deux définitions est illusoire puisque chacun de ces genres de séparabilité coïncide entièrement avec la séparabilité *simultanée* au moyen de deux complémentaires analytiques dont la définition a été donnée au début de cette page.

Énoncé du deuxième principe de la théorie des ensembles analytiques. — Il est temps d'introduire maintenant un principe général dont dépend la solution de nombreuses questions de la théorie des ensembles analytiques et de leurs complémentaires; en particulier ce principe permet de résoudre complètement les questions sur la séparabilité unilatérale au moyen de deux ensembles analytiques ou de leurs complémentaires; d'autre part, c'est ce principe qui permet de reconnaître la nature de la projection de l'ensemble d'unicité (p. 257).

Principe II. — *Si l'on supprime de deux ensembles analytiques leur partie commune, les parties restantes sont toujours séparables simultanément au moyen de deux complémentaires analytiques.*

Avant d'aborder la démonstration de ce principe nous allons montrer qu'il permet de réduire les notions de séparabilité unilatérale que nous avons exposées précédemment à la notion de séparabilité *simultanée* au moyen de deux complémentaires analytiques.

En effet, soient E_1 et E_2 deux ensembles quelconques formés de points et séparables *l'un de l'autre* au moyen de deux ensembles analytiques H_1 et H_2. Cela veut dire que H_1 contient E_1 et n'a aucun point sur E_2 et, réciproquement, H_2 contient E_2 et est sans point commun avec E_1.

Soit H la partie commune à H_1 et H_2. D'après le deuxième principe, les ensembles restants $H_1 - H$ et $H_2 - H$ sont séparables *simultanément* au moyen de deux complémentaires analytiques Θ_1 et Θ_2 sans points communs. Et comme Θ_1 contient E_1 et Θ_2 contient E_2, les ensembles E_1 et E_2 sont simultanément séparables au moyen de deux complémentaires analytiques.   C. Q. F. D.

Réciproquement, on voit immédiatement que si deux ensembles E_1 et E_2 sont simultanément séparables au moyen de deux complémentaires analytiques Θ_1 et Θ_2, ils sont séparables *l'un de l'autre* au moyen de deux ensembles analytiques. Il suffit de désigner par H_1 le complémentaire de Θ_2 et par H_2 le complémentaire de Θ_1 : les ensembles H_1 et H_2 sont analytiques et effectuent la séparabilité unilatérale.

De même, il est aisé de voir que si deux ensembles E_1 et E_2 sont séparables *l'un de l'autre* au moyen de deux complémentaires analytiques Θ_1 et Θ_2, ils sont *simultanément* séparables au moyen de deux complémentaires analytiques. Il suffit de remarquer que, en désignant par H_1 et H_2 les complémentaires des ensembles Θ_1 et Θ_2, on obtient deux ensembles *analytiques* effectuant la séparation unilatérale des ensembles donnés E_1 et E_2. Donc, ces dernières considérations se ramènent au cas précédent.

C. Q. F. D.

Remarquons que le deuxième principe est vrai pour des ensembles analytiques situés dans un domaine *à un nombre quelconque de dimensions*. Mais il suffit de le prouver pour deux ensembles analytiques *linéaires* et même situés dans la portion $(0, 1)$, puisque nous avons vu qu'on peut faire une transformation univoque, réciproque et continue dans les deux sens du domaine à un nombre quelconque de dimensions en portion $(0, 1)$ d'un domaine linéaire. Or, cette transformation conserve les ensembles analytiques et leurs complémentaires.

Ensemble universel de similitude. — Considérons, dans le plan YOZ, le carré dont les côtés ont pour équations

$$y = 0, \qquad y = 1; \qquad z = 0, \qquad z = 1.$$

Nous nous proposons à construire, dans l'intérieur de ce carré, une suite de courbes L_1, L_2, ..., L_n, ... continues dans la portion $(0, 1)$ du domaine $\mathcal{I}_y$ et jouissant des propriétés suivantes :

1° Si $\rho_1, \rho_2, \ldots, \rho_n, \ldots$ est une suite bien déterminée formée de tous les points rationnels de l'axe OZ compris entre 0 et 1, la courbe L_i est entièrement *au-dessous* de la courbe L_j, $i \neq j$ si $\rho_i < \rho_j$ et L_i est entièrement *au-dessus* de L_j si $\rho_i > \rho_j$; ici les indices i et j sont des entiers positifs quelconques.

2° Quel que soit un ensemble e formé de points rationnels situés entre 0 et 1 et *semblable à l'ensemble de tous les points rationnels compris entre 0 et 1*, il existe un point irrationnel y_0 tel que la droite $y = y_0$ coupe la suite des courbes L_1, L_2, ..., L_n, ... précisément en e.

Nous appellerons *ensemble universel de similitude* la réunion des courbes L_1, L_2, ..., L_n, ... ayant les propriétés indiquées.

Passons maintenant à la construction de la suite des courbes L_1, L_2, ..., L_n, ...; soit $z = f_n(y)$ l'équation définissant la courbe L_n.

Nous définissons la première fonction $f_1(y)$ de la manière suivante : soient δ_1, δ_2, ..., δ_k, ... une suite formée de tous les intervalles de Baire d'ordre 1, nous posons $f_1(y) = \rho_k$ sur δ_k; ici $k = 1, 2, 3, \ldots$.

Supposons que nous ayons déjà défini les fonctions f_1, f_2, ..., f_{n-1} et que la fonction f_i soit constante sur chaque intervalle de Baire d'ordre i; nous supposons de plus que la position mutuelle des courbes L_1, L_2, ..., L_{n-1} déjà définies est la même que celle des points rationnels correspondants ρ_1, ρ_2, ..., ρ_{n-1} sur l'axe OZ.

Pour définir la fonction f_n nous divisons chaque intervalle Δ de Baire d'ordre $n - 1$ en tous les intervalles de Baire d'ordre n; soient Δ_1, Δ_2, ..., Δ_k, ... ces intervalles. Il est évident que les fonctions $f_1, f_2, \ldots, f_{n-1}$ sont constantes sur Δ; soient r_1, r_2, ..., r_{n-1} ces constantes. D'après l'hypothèse faite, les constantes r_1, r_2, ..., r_{n-1} ont la même position que les points ρ_1, ρ_2, ..., ρ_{n-1}. Soient r'_1, r'_2, ..., $'r'_k$, ... tous les nombres rationnels dont chacun possède par rapport aux nombres r_1, r_2, ..., r_{n-1} la même position que le point ρ_n par rapport aux points ρ_1, ρ_2, ..., ρ_{n-1}. *Nour poserons* $f_n(y) = r'_k$ *sur* Δ_k $(k = 1, 2, 3, \ldots)$.

On voit bien que la fonction $f_n(y)$ est complètement déterminée et que la courbe correspondante L_n a par rapport aux courbes L_1, L_2, ..., L_{n-1} précédemment définies la même position que le point ρ_n par rapport aux points ρ_1, ρ_2, ..., ρ_{n-1}.

Donc, la suite des courbes L_1, L_2, ..., L_n, ... ainsi définies possède manifestement la propriété 1°. Pour démontrer qu'elle jouit de la propriété 2°, prenons un ensemble e formé de points rationnels et semblable à l'ensemble despoints rationnels compris entre o et 1. Soit ζ_n le point de e qui correspond au point ρ_n, cette correspondance étant une *similitude*. Cherchons l'intervalle de Baire δ_1 d'ordre 1 dans lequel $f_1(y) = \zeta_1$; cherchons dans δ_1 l'intervalle de Baire δ_1 d'ordre 2 où la fonction $f_2(y) = \zeta_2$, et *ainsi de suite*.

On voit bien que le point irrationnel y_0 qui appartient à tous ces δ_1, δ_2, δ_3, ..., δ_k, ... est tel que la droite $y = y_0$ coupe les courbes L_1, L_2, ..., L_n, ... précisément en e.

Ainsi, nous avons construit la suite désirée de courbes L_1, L_2, ..., L_n, ...

C. Q. F. D.

La comparaison des cribles. — Pour démontrer le deuxième principe de la théorie des ensembles analytiques, nous avons besoin de savoir comparer les cribles.

Prenons, dans l'espace OXYZ, le cube aux arêtes 1 situées sur les axes de coordonnées. Soient C un crible situé dans la face $y = 0$ du cube et C' un autre crible situé dans la face $y = 1$ du même cube. Nous supposons que chacun de ces cribles est formé de segments rec-

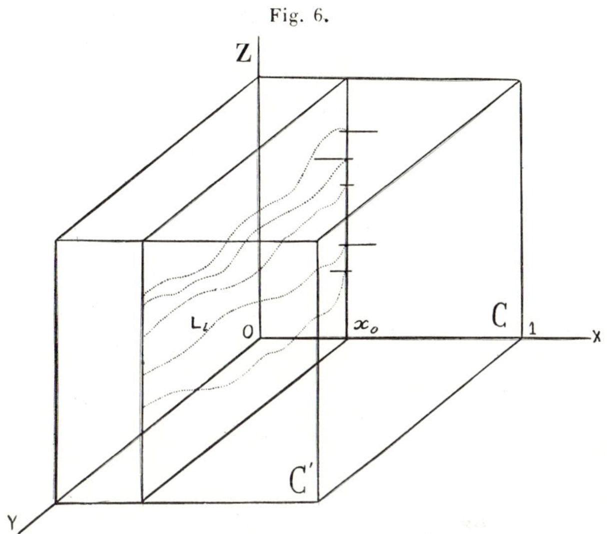

Fig. 6.

tilignes parallèles à l'axe OX et dont les coordonnées z sont rationnelles.

Cela posé, nous menons par un point x_0 situé sur l'axe OX le plan $x = x_0$. Ce plan coupe les cribles C et C' en deux ensembles dénombrables que nous désignons par R_{x_0} et R'_{x_0}.

Deux cas seulement sont possibles :

Premier cas. — L'ensemble R_{x_0} est semblable à une partie de R'_{x_0}, cette partie pouvant coïncider avec R'_{x_0} lui-même.

Deuxième cas. — L'ensemble R_{x_0} n'est semblable à aucune des parties de R'_{x_0}, cet ensemble y compris.

Nous allons constater que l'ensemble des points x_0 vérifiant le premier cas est un ensemble analytique.

Soit x_0 un point quelconque de l'intervalle $(o, 1)$ de l'axe OX. Les points de l'ensemble R_{x_0} ont les coordonnées *z rationnelles*. Traçons dans le carré qu'on obtient en coupant le cube par le plan $x = x_0$ celles des courbes L_1, L_2, ..., L_n, ... du numéro précédent qui correspondent aux points rationnels formant l'ensemble R_{x_0}. En faisant varier le point x_0 on obtient à l'intérieur du cube un ensemble de points Λ formé de toutes les courbes tracées. Examinons la nature de cet ensemble Λ.

A cet effet nous rappelons que le crible C est composé d'une infinité *dénombrable* de segments rectilignes parallèles à l'axe OX. Soit σ l'un de ces segments. Tous les points de σ ont une coordonnée z bien déterminée qui est un nombre rationnel ρ. Quand le plan mobile $x = x_0$ coupe le segment σ, nous devons tracer, dans le plan mobile *une même courbe* L_i qui correspond à ce nombre rationnel ρ. Il en résulte que le lieu des positions successives de cette courbe L_i tracée dans le plan mobile $x = x_0$ est *un ensemble mesurable* B *uniforme par rapport au plan* XOY. Si nous faisons cette construction pour chaque segment σ dont est composé le crible C, nous obtenons évidemment l'ensemble Λ examiné. Donc, *l'ensemble* Λ *est formé d'une infinité dénombrable d'ensembles uniformes mesurables* B.

Ceci étant, menons par chaque point du crible C' une droite parallèle à l'axe OY. Soit S l'ensemble des points du cube situés sur ces droites. On voit bien que S est mesurable B. Donc, le complémentaire de S par rapport au cube est aussi mesurable B; nous le désignons par Σ. *La partie commune à* Λ *et* Σ *est encore mesurable* B [1].

Voici la nature de cette partie commune $\Lambda \times \Sigma$. L'ensemble Λ est la réunion d'une infinité dénombrable d'ensembles *uniformes* mesurables B. Or, la partie commune à chacun de ces ensembles uniformes et à Σ est évidemment encore un ensemble uniforme mesurable B. Donc, *l'ensemble* $\Lambda \times \Sigma$ *est formé d'une infinité dénombrable d'ensembles uniformes mesurables* B.

Nous concluons de là que *la projection de* $\Lambda \times \Sigma$ *sur le plan* XOY *est nécessairement un ensemble mesurable* B.

Soient Ξ cette projection et Θ son complémentaire par rapport à la face $z = o$ du cube. L'ensemble Θ est *mesurable* B.

---

[1] Cette construction est analogue à celle de la résolvante (*voir* p. 295 de ce Livre).

Soit M un point quelconque de Θ et soit P_M la perpendiculaire au plan $z = 0$ menée par M. Comme le point M appartient à Θ, on voit bien que P_M ne coupe pas l'ensemble $\Lambda \times \Sigma$.

Il en résulte que tous les points de Λ situés sur P_M appartiennent à S. Or, d'après la propriété des courbes L, les points de P_M appartenant à Λ forment un ensemble semblable à l'ensemble R_{x_0}. Par la définition même de S nous concluons que *le point x_0 vérifie le premier cas précédemment énoncé.*

Ainsi, *en prenant la projection de Θ sur l'axe OX nous obtenons seulement des points x_0 vérifiant le premier cas.* Or, il est aisé de voir que *l'inverse a encore lieu.*

En effet, soit x_0 un point vérifiant le premier cas. Cela veut dire que l'ensemble R_{x_0} est semblable à une partie (au sens large) de R'_{x_0} ; soit e cette partie. Les points de Λ situés dans le plan $x = x_0$ forment des courbes L_i qui correspondent aux points de l'ensemble R_{x_0}. Or, d'après la propriété universelle des courbes L_i, il existe un point M sur la droite $z = 0$, $x = x_0$ tel que la perpendiculaire P_M coupe Λ précisément en un ensemble identique à e. Donc, tous les points de Λ situés sur P_M appartiennent à S. Il en résulte que les ensembles Λ et Σ n'ont aucun point commun sur P_M. Donc, le point M appartient à l'ensemble Θ.

Ainsi, la projection orthogonale de l'ensemble Θ sur l'axe OX coïncide précisément avec l'ensemble des points x_0 vérifiant le premier cas. Or, nous avons vu que Θ est mesurable B ; donc, sa projection est un ensemble *analytique.* C. Q. F. D.

Résumons tout ce qui a été exposé dans cette dernière partie. Soient C et C′ deux cribles situés dans le plan XOY, x un point quelconque sur l'axe OX, P_x la perpendiculaire en x à l'axe OX située dans le plan XOY. Soient encore R_x et R'_x les ensembles des points de C et C′ respectivement situés sur P_x.

Nous supposons que les cribles C et C′ sont formés chacun d'une infinité dénombrable de segments rectilignes parallèles à l'axe OX et ayant les coordonnées y *rationnelles.* On sait (p. 193) que tout ensemble analytique linéaire peut être considéré comme criblé au moyen d'un crible de cette nature.

Désignons par H l'ensemble de tous les points x tels que R_x est semblable à une partie (au sens large) de R_x. De même, désignons par H$'$ l'ensemble de tous les points x tels que R$'_x$ est semblable à une partie (au sens large) de R$_x$.

Le résultat que nous venons d'obtenir consiste précisément en ce que les deux ensembles H et H$'$ ainsi définis sont *analytiques*.

Démonstration du deuxième principe. — Prenons, dans le plan XOY, un carré dont les côtés ont pour équations

$$x = 0, \qquad x = 1; \qquad y = 0, \qquad y = 1.$$

Soient E$_1$ et E$_2$ deux ensembles analytiques quelconques situés dans l'intervalle $(0 < x < 1)$.

Menons la droite $y = \dfrac{1}{2}$ et considérons deux cribles, C$_1$ et C$_2$, dont le premier est situé au-dessous de cette droite et le second au-dessus; nous supposons que les cribles C$_1$ et C$_2$ définissent respectivement les ensembles analytiques E$_1$ et E$_2$ et sont de la nature considérée précédemment.

Soit E la partie commune à E$_1$ et E$_2$, E $=$ E$_1 \times$ E$_2$. Désignons par R$_1$ l'ensemble des points de E$_1$ qui ne figurent pas dans E$_2$ et, respectivement, par R$_2$ l'ensemble des points de E$_2$ qui n'appartiennent pas à E$_1$:

$$R_1 = E_1 - E, \qquad R_2 = E_2 - E.$$

Il faut démontrer que R$_1$ et R$_2$ sont simultanément séparables au moyen de deux complémentaires analytiques.

Soient x un point quelconque dans $(0, 1)$ et P$_x$ la perpendiculaire en x à l'axe OX; nous désignons par R$'_x$ et R$''_x$ les parties des cribles C$_1$ et C$_2$ respectivement situées sur P$_x$.

Soit H$_1$ l'ensemble de tous les points x tels que R$'_x$ n'est semblable à aucune partie (au sens large) de R$''_x$ et, respectivement, H$_2$ l'ensemble de tous les points x tels que R$''_x$ n'est semblable à aucune partie (au sens large) de R$'_x$. D'après ce qui précède, les ensembles H$_1$ et H$_2$ sont des *complémentaires analytiques*.

Désignons par Γ_1 la partie commune à H$_1$ et CE$_2$ et par Γ_2 la partie commune à H$_2$ et CE$_1$:

$$\Gamma_1 = H_1 \times CE_2, \qquad \Gamma_2 = H_2 \times CE.$$

On voit bien que Γ_1 et Γ_2 sont encore des complémentaires analytiques.

Il est aisé de voir que Γ_1 contient l'ensemble R_1. En effet, si x appartient à R_1, l'ensemble R'_x n'est pas bien ordonné suivant la direction positive de l'axe OY tandis que R''_x est sûrement bien ordonné, en adoptant la même convention d'ordre des points, puisque x appartient à E_1 et à CE_2. On démontre de même que Γ_2 contient R_2.

Il reste à démontrer que les ensembles Γ_1 et Γ_2 n'ont aucun point commun.

En effet, si x appartient simultanément à Γ_1 et Γ_2, il appartient à CE_1 et à CE_2. Donc, les deux ensembles R'_x et R''_x sont bien ordonnés. Or, comme x appartient à H_1 et H_2, R'_x n'est semblable à aucune partie de R''_x et, réciproquement, R''_x n'est semblable à aucune partie de R'_x. Or, ceci est précisément impossible puisque R'_x et R''_x sont bien ordonnés et, par suite, l'un deux est semblable à un segment de l'autre. C. Q. F. D.

Ainsi, le principe énoncé est démontré.

Comme conséquence immédiate de ce principe nous avons :

Si $\mathscr{E}_1$ et $\mathscr{E}_2$ sont deux complémentaires analytiques et si l'on supprime de $\mathscr{E}_1$ et $\mathscr{E}_2$ leur partie commune, les deux ensembles restants sont toujours séparables simultanément au moyen de deux complémentaires analytiques.

En effet, désignons par $\mathscr{E}$ la partie commune à $\mathscr{E}_1$ et $\mathscr{E}_2$, par R_1 l'ensemble-différence $\mathscr{E}_1 - \mathscr{E}$ et par R_2 l'ensemble-différence $\mathscr{E}_2 - \mathscr{E}$.

Il s'agit de démontrer que R_1 et R_2 sont simultanément séparables au moyen de deux complémentaires analytiques.

Désignons par H_1 le complémentaire de $\mathscr{E}_2$ et par H_2 le complémentaire de $\mathscr{E}_1$; les ensembles H_1 et H_2 sont *analytiques*. On voit bien que H_1 contient R_1 et n'a aucun point commun avec R_2 ; de même, H_2 contient R_2 et n'a aucun point commun avec R_1. Nous pouvons dire que R_1 et R_2 sont séparables *l'un de l'autre* au moyen de deux ensembles *analytiques*. Or, nous avons vu (p. 210) que, dans ce cas, R_1 et R_2 sont *simultanément* séparables au moyen de deux complémentaires analytiques. C. Q. F. D.

Inversion du deuxième principe. — Les ensembles R_1 et R_2 dont nous parle le deuxième principe sont tous les deux des *différences de deux ensembles analytiques*, mais ces différences sont de nature particulière. En effet, il n'est pas possible d'affirmer que deux ensembles *quelconques* dont chacun est une différence de deux ensembles analytiques sont toujours simultanément séparables au moyen de deux complémentaires analytiques dès qu'ils n'ont pas de points communs : il suffit de prendre pour R_1 un ensemble analytique non mesurable B et pour R_2 son complémentaire.

Pour reconnaître la nature des ensembles dont chacun est la différence de deux ensembles analytiques et qui admettent une séparation simultanée au moyen de deux complémentaires analytiques, nous allons démontrer un théorème qui est une inversion du deuxième principe.

Inversion du deuxième principe. — *Si E_1 et E_2 sont deux ensembles sans points communs et dont chacun est la différence de deux ensembles analytiques, et si E_1 et E_2 sont séparables au moyen de deux complémentaires analytiques, alors E_1 et E_2 sont les ensembles qu'on obtient en supprimant de deux ensembles analytiques leur partie commune* ([1]).

Pour le démontrer, posons

$$E_1 = E'_1 - E''_1 \qquad \text{et} \qquad E_2 = E'_2 - E''_2,$$

où les ensembles E à deux indices sont *analytiques*. Nous pouvons écrire

$$E_1 = E'_1 \times CE''_1 \qquad \text{et} \qquad E_2 = E'_2 \times CE''_2.$$

Supposons que E_1 et E_2 soient simultanément séparables au moyen de deux *complémentaires analytiques* H_1 et H_2 :

$$E_1 < H_1, \qquad E_2 < H_2; \qquad H_1 \times H_2 \equiv o.$$

Comme E_1 appartient à H_1 et n'a aucun point commun avec H_2, on peut écrire

$$E_1 = (E'_1 \times CH_2) \times (CE''_1 \times H_1)$$

et de même

$$E_2 = (E'_2 \times CH_1) \times (CE''_2 \times H_2).$$

Pour abréger nous désignerons par K_1 et K_2 les premières paren-

---

([1]) Après la publication dans les *Comptes rendus Acad. Sc.* de cet énoncé, MM. F. Hausdorff et W. Sierpinski ont bien voulu me communiquer indépendamment leurs démonstrations de cette proposition, démonstrations qui sont, aux notations près, identiques à celle du texte.

thèses de chacune de ces égalités

$$K_1 = E_1' \times CH_2, \qquad K_2 = E_2' \times CH_1.$$

Les ensembles K_1 et K_2 sont évidemment *analytiques*. Les secondes parenthèses de chaque égalité sont des complémentaires analytiques ; nous les désignerons par $C\Gamma_1$ et $C\Gamma_2$, en supposant que Γ_1 et Γ_2 sont *analytiques*.

On a donc

$$C\Gamma_1 = CE_1'' \times H_1 ; \qquad C\Gamma_2 = CE_2'' \times H_2$$

et, par suite,

$$E_1 = K_1 \times C\Gamma_1, \qquad E_2 = K_2 \times C\Gamma_2.$$

Posons enfin

$$H = \Gamma_1 \times \Gamma_2 ; \qquad \Theta_1 = H + K_1 \qquad et \qquad \Theta_2 = H + K_2.$$

On voit bien que H est un ensemble analytique ; il en est donc de même pour Θ_1 et Θ_2.

Nous allons maintenant démontrer que, en supprimant de Θ_1 et Θ_2 leur partie commune Θ, on obtient précisément les ensembles donnés E_1 et E_2.

A cet effet nous remarquons que les ensembles Θ_1 et Θ_2 peuvent être écrits sous la forme

$$\Theta_1 = H + K_1 \times CH = H + K_1 \times (C\Gamma_1 + C\Gamma_2) = H + K_1 \times C\Gamma_1 = H + E_1$$

et

$$\Theta_2 = H + K_2 \times CH = H + K_2 \times (C\Gamma_1 + C\Gamma_2) = H + K_2 \times C\Gamma_2 = H + E_2,$$

puisque K_1 et $C\Gamma_2$ n'ont évidemment aucun point commun et il en est de même pour K_2 et $C\Gamma_1$.

Comme les ensembles E_1 et E_2 n'ont par hypothèse aucun point commun, il en résulte que

$$\Theta = \Theta_1 \times \Theta_2 = H.$$

D'ailleurs E_1 et H n'ont évidemment aucun point commun, ainsi que E_2 et H. Donc

$$\Theta_1 - \Theta = E_1 \qquad et \qquad \Theta_2 - \Theta = E_2.$$

Ainsi E_1 et E_2 sont obtenus en supprimant des deux ensembles analytiques Θ_1 et Θ_2 leur partie commune Θ. $\qquad$ C. Q. F. D.

Existence de deux complémentaires analytiques non séparables B.
— Cette existence est extrêmement importante puisque c'est à elle que l'on doit l'intérêt propre que présente la théorie de la séparabilité au moyen de complémentaires analytiques. Si deux complémentaires analytiques étaient toujours séparables B dès qu'ils n'ont pas de points communs, tout se ramènerait à l'étude de la séparabilité B. .

En raison de l'importance extrême de ce sujet, nous donnerons *trois* démonstrations de l'existence de deux complémentaires analytiques non séparables B.

Première démonstration ([1]). — Un couple (E_1, E_2) d'ensembles analytiques E_1 et E_2 situés dans le plan XOY est dit *doublement universel* si, quels que soient les ensembles analytiques linéaires e_1 et e_2, il existe une droite parallèle à l'axe OY qui coupe E_1 et E_2 en e_1 et e_2 respectivement.

Il y a des couples doublement universels. Pour le démontrer, considérons, dans le plan TOY, un ensemble analytique universel U, c'est-à-dire tel que nous ayons en le coupant par des parallèles à l'axe OY tous les ensembles analytiques linéaires possibles.

Soit $t_1 = \varphi(x)$, $t_2 = \psi(x)$ une courbe péanienne remplissant tout le plan $T_1 O T_2$, les fonctions φ et ψ étant continues entre o et 1.

Considérons la transformation du plan TOY en un plan XOY en posant $t = \varphi(x)$, $y = y$; soit U_1 la transformée de U. D'une manière analogue, en posant $t = \psi(x)$, $y = y$, nous transformons TOY en XOY; soit U_2 la transformée de U. On voit bien que U_1 et U_2 sont des ensembles *analytiques*. Il est aisé de voir que le couple (U_1, U_2) est *doublement universel.* En effet, il existe toujours un x_0 tel que la droite $x = x_0$ coupe U_1 et U_2 en deux ensembles analytiques linéaires e_1 et e_2 donnés à l'avance.

Ceci posé, appliquons le deuxième principe aux ensembles analytiques U_1 et U_2. Soient R_1 et R_2 les ensembles qu'on obtient en supprimant de U_1 et U_2 leur partie commune. D'après le deuxième principe il existe deux complémentaires analytiques H_1 et H_2 n'ayant aucun point commun et contenant respectivement R_1 et R_2.

Je dis maintenant que *les complémentaires analytiques* H_1 *et* H_2 *ne sont pas séparables B.*

([1]) Pour les autres démonstrations *voir* pages 260 et 263 de ce Livre. *Voir* aussi les recherches de M. P. Novikoff concernant les fonctions implicites.

En effet, s'il y avait deux ensembles Θ_1 et Θ_2 mesurables B sans point commun qui contiennent respectivement H_1 et H_2, chaque parallèle à l'axe OY couperait Θ_1 et Θ_2 en des ensembles linéaires mesurables B de classes toujours inférieures à un nombre transfini fixe α. Or, le couple (U_1, U_2) est doublement universel. Donc, il existe une droite $x = x_0$ qui coupe U_1 et U_2 en deux ensembles e_1 et e_2 mesurables B de classe $\alpha + 1$ et dont l'un est le complémentaire de l'autre. Puisque les ensembles Θ_1 et Θ_2 contiennent respectivement R_1 et R_2, il est clair que la droite $x = x_0$ coupe Θ_1 et Θ_2 précisément en e_1 et e_2, ce qui est impossible puisque la classe de e_1 surpasse α. C. Q. F. D.

NOTE.

Je signale, en dehors des recherches déjà citées de M. W. Sierpinski et de son École, comme travaux se rapportant à des questions connexes à celles qui sont étudiées dans le présent chapitre, les traités fondamentaux suivants :

F. Hausdorff, *Grundlagen der Mengenlehre*, zweite Auflage;

A. Fraenkel, *Einleitung in die Mengenlehre*, letzte Auflage;

et le Mémoire fort intéressant :

W. Hurewicz, *Zur Theorie der analytischen Mengen* (*Fundamenta Mathematicæ*, t. XV, p. 4.

CHAPITRE IV.

FONCTIONS IMPLICITES.

GÉNÉRALITÉS SUR LES FONCTIONS IMPLICITES.

Problème des fonctions implicites. — Le but de ce chapitre est l'étude des fonctions définies implicitement à l'aide d'expressions analytiques, c'est-à-dire au moyen des fonctions de la classification de M. Baire ([1]).

Considérons des relations analytiques

$$
(\mathrm{I}) \quad
\begin{cases}
f_1(x_1, x_2, \ldots, x_m; y_2, y_2, \ldots, y_p) = 0, \\
f_2(x_1, x_2, \ldots, x_m; y_1, y_2, \ldots, y_p) = 0, \\
\cdots\cdots\cdots\cdots\cdots\cdots\cdots\cdots\cdots\cdots\cdots\cdots\cdots\cdots, \\
f_q(x_1, x_2, \ldots, x_m; y_1, y_2, \ldots, y_p) = 0,
\end{cases}
$$

où les fonctions f_i sont définies partout dans le domaine à $m + p$ dimensions $\mathcal{I}_{x_1 x_2 \ldots x_m y_1 y_2 \ldots y_p}$ et rentrent dans la classification de M. Baire.

Il est facile de voir que l'étude du cas le plus général se réduit à l'étude du système (I), puisque si une fonction quelconque f_i de ce système n'était pas partout définie nous aurions pu achever sa détermination dans tout le domaine sans qu'elle cesse d'appartenir à la classification de M. Baire et sans troubler les valeurs des fonctions implicites ; d'autre part, si l'un des arguments x_i ou y_i ne figure pas dans l'une des équations nous pouvons néanmoins la supposer dépendante de cet argument de même que l'on considère une constante comme dépendante d'une variable quelconque.

([1]) Ce chapitre n'est qu'une étude détaillée du probleme posé et résolu dans le cas principal par M. H. Lebesgue. *Voir* H. Lebesgue, *Sur les fonctions représentables analytiquement* (*Journal de Mathématiques*, 1905, p. 192).

Ceci étant, le problème consiste précisément, le système d'équations (I) étant donné, en l'étude :

1° Du domaine E d'existence des fonctions implicites $y_1, y_2, \ldots y_p$;
2° De la nature de ces fonctions implicites ([1]).

Dans ce qui suit, nous allons faire une étude détaillée de ces questions.

Position du problème en Géométrie. — Pour rendre cette étude aussi simple et claire que possible nous prendrons le domaine à $m + p$ dimensions $\mathcal{J}_{x_1 \ldots x_m y_1 \ldots y_p}$ et considérerons, dans ce domaine, la fonction $\mathcal{F}$ des variables x_i, y_j définie par l'égalité

$$\mathcal{F} = f_1^2 + f_2^2 + \ldots + f_q^2.$$

Comme les fonctions f_i rentrent dans la classification de M. Baire, il en est de même pour $\mathcal{F}$. Donc, l'ensemble $\mathcal{E}$ des points

$$N(x_1, x_2, \ldots, x_m, y_1, \ldots, y_p)$$

de ce domaine en lesquels la fonction $\mathcal{F}$ s'annule est nécessairement un ensemble *mesurable* B. Donc, sa projection orthogonale E sur le domaine à m dimensions $\mathcal{J}_{x_1 x_2 \ldots x_m}$ est un ensemble *analytique*.

Nous allons montrer que cet ensemble analytique E est *le domaine d'existence des fonctions implicites* y_i.

En effet, si le point $M_0(x_1^0, x_2^0, \ldots, x_m^0)$ appartient à E, il existe un point $N_0(x_1^0, \ldots, x_m^0, y_1^0, \ldots, y_p^0)$ dans le domaine $\mathcal{J}_{x_1 \ldots x_m y_1 \ldots y_p}$ dont la projection est M_0. Puisque la fonction $\mathcal{F}$ s'annule dans N_0, il en est de même pour chacune des fonctions f_i; donc, le système d'équations (I) est satisfait. Ainsi, dans ce cas, les nombres y_1^0, $y_2^0, \ldots, y_p^0$ sont des valeurs des fonctions implicites $y_1, y_2, \ldots, y_p$. *Réciproquement*, si le point M_0 n'appartient pas à E, la fonction $\mathcal{F}$ ne s'annule en aucun des points $N(x_1^0, \ldots, x_m^0, y_1, \ldots, y_p)$ quels que soient les nombres $y_1, y_2, \ldots, y_p$. Donc, pour chacun de ces points N,

---

([1]) En Analyse classique [*voir* J. HADAMARD, *Sur les transformations ponctuelles* (*Bulletin de la Soc. math. de France*, t. 34, 1906, p. 71)], le problème peut s'envisager de deux façons différentes, savoir au point de vue local et au point de vue étendu. Cette distinction ne se posera pas dans la question que nous étudions.

l'une au moins des fonctions f_i ne s'annule pas; ainsi, si nous posons

$$x_1 = x_1^0, \qquad x_2 = x_2^0; \qquad \ldots, \qquad x_m = x_m^0,$$

il n'existe pas de nombres y_i qui vérifient toutes les équations du système (I).

Ainsi, l'ensemble analytique E est le domaine d'existence des fonctions implicites.

Nous compléterons ce résultat par les remarques suivantes :

Remarque I. — L'étude du système d'équations (1) se réduit à l'étude de la *seule* équation $\mathcal{F} = 0$, où $\mathcal{F}$ est une fonction de la classification de M. Baire. Du point de vue géométrique, tout revient donc à l'étude d'un ensemble $\mathcal{E}$ mesurable B arbitraire situé dans le domaine à $m + p$ dimensions $\mathcal{I}_{x_1 \ldots x_m y_1 \ldots y_p}$ et des rapports qui existent entre cet ensemble $\mathcal{E}$ et sa projection orthogonale E sur le domaine à m dimensions $\mathcal{I}_{x_1 \ldots x_m}$.

Remarque II. — Le domaine d'existence E des fonctions implicites y_i peut être un *ensemble analytique arbitraire*. En effet, étant donné dans le domaine $\mathcal{I}_{x_1 \ldots x_m}$ un ensemble analytique quelconque E, nous pouvons le considérer comme la projection orthogonale d'un ensemble $\mathcal{E}$ mesurable B situé dans le domaine à $m + 1$ dimensions $\mathcal{I}_{x_1 x_2 \ldots x_m y}$. La fonction $\mathcal{F}(x_1, x_2, \ldots, x_m, y)$ qui s'annule dans $\mathcal{E}$ et qui est égale à 1 en dehors de $\mathcal{E}$ rentre évidemment dans la classification de M. Baire. Or, l'équation

$$\mathcal{F}(x_1, x_2, \ldots, x_m, y) = 0$$

définit la lettre y comme une fonction implicite des x_i dont le domaine d'existence coïncide précisément avec E.

Ainsi on voit que *le problème du domaine d'existence des fonctions implicites revient à savoir si ce domaine est ou non mesurable* B *dans chaque cas considéré.*

Fonctions implicites uniformes et multiformes. — Nous allons maintenant porter notre attention sur les fonctions implicites y_i elles-mêmes.

Soit $M(x_1, x_2, \ldots, x_m)$ un point quelconque du domaine $\mathcal{I}_{x_1 x_2 \ldots x_m}$. Si le point M n'appartient pas à l'ensemble analytique E, il n'existe aucun système de nombres $y_1, y_2, \ldots, y_p$ qui vérifient les équations (I). Si M appartient à E, il existe *des* systèmes de nombres y_1, y_2, ..., y_p vérifiant les équations (I) et, dans le cas général, il en existe une infinité.

Donc, si M appartient à E, la fonction implicite y_i, i étant un entier donné, $1 \leqq i \leqq p$, a un ensemble bien déterminé de valeurs au point M; nous désignons par $H_i^{(M)}$ cet ensemble. Il est bien évident que cet ensemble $H_i^{(M)}$ contient effectivement des points et varie, en général, avec le point M de l'ensemble E.

Il est très facile à voir quelle est la nature de l'ensemble $H_i^{(M)}$. En effet, comme l'ensemble $\mathscr{E}$ est mesurable B, l'ensemble des points de $\mathscr{E}$ dont les projections orthogonales sur le domaine $\mathscr{I}_{x_1 \ldots x_m}$ coïncident avec M est évidemment un ensemble mesurable B; désignons-le par $\mathscr{E}^{(M)}$. Or, l'ensemble $H_i^{(M)}$ est manifestement la projection orthogonale de l'ensemble $\mathscr{E}^{(M)}$ sur la droite $D_i^{(M)}$ parallèle à l'axe OY_i et menée par le point M.

Donc, *l'ensemble* $H_i^{(M)}$ *est un ensemble analytique linéaire.*

Si l'on fait cette construction pour tous les points M de E, on voit bien qu'on obtient un ensemble bien déterminé H_i situé dans le domaine à $m+1$ dimensions $\mathscr{I}_{x_1 x_2 \ldots x_m y_i}$. Cet ensemble H_i est un ensemble représentatif de la fonction implicite $y_i(x_1, x_2, \ldots, x_m)$ puisque, pour avoir toutes les valeurs que prend y_i au point M, il suffit de couper l'ensemble H_i par la perpendiculaire $D_i^{(M)}$ au domaine $\mathscr{I}_{x_1 \ldots x_m}$ menée par M dans le domaine $\mathscr{I}_{x_1 \ldots x_m y_i}$.

L'ensemble représentatif H_i est évidemment la projection orthogonale de $\mathscr{E}$ sur le domaine à $m+1$ dimensions $\mathscr{I}_{x_1 x_2 \ldots x_m y_i}$. Donc, H_i est un ensemble *analytique*. Et comme l'ensemble $\mathscr{E}$ est un ensemble mesurable B le plus général, on voit bien que H_i est, en général, un ensemble analytique non mesurable B.

Il résulte de ce qui précède que la fonction implicite y_i est, dans le cas général, une fonction *multiforme* puisque, en général, la perpendiculaire $D_i^{(M)}$ coupe l'ensemble H_i en *plusieurs* points. En effet, l'ensemble analytique H_i peut être évidemment un ensemble analytique *arbitraire* puisqu'on peut toujours trouver un ensemble $\mathscr{E}$ mesurable B situé dans $\mathscr{I}_{x_1 \ldots x_m y_1 \ldots y_p}$ dont la projection sur $\mathscr{I}_{x_1 \ldots x_m y_i}$ coïncide avec H_i.

Ainsi, nous sommes amenés au résultat suivant :

La fonction implicite y_i a, en général, un domaine d'existence E analytique et non mesurable B, et pour chaque point M de E l'ensemble des valeurs de y_i est un ensemble analytique linéaire $H^{(M)}$ qui est, en général, non mesurable B et a, par suite, la puissance du continu.

Donc, pour chaque fonction implicite y_i, il se présente en tout point M du domaine d'existence E trois cas seulement :

1° La fonction y_i n'a qu'une *seule* valeur pour le point M ;

2° La fonction y_i a pour le point M un infinité *dénombrable* (ou un nombre fini) de valeurs ;

3° L'ensemble des valeurs de y_i pour le point M *contient un ensemble parfait*, donc a la puissance du continu.

Nous verrons que, dans les deux premiers cas, on a les mêmes lois qui ont été indiquées pour la première fois par M. H. Lebesgue, tandis que le troisième cas présente une différence tout à fait inattendue.

Existence effective d'une solution uniforme dans tous les cas. — Nous allons démontrer que, dans tous les cas, on peut nommer (au sens de M. H. Lebesgue) une *solution uniforme* du système d'équations (I) donné.

Pour le voir, prenons une représentation paramétrique continue de l'ensemble $\mathcal{E}$ mesurable B

$$x_1 = f_1(t), \qquad x_2 = f_2(t), \qquad \dots \qquad x_m = f_m(t),$$
$$y_1 = g_1(t), \qquad \dots \qquad y_p = g_p(t).$$

Soit $M_0(x_1^0, x_2^0, \dots, x_m^0)$ un point quelconque de l'ensemble E. Les équations simultanées

$$x_1^0 = f_1(t), \qquad x_2^0 = f_2(t), \qquad \dots \qquad x_m^0 = f_m(t)$$

définissent, dans la portion $(0, 1)$ du domaine $\mathcal{J}_t$, un ensemble fermé puisque les fonctions f_i sont continues. Désignons par F_{M_0} cet ensemble.

Il est évident que si le point M_0 diffère du point M_1 pris dans E, les ensembles fermés F_{M_0} et F_{M_1} n'ont aucun point commun. D'autre part, il est évident que chaque point t_0 de la portion $(0, 1)$ du domaine $\mathcal{J}_t$ appartient à un ensemble fermé F_M correspondant à un point M de E : on obtient les coordonnées de ce point M en posant $t = t_0$ dans les équations $x_i = f_i(t)$, $i = 1, 2, \ldots, m$. Il en résulte que toute la portion $(0, 1)$ du domaine $\mathcal{J}_t$ est décomposée suivant les ensembles fermés F_M correspondant aux points M de l'ensemble E.

Cela posé, supposons que nous puissions nommer un point t et un seul dans chaque ensemble F_M. Soit L l'ensemble des points t ainsi nommés. Je dis maintenant que l'ensemble L nous permet de nommer une *solution uniforme*

$$y_1, \quad y_2, \quad \ldots \quad y_p$$

du système donné (I).

En effet, faisons parcourir à t_0 l'ensemble L. Le point $M_0(x_1^0, x_2^0, \ldots, x_m^0)$ correspondant parcourt le domaine total d'existence E de manière qu'à deux valeurs différentes de t il corresponde deux points M différents de E. D'autre part, les équations

$$y_1^0 = g_1(t_0), \qquad y_2^0 = g_2(t_0), \qquad \ldots, \qquad y_p^0 = g_p(t_0),$$

t_0 étant un point de L, déterminent une solution bien déterminée

$$x_1^0, \quad x_2^0, \quad \ldots, \quad x_m^0; \qquad y_1^0, \quad y_2^0, \quad \ldots, \quad y_p^0$$

du système donné (I). Donc, nous savons nommer une solution uniforme $y_1, y_2, \ldots, y_p$ du système (I).

Ainsi, tout revient à nommer un point t et un seul dans chaque ensemble fermé F. Ce problème ne présente aucune difficulté quand il s'agit d'ensembles fermés au sens classique, c'est-à-dire quand on n'exclut pas des considérations les points *rationnels*. Or, dans le cas que nous considérons, il s'agit d'un ensemble fermé relativement au domaine $\mathcal{J}_t$ et, par suite, on néglige les points rationnels.

Pour vaincre cette petite difficulté, numérotons tous les intervalles de M. Baire situés dans la portion $(0, 1)$ du domaine $\mathcal{J}_t$ au moyen des entiers positifs

$$\delta_1, \quad \delta_2, \quad \ldots, \quad \delta_n, \quad \ldots$$

Parmi ces intervalles, nous prenons le premier, soit δ_{n_1}, qui contient des points de F. Soit δ_{n_2} le premier intervalle de la suite précédente contenu dans δ_{n_1} et qui contient des points de F. D'une manière générale δ_{n_k} est le premier intervalle dans la suite précédente contenu dans $\delta_{n_{k-1}}$ et contenant des points de F. La suite décroissante $\delta_{n_1}, \delta_{n_2}, \ldots$ définit un point irrationnel t appartenant à tous les intervalles δ_{n_k}. Comme δ_{n_k} contient sûrement des points de F et comme F est un ensemble fermé, le point t doit appartenir à F. Donc, nous avons nommé un point dans F.

Ainsi, nous avons nommé, dans tous les cas, une solution uniforme y_1, y_2, ..., y_p définie dans le domaine total d'existence E, mais nous ne savons pas quelle est la nature de cette solution. Nous verrons dans ce qui suit que la solution y_1, y_2, ... y_p ainsi nommée est composée des fonctions y_i *projectives*, ce qui précise sa nature.

Nous compléterons le résultat obtenu par la remarque suivante : *Si le domaine d'existence* E *est un ensemble non mesurable* B, *il n'existe aucune solution* y_1, y_2, ..., y_p *composée de p fonctions uniformes prenant leurs valeurs de p fonctions de la classification de* M. Baire.

Pour le voir, supposons que nous ayons p fonctions

$$(\text{I}) \qquad y_1 = \Phi_1(x_1, x_2, \ldots, x_m), \qquad y_2 = \Phi_2 \ldots, \qquad \ldots, \qquad y_p = \Phi_p$$

de la classification de M. Baire, définies dans tout le domaine $\mathcal{J}_{x_1 x_2 \ldots x_m}$ et qui vérifient les équations (I) quand le point $M(x_1, x_2, \ldots, x_m)$ appartient à E.

Prenons le domaine $\mathcal{J}_{x_1 \ldots x_m y_1 \ldots y_p}$ et considérons, dans ce domaine, l'ensemble des points $N(x_1, \ldots, x_m; y_1, \ldots, y_p)$ dont les coordonnées vérifient les équations (1); soit $\mathcal{E}'$ cet ensemble. Il est aisé de voir que $\mathcal{E}'$ est mesurable B. En effet, la fonction

$$(y_1 - \Phi_1)^2 + (y_2 - \Phi_2)^2 + \ldots + (y_p - \Phi_p)^2$$

de $m + p$ variables réelles x_i, y_j rentre évidemment dans la classification de M. Baire. Donc, l'ensemble des points N pour lesquels cette fonction est égale à zéro est mesurable B. Or, cet ensemble coïncide précisément avec l'ensemble $\mathcal{E}'$.

Ceci posé, désignons par H la partie commune à $\mathcal{E}$ et $\mathcal{E}'$; l'ensemble H est mesurable B. Comme H est une partie de $\mathcal{E}$, la projection de H sur $\mathcal{J}_{x_1 \ldots x_m}$ appartient à E. D'autre part, quel que soit le point $M(x_2, x_2, \ldots, x_m)$ de E, le point de $\mathcal{E}'$

$$x_1, \quad x_2, \quad \ldots, \quad x_m;$$
$$y_1 = \Phi_1, \quad y_2 = \Phi_2, \quad \ldots, \quad y_p = \Phi_p$$

satisfait aux équations du système (I); donc, ce point appartient à $\mathcal{E}$

et, par suite, à H. Il s'ensuit que la projection de H sur $\mathcal{J}_{x_1\ldots x_m}$ coïncide avec E.

D'après la définition même de l'ensemble H il résulte qu'à deux points différents de H correspondent deux points distincts de sa projection E. Nous concluons de là (p. 166) que E est mesurable B, ce qui est contraire à l'hypothèse. C. Q. F. D.

Nous sommes ainsi amenés à l'impossibilité de choisir, dans le cas où le domaine d'existence E est non mesurable B, une solution uniforme y_1, y_2, ..., y_m formée de fonctions de la classification de M. Baire. Néanmoins, ceci n'empêche nullement à ce que, dans la solution uniforme, l'une quelconque des fonctions implicites y_i soit une fonction de la classification de M. Baire.

Les recherches de M. H. Lebesgue. — C'est à M. H. Lebesgue qu'on doit les premières recherches sur l'identité de deux familles de fonctions : fonctions déterminées analytiquement *explicitement* ($y =$ expression analytique de x_1, x_2, ..., x_m) et fonctions déterminées analytiquement *implicitement* (expression analytique de x_1, x_2, ..., x_m, y égalée à *zéro*). On ne distingue pas ordinairement ces deux catégories de fonctions, parce que, dans la pratique, le procédé même qui prouve l'existence d'une fonction implicite en fournit un développement; mais l'identité de ces deux familles de fonctions n'est pas évidente.

M. H. Lebesgue a examiné le *cas fondamental où à chaque système de nombres x_1, x_2, ..., x_m correspond au plus un seul système de nombres y_1, y_2, ..., y_p vérifiant les équations proposées* (I) et a indiqué les deux lois suivantes qui ont lieu dans ce cas :

(L_1). Le domaine d'existence E des fonctions implicites $y_1, y_2, \ldots, y_p$ est un ensemble mesurable B;

(L_2) Chaque fonction implicite y_i coïncide sur E avec une fonction *uniforme* $\varphi_i(x_1$, x_2, ..., $x_m)$ entrant dans la classification de M. Baire et partout définie.

Il est naturel de chercher si ces deux lois de M. H. Lebesgue subsistent dans tous les cas qui peuvent se présenter. Parmi les cas autres que celui envisagé, les plus intéressants sont les suivants :

I. L'une des fonctions implicites, soit y_i, est uniforme, et l'on ne sait rien sur les autres fonctions implicites;

II. Toutes les fonctions implicites y_1, y_2, ..., y_p admettent au plus une infinité dénombrable de valeurs en chaque point du domaine d'existence E;

III. L'une des fonctions implicites, soit y_i, admet au plus une infinité dénombrable de valeurs en chaque point du domaine d'existence E, et l'on ne sait rien sur les autres fonctions implicites;

IV. Le cas général où l'on ne fait aucune hypothèse sur les fonctions implicites.

Nous verrons que le cas II est en tous points analogue au cas fondamental de M. H. Lebesgue, car ses lois (L_1) et (L_2) subsistent dans ce cas. De même, le cas III est analogue au cas I puisque dans ces deux cas la loi (L_1) ne se conserve plus, tandis que la loi (L_2) subsistent partiellement. Enfin, dans le cas général IV, ni la loi (L_1) ni la loi (L_2) ne subsistent plus.

ÉTUDE DES FONCTIONS IMPLICITES UNIFORMES.
LES RECHERCHES DE M. H. LEBESGUE.

Cas fondamental de M. H. Lebesgue où la solution est uniforme et unique. — Nous commencerons par l'étude du cas fondamental considéré par M. H. Lebesgue lui-même et dans lequel le système d'équations (I) admet une solution unique pour chaque point $M(x_1, x_2, ..., x_m)$ du domaine d'existence E.

Le domaine d'existence. — D'après ce qui précède on voit immédiatement que, dans le cas fondamental de M. H. Lebesgue, le domaine d'existence E est *mesurable* B. En effet, il suffit de remarquer que E est la projection orthogonale sur $\mathcal{J}_{x_1 x_2 \ldots x_m}$ de l'ensemble $\mathcal{E}$ mesurable B et que les projections de deux points différents de $\mathcal{E}$ sont toujours distinctes. On conclut de là (p. 166) que E est mesurable B.

Ainsi nous sommes amenés à la première loi (L_1) de M. H. Lebesgue :

Théorème I (Lebesgue). — *Si le système d'équations admet une solution unique pour chaque point du domaine d'existence, ce domaine d'existence est nécessairement mesurable* B.

La nature des fonctions implicites. — Nous allons démontrer que, dans le cas fondamental considéré, la solution unique y_1, y_2, ..., y_p du système proposé (I) est formée de fonctions de la classification de M. Baire.

En effet, examinons une fonction implicite quelconque

$$y_i = \Phi_i(x_1, x_2, \ldots, x_m).$$

D'après le théorème connu de M. H. Lebesgue (p. 145), pour qu'une fonction quelconque $y = \Phi(x_1, x_2, \ldots, x_m)$ rentre dans la classification de M. Baire, il faut et il suffit que, quelle que soit la portion (a, b) du domaine $\mathcal{J}_y$, l'ensemble des points $M(x_1, x_2, \ldots, x_m)$ pour lesquels nous avons l'inégalité $a < y < b$ soit mesurable B.

Appliquons ce critère à la fonction implicite y_i. Soit

$$\begin{aligned}
x_1 &= f_1(t), & \ldots, & & x_m &= f_m(t); \\
y_1 &= g_1(t), & \ldots. & & y_p &= g_p(t)
\end{aligned}$$

une représentation paramétrique régulière de l'ensemble $\mathcal{E}$; nous supposons toutes les fonctions f_i, g_i continues et définies dans la portion $(o, 1)$ du domaine $\mathcal{J}_t$.

Puisque la fonction $g_i(t)$ est continue, l'ensemble des valeurs de t pour lesquelles nous avons $a < g_i(t) < b$ est mesurable B; désignons par e cet ensemble. Si nous faisons varier t dans e, l'ensemble des points $M(x_1, x_2, \ldots, x_m)$ correspondants de E est nécessairement mesurable B puisqu'à deux points différents de e correspondent deux points distincts de E (p. 166). Or, cet ensemble de points M est précisément celui pour lequel nous avons les inégalités

$$a < \Phi_i(x_1, x_2, \ldots, x_m) < b.$$

Donc, la fonction implicite $y = \Phi_i$ rentre dans la classification de M. Baire. C. Q. F. D.

Il ne reste plus qu'à faire une remarque concernant la fonction implicite Φ_i. Pour le moment, cette fonction n'est définie que sur le domaine d'existence E. Or, nous pouvons achever la détermination de Φ_i en la posant égale à une constante quelconque C hors de E. Puisque E est mesurable B, la fonction Φ_i ainsi complétée rentre sûrement dans la classification de M. Baire. Donc, nous pouvons considérer la fonction implicite y_i comme une partie d'une fonction explicite de la classification de M. Baire partout définie, mais considérée seulement sur l'ensemble E mesurable B.

Ainsi, nous sommes amenés à la seconde loi (L_2) de M. H. Lebesgue :

Théorème II (Lebesgue). — *Si le système d'équations admet une solution unique pour chaque point du domaine d'existence, cette solution est composée de fonctions y_i rentrant dans la classification de M. Baire.*

Cas I, où l'une des fonctions implicites est uniforme (¹). — Dans le cas général, le système d'équations (I) n'admet pas une solution uniforme unique, et, par suite, il existe des points $M(x_1, x_2, \ldots, x_m)$ de E auxquels correspondent *plusieurs* systèmes de valeurs y_1, y_2, $\ldots$, y_p. Dans ce cas, l'une au moins des fonctions implicites $y_1, y_2, \ldots, y_p$ est *multiforme*.

Nous allons étudier le cas intéressant où l'une des fonctions implicites, soit y_i, reste encore *uniforme*.

Le domaine d'existence. — Contrairement à ce que nous avons trouvé dans le cas précédent, ce domaine peut être un ensemble analytique arbitraire, donc non mesurable B.

Pour le voir, prenons, dans le domaine $\mathcal{I}_x$, un ensemble analytique arbitraire E. Soit $f(x)$ une fonction arbitraire de la classification de M. Baire. Prenons, dans le domaine $\mathcal{I}_{x,y}$ l'ensemble H des points $P(x, y)$ pour lesquels l'ordonnée y a une valeur définie par l'équation $y = f(x)$ et l'abscisse x parcourt l'ensemble analytique E donné.

Il est aisé de voir que l'ensemble H est *analytique*. En effet, si $x = \varphi(t)$ est une représentation paramétrique continue de E, les équations

$$x = \varphi(t), \qquad y = f[\varphi(t)]$$

nous donnent une représentation paramétrique de H au moyen de

---

(¹) Ce cas a été considéré dans ma Note des *Comptes rendus Acad. Sc.*, 8 juillet 1929 : *Sur le problème des fonctions implicites.*

fonctions de la classification de M. Baire. Donc (p. 146) l'ensemble H est analytique.

Cela posé, prenons, dans le domaine à trois dimensions $\mathcal{I}_{x,y,z}$ un ensemble $\mathcal{E}$ mesurable B dont la projection orthogonale sur le plan XOY coïncide avec H. Soit $\mathcal{F}(x, y, z)$ une fonction égale à zéro sur $\mathcal{E}$ et à 1 en dehors de $\mathcal{E}$. Comme $\mathcal{E}$ est mesurable B, la fonction $\mathcal{F}(x, y, z)$ rentre dans la classification de M. Baire. Or, si nous considérons l'équation

$$\mathcal{F}(x, y, z) = 0,$$

le domaine d'existence des fonctions implicites y et z coïncide évidemment avec E, tandis que la fonction implicite y est uniforme, puisqu'elle est égale à $f(x)$ sur E et n'existe pas en dehors de E.

Ainsi, nous constatons que, *si l'une des fonctions implicites (et non pas toutes) est uniforme, le domaine d'existence peut être non mesurable* B.

Donc, la loi (L_1) de M. Lebesgue ne subsiste plus.

Nature de la fonction implicite uniforme. — Soit

$$y = y_i(x_1, x_2, \ldots, x_m)$$

une fonction implicite partout *uniforme* dans le domaine d'existence E. Si nous faisons la représentation géométrique de cette fonction dans le domaine à $m+1$ dimensions $\mathcal{I}_{x_1 \ldots x_m y_i}$, nous obtenons un ensemble analytique (p. 225) H dont la projection orthogonale sur le domaine $\mathcal{I}_{x_1 \ldots x_m}$ coïncide avec E. Puisque la fonction implicite y_i est uniforme, chaque parallèle D_M à l'axe OY_i menée par un point M de E coupe l'ensemble analytique H en un point et un seul. Il s'ensuit que deux points différents de H ont des projections distinctes. Nous concluons de là (p. 166) que l'ensemble analytique H est mesurable B dans le cas et dans ce cas seul où le domaine d'existence E est mesurable B, ce qui est le cas particulier. Donc, en général, *l'ensemble représentatif* H *est non mesurable* B. Néanmoins, nous allons constater ce fait inattendu qu'on peut tracer, dans le domaine $\mathcal{I}_{x_1 x_m \ldots y_i}$, une surface S uniforme et mesurable B

(S) $$y_i = f(x_1, x_2, \ldots, x_m)$$

qui passe par tous les points de H.

En d'autres termes, *la fonction implicite uniforme définie dans le domaine* E *coïncide avec une fonction de la classification de M. Baire partout définie dans* $\mathcal{I}_{x_1\ldots x_m}$.

On voit bien que c'est la deuxième loi (L_2) de M. H. Lebesgue.

Ce fait est une conséquence immédiate d'une proposition générale de Géométrie :

THÉORÈME. — *Si* $\mathcal{E}$ *est un ensemble analytique situé dans le domaine* $\mathcal{I}_{x_1\ldots x_m y}$ *à* $m+1$ *dimensions et tel que chaque parallèle à l'axe* OY *coupe* $\mathcal{E}$ *en un point au plus, il existe une fonction* $\varphi(x_1, x_2, \ldots, x_m)$ *rentrant dans la classification de M. Baire et partout définie telle que l'ensemble* $\mathcal{E}$ *est situé sur la surface* S *définie par l'équation* $y = \varphi(x_1, x_2, \ldots, x_m)$.

Pour le démontrer, prenons une représentation paramétrique continue de $\mathcal{E}$

$$x_1 = \varphi_1(t), \qquad x_2 = \varphi_2(t), \qquad \ldots, \qquad x_m = \varphi_m(t), \qquad y = \psi(t).$$

Désignons par $\mathcal{E}_1$ l'ensemble des points du domaine $\mathcal{I}_{x_1\ldots x_m y}$ situés *au-dessous* de $\mathcal{E}$. On voit bien que les coordonnées de tous les points de $\mathcal{E}_1$ peuvent se mettre sous la forme

$$x_1 = \varphi_1(t), \qquad x_2 = \varphi_2(t), \qquad \ldots, \qquad x_m = \varphi_m(t), \qquad y = \psi(t) + \tau,$$

la quantité τ étant un nombre quelconque *négatif*.

D'une manière analogue, désignons par $\mathcal{E}_2$ l'ensemble des points situés *au-dessus* de $\mathcal{E}$; on obtient tous les points de $\mathcal{E}_2$ en prenant pour τ, dans les formules précédentes, une quantité *positive* arbitraire.

Il est très aisé de démontrer que les ensembles $\mathcal{E}_1$ et $\mathcal{E}_2$ sont *analytiques* : il suffit de remplir d'une courbe péanienne, $t = g(u)$, $\tau = h(u)$ le domaine $(0 < t < 1, -\infty < \tau < 0)$. Les équations

$$x_1 = \varphi_1[g(u)], \qquad x_2 = \varphi_2[g(u)], \qquad \ldots, \qquad x_m = \varphi_m[g(u)],$$
$$y = \psi[g(u)] + h(u)$$

donnent évidemment la représentation paramétrique de $\mathcal{E}_1$. On démontre de même l'analycité de l'ensemble $\mathcal{E}_2$.

Comme les ensembles analytiques $\mathcal{E} + \mathcal{E}_1$ et $\mathcal{E}_2$ n'ont aucun point commun, ils sont séparables B. Soit H_i un ensemble mesurable B contenant $\mathcal{E} + \mathcal{E}_1$ et n'ayant aucun point commun avec $\mathcal{E}_2$. De même, soit H_2 un ensemble mesurable B contenant $\mathscr{E} + \mathscr{E}_2$ et n'ayant aucun point commun avec $\mathscr{E}_1$. Soit H la partie commune à H_1 et H_2. On voit bien que H est un ensemble mesurable B contenant $\mathscr{E}$ et tel que chaque parallèle à l'axe OY menée par un point de $\mathscr{E}$ coupe H en un point et un seul.

Cela posé désignons par Q l'ensemble des points du domaine $\mathscr{I}_{x_1\ldots x_m y}$ situés sur toutes les parallèles à l'axe OY dont chacune coupe H au moins en *deux* points différents. Comme la projection orthogonale de Q sur le domaine $\mathscr{I}_{x_1\ldots x_m}$ est analytique (p. 169), l'ensemble Q est encore analytique.

Il en résulte que la partie commune V à Q et à H est un ensemble analytique. Or, nous avons remarqué que chaque droite parallèle à l'axe OY et menée par un point de $\mathscr{E}$ coupe H en un point et un seul. Donc, les ensembles analytiques V et $\mathscr{E}$ n'ont aucun point commun Il s'ensuit qu'il existe un ensemble S' mesurable B contenant $\mathscr{E}$ et n'ayant aucun point commun avec V. Désignons par S la partie commune à S' et H. Les ensembles S' et H étant mesurables B, l'ensemble S l'est aussi.

Il est aisé à voir qu'il n'existe aucune parallèle à l'axe OY qui coupe S en deux points différents. En effet, si une droite D parallèle à l'axe OY coupe S en deux points différents, la droite D coupe H en deux points différents, donc D appartient à Q. Donc tous les points de H situés sur D appartiennent à V, ce qui n'est pas possible puisqu'il y a, parmi ces points, des points de S; or, les ensembles S et V n'ont aucun point commun.

Il en résulte que l'ensemble S est un ensemble mesurable B contenant $\mathscr{E}$ et tel que chaque parallèle à l'axe OY coupe S en un point au plus. Donc, la projection de S sur $\mathscr{I}_{x_1\ldots x_m}$ est un ensemble mesurable B; désignons-le par σ.

Il est évident que la fonction $\varphi(x_1, x_2, \ldots, x_m)$ égale à une constante quelconque en dehors de σ et égale aux coordonnées y des points de S sur σ est une fonction de la classification de M. Baire. D'autre part, la surface uniforme $y = \varphi(x_1, x_2, \ldots, x_m)$ passe évidemment par tous les points de $\mathscr{E}$. C. Q. F. D.

Nature de l'ensemble des points en lesquels une fonction implicite a une valeur unique. — Considérons une fonction implicite quelconque $y_i(x_1, x_2, \ldots, x_m)$ et prenons, dans le domaine $\mathscr{I}_{x_1\ldots x_m y_i}$, son ensemble représentatif H_i. On obtient donc toutes les valeurs que prend y_i au point quelconque M du domaine d'existence E, en coupant l'ensemble H_i par la parallèle D_M à l'axe OY_i menée par M.

Il s'ensuit que la fonction y_i a une valeur *unique* au point M lorsque la droite D_M coupe H_i en un point et un seul.

Comme l'ensemble H_i est la projection de $\mathcal{E}$ sur le domaine $\mathcal{I}_{x_1\ldots x_m y_i}$, H_i est un ensemble analytique *arbitraire*.

Tout revient donc à déterminer la nature de l'ensemble E′ des points du domaine $\mathcal{I}_{x_1\ldots x_m}$ en lesquels les parallèles à l'axe OY coupent un ensemble analytique donné H situé dans $\mathcal{I}_{x_1\ldots x_m y}$ en un point et un seul.

Nous allons démontrer que E′ est *la différence de deux ensembles analytiques*.

Pour le voir, désignons par E la projection de H sur le domaine $\mathcal{I}_{x_1\ldots x_m}$ et par E″ l'ensemble des points M de ce domaine en lesquels les parallèles à l'axe OY coupent l'ensemble H en deux points différents. Comme l'ensemble H est analytique, les ensembles E et E″ sont encore analytiques (p. 169). Or, l'ensemble considéré E′ est évidemment la différence E — E″, ce qui démontre la proposition.

C. Q. F. D.

D'autre part, il est évident que la proposition inverse encore a lieu : chaque ensemble de points qui est la différence de deux ensembles analytiques peut être considéré comme l'ensemble des points en lesquels les parallèles à l'axe OY coupent un ensemble analytique en un point et un seul.

Dans le cas général, la différence de deux ensembles analytiques n'est ni un ensemble analytique ni le complémentaire analytique; c'est un ensemble d'une *nature nouvelle*.

Il est aisé de voir quelle est la nature de l'ensemble qui représente les valeurs uniques d'une fonction implicite. Il suffit de considérer l'ensemble des points de H dont les projections sur $\mathcal{I}_{x_1\ldots x_m}$ appartiennent à E′. Comme l'ensemble H est analytique et comme l'ensemble des points de H dont les projections appartiennent à E″ est encore analytique, on voit bien que l'ensemble représentatif considéré est *la différence de deux ensembles analytiques*.

Ainsi, nous concluons que l'*ensemble des points du domaine* $\mathcal{I}_{x_1\ldots x_m y_i}$ *représentant les valeurs uniques de la fonction impli-*

cite y_i *est la différence de deux ensembles analytiques, ainsi que la projection orthogonale de cet ensemble représentatif sur* $\mathcal{I}_{x_1..,x_m}$ (¹).

Il est facile maintenant de reconnaître la nature de l'ensemble formé par les points du domaine d'existence E en lesquels les équations (1) admettent une *solution* unique. Cet ensemble est évidemment la partie commune aux ensembles E_i', $i = 1, 2, 3, \ldots, p$, dont chacun est la différence de deux ensembles analytiques : $E_i' = E - E_i''$. Comme nous pouvons mettre cette différence sous la forme $E \times CE_i''$ et comme la partie commune à un nombre fini de complémentaires analytiques est un complémentaire analytique, nous concluons que *l'ensemble des points du domaine d'existence* E *en lesquels les équations* (I) *admettent une solution unique est la différence de deux ensembles analytiques.*

ÉTUDE DES FONCTIONS IMPLICITES MULTIFORMES A UNE INFINITÉ DÉNOMBRABLE DES VALEURS.

Cas II, où toutes les fonctions implicites sont multiformes et à une infinité dénombrable des valeurs au plus (²). — Ce cas est analogue au cas fondamental de M. H. Lebesgue.

Le domaine d'existence. — Il est aisé de voir que ce domaine est *mesurable* B et que, par suite, la première loi (L_1) de M. Lebesgue se conserve. En effet, l'ensemble $\mathcal{E}$ qui est mesurable B a, pour projection, le domaine d'existence E de manière que chaque point de E soit la projection d'une infinité dénombrable de points de $\mathcal{E}$ au plus. On sait (p. 178) que, dans ces conditions, l'ensemble E est mesurable B.

La nature des fonctions implicites. — Il est beaucoup plus difficile de reconnaître la nature des fonctions implicites. Pour faire leur étude, nous aurons besoin de considérer la structure d'une fonction continue *semi-régulière*.

(¹) Nous verrons à la fin de ce chapitre que si l'ensemble représentatif H_i d'une fonction implicite y_i est mesurable B (et non pas analytique arbitraire), l'ensemble qui représente les valeurs uniques de y_i, ainsi que la projection de cet ensemble sur $\mathcal{I}_{x_1 \ldots x_m}$, sont tous les deux des *complémentaires analytiques.* C'est un fait très important dont la démonstration présente des difficultés sensibles.

(²) *Voir* aussi les recherches de M. P. Nivikoff concernant les fonctions implicites.

Soit $y = f(x)$ une fonction continue définie dans la portion $(0, 1)$ du domaine $\mathcal{J}_x$ et *semi-régulière*; cela veut dire que, quel que soit un nombre réel y_0, l'équation $y_0 = f(x)$ a une infinité dénombrable de racines au plus.

Prenons donc un point quelconque y_0 dans l'axe OY. Soit F_{y_0} l'ensemble des racines de l'équation $y_0 = f(x)$. Puisque $f(x)$ est continue et semi-régulière, l'ensemble F_{y_0} est dénombrable (ou fini) et fermé relativement à $\mathcal{J}_x$. Il en résulte que si nous prenons les dérivés successifs de Cantor de cet ensemble, nous finirons par obtenir un ensemble dérivé nul (dépourvu de points). Soit α_{y_0} le plus petit des nombres transfinis (ou finis) de seconde classe de Cantor tel que l'ensemble dérivé de F_{y_0} d'ordre α_{y_0} soit nul (dépourvu de points). Nous appellerons *indice d'arrêt* correspondant au point y_0 ce nombre α_{y_0}.

Ceci posé, nous allons démontrer que *les indices d'arrêt sont bornés pour chaque fonction continue semi-régulière* $f(x)$. Cela veut dire qu'il existe un nombre transfini (ou fini) de seconde classe β qui est supérieur à tout indice d'arrêt α_y, quel que soit un point y de l'axe OY.

Supposons le contraire; cela veut dire que, quel que soit un nombre transfini de seconde classe γ, il existe un point y tel que $\alpha_y > \gamma$.

Je dis maintenant qu'il existe, dans $\mathcal{J}_x$, deux intervalles de Baire, δ_1 et δ_2, n'ayant pas de points communs et tels que, aussi grand que soit γ, le dérivé d'ordre γ de F_y contienne effectivement des points dans δ_1 et δ_2 si le point y est convenablement choisi.

En effet, nous pouvons choisir un point y de telle manière que le dérivé d'ordre γ de F_y contienne au moins deux points différents. Soient δ_1 et δ_2 deux intervalles de Baire, sans points communs, contenant chacun effectivement des points du dérivé $F_y^{(\gamma)}$. Comme il n'existe qu'une infinité dénombrable de couples d'intervalles de Baire, tandis que l'infinité des nombres transfinis γ est non dénombrable, il en résulte qu'il existe un couple δ_1 et δ_2 ayant la propriété énoncée.

Ceci étant établi, supposons qu'il existe k intervalles de Baire, δ_1, δ_2, ..., δ_k, sans points communs deux à deux, tels que, quelque grand que soit γ, le dérivé d'ordre γ de F_y contient effectivement des points dans chacun de ces intervalles, pour un point y convenablement choisi. Nous allons démontrer que, dans ces conditions, il existe, dans chaque δ_i, deux intervalles de Baire, δ_i' et δ_i'' sans points communs, et tels que le système de $2k$ intervalles δ'_1, δ''_1, ..., δ'_k, δ''_k possède la même propriété.

En effet, d'après la propriété admise des intervalles δ_1, δ_2, ..., δ_k, aussi grand que soit γ, on peut trouver un point y tel que l'ensemble dérivé d'ordre γ de F_y contienne au moins deux points différents, x'_i et x''_i, dans chacun des δ_i. Enfermons ces points x'_i et x''_i dans deux intervalles de Baire, δ'_i et δ''_i, sans points communs et contenus dans δ_i. Comme il n'existe qu'une infinité dénombrable de systèmes d'intervalles δ'_i et δ''_i, $i = 1$, 2, 3, ..., k, et comme l'infinité des nombres transfinis γ est non dénombrable, nous concluons de là qu'il existe un système de $2k$ intervalles de Baire δ'_1, δ''_1, ..., δ'_k, δ''_k jouissant de la propriété énoncée.

De ce qui précède nous concluons qu'il existe, dans $\mathcal{J}_x$, un ensemble parfait P tel que, quel que soit n, l'ensemble parfait P est renfermé dans 2^n intervalles de Baire sans points communs deux à deux δ_1, δ_2, ..., δ_{2^n}, tels que chacun de ces intervalles contienne effectivement des points d'un ensemble fermé F_γ, pour γ convenablement choisi. D'ailleurs, nous pouvons supposer l'ordre des intervalles de Baire δ_1, δ_2, ..., δ_{2^n} aussi élevé que nous le voudrons.

La fonction $f(x)$ étant continue dans $\mathcal{J}_x$, il en résulte que $f(x)$ est *constante* sur P. En effet, dans le cas contraire, nous aurions deux points de P, x_1 et x_2, tels que $f(x_1) \neq f(x_2)$. Ces deux points sont enfermés dans deux intervalles, δ_i et δ_j, différents du système δ_1, δ_2, ..., δ_{2^n}. Puisque la longueur de ces intervalles tend vers zéro quand n croît indéfiniment, il en résulte que les ensembles des valeurs de $f(x)$ dans δ_i et δ_j n'ont aucun point commun. Or, ceci est impossible, puisque l'ensemble F_γ a des points dans δ_i et dans δ_j simultanément.

Voici la conclusion à laquelle nous sommes amenés : si les indices d'arrêt α_γ ne sont pas bornés, il existe un point y tel que l'ensemble F_y est non dénombrable et, par suite, la fonction $f(x)$ n'est pas semi-régulière. Ainsi, dans le cas que nous étudions, les indices d'arrêt α_γ sont tous bornés. C. Q. F. D.

Avant d'entrer dans l'étude de la nature d'un ensemble mesurable B qui est coupé par chaque droite parallèle à la direction donnée en une infinité dénombrable de points au plus, nous démontrerons le lemme suivant : *Si $\mathcal{E}$ est un ensemble mesurable B situé* *dans* $\mathcal{I}_{x_1 x_2 \ldots x_m y}$ *et tel que chaque parallèle à l'axe* OY *coupe* $\mathcal{E}$ *en un ensemble au plus dénombrable de points, l'ensemble* E' *des points du domaine* $\mathcal{I}_{x_1 x_2 \ldots x_m}$ *pour lesquels les parallèles à l'axe* OY *coupent* $\mathcal{E}$ *en un point et un seul est mesurable* B.

Pour le démontrer, prenons sur l'axe OY tous les points rationnels r_1, r_2, ..., r_n, ... Soient $\mathcal{E}'_n$ et $\mathcal{E}''_n$ les parties de $\mathcal{E}$ pour lesquelles la coordonnée y est respectivement inférieure et supérieure à r_n. Ces ensembles $\mathcal{E}'_n$ et $\mathcal{E}''_n$ sont mesurables B et tels que chaque parallèle à l'axe OY les coupe en une infinité au plus dénombrable de points. D'après ce qui précède (p. 178), les projections E'_n et E''_n de $\mathcal{E}'_n$ et $\mathcal{E}''_n$ sur le domaine $\mathcal{I}_{x_1 \ldots x_m}$ sont mesurables B. Il en est de même de la partie commune $E'_n \times E''_n$ et de la somme S de toutes ces parties communes en faisant $n = 1$, 2, 3, ... Or, l'ensemble S est évidemment l'ensemble de tous les points du domaine $\mathcal{I}_{x_1 \ldots x_m}$ pour lesquels la parallèle à l'axe OY coupe $\mathcal{E}$ en *deux* points au moins. D'autre part, la projection E de $\mathcal{E}$ sur $\mathcal{I}_{x_1 \ldots x_m}$ est aussi mesurable B ; donc, il en est de même de la différence E — S. Or, cette différence coïncide évidemment avec l'ensemble considéré E'.   C. Q. F. D.

Cette proposition préliminaire étant établie, revenons à l'étude de la structure d'une fonction continue semi-régulière $f(x)$. Voici la proposition que nous allons démontrer : *si la fonction* $f(x)$ *est continue et semi-régulière, la courbe* $y = f(x)$ *peut être décomposée en une infinité dénombrable d'ensembles mesurables* B *uniformes relativement à l'axe* OY. Cela veut dire que toute parallèle à l'axe OX coupe chacun de ces ensembles en un point au plus.

Pour démontrer cette importante proposition, considérons dans le domaine $\mathcal{I}_{x,y}$, tous les rectangles de Baire R_1, R_2, ..., R_n, ... Désignons par Q_n l'ensemble des points de la courbe $y = f(x)$ situés dans R_n. Considérons l'ensemble de toutes les parallèles à l'axe OX qui coupent Q_n en un point et un seul. Soit $L_n^{(0)}$ l'ensemble des points de Q_n situés sur ces droites. D'après les considérations précédentes, $L_n^{(0)}$ est un ensemble mesurable B.

Si nous supprimons, dans la courbe $y = f(x)$, tous les points appartenant aux ensembles $L_n^{(0)}$, nous obtenons, dans le domaine $\mathcal{I}_{xy}$, un ensemble $\mathcal{E}_0$ mesurable B : on obtient cet ensemble directement en menant toutes les parallèles à l'axe OX et en supprimant sur chacune de ces parallèles les points *isolés* des ensembles fermés linéaires en lesquels cette parallèle coupe la courbe $y = f(x)$.

Nous pouvons recommencer cette opération et supprimer de $\mathscr{E}_0$ tous les points isolés situés sur les parallèles à l'axe OX, ce qui nous donne une infinité dénombrable d'ensembles nouveaux $L_1^{(1)}$, $L_2^{(1)}$, ..., $L_n^{(1)}$, ... mesurables B et uniformes relativement à l'axe OY. On voit bien que nous pouvons répéter cette opération et que nous ne rencontrerons aucun obstacle jusqu'à ce que tous les points de la courbe $y = f(x)$ soient supprimés. Or, ceci arrivera nécessairement après une infinité *dénombrable* d'opérations indiquées *puisque les indices d'arrêt α_y sont bornés.*

Ainsi, *nous pouvons considérer la courbe $y = f(x)$ comme la réunion d'une infinité dénombrable d'ensembles mesurables* B, L_1, L_2, ..., L_n, ..., *uniformes relativement à l'axe* OY.

Par ces raisonnements notre proposition est démontrée, mais nous voulons préciser davantage le choix des ensembles uniformes L_n.

Tout d'abord, nous pouvons supposer que les ensembles L_n n'ont aucun point commun deux à deux. Pour le voir, il suffit de retenir dans L_n les points qui n'appartiennent à aucun des ensembles précédents L_1, L_2, ..., L_{n-1}, ce qui n'altère nullement la mesurabilité B de l'ensemble des points retenus.

Cela posé, transformons les ensembles L_n de la manière suivante : Prenons L_1 et ajoutons à L_1 tous les points de L_n dont les projections sur l'axe OY n'appartiennent à aucune des projections des ensembles précédents L_i, $i < n$. Si nous effectuons cette opération pour chaque n, nous obtiendrons un ensemble mesurable B, uniforme relativement à l'axe OY, dont la projection sur OY coïncide avec celle de la courbe $y = f(x)$. Désignons par Λ_1 cet ensemble uniforme; on voit bien que les points de Λ_1 appartiennent à la courbe $y = f(x)$ et que Λ_1 contient L_1.

Supprimons de chacun des termes de la suite L_1, L_2, ..., L_n, ... tous les points appartenant à Λ_1; le premier terme L_1 sera supprimé totalement. Or, nous pouvons répéter avec les parties restantes des ensembles L_n, $n > 1$, la même opération et nous arriverons ainsi à obtenir un ensemble Λ_2 uniforme et mesurable B qui n'a aucun point commun avec Λ_1. On voit bien que la somme $\Lambda_1 + \Lambda_2$ contient $L_1 + L_2$ et que la projection de Λ_2 sur OY coïncide précisément avec l'ensemble des points de E en lesquels les parallèles à l'axe OX coupent la courbe $y = f(x)$ en *deux* points au moins ([1]).

([1]) Rappelons-nous que E est la projection de la courbe $y = f(x)$ sur l'axe OY.

Il est évident que si nous recommençons cette opération et la répétons indéfiniment, nous obtiendrons une suite finie ou infinie d'ensembles mesurables B,

$$\Lambda_1, \quad \Lambda_2, \quad \ldots \quad \Lambda_n, \quad \ldots,$$

sans points communs deux à deux, uniformes relativement à l'axe OY et dont la réunion coïncide précisément avec la courbe $y = f(x)$ elle-même. Il importe de remarquer que la·projection de Λ_{n+1} sur l'axe OY est contenue dans celle de Λ_n. Or, la différence de ces deux projections est précisément *l'ensemble des points de* OY *en lesquels les parallèles à l'axe* OX *coupent la courbe* $y = f(x)$ *rigoureusement en n points*. Donc, cet ensemble est encore *mesurable* B.

Effectuons une autre transformation des ensembles L_1, L_2, ... Tout d'abord, nous ajoutons à L_1 les points de chaque L_n, $n > 1$, dont les projections sur OY n'appartiennent à aucune des projections des ensembles précédents L_1, L_2, ..., L_{n-1}. Nous obtenons de cette manière un ensemble mesurable B uniforme dont la projection sur OY coïncide avec E; soit λ_1 cet ensemble. Nous pouvons tracer, dans le plan XOY, une courbe uniforme $\mathcal{L}_1$ qui contient l'ensemble λ_1 et qui a pour équation : $x = \psi_1(y)$, où ψ_1 est une fonction uniforme de la classification de M. Baire partout définie dans le domaine $\mathcal{I}_y$.

Cela posé, désignons par L'_n et L''_n les parties de l'ensemble L_n situées respectivement au-dessous et au-dessus de la courbe uniforme et partout définie $\mathcal{L}_1$. Nous pouvons évidemment recommencer l'opération indiquée sur les suites d'ensembles uniformes L'_2, L'_3, ... et L''_2, L''_3, ... ce qui nous donne deux courbes nouvelles uniformes et partout définies sur OY, $\mathcal{L}_2$ et $\mathcal{L}_3$, dont la première est entièrement au-dessous de $\mathcal{L}_1$, tandis que l'autre est au-dessus de $\mathcal{L}_1$. Il importe de remarquer que la réunion des courbes $\mathcal{L}_1$, $\mathcal{L}_2$ et $\mathcal{L}_3$ contient L_1 et L_2. Les courbes construites $\mathcal{L}_2$ et $\mathcal{L}_3$ ont pour les équations $x = \psi_2(y)$ et $x = \psi_3(y)$, où ψ_2 et ψ_3 sont des fonctions uniformes de la classification de M. Baire, partout définies dans OY.

Les trois courbes ainsi construites $\mathcal{L}_1$, $\mathcal{L}_2$ et $\mathcal{L}_3$ divisent le plan XOY en quatre parties et nous pouvons recommencer l'opération indiquée sur les parties des ensembles L_3, L_4, ... contenues dans ces parties du plan; nous obtenons de cette manière quatre courbes nouvelles $\mathcal{L}_4$, $\mathcal{L}_5$, $\mathcal{L}_6$ et $\mathcal{L}_7$, uniformes et partout définies dans OY.

Il importe de remarquer que la réunion des courbes précédentes et de ces courbes contient l'ensemble L_1, L_2, L_3.

Si l'on opère de la même manière, on obtient une suite illimitée (ou finie) des courbes $\mathcal{L}_1$, $\mathcal{L}_2$, $\mathcal{L}_3$, ..., $\mathcal{L}_n$, ... uniformes relativement à l'axe OY et partout définies, dont la réunion contient sûrement tous les points de la courbe considérée $y = f(x)$; quelles que soient deux courbes, $\mathcal{L}_i$ et $\mathcal{L}_j$, de cette suite, l'une d'elles est située au-dessous de l'autre. D'ailleurs, chaque courbe $\mathcal{L}_n$ a pour équation $x = \psi_n(y)$, où ψ_n est une fonction uniforme de la classification de M. Baire et partout définie dans OY.

En résumé, *les points de la courbe $y = f(x)$, où f est une fonction continue semi-régulière, sont distribués dans les courbes uniformes relativement à OY en une infinité dénombrable au plus; chacune de ces courbes a pour équation $x = \psi(y)$, où ψ est une fonction uniforme de la classification de M. Baire partout définie dans OY; d'ailleurs, chacune de ces courbes est ou bien au-dessous, ou bien au-dessus de l'autre.*

Après avoir étudié d'une manière détaillée ce cas particulier important, nous allons considérer un cas plus général. Il s'agit de démontrer que *tout ensemble $\mathcal{E}$ mesurable B situé dans le domaine plan $\mathcal{I}_{x,y}$ et tel que chaque parallèle à l'axe OY coupe $\mathcal{E}$ en une infinité dénombrable de points au plus, est la réunion d'une infinité dénombrable d'ensembles mesurables B uniformes relativement à l'axe OX.*

Pour le voir, il suffit de prendre une représentation continue régulière de $\mathcal{E}$,

$$x = g(t). \qquad y = h(t),$$

en négligeant toujours, s'il est nécessaire, un ensemble dénombrable de points de $\mathcal{E}$.

Puisque chaque droite $x = $ const. coupe $\mathcal{E}$ en une infinité dénombrable de points au plus, la fonction $g(t)$ est semi-régulière. Donc, l'équation $x = g(t)$ définit la lettre t comme une *fonction inverse* de l'argument x et l'on voit bien, d'après le résultat obtenu, que cette fonction inverse est la réunion d'une infinité dénombrable de fonctions uniformes *explicites*.

$$t = \omega_1(x), \qquad t = \omega_2(x), \qquad ..., \qquad t = \omega_n(x), \qquad ...$$

rentrant dans la classification de M. Baire; d'ailleurs, on ne considère chacune des fonctions ω_n que sur un ensemble e_n mesurable B situé dans $\mathcal{J}_x$.

En faisant la substitution de t dans l'équation

$$y = h(t),$$

nous obtenons une infinité dénombrable de fonctions explicites uniformes,

$$y = h[\omega_1(x)], \qquad y = h[\omega_2(x)], \qquad \ldots, \qquad y = h[\omega_n(x)], \qquad \ldots$$

rentrant dans la classification de M. Baire. En faisant parcourir à x, dans l'équation $y = h[\omega_n(x)]$, l'ensemble e_n, on obtient, dans le plan XOY, un ensemble L_n uniforme relativement à l'axe OX et mesurable B. On voit bien que l'ensemble donné $\mathcal{E}$ est la réunion des ensembles L_n.

C. Q. F. D.

Passons maintenant au cas général. Nous allons démontrer le théorème général suivant ([1]) :

Théorème. — *Si $\mathcal{E}$ est un ensemble de points dans le domaine à $m+1$ dimensions $\mathcal{J}_{x_1 \ldots x_m y}$, mesurable B et tel que chaque parallèle à l'axe OY coupe $\mathcal{E}$ au plus en une infinité dénombrable de points, alors les points de $\mathcal{E}$ sont distribués sur une infinité dénombrable de surfaces uniformes S_n mesurables B définies par les équations $y = f_n(x_1, x_2, \ldots, x_m)$, où chaque f_n est une fonction uniforme de la classification de Baire partout définie dans le domaine $\mathcal{J}_{x_1 x_2 \ldots x_m}$; d'ailleurs, étant données deux surfaces quelconques S_i et S_j, l'une est au-dessous de l'autre.*

Pour le démontrer transformons le domaine à m dimensions $\mathcal{J}_{x_1 x_2 \ldots x_m}$ en un domaine linéaire $\mathcal{J}_x$ au moyen d'une transformation univoque, réciproque et continue dans les deux sens (p. 170). Soient

$$(1) \qquad \begin{cases} x_1 = g_1(x), \qquad x_2 = g_2(x), \qquad \ldots, \qquad x_m = g_m(x) \\ \text{et} \\ x = G(x_1, x_2, \ldots, x_m) \end{cases}$$

---

[1] *Voir* ma Note *Sur la représentation paramétrique semi-régulière des ensembles* (*C. R. Acad. Sc.*, 29 juillet 1929).

les équations qui définissent cette transformation ; les fonctions g_i et G sont continues.

Si nous ajoutons à ces équations (1) l'identité

$$y = y,$$

nous obtenons une transformation univoque, réciproque et continue dans les deux sens du domaine à $m+1$ dimensions $\mathcal{J}_{x_1\ldots x_m y}$ en domaine plan $\mathcal{J}_{x,y}$. On sait (p. 170) que la transformée d'un ensemble *mesurable* B est également *mesurable* B et de la même classe et sous-classe ; d'ailleurs, on voit bien qu'un ensemble *uniforme* relativement à l'axe OX dans le domaine $\mathcal{J}_{x,y}$ se transforme en un ensemble également *uniforme* relativement au domaine $\mathcal{J}_{x_1 x_2 \ldots x_m}$ dans $\mathcal{J}_{x_1\ldots x_m y}$, et *vice versa*.

Cela posé, désignons par $\mathcal{E}'$ la transformée de $\mathcal{E}$. Il est évident que $\mathcal{E}$ est un ensemble plan mesurable B et que chaque parallèle à l'axe OY coupe $\mathcal{E}'$ en une infinité dénombrable de points au plus. Donc, l'ensemble $\mathcal{E}'$ est la réunion d'une infinité dénombrable d'ensembles L'_1, L'_2, ... mesurables B uniformes relativement à l'axe OX. Donc, l'ensemble donné $\mathcal{E}$, étant la transformée de $\mathcal{E}'$, est la réunion des ensembles L_1, L_2, ... ; nous désignerons ici par L_n la transformée de L'_n. Tous ces ensembles sont uniformes relativement au domaine $\mathcal{J}_{x_1\ldots x_m}$ et mesurables B.

Si nous opérons sur les ensembles uniformes obtenus L_1, L_2, ... de la même manière que nous avons opéré précédemment dans le cas d'une fonction continue semi-régulière $y = f(x)$, nous arriverons à la suite des surfaces S_1, S_2, ... contenant les points de l'ensemble donné $\mathcal{E}$ et qui vérifient l'énoncé du théorème proposé.

C. Q. F. D.

Ceci étant établi, revenons à l'étude du système donné des équations (I) :

$$(\mathrm{I}) \quad \begin{cases} f_1(x_1,\ x_2,\ \ldots,\ x_m\,;\ y_1,\ y_2,\ \ldots,\ y_p) = 0, \\ \cdots\cdots\cdots\cdots\cdots\cdots\cdots\cdots\cdots\cdots\cdots\cdots\cdots\cdots, \\ f_q(x_1,\ x_1,\ \ldots,\ x_m\,;\ y_1,\ y_2,\ \ldots,\ y_p) = 0. \end{cases}$$

Nous supposons qu'à chaque système de nombres x_1, x_2, ..., x_m correspond au plus une infinité *dénombrable* de systèmes de nombres y_1, y_2, ..., y_p vérifiant ces équations.

Prenons deux domaines $\mathcal{J}_{x_1\ldots x_m}$ et $\mathcal{J}_{y_1\ldots y_p}$ et transformons-les respectivement en deux domaines linéaires $\mathcal{J}_x$ et $\mathcal{J}_y$ au moyen de deux transformations univoques, réciproques et continues dans les deux sens. Soient

$$(1) \qquad \begin{cases} x_1 = g_1(x), \qquad x_2 = g_2(x), \qquad \ldots, \qquad x_m = g_m(x), \\ \qquad x = \mathrm{G}(x_1,\, x_2,\, \ldots,\, x_m) \end{cases}$$

et

$$(2) \qquad \begin{cases} y_1 = h_1(y), \qquad y_2 = h_2(y), \qquad \ldots, \qquad y_p = h_p(y), \\ \qquad y = \mathrm{H}(y_1,\, y_2,\, \ldots,\, y_p) \end{cases}$$

les équations qui établissent ces deux transformations.

On voit bien que les équations (1) et (2) prises ensemble établissent une transformation univoque, réciproque et continue dans les deux sens du domaine à $m + p$ dimensions $\mathcal{J}_{x_1 \ldots x_m y_1 \ldots y_p}$ en domaine plan $\mathcal{J}_{x,y}$. Il en résulte que la transformée $\mathcal{E}'$ de l'ensemble $\mathcal{E}$ est un ensemble mesurable B situé dans le plan XOY et tel que chaque parallèle à l'axe OY coupe $\mathcal{E}'$ en une infinité dénombrable de points au plus.

Soient $L_1, L_2, \ldots, L_i, \ldots$ les ensembles mesurables B uniformes relativement à l'axe OX dont la réunion coïncide avec $\mathcal{E}'$. Nous supposons que L_i est situé sur une courbe uniforme $y = \overline{\omega}_i(x)$, où la fonction $\overline{\omega}_i$ est partout définie et rentre dans la classification de M. Baire.

Si nous substituons la valeur trouvée de $y\left[= \overline{\omega}_i(x) \right]$ dans les équations (2) et si nous prenons la valeur de x des équations (1), nous arrivons à une *solution du système proposé* (I) exprimée au moyen de fonctions appartenant à la classification de M. Baire des arguments $x_1, x_2, \ldots, x_m$:

$$y_1 = h_1 \left\{ \overline{\omega}_i[\mathrm{G}(x_1,\, x_2,\, \ldots,\, x_m)] \right\},$$
$$\ldots\ldots\ldots\ldots\ldots\ldots\ldots\ldots\ldots\ldots\ldots\ldots\ldots\ldots\ldots,$$
$$y_p = h_p \left\{ \overline{\omega}_i[\mathrm{G}(x_1,\, x_2,\, \ldots,\, x_m)] \right\}.$$

On voit bien que les fonctions composées écrites rentrent dans la classification de M. Baire et qu'on obtient la *solution complète* du système proposé (I) en faisant $i = 1, 2, 3, \ldots$.

Ainsi nous sommes amenés à la conclusion suivante : *la solution complète du système proposé d'équations est formée d'une infinité dénombrable de systèmes de p fonctions* $\varphi_1^{(i)}, \varphi_2^{(i)}, \ldots, \varphi_p^{(i)}$ *rentrant dans la classification de M. Baire; chacun de ces systèmes vérifie les équations proposées sur une partie* E_k *du domaine d'existence* E, *cette partie étant mesurable* B.

Donc, la loi (L_2) de M. H. Lebesgue subsiste dans ce cas.

Cas III, où l'une des fonctions implicites est multiforme et a une infinité dénombrable de valeurs au plus ([1]). — Ce cas est analogue au cas I où l'une des fonctions implicites est uniforme.

Le domaine d'existence. — Ce domaine est, en général, non mesurable B, puisque le cas considéré contient, comme un cas particulier, le cas I; or, dans ce cas, le domaine d'existence E est, en général, non mesurable B.

Ainsi, la première loi (L_1) de M. H. Lebesgue ne s'applique plus ici.

Nature de la fonction implicite considérée. — Au contraire, la deuxième loi (L_2) de M. H. Lebesgue reste intacte. Nous verrons, en effet, que la fonction implicite considérée prend les valeurs d'une infinité dénombrable de fonctions implicites *uniformes* qui rentrent dans la classification de M. Baire.

A cet effet, nous allons démontrer la proposition de Géométrie suivante :

Théorème. — *Si $\mathcal{E}$ est un ensemble analytique situé dans le domaine à $m+1$ dimensions $\mathcal{I}_{x_1\ldots x_m y}$ et tel que chaque parallèle à l'axe OY coupe $\mathcal{E}$ en une infinité dénombrable de points au plus ou bien ne le coupe pas, l'ensemble $\mathcal{E}$ peut être regardé comme une partie d'un ensemble H mesurable B ayant la même propriété.*

Tout d'abord, pour simplifier la démonstration de ce théorème, nous allons réduire le cas général du domaine à $m+1$ dimensions $\mathcal{L}_{x_1\ldots x_m y}$ au cas du domaine *plan* $\mathcal{I}_{xy}$.

A cet effet, transformons le domaine à m dimensions $\mathcal{I}_{x_1 x_2\ldots x_m}$ en un domaine linéaire $\mathcal{I}_x$ au moyen d'une transformation univoque,

---

([1]) Ce cas a été considéré dans ma Note des *Comptes rendus Acad. Sc.*, 12 août 1929 : *Sur les fonctions implicites à une infinité dénombrable de valeurs.*

réciproque et continue dans les deux sens. Soient

$$(\text{I}) \qquad \begin{cases} x_1 = g_1(x), \quad x_2 = g_2(x), \quad \ldots, \quad x_m = g_m(x), \\ x = G(x_1, x_2, \ldots, x_m), \end{cases}$$

les équations qui déterminent cette transformation; les fonctions g_i et G sont continues.

Si nous ajoutons à ces équations (I) l'identité

$$y = y,$$

nous obtenons une transformation univoque, réciproque et continue dans les deux sens du domaine à $m + 1$ dimensions $\mathcal{J}_{x_1 \ldots x_m y}$ en domaine plan $\mathcal{J}_{xy}$. Si $\mathcal{E}$ est un ensemble analytique situé dans $\mathcal{J}_{x_1 \ldots x_m y}$ et tel que chaque parallèle à l'axe OY coupe $\mathcal{E}$ en une infinité au plus dénombrable de points, la transformée $\mathcal{E}'$ de $\mathcal{E}$ est un ensemble analytique plan ayant la même propriété.

Supposons que le théorème considéré soit vrai pour le domaine plan et que, par suite, il existe un ensemble plan H′ mesurable B, contenant l'ensemble analytique $\mathcal{E}'$ et tel que chaque droite parallèle à l'axe OY coupe H′ au plus en une infinité dénombrable de points. On voit bien que la transformée H de H′ est mesurable B, contient l'ensemble $\mathcal{E}$ et possède encore la même propriété.

Tout revient donc à démontrer la proposition pour l'ensemble analytique $\mathcal{E}$ *plan*.

Nous commençons par considérer, dans le domaine à trois dimensions $\mathcal{J}_{xyz}$, un ensemble élémentaire (p. 141) Q dont la projection sur le plan XOY coïncide avec l'ensemble analytique donné $\mathcal{E}$. Nous supposons (p. 192) que l'ensemble élémentaire Q est la partie commune aux sommes de parallélépipèdes de rangs 1, 2, 3, … tels que chaque parallélépipède de rang n contient une infinité dénombrable de parallélépipèdes de rang suivant $n + 1$ dont les projections sur l'axe OZ forment une suite ascendante de segments. Ce sont les faces supérieures de ces parallélépipèdes qui forment le crible (p. 193) C dit *élémentaire* définissant l'ensemble analytique $\mathcal{E}$.

Soit π un de ces parallélépipèdes. Désignons par Q_π la partie de Q contenue dans π, par C_π la partie du crible C contenue dans π et par $\mathcal{E}_\pi$ la projection de Q_π sur le plan XOY. On voit bien que C_π est un crible définissant l'ensemble analytique $\mathcal{E}_\pi$.

Soit x un point quelconque du domaine linéaire $\mathcal{J}_x$ et soit P_x la perpendiculaire en x à l'axe OX situé dans le plan XOY. Comme l'ensemble $\mathcal{E}$ est coupé par chaque P_x en un ensemble de points au plus dénombrable, le complémentaire $C\mathcal{E}_\pi$ est mesurable B sur P_x.

Il en résulte que la partie commune à $C\mathcal{E}_\pi$ et à P_x est contenue dans une infinité *dénombrable* de constituantes mesurables B en lesquelles est décomposé le complémentaire $C\mathcal{E}_\pi$. Nous concluons de là qu'il existe pour chaque P_x un nombre fini ou transfini de seconde classe $\alpha_x^{(\pi)}$ tel que la somme des constituantes d'indice supérieur ou égal à $\alpha_x^{(\pi)}$ ne contient qu'une infinité dénombrable de points sur P_x et que ce nombre $\alpha_x^{(\pi)}$, ne peut pas être diminué sans perdre cette propriété.

Si nous considérons le crible C total et non pas l'une de ses parties située dans un parallélépipède π, nous désignerons simplement par α_x le nombre transfini que nous venons de définir.

Cela posé, nous allons démontrer que les nombres α_x sont *bornés*, c'est-à-dire qu'il existe un nombre transfini β de seconde classe plus grand que chaque nombre α_x, quel que soit x dans le domaine $\mathcal{I}_\alpha$.

A cet effet, supposons le contraire, c'est-à-dire que les nombres α_x ne sont pas bornés. Dans ces conditions, nous considérons un système de k parallélépipèdes π_1, π_2, ..., π_k dont les projections sur le plan XOY n'ont aucun point commun deux à deux et qui jouissent de la propriété suivante : quel que soit le nombre transfini γ, il existe un point x tel que chaque ensemble $C\mathcal{E}_{\pi_i}$ ($i = 1, 2, 3, \ldots, k$) a au moins une constituante d'indice supérieure à γ contenant une infinité *non dénombrable* de points sur P_x. De tels systèmes π_1, π_2, ..., π_k existent, puisque le domaine total $\mathcal{I}_{xyz}$ en constitue un ($k = 1$).

Nous allons démontrer que chaque parallélépipède π_i ($i = 1, 2, 3, \ldots, k$) contient un couple de parallélépipèdes π_i' et π_i'' tel que le système des $2k$ parallélépipèdes π_1', π_1'', ..., π_k', π_k'' jouit encore de la même propriété.

Pour le démontrer, prenons un nombre transfini quelconque γ. Soit γ' un nombre transfini supérieur au produit $\gamma \times \omega^\omega$. D'après l'hypothèse faite sur les parallélépipèdes π_1, π_2, ..., π_k, il existe un point x qui jouit de la propriété suivante : chaque complémentaire analytique $C\mathcal{E}_{\pi_i}$ ($i = 1, 2, 3, \ldots, k$) possède une constituante $\mathcal{I}_i$ d'indice supérieur à γ' qui contient une infinité non dénombrable de points sur P_x. Comme la partie commune $\mathcal{I}_i \times P_x$ est non dénombrable, il existe sur P_x un segment Δ_i tel que la partie de $\mathcal{I}_i \times P_x$

contenue dans Δ_i est non dénombrable, tandis que la partie de $\Im_i \times P_x$ située en dehors de Δ_i est dénombrable, et que Δ_i soit le plus petit segment jouissant de cette propriété.

Cela posé, prenons un entier positif n assez grand pour que tous les parallélépipèdes de rang n contenus dans le parallélépipède π_i aient des arêtes inférieures à $\frac{1}{3}$ long Δ_i, et cela quel que soit $i = 1, 2, 3, \ldots, k$.

Divisons chaque segment Δ_i en trois parties égales et enlevons la partie centrale. Les deux segments restants contiennent chacun une infinité non dénombrable de points de $\Im_i \times P_x$. Choisissons arbitrairement un point de $\Im_i \times P_x$ dans chacun de ces segments; soient M'_i et M''_i ces points. On voit bien qu'il existe une infinité *non dénombrable* de tels couples de points M'_i et M''_i. Menons par les points M'_i et M''_i des droites parallèles à l'axe OZ; soient D'_i et D''_i ces parallèles. Comme les points M'_i et M''_i appartiennent à la constituante $\Im_i$, il en résulte que les droites D'_i et D''_i coupent le crible C_{π_i} en deux ensembles bien ordonnés, $R_{M'_i}$ et $R_{M''_i}$, dont chacun correspond à un nombre transfini plus grand que γ'. Or, les projections des parallélépipèdes de rang n sur l'axe OZ forment un ensemble bien ordonné de segments qui correspond au nombre transfini ω^n. Il en résulte qu'il existe au moins *deux* parallélépipèdes de rang n tels que les parties de $R_{M'_i}$ et $R_{M''_i}$ contenues dans ces deux parallélépipèdes correspondent à deux nombres transfinis supérieurs à γ. Il est bien évident que les projections de ces deux parallélépipèdes de rang n sur le plan XOY n'ont aucun point commun puisque ces projections contiennent respectivement les points M'_i et M''_i et ont des côtés inférieurs à $\frac{1}{3}$ long Δ_i.

Comme il n'existe qu'une infinité au plus dénombrable de couples de parallélépipèdes de rang n et comme, d'autre part, il existe une infinité non dénombrable de couples de points M'_i et M''_i, nous en concluons qu'il existe dans chaque parallélépipède π_i deux parallélépipèdes π'_i et π''_i de rang n tels que les droites D'_i et D''_i menées par les points M'_i et M''_i coupent les cribles $C\pi'_i$ et $C\pi''_i$ en des ensembles bien ordonnés qui correspondent aux nombres transfinis supérieurs à γ, ces points M'_i et M''_i étant en infinité non dénombrable.

En d'autres termes, nous avons démontré que, quel que soit le nombre transfini γ, la perpendiculaire P_x contient une infinité non dénombrable de points de deux constituantes d'indices supérieurs à γ, $\mathfrak{I}_{\pi_i}$ et $\mathfrak{I}_{\pi_i}$, des complémentaires analytiques $\mathrm{C}\mathscr{E}\pi_i'$ et $\mathrm{C}\mathscr{E}\pi_i''$; ici les ensembles analytiques $\mathscr{E}_{\pi_i'}$ et $\mathscr{E}_{\pi_i''}$ sont les projections des ensembles élémentaires $\mathrm{Q}_{\pi_i'}$ et $\mathrm{Q}_{\pi_i''}$ contenus dans les parallélépipèdes π_i' et π_i''.

Il résulte de ce qui précède que le système des $2k$ parallélépipèdes π_1', π_1'', ..., π_k', π_k'' jouit de la même propriété que le système initial des k parallélépipèdes π_1, π_2, ..., π_k.

Cela posé, revenons à la démonstration du théorème énoncé. Nous avons défini précédemment pour chaque perpendiculaire P_x un nombre transfini α_x et nous avons supposé que ces nombres α_x ne sont pas bornés quand x parcourt le domaine $\mathfrak{I}_x$. Dans cette hypothèse, nous avons démontré que chaque système des k parallélépipèdes π_1, π_2, ..., π_k jouissant d'une propriété spéciale contient un système de $2k$ parallélépipèdes π_1', π_1'', ..., π_k', π_k'' jouissant de la même propriété. Comme les projections des parallélépipèdes π_1, π_2, ..., π_k sur le plan XOY n'ont deux à deux aucun point commun et possèdent tous des points sur une même droite parallèle à l'axe OY, en répétant le procédé *indéfiniment*, nous obtenons un ensemble parfait contenu dans l'ensemble élémentaire Q et dont la projection sur le plan XOY est un ensemble parfait situé sur une droite parallèle à l'axe OY. Or, ceci est précisément impossible puisque la projection de Q sur le plan XOY est l'ensemble analytique $\mathscr{E}$ et nous savons bien que chaque parallèle à l'axe OY coupe $\mathscr{E}$ en un ensemble de points au plus *dénombrable*.

Ainsi, les nombres transfinis α_x sont *bornés*.

Ceci étant établi, prenons un nombre transfini β de seconde classe qui surpasse tous les nombres α_x. Considérons toutes les constituantes du complémentaire analytique $\mathrm{C}\mathscr{E}$ dont les indices sont inférieurs à β. Soit S la réunion de ces constituantes; l'ensemble S est évidemment mesurable B. Désignons par H le complémentaire de l'ensemble S; l'ensemble H est encore *mesurable* B. On voit bien que H contient l'ensemble analytique $\mathscr{E}$ donné.

Je dis maintenant que l'ensemble H est coupé par chaque parallèle à l'axe OY en une infinité au plus dénombrable de points. En effet, dans le cas contraire, nous aurions une perpendiculaire P_x contenant une infinité non dénombrable de points de H. Ces points forment un ensemble mesurable B. Donc, cet ensemble est contenu dans une infinité *dénombrable* de constituantes de $\mathrm{C}\mathscr{E}$ et d'ailleurs ces constituantes ont les indices supérieures à β. Il en résulte qu'il existe une constituante d'indice supérieur à β ayant une infinité non dénombrable de points sur une perpendiculaire P_x. Or, c'est précisément impossible puisque β surpasse α_x.

Ainsi nous avons défini un ensemble H mesurable B contenant l'ensemble analytique donné $\mathcal{E}$ et tel que chaque droite parallèle à l'axe OY coupe H en une infinité dénombrable de points au plus, ce qui démontre le théorème énoncé. C. Q. F. D.

Il résulte du théorème démontré que *tout ensemble analytique $\mathcal{E}$ situé dans le domaine à $m + 1$ dimensions $\mathcal{I}_{x_1 \ldots x_m y}$ et tel que chaque parallèle à l'axe OY coupe $\mathcal{E}$ en une infinité dénombrable de points est la réunion d'une infinité dénombrable d'ensembles analytiques $\mathcal{E}_1, \mathcal{E}_2, \ldots, \mathcal{E}_k, \ldots$ situés respectivement sur les surfaces uniformes $y = \varphi_k(x_1, x_2, \ldots, x_m)$, où les φ_k sont des fonctions explicites de la classification de M. Baire partout définies dans $\mathcal{I}_{x_1 \ldots x_m}$.*

Pour appliquer ce résultat à l'étude des fonctions implicites multiformes à une infinité dénombrable des valeurs au plus, il suffit de remarquer qu'une fonction implicite multiforme y_i a pour représentation géométrique un ensemble analytique $\mathcal{E}^{(i)}$ situé dans le domaine $\mathcal{I}_{x_1 \ldots x_m y_i}$ qu'on obtient en faisant la projection de l'ensemble $\mathcal{E}$ sur ce domaine. Si nous supposons que la fonction implicite y_i est à une infinité dénombrable de valeurs au plus, l'ensemble analytique $\mathcal{E}^{(i)}$ satisfait aux conditions du résultat précédent.

Ainsi, *la fonction implicite multiforme y_i est décomposée en une infinité dénombrable de fonctions uniformes rentrant dans les classes de M. Baire* et ceci nous montre que la loi (L_2) subsiste partiellement.

ÉTUDE DU CAS GÉNÉRAL DES FONCTIONS IMPLICITES.

Généralités. — Après avoir étudié quelques cas particuliers qui se présentent naturellement, nous passons au cas général.

La considération de ces cas particuliers nous a montré que le domaine E d'existence des fonctions implicites est, suivant le cas, mesurable B ou non. Ainsi, la première loi (L_1) de M. H. Lebesgue peut subsister ou non dans ces cas particuliers.

Au contraire, la deuxième loi (L_2) de M. H. Lebesgue subsiste toujours dans ces cas particuliers, du moins partiellement. Plus précisément, en supposant l'une des fonctions implicites, soit y_i, ayant au plus une infinité dénombrable de valeurs, nous avons vu qu'on peut faire correspondre à chaque point $M(x_1, x_2, \ldots, x_m)$ du domaine d'existence E un nombre unique φ choisi parmi les valeurs de cette fonction implicite y_i en M de telle manière que la fonction uniforme $\varphi(x_1, x_2, \ldots, x_m)$ ainsi déterminée coïncide avec une fonction de la classification de M. Baire.

Or, nous verrons que, dans le cas général où l'on ne suppose rien sur les fonctions implicites, la détermination d'une telle fonction uniforme $\varphi(x_1, x_2, \ldots, x_m)$ devient impossible. Cela veut dire que, *bien que nous puissions toujours former une fonction uniforme $\varphi(x_1, x_2, \ldots, x_m)$ par un choix convenable de ses valeurs parmi les valeurs de la fonction implicite considérée* (p. 226), *cette fonction φ ne coïncide sur le domaine d'existence E avec aucune fonction de la classification de M. Baire.*

Cette impossibilité devient presque un lieu commun si le domaine d'existence E est *non mesurable* B. Pour le voir, prenons une seule équation

$$F(x, y) = 0,$$

telle que le domaine d'existence E de la fonction implicite y soit non mesurable B. Comme F rentre dans la classification de M. Baire, l'ensemble $\mathscr{E}$ des points du plan XOY en lesquels F s'annule est mesurable B. Le domaine d'existence E est la projection orthogonale de $\mathscr{E}$ sur l'axe OX. S'il existe une fonction uniforme $\varphi(x)$ définie sur E, vérifiant l'équation F = 0 et coïncidant sur E avec une fonction rentrant dans la classification de M. Baire, la partie commune H à $\mathscr{E}$ et à la courbe $y = \varphi(x)$ est un ensemble *uniforme* mesurable B. Donc, la projection de H sur l'axe OX doit être mesurable B, ce qui est impossible puisque cette projection coïncide avec le domaine E.

C. Q. F. D.

Ainsi, l'étude du cas où le domaine d'existence est non mesurable B ne présente aucune difficulté. Or, il n'en est plus ainsi dans le cas où le domaine d'existence est mesurable B. Nous verrons cependant qu'*il y a des cas où le domaine d'existence est mesurable* B (même coïncide avec le domaine fondamental $\mathscr{J}_{x_1 \ldots x_m}$) *et où il est néanmoins impossible de définir une fonction uniforme*

$\varphi(x_1, x_2, \ldots, x_m)$ *rentrant dans la classification de* **M. Baire** *et dont les valeurs sont choisies parmi celles d'une fonction implicite multiforme.*

Ces cas sont très importants, **mais** pour démontrer qu'il existe effectivement de tels cas nous avons besoin de considérations préliminaires.

Avant de passer à la démonstration, nous faisons remarquer qu'il s'agit de résoudre le problème de Géométrie que voici :

Trouver un ensemble $\mathcal{E}$ mesurable B, *situé dans le domaine à* $m + 1$ *dimensions* $\mathcal{I}_{x_1 \ldots x_m y}$, *dont la projection sur* $\mathcal{I}_{x_1 \ldots x_m}$ *coïncide avec tout ce domaine et qui jouit de la propriété suivante : il n'existe aucune surface* S *définie par une équation*

$$y = \varphi(x_1, x_2, \ldots, x_m),$$

où φ rentre dans la classification de **M. Baire**, *et telle que chaque point de* S *appartient à $\mathcal{E}$.*

En effet, soit $F(x_1, x_2, \ldots, x_m, y)$ une fonction caractéristique de l'ensemble $\mathcal{E}$. Comme $\mathcal{E}$ est mesurable B, F rentre dans la classification de M. Baire. Puisque tout point $M(x_1, x_2, \ldots, x_m)$ du domaine $\mathcal{I}_{x_1 \ldots x_m}$ est la projection de points de $\mathcal{E}$, l'équation $F(x_1, x_2, \ldots, x_m, y) = 0$ admet au moins une solution y pour chaque système de nombres $x_1, x_2, \ldots, x_m$. Or, d'après la propriété supposée de l'ensemble $\mathcal{E}$, on voit bien qu'il n'existe aucune solution uniforme $y = \varphi(x_1, x_2, \ldots, x_m)$, où φ rentre dans la classification de M. Baire. c. q. f. d.

Ainsi, tout revient à la résolution du problème de Géométrie que nous venons de poser.

Les points d'unicité (¹). — Pour résoudre le problème de Géométrie posé, nous avons besoin d'une notion importante : celle des *points d'unicité.*

Soit $\mathcal{E}$ un ensemble quelconque de points situé dans le domaine $\mathcal{I}_{x_1 \ldots x_m y}$.

(¹) Comme méthode pour analyser le cas général des fonctions implicites j'ai pris l'étude des points d'unicité. *Voir* ma Note dans les *Comptes rendus Acad. Sc.*, 16 septembre 1929 : *Sur les points d'unicité d'un ensemble mesurable* B.

Nous dirons qu'un point $N(x_1, x_2, \ldots, x_m, y)$ de $\mathscr{E}$ est un *point d'unicité relativement à l'axe* OY si la parallèle à cet axe menée par N ne coupe $\mathscr{E}$ en aucun point distinct de N. L'ensemble de tous les points d'unicité est dit *ensemble d'unicité* de $\mathscr{E}$ et sera désigné par $\mathscr{E}_1$.

Soit E la projection de $\mathscr{E}$ sur le domaine $\mathcal{I}_{x_1 \ldots x_m}$. Soient

$$\varphi(x_1, x_2, \ldots, x_m)$$

une fonction uniforme définie sur E et S la surface définie par l'équation $y = \varphi(x_1, x_2, \ldots, x_m)$.

Il est manifeste que si chaque point de S appartient à $\mathscr{E}$, cette surface S doit nécessairement passer par tout point d'unicité de $\mathscr{E}$; cela veut dire que l'ensemble de points $\mathscr{E}_1$ doit appartenir à la surface S.

La méthode pour résoudre le problème de Géométrie posé consiste précisément à construire *un ensemble $\mathscr{E}$ mesurable* B *dont l'ensemble d'unicité $\mathscr{E}_1$ est tel que, a priori, il est impossible de faire passer par $\mathscr{E}_1$ une surface uniforme* S *définie par une fonction de la classification de M. Baire.*

Remarquons qu'il est aisé de reconnaître la nature d'un ensemble d'unicité $\mathscr{E}_1$ provenant d'un ensemble $\mathscr{E}$ mesurable B : c'est un *complémentaire analytique*.

En effet, nous avons vu (p. 169) que les points $M(x_1, \ldots, x_m)$ du domaine $\mathcal{I}_{x_1 \ldots x_m}$ en lesquels la parallèle à l'axe OY coupe $\mathscr{E}$ en *deux* points au moins forment un ensemble analytique. Soit E_2 cet ensemble. Comme $\mathscr{E}$ est mesurable B, tous les points de $\mathscr{E}$ dont les projections appartiennent à E_2 forment un ensemble $\mathscr{E}_2$ qui est analytique. Donc les points de $\mathscr{E}$ qui n'appartiennent pas à $\mathscr{E}_2$ forment un complémentaire *analytique*. Or, cet ensemble est évidemment identique à $\mathscr{E}_1$. C. Q. F. D.

Projection de l'ensemble d'unicité. Problème sur la nature de cette projection et sa réduction. — Nous avons vu qu'il est très aisé de reconnaître la nature de l'ensemble d'unicité $\mathscr{E}_1$ lui-même. Au contraire, il est très difficile à reconnaître la nature de la projection E_1 de l'ensemble d'unicité $\mathscr{E}_1$. Les pages qui suivent ont pour but de constater ce fait remarquable, à savoir que *cet ensemble* E_1 *est également un complémentaire analytique.*

Pour éviter les complications d'ordre secondaire dans nos raisonnements, nous commençons par faire une réduction du problème en simplifiant la nature de l'ensemble E_1.

Soient $\mathcal{E}$ un ensemble mesurable B situé dans le domaine à $m+1$ dimensions $\mathcal{I}_{x_1\ldots x_m y}$, $\mathcal{E}_1$ l'ensemble d'unicité de $\mathcal{E}$. Soient de même E et E_1 les projections respectives de $\mathcal{E}$ et $\mathcal{E}_1$ sur le domaine $\mathcal{I}_{x_1\ldots x_m}$.

Nous avons déjà vu qu'on peut établir une correspondance univoque, réciproque et continue dans les deux sens entre les points du domaine $\mathcal{I}_{x_1\ldots x_m}$ et ceux d'un nouveau domaine *linéaire* $\mathcal{I}_x$, et que cette correspondance est donnée par les formules

$$(1) \qquad \begin{cases} x_1 = f_1(x), \qquad x_2 = f_2(x), \qquad \ldots, \qquad x_m = f_m(x), \\ x = F(x_1, x_2, \ldots, x_m), \end{cases}$$

où toutes les fonctions f_i et F sont *continues*.

Nous avons vu que, dans cette correspondance des deux domaines $\mathcal{I}_{x_1\ldots x_m}$ et $\mathcal{I}_x$, à chaque ensemble mesurable B correspond un ensemble mesurable B de même classe et que chaque ensemble analytique se transforme en un ensemble analytique.

En ajoutant aux équations précédentes (1) l'identité

$$(2) \qquad\qquad\qquad y = y,$$

nous obtenons une transformation du domaine $\mathcal{I}_{x_1\ldots x_m y}$ à $m+1$ dimensions en domaine *plan* $\mathcal{I}_{xy}$. Soient ε, ε_1, e et e_1 les transformés de $\mathcal{E}$, $\mathcal{E}_1$, E et E_1 respectivement.

On voit bien que ε est mesurable B, ε_1 l'ensemble d'unicité de ε, e et e_1 les projections sur l'axe OX des ensembles ε et ε_1 respectivement. Pour que E_1 soit un complémentaire analytique il faut et il suffit que e_1 soit un complémentaire analytique.

Ainsi le problème se ramène au problème *plan*. Mais nous allons voir qu'il est possible de le simplifier encore.

A cet effet considérons une représentation paramétrique *régulière* et *continue* de l'ensemble e (en négligeant peut-être une infinité dénombrable de points de e). Soit

$$x = \varphi(t), \qquad y = \psi(t)$$

cette représentation ; les fonctions φ et ψ sont continues sur $\mathcal{I}_t$.

Considérons le plan XOT, la courbe $x = \varphi(t)$. Il est bien évident que l'ensemble des valeurs de $\varphi(t)$ coïncide avec e et que e_1 est l'ensemble de tous les points x en lesquels la droite parallèle à l'axe OT coupe la courbe en *un* point et *un seul*.

Donc, tout revient à reconnaître la nature de l'ensemble e_1 des points x en lesquels les parallèles à OT coupent la courbe $x = \varphi(t)$ en un point et un seul, la fonction φ étant *continue* sur $\mathcal{J}_t$. C'est la réduction du problème.

Nature de la projection d'un ensemble d'unicité. — Ainsi il s'agit d'étudier la nature de l'ensemble E_1 des points y pour lesquels l'équation $y = f(x)$ a une seule racine, la fonction $f(x)$ étant continue sur $\mathcal{J}_x$.

Soient $\delta_1, \delta_2, \ldots, \delta_n, \ldots$ tous les intervalles de Baire d'ordre 1 dans l'intervalle $(0 < x < 1)$. Soit e_n l'ensemble des valeurs de $f(x)$ sur δ_n, et soit Δ_n le plus petit segment contenant e_n; Δ_n est situé sur l'axe OY. Comme les ensembles e_n sont analytiques, on peut appliquer le *deuxième principe* à deux d'entre eux, soit e_i et e_j $(i \neq j)$. Désignons par $e_{i,j}$ la partie commune à e_i et e_j, et par R_{ij} et R_{ji} les ensembles différences $e_i - e_{ij}$ et $e_j - e_{ij}$. D'après le deuxième principe, on peut trouver deux *complémentaires analytiques* H_{ij} et H_{ji} sans points communs contenant respectivement R_{ij} et R_{ji}. On peut évidemment supposer que H_{ij} est contenu dans Δ_i et H_{ji} dans Δ_j.

Cela posé, considérons l'indice i comme *fixe* et faisons parcourir à j tous les entiers positifs *sauf* i. Soit H_i la partie commune à tous ces H_{ij}

$$H_i = H_{i1} \times H_{i2} \times \ldots \times H_{i,i-1} \times H_{i,i+1} \times \ldots.$$

Il est manifeste que H_i est un complémentaire analytique contenu dans Δ_i. On voit bien que *tous ces* $H_i (i = 1, 2, 3, \ldots)$ *sont sans point commun deux à deux.*

La propriété principale de H_i consiste en ce que cet ensemble contient sûrement tous les points y tels que l'équation $y = f(x)$ ait une racine et une seule et que cette racine soit située dans δ_i.

En effet, chaque point y vérifiant cette condition appartient à tous les R_{ij}, donc à tous les H_{ij} et, par suite, à H_i.

De plus, pour chaque y appartenant à H_i, toutes les racines de l'équation $y = f(x)$ appartiennent à δ_i.

Ainsi, nous avons obtenu une suite dénombrable $H_1, H_2, \ldots, H_n, \ldots$

de complémentaires analytiques n'ayant deux à deux aucun point commun ; leur réunion contient l'ensemble E_1. Nous appellerons ces ensembles H_n *complémentaires analytiques d'ordre* 1.

Pour définir les complémentaires analytiques d'*ordre* 2, nous prenons un ensemble H_i quelconque et l'intervalle de Baire correspondant δ_i. Nous divisons δ_i en tous les intervalles de Baire d'ordre **2** ; soient δ'_1, δ'_2, ..., δ'_k, ... ces intervalles. Désignons par e'_k l'ensemble des valeurs de $f(x)$ sur δ'_k et par Δ'_k le plus petit segment sur l'axe OY contenant e'_k.

Nous pouvons procéder avec les ensembles e'_k de la même manière qu'avec les ensembles e_k précédemment définis et nous obtiendrons ainsi une suite dénombrable de complémentaires analytiques H'_k sans point commun deux à deux, contenus dans les Δ'_k correspondants et dans H_i.

Il importe de remarquer que H'_k contient tous les points y tels que l'équation $y = f(x)$ a une racine et une seule et que cette racine appartient à δ'_k.

De plus, pour chaque y appartenant à H'_k toutes les racines de l'équation $y = f(x)$ appartiennent à δ'_k.

Nous appellerons tous ces H'_k ainsi définis pour tous les H_i *complémentaires analytiques d'ordre* 2.

Le procédé que nous venons de décrire se poursuit indéfiniment et nous donne les complémentaires analytiques de tous les ordres.

Désignons par S_n la somme de tous les complémentaires analytiques d'ordre n ; l'ensemble S_n est un complémentaire analytique. Soit enfin Π la partie commune à tous les S_n ; *l'ensemble Π est évidemment encore un complémentaire analytique.*

Je dis maintenant que Π *coïncide précisément avec l'ensemble* E_1 *dont nous cherchons à déterminer la nature.*

Tout d'abord, Π contient E_1 puisque chaque S_n contient évidemment E_1.

D'autre part, soit y_0 un point de Π. Comme S_n est une somme de complémentaires analytiques sans points communs deux à deux, y_0 appartient à un d'entre eux et à un seul. Soient h_n ce complémentaire analytique, σ_n le plus petit segment contenant h_n et $\Im_n$ l'intervalle de Baire d'ordre n qui correspond à h_n. D'après la propriété des complémentaires analytiques d'ordre n, l'équation $y_0 = f(x)$ a toutes ses racines contenues dans $\Im_n$.

Si nous faisons varier n, nous obtenons une suite illimitée d'intervalles de Baire $\Im_1$, $\Im_2$, ..., $\Im_n$, ... d'ordres respectivement 1, 2, 3, ... emboîtés les uns dans les autres. Donc, il existe un point irrationnel x_0 appartenant à tous ces $\Im_n$.

Je dis maintenant que $y_0 = f(x_0)$. En effet, les deux points, y_0 et $f(x_0)$, appartiennent à σ_n quel que soit n, et comme la longueur de σ_n tend vers zéro lorsque n croît indéfiniment, les points *fixes* y_0 et $f(x_0)$ sont identiques.

D'autre part, x_0 est *la seule* racine de l'équation $y_0 = f(x_0)$. En effet, cette équation a toutes ses racines contenues dans $\Im_n$ quel que soit n, et la longueur de $\Im_n$ tend vers zéro.

Donc, les ensembles Π et E_1 sont identiques et, par suite, E_1 est un complémentaire analytique. C. Q. F. D.

Ainsi, nous sommes amenés au résultat suivant :

Théorème. — *Quel que soit l'ensemble $\mathscr{E}$ mesurable* B, *l'ensemble $\mathscr{E}_1$ de ses points d'unicité et la projection* E_1 *de cet ensemble d'unicité sont tous les deux des complémentaires analytiques.*

Il importe de remarquer que la projection E_1 de l'ensemble d'unicité $\mathscr{E}_1$ est un complémentaire analytique *le plus général*.

Pour le voir, nous nous bornons au cas d'un ensemble $\mathscr{E}$ mesurable B situé dans un plan.

Soit E_1 un complémentaire analytique linéaire situé sur l'axe OX et absolument arbitraire. L'ensemble CE_1 est analytique. Donc, il existe un ensemble plan H mesurable B dont la projection sur l'axe OX coïncide avec CE_1. Désignons par $\mathscr{E}$ la réunion de H et d'une parallèle à l'axe OX ne coupant pas H. De telles parallèles existent toujours puisque nous pouvons supposer que l'ensemble H est situé entre les droites $y = 0$ et $y = 1$. On voit bien que $\mathscr{E}$ est mesurable B et a E_1 pour projection de son ensemble d'unicité.

Au contraire, on ne peut pas affirmer que tout complémentaire analytique plan Θ coupé en un point au plus par chaque parallèle à l'axe OY sert d'ensemble d'unicité à un ensemble plan $\mathscr{E}$ mesurable B.

En effet, s'il en était ainsi, la projection de Θ sur l'axe OX serait nécessairement un complémentaire analytique. Or, d'après les recherches de M. S. Mazurkiewicz que nous exposerons dans le Chapitre V, la projection d'un complémentaire analytique uniforme peut être, dans certains cas, un ensemble *analytique arbitraire*.

Deuxième démonstration de l'existence de deux complémentaires analytiques non séparables B. — La démonstration du théorème précédent sur la nature de la projection de l'ensemble d'unicité et l'exemple que nous venons d'indiquer nous donnent une indication parfaitement claire sur l'existence de tels complémentaires analytiques.

En effet, supposons, par impossible, que les deux complémentaires analytiques H' et H'' n'ayant aucun point commun soient séparables B. Dans ces conditions, deux ensembles quelconques séparables simultanément au moyen de complémentaires analytiques sont simplement séparables B. Il s'ensuit que nous pouvons supposer, dans la démonstration précédente, tous les ensembles séparateurs H_{ij} simplement *mesurables* B. Il résulte de là que les ensembles H_i de tous les ordres et, par suite, les sommes S_1, S_2, ..., S_n, ... sont encore mesurables B. Or, l'ensemble Π est la partie commune aux $S_n\,(n=1,2,3,\ldots)$. Donc, Π est mesurable B, et nous concluons de là que la projection de l'ensemble d'unicité est toujours mesurable B.

Or, c'est ce qui est précisément impossible puisque nous avons montré que la projection de l'ensemble d'unicité peut être un complémentaire analytique *arbitraire* et, en particulier, non mesurable B.

c. q. f. d.

Cas général des fonctions implicites. — La digression sur les projections des ensembles d'unicité n'avait point d'autre but que de résoudre le problème de Géométrie précédemment posé : trouver, dans l'espace OXYZ, un ensemble $\mathcal{E}$ mesurable B dont la projection sur le plan XOY coïncide avec ce plan et qui jouit de la propriété suivante : il n'existe aucune surface S définie par une équation $z = F(x, y)$, où F rentre dans la classification de M. Baire, tel que chaque point de S appartienne à $\mathcal{E}$.

Nous allons maintenant résoudre ce problème.

A cet effet prenons la fonction $\varphi(x, t)$ que nous avons précédemment définie (p. 147). Cette fonction jouit des propriétés suivantes : 1° elle est définie pour tous les x et t appartenant à l'intervalle $(0, 1)$ et rentre dans la classe 2 de la classification de M. Baire; 2° quelle que soit une fonction $f(x)$ définie dans $(0 < x < 1)$ et continue en chaque point irrationnel x, il existe un nombre irrationnel t_0 tel que nous ayons l'identité

$$\varphi(x,\, t_0) \equiv f(x).$$

Cela posé, prenons, dans l'espace OXYZ, l'ensemble des points $M(x,\, y,\, z)$ dont les coordonnées vérifient l'équation

$$x = \varphi(z,\, y).$$

Cet ensemble est évidemment mesurable B; nous le désignons par H. On voit bien que H est situé au-dessous du plan $z = 1$. Il importe de remarquer que l'ensemble H est coupé par le plan $y = y_0$ suivant une courbe arbitraire continue pour chaque point z irrationnel.

Ceci étant, nous prenons sur l'axe OX un ensemble *arbitraire e* mesurable B. Nous pouvons déterminer une fonction $f(z)$ continue en chaque point irrationnel z, telle que l'équation $x = f(z)$ nous donne une représentation paramétrique *régulière* de l'ensemble e (à un ensemble dénombrable de points e près) lorsque z parcourt les points irrationnels entre 0 et $\frac{1}{2}$, et en même temps nous donne une représentation paramétrique régulière (à un ensemble dénombrable de points près) de l'ensemble complémentaire Ce lorsque z parcourt les points irrationnels entre $\frac{1}{2}$ et 1. Et comme il existe toujours un nombre y_0 tel que nous ayons l'identité

$$\varphi(z,\, y_0) \equiv f(z),$$

nous en concluons que le plan $y = y_0$ coupe l'ensemble H suivant une courbe *uniforme*

$$z = g(x),$$

où la fonction g est la fonction *inverse* de $f(z)$. Cette fonction $g(x)$ rentre, par suite, dans la classification de M. Baire.

Je dis maintenant que *cette fonction $g(x)$ peut être de classe aussi élevée que l'on veut*.

En effet, considérons l'ensemble des x pour lesquels nous avons l'inégalité

$$0 < g(x) < \frac{1}{2}.$$

Il est bien évident que cet ensemble coïncide exactement avec l'ensemble *e*. Et comme l'ensemble *e* peut être choisi dans une classe quelconque de la classification de M. Baire, nous concluons de là (^{1}) que la classe de la fonction $g(x)$ peut être supposée aussi élevée que l'on veut, en choisissant convenablement l'ensemble *e*.

Donc, l'ensemble H est coupé par des plans $y = \text{const.}$ suivant des courbes *uniformes*, rentrant dans la classification de M. Baire et des classes aussi élevées que l'on veut

Il en résulte immédiatement qu'il est impossible de mener par les points d'unicité de l'ensemble H une surface uniforme $z = F(x, y)$, où F rentre dans la classification de M. Baire, puisque, s'il en était ainsi, la classe de cette surface serait bien déterminée, α, et tous les plans $y = \text{const.}$ couperaient cette surface suivant des courbes de classes non supérieures à α. Or, nous avons vu que ces courbes peuvent être de classes aussi élevées que l'on veut.

Il nous reste à compléter l'ensemble H en lui ajoutant un ensemble mesurable B nouveau H′ de manière que la somme H + H′ ait les mêmes points d'unicité que H et, en même temps, que sa projection sur XOY coïncide avec tout ce plan.

Or, ceci est possible d'après le théorème sur la nature de la projection de l'ensemble d'unicité. En effet, désignons par $\mathscr{E}_1$ l'ensemble des points d'unicité de H et par E_1 sa projection sur le plan XOY. Nous savons que E_1 est un complémentaire analytique. Donc, son complémentaire CE_1 est un ensemble *analytique*. Il existe donc un ensemble Θ_1 mesurable B situé *au-dessus* du plan $z = 1$ dont la projection sur XOY coïncide avec CE_1. Désignons par Θ_2 un ensemble symétrique à Θ_1 par rapport au plan $z = 1$.

Cela posé, désignons par H′ la somme $\Theta_1 + \Theta_2$. L'ensemble somme $\mathscr{E} = H + H′$ est manifestement mesurable B et a pour projection sur XOY tout ce plan. Et comme l'ensemble d'unicité de $\mathscr{E}$ coïncide évidemment avec celui de H, nous avons une solution du problème posé.

                                                   C. Q. F. D.

(^{1}) Il s'agit de la proposition suivante de M. H. Lebesgue : *Pour qu'une fonction f partout définie soit de classe* α, *il faut et il suffit que, quels que soient a et b, l'ensemble des points où l'on a* $a \leqq f \leqq b$ *soit de classe* α, *et qu'il soit effectivement de classe* α *pour certaines valeurs de a et b* (*Sur les fonctions représentables analytiquement*, p. 167, théorème IV).

On démontre cette proposition par récurrence transfinie. *Voir* aussi page 145 de ce Livre.

Troisième démonstration de l'existence de deux complémentaires analytiques non séparables B. — Nous allons maintenant indiquer *directement* deux complémentaires analytiques qui ne sont pas séparables B bien qu'ils n'aient aucun point commun.

Reprenons la fonction

$$y = \varphi(x,\, t)$$

de la partie précédente. Les propriétés de cette fonction dont nous aurons besoin sont les suivantes : 1° la fonction $\varphi(x,\, t)$ rentre dans la classification de M. Baire ; 2° quelle que soit la fonction $f(x)$ continue en chaque point irrationnel, il existe un nombre t_0 tel que nous avons l'identité

$$\varphi(x,\, t_0) \equiv f(x).$$

Nous représentons géométriquement cette fonction $y = \varphi(x,\, t)$ par une surface uniforme située dans l'espace OXTY et nous désignons par S cette surface.

Cela posé, nous menons le plan $x = \frac{1}{2}$. Ce plan coupe notre surface S en deux parties, soient S_1 et S_2.

Désignons par $\mathscr{E}$ l'ensemble de tous les points de la surface S en

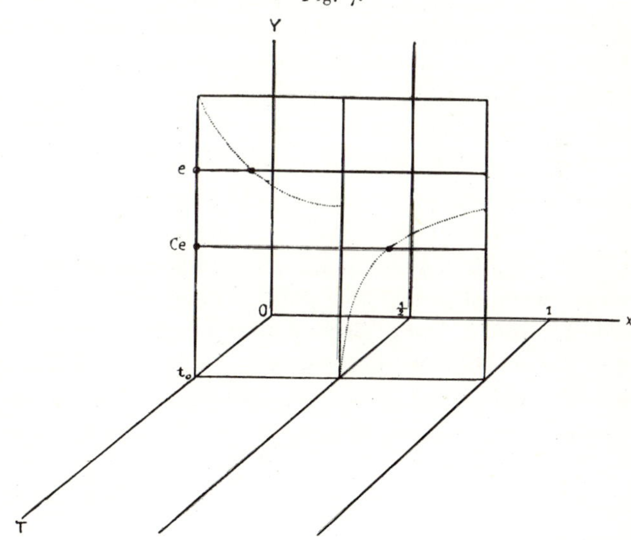

Fig. 7.

lesquels la droite parallèle à l'axe OX coupe S en un point et *un seul*.

On voit bien que l'ensemble $\mathscr{E}$ est l'*ensemble d'unicité* de la surface S *par rapport à l'axe* OX.

Soient $\mathscr{E}'$ et $\mathscr{E}''$ les ensembles d'unicité analogues pour les surfaces S_1 et S_2 respectivement. Désignons par E, E' et E'' les projections de $\mathscr{E}$, $\mathscr{E}'$ et $\mathscr{E}''$ respectivement sur le plan TOY. D'après le théorème sur la nature de la projection d'un ensemble d'unicité, les ensembles E, E' et E'' sont des *complémentaires analytiques*.

Soient H_1 la partie commune à E et E', et H_2 la partie commune à E et E'' :

$$H_1 = E \times E', \qquad H_2 = E \times E''.$$

Ces ensembles H_1 et H_2 sont également des complémentaires analytiques. On voit bien que H_1 et H_2 n'ont aucun point commun. En effet, si M appartenait à H_1 et H_2, la parallèle à l'axe OX passant par M couperait S en un seul point, ce qui est impossible puisqu'elle doit couper S_1 et S_2.

Nous allons démontrer que H_1 et H_2 *sont non séparables* B.

A cet effet, prenons un ensemble linéaire quelconque e mesurable B ; soit Ce son complémentaire. Il existe un nombre t_0 tel que la fonction $\varphi(x, t_0)$ soit *à valeurs distinctes* sur la portion $(o, 1)$ du domaine $\mathscr{I}_x$ et que ces valeurs forment : sur la portion $\left(o, \dfrac{1}{2}\right)$ l'ensemble e et sur la portion $\left(\dfrac{1}{2}, 1\right)$ l'ensemble Ce.

Si nous menons le plan $t = t_0$, on voit bien qu'il coupe l'ensemble H_1 en e et l'ensemble H_2 en Ce.

Si H_1 et H_2 étaient séparables B, il existerait deux ensembles Θ_1 et Θ_2, mesurables B sans point commun et contenant respectivement H_1 et H_2. Dans ces conditions le plan $t = t_0$ couperait les ensembles Θ_1 et Θ_2 en deux ensembles qui coïncideraient évidemment avec e et Ce. Or, ceci est précisément impossible puisque l'ensemble plan Θ_1 est de classe bien déterminée α. Donc, en coupant Θ_1 par des plans $t = $ const., nous aurons des ensembles linéaires dont les classes ne surpassent pas α. Or l'ensemble e est choisi *arbitrairement*, donc on peut supposer que sa classe surpasse α. C. Q. F. D.

La méthode de M. P. Novikoff. — Nous avons démontré précédemment (p. 254 et 260) que, dans le cas général des fonctions implicites, la deuxième loi (L_2) de M. H. Lebesgue ne s'applique plus. Cela veut dire qu'il n'existe aucune fonction explicite uniforme rentrant dans la classification de M. Baire et prenant ses valeurs parmi celles d'une fonction implicite multiforme considérée. Nous savons bien (p. 254) que la question est réduite à la construction d'un ensemble $\mathcal{E}$ mesurable B situé dans l'espace OXYZ, dont la projection sur le plan XOY coïncide avec tout ce plan et tel qu'il n'existe aucune surface uniforme S rentrant dans la classification de M. Baire dont chaque point appartînt à $\mathcal{E}$. *Nous avons construit un tel ensemble en faisant intervenir les propriétés de l'ensemble d'unicité et de sa projection.*

M. P. Novikoff a résolu le même problème en s'appuyant sur l'existence de deux complémentaires analytiques non séparables B [1].

Voici la méthode de Novikoff :

Considérons dans le plan XOY deux complémentaires analytiques E_1 et E_2 sans point commun et non séparables B.

Prenons, dans l'espace OXYZ, deux ensembles mesurables B, soient H_1 et H_2, dont le premier, situé au-dessous du plan $z = 0$, a pour projection le complémentaire CE_1 de E_1, et le second, situé au-dessus du plan $z = 0$, a pour projection le complémentaire CE_2 de E_2.

La réunion $H = H_1 + H_2$ *est un ensemble mesurable* B *qui donne la solution du problème posé.*

Voici la démonstration de M. P. Novikoff :

Supposons qu'il existe une surface S uniforme, $z = F(x, y)$, où F rentre dans la classification de M. Baire et telle que chaque point de S appartienne à H. Les parties de S situées respectivement au-dessous et au-dessus du plan $z = 0$ seront désignées par S_1 et S_2. Les ensembles S_1 et S_2 sont évidemment uniformes et mesurables B.

Il en résulte que la projection σ_1 de S_1 sur le plan XOY est mesurable B, ainsi que la projection analogue σ_2 de S_2. Soit σ la partie commune à σ_1 et σ_2, $\sigma = \sigma_1 \sigma_2$; l'ensemble σ est manifestement mesurable B.

Soient Θ_1 l'ensemble-différence $\sigma_1 - \sigma$ et, respectivement, Θ_2 l'en-

---

[1] Dont la construction a été donnée par lui-même. *Voir* ses recherches concernant les fonctions implicites.

semble-différence $\sigma_2 - \sigma$. On voit bien que Θ_1 et Θ_2 sont mesurables B et sans point commun.

Nous allons démontrer, suivant le raisonnement de M. P. Novikoff, que ces ensembles Θ_1 et Θ_2 effectuent la séparation des ensembles E_2 et E_1.

En effet, soit M un point de E_1. La parallèle à l'axe OZ menée par M ne coupe pas la surface S_1 mais coupe la surface S_2; donc, M appartient à σ_2. Et comme M n'appartient pas à σ_1, il appartient à Θ_2.

Donc, l'ensemble E_1 est contenu dans Θ_2. De même on démontre que E_2 appartient à Θ_1. Donc, les ensembles Θ_1 et Θ_2 sont mesurables B et séparateurs pour les ensembles E_2 et E_1, ce qui contredit l'hypothèse admise. C. Q. F. D.

NOTE.

Je signale, comme travail se rapportant à des questions connexes à celles qui sont étudiées dans le présent chapitre :

F. Vasilesco, *Essai sur les fonctions multiformes de variables réelles* (Thèse soutenue en mai 1925 à Paris).

Le point de vue adopté par l'auteur dans son élégante Thèse diffère essentiellement du nôtre : M. F. Vasilesco considère les fonctions multiformes comme des organismes indécomposables et il tâche de les étudier et de les classer; tandis que nous considérons une fonction multiforme comme un être très compliqué composé de fonctions *uniformes*, peut-être toutes idéales (au sens de M. J. Hadamard), et qui sont généralement en infinité non dénombrable.

CHAPITRE V.

ENSEMBLES PROJECTIFS.

DÉFINITION D'ENSEMBLE PROJECTIF, SA TRANSFORMATION.

Préliminaires. — Nous allons considérer, dans ce Chapitre, une nouvelle famille d'ensembles de points, dits *projectifs*, dont l'origine géométrique est très claire. Cette importante famille d'ensembles contient, comme cas particulier, tous les *ensembles analytiques et leurs complémentaires*.

On ne trouve, dans la littérature mathématique, que très peu de renseignements sur les ensembles projectifs. Néanmoins, les résultats minimes qu'on trouve nous montrent que nous sommes en présence d'une famille d'ensembles très importants et ayant des propriétés presque paradoxales.

C'est M. H. Lebesgue qui a signalé le grand intérêt théorique que présenterait l'étude de la *projection* comme *une des opérations les plus simples et, en même temps, les plus importantes de la Géométrie*, opération permettant de former des ensembles nouveaux *qu'on peut nommer* à partir d'ensembles effectifs déjà connus ([1]).

C'est en suivant cette idée de M. Lebesgue, de considérer la projection comme une opération (P) et en la combinant avec l'opération (C) permettant le passage d'un ensemble à son complémentaire qu'on obtient d'abord, à partir des ensembles mesurables B, tous les ensembles *analytiques* E; puis, à partir de leurs complémentaires CE, une classe nouvelle d'ensembles PCE d'une nature complètement inconnue, mais *qu'on peut nommer*; puis, à partir de leurs complémentaires CPCE, les ensembles nouveaux PCPCE *qu'on peut nommer*; et ainsi de suite : ce sont les *ensembles projectifs*.

([1]) *Annales de l'École Normale supérieure*, 3ᵉ série, t. 35, 1918. p. 198 et 242.

C'est cette définition générale d'ensemble projectif que j'ai posé dans mes premières Notes sur les ensembles projectifs ([1]). Dans ces Notes, je me suis placé sur le terrain philosophique et j'ai indiqué les difficultés principales que soulève la théorie de ces ensembles ainsi que des doutes en ce qui concerne la légitimité de leur définition lorsqu'on se place au point de vue de M. E. Borel ([2]). J'ai omis, dans ces Notes et dans mon Mémoire *Sur les ensembles analytiques* ([3]), les énoncés et les démonstrations des résultats *positifs* sur ces ensembles, car la rédaction me paraissait devoir être longue et n'être qu'une copie de la théorie des ensembles analytiques ([4]).

D'autre part, M. Sierpinski a publié un peu avant moi dans les *Fundamenta Mathematicæ* ([5]) l'article *Sur une classe d'ensembles* où il a signalé très nettement des difficultés que soulèvent des ensembles de points même très simples : on ne sait rien ni sur la mesurabilité au sens de M. H. Lebesgue, ni sur la catégorie des projections des complémentaires analytiques plans. Plus récemment M. Sierpinski a énoncé, dans la Note *Sur quelques propriétés des ensembles projectifs* ([6]) les premiers théorèmes de cette théorie et a donné leurs démonstrations dans une série d'articles parus dans les *Fundamenta Mathematicæ* ([7]).

([1]) *C. R. Acad. Sc.*, 25 mai 1925 : *Sur les ensembles projectifs de M. Henri Lebesgue.*
Voir aussi mes Notes dans les *Comptes rendus de l'Académie des Sciences : Sur un problème de M. Émile Borel et les ensembles projectifs de M. Henri Lebesgue; les ensembles analytiques* (4 mai 1925); *Les propriétés des ensembles projectifs* (15 juin 1925); *Sur les ensembles non mesurables* B *et l'emploi de la diagonale de Cantor* (20 juillet 1925); *Sur le problème de M. Émile Borel et la méthode des résolvantes* (17 août 1925); *Remarques sur les ensembles projectifs* (24 octobre 1927).

([2]) Émile Borel, *Sur les définitions analytiques et sur l'illusion du transfini* (*Bulletin de la Société mathématique de France*, t. 47, 1919, p. 42); *Sur l'intégration des fonctions non bornées et sur les définitions constructives* (*Annales de l'École Normale*, 1920); *Le calcul des intégrales définies* (*Journal de Mathématiques*, 1912).

([3]) *Fundamenta Mathematicæ* t. X, 1926.

([4]) La théorie des ensembles projectifs a été le sujet des leçons que j'ai professées en 1924-1925 à l'Université de Moscou. Je n'ai retenu dans mes Notes et dans mon Mémoire que des traces de propositions qui supposent néanmoins la théorie bien développée des ensembles projectifs. Telles sont les propositions sur l'existence et sur la somme et le produit des ensembles projectifs.

([5]) Tome 7, 1925, p. 237-243).

([6]) *C. R. Acad. Sc.*, 24 octobre 1927.

([7]) Tome XIII, p. 228, *Sur les familles inductives et projectives d'ensembles;*

Dans ce Chapitre, j'exposerai quelques résultats *positifs* de la théorie des ensembles projectifs. Je prendrai comme guide, dans les énoncés et dans les démonstrations, l'analogie aussi complète que possible avec la théorie des ensembles analytiques. La méthode que je vais suivre est celle de la géométrie ; c'est par cette méthode que j'ai fait, il y a quelques années, le développement *technique* de la théorie des ensembles projectifs ([1]). Il y a, par la nature même des choses, de nombreux points où la méthode que j'ai suivie coïncide avec celle de M. Sierpinski.

Définition des ensembles projectifs. — On appelle *projectif* tout ensemble de points qu'on obtient à partir d'un ensemble mesurable B au moyen des deux opérations géométriques fondamentales *répétées un nombre fini de fois* :

1° Faire la projection orthogonale d'un ensemble E de points déjà défini sur un domaine à un nombre plus petit de dimensions,

$$(P) \qquad\qquad PE.$$

2° Prendre le complémentaire d'un ensemble E déjà défini

$$(C) \qquad\qquad CE.$$

Cette définition d'ensemble projectif nous conduit naturellement à la définition de la *classe* d'un ensemble projectif.

Nous dirons qu'un ensemble de points est un ensemble projectif de classe n s'il peut se mettre sous la forme

$$PCP\ldots PE \quad \text{ou bien} \quad CPC\ldots PE,$$

où E est un ensemble mesurable B situé dans un domaine à un nombre quelconque de dimensions et où la lettre P, alternant avec

---

voir aussi tome XI, p. 117, *Sur les projections des ensembles complémentaires aux ensembles* (A) et tome XI, p. 123, *Sur les produits des images continues des ensembles* C(A).

([1]) J'avais l'intention de faire une exposition complète de mes leçons sur les ensembles projectifs que j'ai professées en 1924-1925 à l'Université de Moscou, dans un travail : *Mémoire sur les ensembles analytiques et projectifs* dont les premières pages ont paru dans le *Recueil mathématique de la Société mathématique de Moscou*, t. 33, 1926, p. 237.

la lettre C, *est écrite précisément n fois, et si cela est impossible lorsqu'on remplace l'entier positif n par un nombre plus petit.*

Pour avoir une analogie aussi complète que possible avec la théorie des ensembles analytiques, de leurs complémentaires et des ensembles mesurables B, nous allons distinguer, dans chaque classe des ensembles projectifs, trois espèces différentes d'ensembles :

I. L'ensemble projectif $\mathcal{E}$ de classe n est dit de *première espèce* s'il est possible de le présenter sous la forme

$$PCP\ldots PE$$

et s'il est impossible de le présenter sous la forme CPC...PE, la lettre P étant écrite, dans les deux cas, précisément n fois. Nous dirons, pour abréger, que, dans ce cas, l'ensemble projectif $\mathcal{E}$ est un *ensemble analytique d'ordre n* et nous adopterons la notation (A_n).

Ces ensembles sont en tous points analogues aux ensembles analytiques ordinaires qui ne sont pas mesurables B.

II. L'ensemble projectif $\mathcal{E}$ de classe n est dit de *deuxième espèce* s'il est possible de le présenter sous la forme

$$CPC\ldots PE$$

et s'il est impossible de le présenter sous la forme PCP...PE, la lettre P étant écrite, dans les deux cas, précisément n fois. Nous dirons, pour abréger, que, dans ce cas, l'ensemble projectif $\mathcal{E}$ est un *complémentaire analytique d'ordre n* et nous adopterons la notation (CA_n).

Ces ensembles sont en tous points analogues aux complémentaires analytiques ordinaires qui ne sont pas mesurables B.

III. L'ensemble projectif $\mathcal{E}$ de classe n est dit de *troisième espèce* s'il est possible de le présenter simultanément sous les deux formes

$$PCP\ldots PE' \quad et \quad CPC\ldots PE'',$$

la lettre P étant écrite précisément n fois dans les deux cas et E′, E″ étant des ensembles mesurables B. Nous dirons, pour abréger, que, dans ce cas, l'ensemble projectif $\mathcal{E}$ est *ambigu d'ordre n* ou bien *mesurable* B *d'ordre n*; nous ferons la notation (B_n).

Ces ensembles sont analogues aux ensembles mesurables B au sens ordinaire.

Ces définitions étant posées, on voit bien que tout ensemble analytique non mesurable B est un ensemble (A_1), que son complémentaire est un (CA_1) et que chaque ensemble mesurable B est un (B_1), et *vice versa*. Donc, la théorie des ensembles analytiques est renfermée dans celle des ensembles projectifs. Cette remarque fait comprendre que la notion d'*ensemble projectif* se présente *naturellement*.

Transformation de la définition d'ensemble projectif. — Avant de passer à la démonstration de l'existence effective des ensembles projectifs de chaque classe et, en particulier, des ensembles (A_n), (CA_n) et (B_n) séparément, nous allons transformer la définition proposée des ensembles projectifs.

Voici quelle est cette transformation. Nous avons introduit l'opération (P) qui consiste à faire la projection d'un ensemble de points situé dans un domaine à m dimensions sur un domaine à un nombre plus petit, soit m', de dimensions. Ce nombre m' n'est pas nécessairement égal à $m - 1$.

Néanmoins, nous allons voir que, sans restreindre la généralité de la définition d'ensemble projectif de classe n, *on peut supposer que chaque opération* (P) *figurant dans cette définition fait diminuer le nombre des dimensions exactement d'une unité*, de sorte que si $\mathscr{E}$ est un ensemble projectif de classe n situé dans un domaine fondamental à m dimensions, l'ensemble $\mathscr{E}$ peut être considéré comme provenant d'un ensemble E mesurable B situé dans un domaine fondamental à $m + n$ dimensions.

Nous commençons par la remarque suivante : si $M_0(x_1^0, x_2^0, \ldots, x_\mu^0)$ est un point du domaine à μ dimensions $\mathscr{I}_{x_1 x_2 \ldots x_\mu}$, on obtient sa projection $N_0(x_1^0, x_2^0, \ldots, x_\nu^0)$ sur le domaine à ν dimensions $\mathscr{I}_{x_1 x_2 \ldots x_\nu}$, où $\nu < \mu$, en conservant les ν premières coordonnées du point M_0 et en supprimant toutes les autres.

Ceci posé, prenons un ensemble projectif $\mathscr{E}$ de classe n situé dans le domaine $\mathscr{I}_{x_1 \ldots x_m}$ à m dimensions. Nous supposons que $\mathscr{E}$ provient d'un ensemble E mesurable B situé dans un domaine $\mathscr{I}_{x_1 \ldots x_p}$ à

p dimensions. Soit $\mathrm{M}(x_1, x_2, \ldots, x_p)$ un point variable parcourant le domaine $\mathcal{I}_{x_1 x_2 \ldots x_p}$.

Comme chaque opération P fait diminuer le nombre de coordonnées de quelques unités, nous pouvons diviser les coordonnées du point M en plusieurs groupes :

$$(x_1 x_2 \ldots x_m)(x_{m+1} \ldots x_{v_1})(x_{v_1+1} \ldots x_{v_2}) \ldots (x_{v_{n-1}+1} \ldots x_p),$$

le nombre des groupes étant égal à $n + 1$.

Considérons l'un quelconque de ces groupes qui suivent le premier, soit $(x_{v_{k-1}+1} \ldots x_{v_k})$ ce groupe. Nous pouvons établir une correspondance univoque, réciproque et continue dans les deux sens entre les points du domaine $\mathcal{I}_{x_{v_{k-1}+1} \ldots x_{v_k}}$ et les points du domaine linéaire $\mathcal{I}_{y_k}$. Nous obtenons de cette manière une correspondance univoque, réciproque et continue dans les deux sens entre les points du domaine $\mathcal{I}_{x_1 \ldots x_m \ldots x_p}$ et ceux d'un domaine nouveau $\mathcal{I}_{x_1 \ldots x_m y_1 \ldots y_n}$. Cette transformation des domaines fait correspondre à l'ensemble E mesurable B situé dans le domaine $\mathcal{I}_{x_1 \ldots x_m \ldots x_p}$ un ensemble E' également mesurable B situé dans le domaine $\mathcal{I}_{x_1 \ldots x_m y_1 \ldots y_n}$.

Si nous appliquons alternativement à l'ensemble E qui est mesurable B les opérations (P) et (C) pour en déduire finalement l'ensemble projectif $\mathcal{E}$ donné, nous faisons disparaître successivement toutes les parenthèses en commençant par la dernière et nous arrivons à la première parenthèse $(x_1 \ldots x_m)$ contenant les coordonnées des points de $\mathcal{E}$.

Comme à chacune des parenthèses disparues correspond un nombre y et un seul, on voit bien que, si nous appliquons à l'ensemble E' mesurable B les mêmes opérations (P) et (C), nous arriverons finalement *au même ensemble projectif* $\mathcal{E}$.

Ainsi, nous sommes amenés au résultat suivant : *on peut supposer que, dans la définition d'ensemble projectif de classe n, chaque opération* (P) *fait diminuer un nombre de dimensions d'une unité seulement.*

En particulier, chaque ensemble projectif *linéaire* de classe n provient d'un ensemble E mesurable B à $n + 1$ dimensions.

Nous compléterons ce résultat par la remarque suivante : *l'étude des ensembles projectifs situés dans un domaine à plusieurs dimensions se réduit à l'étude des ensembles projectifs linéaires.*

En effet, soit $\mathcal{E}$ un ensemble projectif situé dans le domaine $\mathcal{I}_{x_1 \ldots x_m}$.

La correspondance

$$(1) \quad \begin{cases} x_1 = g_1(y), \quad x_2 = g_2(y), \quad \ldots, \quad x_m = g_m(y); \\ y = G(x_1, x_2, \ldots, x_m), \end{cases}$$

où les g_i et G sont continues, établie entre les points du domaine considéré $\mathcal{I}_{x_1 \ldots x_m}$ et du domaine linéaire nouveau $\mathcal{I}_y$, transforme l'ensemble projectif donné $\mathcal{E}$ en un ensemble linéaire $\mathcal{E}'$. D'après ce qui précède, la transformée $\mathcal{E}'$ est évidemment un *ensemble projectif de même classe et de même espèce que* $\mathcal{E}$.

PREMIÈRES PROPRIÉTÉS DES ENSEMBLES PROJECTIFS.

Les projections. — Il suit des résultats du numéro précédent que *la projection d'un ensemble* (A_n) *est* ou bien *un ensemble projectif de classe inférieure à* n, ou bien *un ensemble* (B_n), ou bien *un ensemble* (A_n). *De même, la projection d'un ensemble* (B_n) *est* ou bien *de classe inférieure à* n, ou bien *un* (B_n), ou bien *un* (A_n). *Ce ne sont que les projections des ensembles* (CA_n) *qui peuvent être des ensembles projectifs de classe supérieure : des* (A_{n+1}) *ou bien des* (B_{n+1}).

En effet, si $\mathcal{E}$ est un (A_n) ou bien un (B_n), il peut être présenté sous la forme

$$PCP\ldots PE,$$

où la lettre P figure n fois. Si nous projetons l'ensemble $\mathcal{E}$, nous obtenons un ensemble de la forme

$$PPCP\ldots PE.$$

Or, l'opération double (PP) est évidemment identique à une opération simple (P) diminuant le nombre de dimensions de *deux* unités au moins. Donc, l'ensemble résultant peut être écrit en répétant la lettre P n fois au plus (numéro précédent); donc, cet ensemble est *ou bien* de classe $< n$, *ou bien* un (B_n), *ou bien* un (A_n).

C. Q. F. D.

On voit bien que la proposition établie est analogue au théorème de la théorie des ensembles analytiques : la projection d'un ensemble analytique ou mesurable B est un ensemble ou bien analytique, ou bien mesurable B; chaque ensemble analytique est la projection d'un ensemble mesurable B.

En raison de l'analogie parfaite entre les ensembles (A_n), (CA_n), (B_n) d'une part et les ensembles analytiques, les complémentaires analytiques et les ensembles mesurables B d'autre part, un grand nombre de problèmes importants se présente naturellement.

Pour poser quelques-uns de ces problèmes, il est commode d'introduire préalablement la terminologie suivante : nous dirons qu'un ensemble L situé dans le domaine plan $\mathcal{I}_{xy}$ est une *courbe uniforme* si chaque parallèle à l'axe OY coupe L en un point et un seul. De même, nous dirons que $\mathcal{E}$ est un *ensemble uniforme relativement à l'axe* OX si chaque parallèle à l'axe OY coupe $\mathcal{E}$ en un point *au plus*.

Ces définitions étant posées, les questions suivantes se présentent immédiatement :

Si $\mathcal{E}$ est un ensemble (B_n) plan uniforme relativement à l'axe OX, la projection E de $\mathcal{E}$ sur cet axe est-elle nécessairement un (B_n), ou un ensemble de classe $< n$?

Un ensemble uniforme plan de classe $n-1$ a-t-il pour projection un (B_n), ou un ensemble de classe $< n$?

On peut aller plus loin. Nous avons vu que chaque ensemble analytique uniforme est contenu dans une courbe uniforme mesurable B (p. 234) et que chaque ensemble E mesurable B qui est coupé par chaque parallèle à l'axe OY en un ensemble de points au plus dénombrables est composé d'une infinité dénombrable d'ensembles uniformes mesurables B (p. 252).

Il est très naturel de se poser des questions analogues relativement aux ensembles projectifs (A_n) et (B_n).

De même, il est naturel de se demander *si tout* ensemble plan (A_n) qui est coupé par chaque parallèle à l'axe OY suivant un ensemble de points au plus dénombrable est contenu dans un (B_n) jouissant de la même propriété.

Et d'une manière analogue, il serait fort intéressant de démontrer que tout ensemble plan (CA_n) qui est coupé par chaque parallèle à l'axe OY suivant un ensemble de points au plus dénombrable est la réunion d'une infinité dénombrable d'ensembles *uniformes* (CA_n).

Ensemble projectif considéré comme ensemble des valeurs d'une fonction. — Nous avons vu que tout ensemble analytique linéaire peut être considéré comme l'ensemble des valeurs qu'une fonction $f(t)$, continue sur $\mathcal{J}_t$, prend sur $\mathcal{J}_t$.

D'une manière analogue, nous démontrerons que *tout ensemble* (A_n) *ou* (B_n), *linéaire, peut être considéré comme l'ensemble des valeurs qu'une fonction* $f(t)$ *continue sur* $\mathcal{J}_t$ *prend sur un ensemble projectif* H *de classe inférieure.*

En effet, un ensemble E linéaire qui est un (A_n) ou bien un (B_n) peut être considéré comme la projection d'un ensemble $\mathscr{E}$ plan qui est un (CA_{n-1}). Nous supposons que $\mathscr{E}$ est situé dans le domaine $\mathcal{J}_{xy}$ et que E est la projection de $\mathscr{E}$ sur l'axe OX.

Transformons $\mathcal{J}_{xy}$ en un domaine linéaire nouveau $\mathcal{J}_t$ au moyen d'une transformation univoque, réciproque et continue dans les deux sens :

$$(\text{1}) \qquad \left\{ \begin{array}{l} x = \varphi(t), \qquad y = \psi(t), \\ \qquad t = F(x, y), \end{array} \right.$$

φ, ψ et F étant continues.

On sait que, dans cette transformation, à chaque ensemble projectif correspond un ensemble projectif de même classe et de même espèce. En particulier, l'ensemble $\mathscr{E}$ se transforme en un ensemble linéaire H qui est un (CA_{n-1}) et qui est situé dans le domaine $\mathcal{J}_t$.

On voit bien que la fonction continue $x = \varphi(t)$ parcourt l'ensemble projectif donné E lorsque t parcourt l'ensemble projectif H.

C. Q. F. D.

Si E est un ensemble projectif (A_n) situé dans un domaine $\mathcal{J}_{x_1 x_2 \ldots x_m}$ à m dimensions, nous transformerons ce domaine en domaine linéaire $\mathcal{J}_x$ par les formules

$$(\text{1}) \qquad \left\{ \begin{array}{l} x_1 = g_1(x), \qquad x_2 = g_2(x), \qquad \ldots, \qquad x_m = g_m(x); \\ \qquad x = G(x_1, x_2, \ldots, x_m). \end{array} \right.$$

où les g_i et G sont continues.

La transformée E' de E est un ensemble (A_n) linéaire. Donc, E' est l'ensemble des valeurs qu'une fonction continue $x = \varphi(t)$ prend sur un ensemble H qui est un (CA_{n-1}). Si nous substituons, dans les fonctions $g_i(x)$, $\varphi(t)$ à la lettre x, nous arrivons au résultat suivant :

Tout ensemble projectif (A_n) *ou* (B_n) *situé dans un domaine* $\mathcal{I}_{x_1 x_1 \ldots x_m}$ *à* m *dimensions peut être considéré comme le lieu des positions successives d'un point mobile* $\mathrm{M}(x_1, x_2, \ldots, x_m)$ *dont les coordonnées sont des fonctions d'un paramètre variable* t *continues sur* $\mathcal{I}_t$,

$$x_1 = \omega_1(t), \qquad x_2 = \omega_2(t), \qquad \ldots, \qquad x_m = \omega_m(t),$$

où t *parcourt un ensemble projectif* (CA_{n-1}).

Nous avons obtenu ainsi une *représentation paramétrique* des ensembles (A_n) et (B_n); on voit bien qu'elle est analogue à la représentation paramétrique des ensembles analytiques.

Or, dès que cette analogie est constatée, il est naturel de se poser les questions suivantes : peut-on trouver pour chaque ensemble (B_n) une représentation paramétrique *régulière*?

D'autre part, si $\mathcal{E}$ est un ensemble (A_n) admettant une représentation paramétrique régulière ou bien semi-régulière, est-il nécessairement un (B_n)?

Les ensembles de parallèles. — Dans ce qui suit nous aurons besoin de connaître la nature des ensembles formés des points appartenant à des droites perpendiculaires à un domaine quelconque qui passent par les points d'un ensemble projectif situé dans ce domaine.

Soit E un ensemble projectif de classe n situé dans le domaine $\mathcal{I}_{x_1 \ldots x_m}$. Considérons ce domaine comme une partie d'un domaine plus étendu $\mathcal{I}_{x_1 \ldots x_m y}$ et menons par chaque point de E une droite parallèle à l'axe OY. Soit $\mathcal{E}$ l'ensemble des points situés sur toutes ces droites. Il s'agit de reconnaître la nature de $\mathcal{E}$.

L'ensemble E étant projectif, nous pouvons le définir, à partir d'un ensemble Θ mesurable B situé dans le domaine à $p(p > m)$ dimensions $\mathcal{I}_{x_1 \ldots x_m \ldots x_p}$:

$$\mathrm{E} = \ldots \mathrm{PCP}\Theta.$$

Nous pouvons supposer ici que chaque opération (P) diminue le nombre de dimensions d'une unité.

Soit $\mathrm{M}(x_1, x_2, \ldots, x_m)$ un point quelconque du domaine $\mathcal{I}_{x_1 x_1 \ldots x_m}$.

Les points N situés sur la droite passant par M et parallèle à l'axe OY ont pour coordonnées y, x_1, x_2, ..., x_m, le nombre y étant arbitraire.

Si le point $M'(x_1, ..., x_m, ..., x_p)$ parcourt l'ensemble Θ mesurable B, l'ensemble des points $N'(y, x_1, ..., x_m, ..., x_p)$ où le nombre y est *arbitraire*, parcourt un ensemble Θ' également mesurable B. Si nous appliquons maintenant à l'ensemble Θ les opérations successives (P) et (C), nous arrivons finalement à l'ensemble projectif donné E. Les mêmes opérations appliquées à l'ensemble Θ' nous donnent évidemment l'ensemble $\mathcal{E}$ dont nous avons cherché à reconnaître la nature.

Ainsi, *l'ensemble $\mathcal{E}$ formé des points de parallèles est un ensemble projectif de même classe et de même espèce que* E.

La somme et le produit des ensembles projectifs. — Nous savons que la somme d'une infinité dénombrable d'ensembles analytiques et la partie commune à une infinité dénombrable d'ensembles analytiques sont encore des ensembles analytiques. D'ailleurs, le résultat analogue existe pour les complémentaires analytiques.

Le théorème que nous nous proposons de démontrer maintenant est le suivant :

La somme et le produit, fini ou dénombrable, d'ensembles (A_n), ou bien (B_n), ou bien de classe inférieure à n est un (A_n), ou bien un (B_n), ou bien de classe $< n$. Nous avons un résultat analogue pour les ensembles (CA_n) et (B_n).

Nous commencerons par démontrer cette proposition pour la somme.

Soit $S = E_1 + E_2 + ... + E_k + ...$ la somme d'une infinité dénombrable d'ensembles (A_n), ou bien (B_n). Nous supposons que E_k est un ensemble linéaire et qu'il est la projection d'un ensemble plan $\mathcal{E}_k$ projectif et de classe $< n$. Soit Σ la somme des ensembles $\mathcal{E}_k$.

Le théorème proposé est vrai pour $n = 1$. Supposons qu'il soit vrai pour toutes les classes inférieures à n et démontrons qu'il est encore vrai pour n.

D'après l'hypothèse faite, l'ensemble Σ est un ensemble projectif de classe inférieure à n.

D'autre part, l'ensemble S est évidemment la projection de Σ.

Donc S est, ou bien un (A_n), ou bien un (B_n), ou bien de classe $< n$. C. Q. F. D.

Nous allons maintenant considérer *la partie commune*

$$P = E_1 \times E_2 \times \ldots \times E_k \times \ldots$$

à une infinité dénombrable d'ensembles (A_n) ou bien (B_n).

Tout d'abord, nous pouvons supposer que les ensembles E_k sont *linéaires* puisque nous avons vu que chaque ensemble projectif peut être transformé en un ensemble projectif linéaire de même classe et espèce par une transformation du domaine à plusieurs dimensions en domaine linéaire, cette transformation des domaines étant indépendante des ensembles projectifs transformés. Supposons donc que tous les E_k sont situés dans le domaine linéaire $\mathcal{J}_x$.

D'après ce qui précède, nous pouvons considérer E_k comme l'ensemble des valeurs d'une fonction $f_k(x_k)$, où f_k est continue sur $\mathcal{J}_{x_k}$ et le point variable x_k parcourt un ensemble projectif H_k qui est un (CA_{n-1}).

Cela posé, nous prenons une suite illimitée de fonctions continues sur $\mathcal{J}_t$,

$$x_1 = \varphi_1(t), \qquad x_2 = \varphi_2(t), \qquad \ldots, \qquad x_k = \varphi_k(t), \qquad \ldots$$

telles que, quelle que soit la suite des nombres $x_1^0,\ x_2^0,\ \ldots,\ x_k^0,\ \ldots$ dans $\mathcal{J}_x$, il existe un nombre irrationnel t_0 compris entre 0 et 1 pour lequel nous avons $\varphi_k(t_0) = x_k^0\ (k = 1, 2, 3, \ldots)$.

Les fonctions composées $f_k[\varphi_k(t)]$ sont continues dans $(0, 1)$ du domaine $\mathcal{J}_t$. Donc, l'ensemble de points t pour lesquels nous avons les égalités simultanées

$$f_1[\varphi_1(t)] = f_2[\varphi_2(t)] = \ldots = f_k[\varphi_k(t)] = \ldots$$

est un ensemble fermé dans $\mathcal{J}_t$. Soit T cet ensemble.

Désignons par Θ_k l'ensemble de tous les points t pour lesquels $\varphi_k(t)$ appartient à H_k. Il importe de reconnaître la nature de Θ_k.

A cet effet, considérons la courbe $x_k = \varphi_k(t)$ dans le domaine $\mathcal{J}_{tx_k}$. L'ensemble linéaire H_k est situé sur l'axe OX_k. D'après le numéro précédent, l'ensemble des points situés sur toutes les droites parallèles à OT et menées par les points de H_k est un ensemble plan (CA_{n-1}). Désignons par Q_k cet ensemble. Considérons le complémentaire CQ_k de l'ensemble Q_k; c'est un ensemble (A_{n-1}).

Nous supposons que le théorème est vrai pour toutes les classes inférieures à n. Il en résulte que la partie commune à CQ_k et à la courbe $x_k = \varphi(t)$ est un ensemble (A_{n-1}), ou bien B_{n-1}, ou bien de classe $< n$. Donc, la projection de cet ensemble sur l'axe OT est un (A_{n-1}), ou bien un (B_{n-1}), ou bien de classe $< n$. Or, l'ensemble Θ_k est évidemment le complémentaire de cette projection. Donc, Θ_k est un (CA_{n-1}), ou bien un (B_{n-1}), ou bien de classe $< n$.

Ceci posé, revenons à la démonstration du théorème proposé. Comme nous avons supposé le théorème vrai pour toutes les classes inférieures à n, la partie commune

$$\Theta = T \times \Theta_1 \times \Theta_2 \times \ldots \times \Theta_k \times \ldots$$

est un (CA_{n-1}), ou (B_{n-1}), ou de classe $< n-1$.

Si le point t parcourt Θ, $\varphi_k(t)$ appartient à H_k, donc $f_k[\varphi_k(t)]$ appartient à E_k. Et comme t appartient à T, toutes les quantités $f_k[\varphi_k(t)]$ sont égales l'une à l'autre. Donc, l'*une quelconque* de ces fonctions $f_k[\varphi_k(t)]$, par exemple la première $f_1[\varphi_1(t)]$, prend sur Θ les valeurs appartenant à P.

D'autre part, l'ensemble P est contenu dans l'ensemble des valeurs de $f_1[\varphi_1(t)]$ sur Θ. En effet, soit M_0 un point quelconque de P. Comme M_0 appartient à E_k, il existe un nombre x_k^0 appartenant à H_k et tel que le point $f_k(x_k^0)$ coïncide avec M_0.

Or, d'après la propriété des fonctions $\varphi_k(t)$, il existe un nombre irrationnel t_0 tel que $\varphi_k(t_0) = x_k^0$ quel que soit k. Ce point t_0 appartient nécessairement à T puisque toutes les valeurs $f_k[\varphi_k(t_0)]$ sont égales l'une à l'autre. D'ailleurs, t_0 appartient à chaque Θ_k puisque $\varphi_k(t_0)$ appartient à H_k.

Il s'ensuit que t_0 appartient à Θ, donc l'ensemble P est identique à l'ensemble des valeurs de $f_1[\varphi_1(t)]$ sur Θ. Comme Θ est un ensemble projectif (CA_{n-1}), ou (B_{n-1}), ou de classe $< n-1$, il en est de même pour l'ensemble des points situés sur les parallèles à l'axe OX menées par les points de Θ. Il en résulte que les points de la courbe $x = f_1[\varphi_1(t)]$ qui sont situées sur ces parallèles forment un ensemble Λ plan (CA_{n-1}), ou B_{n-1}, ou de classe $< n-1$. Et comme l'ensemble considéré P est évidemment la projection de Λ sur l'axe OX, on voit que P est un (A_n), ou bien un (B_n), ou bien de classe $< n$.

Ainsi, nous avons établi la partie du théorème énoncé qui concerne les ensembles (A_n).

Comme tout ensemble (CA_n) est le complémentaire d'en ensemble (A_n), et comme on a ces formules évidentes,

$$C(E_1 + E_2 + \ldots) = CE_1 \times CE_2 \times \ldots,$$
$$C(E_1 \times E_2 \times \ldots) = CE_1 + CE_2 + \ldots,$$

on voit que la partie du théorème relative aux ensembles (CA_n) est aussi démontrée.

Il ne reste qu'à considérer les ensembles (B_n). Or, d'après la définition même, chaque ensemble (B_n) peut être présenté sous les deux formes simultanées

$$PC \ldots PE \quad \text{et} \quad CPC \ldots PE.$$

Il résulte des raisonnements précédents que *la somme et la partie commune à une infinité dénombrable des ensembles* (B_n) *peut être présentée encore dans ces deux formes simultanées et, par suite, est un* (B_n), *ou bien de classe* $< n$.

Cette remarque simple achève la démonstration du théorème.

C. Q. F. D.

Nous compléterons ce résultat par la remarque suivante : nous avons démontré que la somme et la partie commune à une infinité dénombrable d'ensembles (B_n) (ou de classe $< n$) est encore un ensemble (B_n) (ou de classe $< n$). Or, il est très aisé de voir que *même la somme de deux ensembles de classe* $n - 1$ *peut être effectivement un ensemble* (B_n).

Pour le voir, prenons un ensemble (A_{n-1}) situé dans $\left(0, \frac{1}{2}\right)$ du domaine $\mathcal{J}_x$; soit E_1 cet ensemble. De même, soit E_2 un ensemble (CA_{n-1}) situé dans $\left(\frac{1}{2}, 1\right)$ de $\mathcal{J}_x$. Désignons par E la somme $E_1 + E_2$.

Je dis maintenant que E est effectivement un ensemble (B_n) et non pas de classe inférieure à n. En effet, si E est de classe $< n - 1$, la partie de E contenue dans la portion $\left(0, \frac{1}{2}\right)$ est encore de classe $< n - 1$, ce qui est contradictoire. Donc, E est précisément un ensemble projectif de classe n.

D'autre part, l'ensemble E ne peut pas être un (A_n), puisque, dans

le cas contraire, la partie de E contenue dans $\left(\frac{1}{2}, 1\right)$ serait encore
un (A_n), ce qui n'est pas le cas. De même, E ne peut pas être un
(CA_n). Donc, E est précisément un (B_n). c. q. f. d.

Ainsi, *il existe effectivement des ensembles* (B_n) *qu'on obtient
au moyen des opérations : somme et partie commune, à partir
des ensembles projectifs de classe* $< n$.

La question se pose alors de savoir *si tout ensemble* (B_n) *peut
être obtenu à partir des ensembles projectifs de classes inférieures à n, au moyen des opérations : somme et partie commune
indéfiniment répétées*?

LE THÉORÈME DE M. S. MAZURKIEWICZ.
GÉNÉRALISATION DUE A M. W. SIERPINSKI.

Les recherches de M. S. Mazurkiewicz. — C'est à M. S. Marzurkiewicz que l'on doit un résultat de haute importance ([1]) se rattachant immédiatement aux considérations précédentes et qui concerne
la théorie des ensembles analytiques et de leurs complémentaires.

Pour fixer les idées, nous nous bornerons, en exposant le résultat
de M. Mazurkiewicz, à la considération du domaine plan $\mathcal{I}_{xy}$.

Soit H un ensemble mesurable B situé dans $\mathcal{I}_{xy}$. Nous dirons
qu'un point $M_0(x_0, y_0)$ est un *point inférieur de l'ensemble* H, si
M_0 appartient à H et s'il n'existe aucun point $M(x_0, y)$ de H ayant
l'ordonnée y inférieure à y_0.

Cette définition étant posée, il est facile de reconnaître la nature
de l'ensemble de tous les points inférieurs d'un ensemble H mesu-
surable B.

Désignons par $H^{(i)}$ l'ensemble de tous les *points inférieurs* de
l'ensemble H. On obtient évidemment cet ensemble $H^{(i)}$ en effectuant une infinité dénombrable de fois l'opération suivante : prenons
une droite $y = \rho$, où ρ est un nombre *rationnel*. Désignons par H_ρ
l'ensemble de tous les points de H qui se trouvent *au-dessous* de
cette droite. Soit Λ_ρ l'ensemble des parallèles à l'axe OY passant par

---

([1]) *Voir* **M. S. Mazurkiewicz**, *Sur une propriété des ensembles* $C(A)$ (*Fundamenta Mathematicæ*, t. **X**, p. 172-174).

tous les points de H_ρ. L'ensemble de tous les points de $\mathcal{I}_{xy}$ appartenant à Λ_ρ est évidemment un ensemble *analytique*. Donc, il en est de même pour l'ensemble Θ_ρ de tous les points de H situés *au-dessus* de la droite $y = \rho$ et appartenant à Λ_ρ.

Cela posé, faisons parcourir à ρ tous les nombres rationnels; l'ensemble-somme Θ qu'on obtient, en réunissant de tous les Θ_ρ, est évidemment un ensemble analytique appartenant à H. Il en résulte que l'ensemble-différence $H - \Theta$ est un *complément analytique* qui peut être, dans un cas particulier, mesurable B. Or, cet ensemble coïncide évidemment avec l'ensemble considéré $H^{(i)}$. Et comme chaque parallèle à l'axe OY coupe $H^{(i)}$ en un point au plus, nous arrivons au résultat suivant dû à M. Marzurkiewicz :

L'ensemble $H^{(i)}$ *de tous les points inférieurs d'un ensemble* H *mesurable* B *est un complémentaire analytique uniforme relativement à l'axe* OX.

Avant d'aller plus loin, il est commode de démontrer les deux lemmes suivants dus à M. Sierpinski :

Lemme 1. — *La somme* $E_1 + E_2 + \ldots + E_n + \ldots$ *d'une infinité dénombrable d'ensembles linéaires n'ayant pas de point commun deux à deux et dont chacun est la projection d'un complémentaire analytique uniforme possède encore la même propriété.*

En effet, si E_n est la projection d'un complémentaire analytique uniforme Λ_n, l'ensemble-somme $\Lambda_1 + \Lambda_2 + \ldots + \Lambda_n + \ldots$ est évidemment un complémentaire analytique uniforme ayant pour projection l'ensemble-somme donné $E_1 + E_2 + \ldots + E_n + \ldots$.

C. Q. F. D.

Lemme 2. — *La partie commune* $E_1 \times E_2 \times \ldots \times E_n \times \ldots$ *à une infinité dénombrable d'ensembles linéaires dont chacun est la projection d'un complémentaire analytique uniforme possède encore la même propriété.*

Soit Λ_n un complémentaire analytique uniforme relativement à l'axe OX, dont la projection sur cet axe est l'ensemble E_n.

Si nous transformons le domaine $\mathcal{I}_{xy}$ en portion $(o, 1)$ d'un domaine linéaire $\mathcal{I}_t$ au moyen d'une transformation univoque, réci proque et continue dans les deux sens

$$(1) \qquad \begin{cases} x = \varphi(t), \quad \cdot y = \psi(t). \\ \qquad t = F(x, y). \end{cases}$$

la transformée λ_n de l'ensemble Λ_n est un complémentaire analytique. On voit bien que la fonction continue $\varphi(t)$ est à valeurs distinctes sur λ_n et que E_n est l'ensemble de ses valeurs sur λ_n.

Cela posé, considérons une suite illimitée de fonctions continues sur $\mathcal{I}_\tau$

$$t_1 = f_1(\tau), \qquad t_2 = f_2(\tau), \qquad \ldots, \qquad t_n = f_n(\tau), \qquad \ldots$$

jouissant de la propriété suivante : quel que soit la suite des nombres irrationnels $t_1^0, t_2^0, \ldots, t_n^0, \ldots$, compris entre o et 1, il existe un nombre irrationnel et un seul, τ_0, compris entre o et 1, tel que $f_n(\tau_0) = t_n^0 \, (n = 1, 2, 3, \ldots)$.

Puisque les fonctions f_n sont continues sur $\mathcal{I}_t$, l'ensemble $\mathfrak{I}_n$ des points τ pour lesquels $f_n(\tau)$ appartient à λ_n, est un complémentaire analytique. Il en résulte que la partie commune $\mathfrak{I}$ à tous les $\mathfrak{I}_n$ est également un complémentaire analytique.

Considérons maintenant l'ensemble T des points τ pour lesquels on a les égalités simultanées

$$\varphi[f_1(\tau)] = \varphi[f_2(\tau)] = \ldots = \varphi[f_n(\tau)] = \ldots.$$

Les fonctions $\varphi[f_n(\tau)]$ étant continues sur $\mathcal{I}_\tau$, on voit bien que T est fermé sur $\mathcal{I}_\tau$.

L'ensemble $T \times \mathfrak{I}$ est donc un complémentaire analytique. En répétant le raisonnement de la page 279, on voit bien que E est l'ensemble des valeurs de $\varphi[f_k(\tau)]$ sur $\mathfrak{I} \times T$.

D'autre part, il est évident que la fonction $\varphi[f_k(\tau)]$ est à valeurs distinctes sur $T \times \mathfrak{I}$.

Désignons par Λ l'ensemble des points du domaine $\mathcal{I}_{x\tau}$ appartenant à la courbe $x = \varphi[f_1(\tau)]$, où τ appartient à $T \times \mathfrak{I}$. Cet ensemble est évidemment un complémentaire analytique plan. Or, la fonction $\varphi[f_1(\tau)]$ est à valeurs distinctes sur $T \times \mathfrak{I}$. Il s'ensuit que l'ensemble Λ est *uniforme* relativement à l'axe OX, ce qui démontre le lemme. C. Q. F. D.

Passons maintenant à la démonstration du résultat fondamental de M. Mazurkiewicz.

Théoreme (Mazurkiewicz). — *Tout ensemble analytique est la projection d'un complémentaire analytique uniforme.*

Comme le domaine $\mathcal{I}_{x_1\ldots x_m y}$ peut être transformé en domaine *plan* $\mathcal{I}_{xy}$, nous nous bornerons à considérer les ensembles analytiques *linéaires*.

Soit E un ensemble analytique linéaire situé dans le domaine $\mathcal{I}_x$. Nous pouvons considérer l'ensemble E comme la projection d'un ensemble élémentaire $\mathcal{E}$ construit de la manière suivante (p. 192) : $\mathcal{E}$ est la partie commune $S_1 \times S_2 \times \ldots \times S_n \times \ldots$, où S_n est la somme des rectangles de Baire de rang n sans points communs deux à deux ; les projections des rectangles de Baire de rang n sur l'axe OY n'ont aucun point commun deux à deux et forment sur cet axe un ensemble d'intervalles *bien ordonné*, suivant la relation positive de l'axe OY. D'ailleurs, chaque rectangle de rang n est contenu dans un rectangle de rang $n-1$ et dans un seul, et contient une infinité dénombrable de rectangles de rang $n+1$.

L'ensemble élémentaire $\mathcal{E}$ ainsi défini est un ensemble mesurable B et l'on voit bien que E est la projection de ses points inférieurs, ce qui démontre le théorème de M. Mazurkiewicz.   c. q. f. d.

M. Mazurkiewicz lui-même s'est borné à déduire de son théorème ce seul résultat que *chaque ensemble* E, *qui est la différence de deux ensembles analytiques, est la projection d'un complémentaire analytique uniforme.*

M. Sierpinski a indiqué ([1]) que l'application des deux lemmes précédents permet d'obtenir un résultat plus général que voici :

Tout ensemble qui peut être obtenu, à partir des ensembles analytiques et de leurs complémentaires au moyen des deux opérations : somme et partie commune indéfiniment répétées, est la projection d'un complémentaire analytique uniforme.

Comme chaque complémentaire analytique linéaire peut être considéré comme la projection d'un ensemble qui lui est identique, on pourrait croire la proposition considérée déjà démontrée. Mais il faut prendre garde qu'il s'agit ici de somme *au sens large*, dont les

---

([1]) *Voir* W. Sierpinski, *Sur les images continues et biunivoques des complémentaires analytiques* (*Fundamenta Mathematicæ*, t. XII, p. 211-213).

termes peuvent avoir des points communs deux à deux. Or, le lemme 1 de M. Sierpinski n'est démontré que pour la somme *au sens strict*.

Pour écarter cette difficulté, on démontre immédiatement qu'on obtient les mêmes ensembles quand on prend pour deux opérations fondamentales : *somme au sens strict* et *partie commune*. Cette remarque achève la démonstration. C. Q. F. D.

Faisons encore la remarque suivante : chaque ensemble E qu'on peut obtenir de cette manière, à partir des ensembles analytiques et de leurs complémentaires, est évidemment un ensemble (B_2). La question se pose de savoir si *chaque* ensemble (B_2) est la projection d'un complémentaire analytique uniforme et s'il est possible d'étendre le théorème de M. Mazurkiewicz aux ensembles projectifs de classes supérieures.

Extension du théorème sur la représentation paramétrique des ensembles projectifs. — Nous avons vu que tout ensemble projectif (A_n) peut être considéré comme le lieu des positions successives d'un point mobile $M(x_1, x_2, \ldots, x_m)$ dont les coordonnées sont des fonctions d'un paramètre variable t,

$$x_1 = f_1(t), \qquad x_2 = f_2(t), \qquad \ldots, \qquad x_m = f_m(t)$$

continues sur le domaine $\mathcal{J}_t$ et où t parcourt un ensemble projectif (CA_{n-1}).

Nous allons démontrer *qu'on n'élargit nullement la famille des ensembles* (A_n) *en prenant pour les fonctions f_i des fonctions arbitraires de la classification de M. Baire et en faisant parcourir à t un ensemble projectif arbitraire de classe $< n$ situé dans $\mathcal{J}_t$.*

En effet, soient f_i $(i = 1, 2, 3, \ldots, m)$ une fonction quelconque de la classification de M. Baire définie sur $\mathcal{J}_t$ et H un ensemble projectif quelconque de classe $< n$ situé sur $\mathcal{J}_t$.

Considérons, dans le domaine à $m+1$ dimensions $\mathcal{J}_{x_1 \ldots x_m t}$, l'ensemble $\mathcal{E}$ des points $N(x_1, \ldots, x_m, t)$ dont les coordonnées vérifient les équations

$$x_1 = f_1(t), \qquad x_2 = f_2(t), \qquad \ldots, \qquad x_m = f_m(t).$$

Cet ensemble $\mathcal{E}$ est sûrement mesurable B.

Cela posé, marquons sur l'axe OT l'ensemble donné H et considérons dans le domaine $\mathcal{I}_{x_1\ldots x_m t}$ l'ensemble de tous les points dont la coordonnée t appartient à H. Soit V cet ensemble. Nous avons démontré précédemment (p. 276) que V est un ensemble projectif précisément de même classe et espèce que l'ensemble H.

Donc, la partie commune à V et à $\mathscr{E}$ est un ensemble projectif de classe $< n$, et, par suite, sa projection sur le domaine $\mathcal{I}_{x_1\ldots x_m}$ est un ensemble projectif (A_n), ou bien (B_n), ou bien de classe $< n$.

C. Q. F. D.

Remarquons que nous avons le même résultat si l'ensemble H est un ensemble (A_n) ou bien (B_n).

En rappelant l'analogie entre les ensembles (B_n) et les ensembles mesurables (B), il est naturel de poser la question suivante :

Étant donnée une représentation paramétrique

$$x_1 = f_1(t), \qquad x_2 = f_2(t), \qquad \ldots, \qquad x_m = f_m(t),$$

formée de fonctions de la classification de Baire et régulière ou semi-régulière sur H, où H est un ensemble (B_n), l'ensemble admettant cette représentation paramétrique est-il nécessairement un (B_n) ou de classe $< n$?

Fonctions projectives. — Pour fixer les idées, nous nous bornerons ici à considérer les fonctions d'une seule variable indépendante.

Posons la définition suivante :

Nous dirons qu'une fonction uniforme et partout définie $f(x)$ est *projective* si l'ensemble des points du domaine $\mathcal{I}_{xy}$ situés sur la courbe représentative $y = f(x)$ est un ensemble projectif.

On peut classer les fonctions projectives $f(x)$ suivant les classes et espèces de ces ensembles projectifs.

Dès que la notion de fonction projective est acquise, des questions importantes se posent relativement à la représentation paramétrique des ensembles au moyen de fonctions projectives.

Parmi ces nombreux problèmes, nous nous contenterons d'en indiquer quelques-uns : étant donnée une fonction projective $f(x)$ qui est un complémentaire analytique plan, quel est l'ensemble des valeurs de cette fonction sur $\mathcal{I}_x$? On sait que cet ensemble est un (A_2), ou bien un (B_2), ou bien un ensemble projectif de classe 1, mais nous ne savons pas si tout ensemble (A_2) peut être représenté de cette manière.

Mais il y a plus : nous ne savons pas si tout complémentaire analytique linéaire et non mesurable B peut être présenté sous cette forme.

La réponse est affirmative et en quelque sorte banale si ce complémentaire analytique contient un ensemble parfait : on obtient ce résultat en partant du théorème précédent de M. Mazurkiewicz. Mais on ne sait rien si l'on ne fait aucune hypothèse.

Pour finir, nous voulons attirer l'attention des analystes sur un problème de haute importance :

Étant donnée une fonction projective $f(x)$, uniforme et partout définie, dont la courbe représentative L est un complémentaire analytique, reconnaître s'il existe nécessairement un ensemble parfait dans L?

L'importance extrême de ce problème tient à ce que si sa solution est *négative*, le fameux problème du continu sera résolu par *l'affirmative*.

En effet, l'ensemble L est la somme d'une infinité non dénombrable de constituants mesurables B numérotés au moyen des nombres finis et transfinis de seconde classe de Cantor

$$L = \mathscr{E}_0 + \mathscr{E}_1 + \mathscr{E}_2 + \ldots + \mathscr{E}_\omega + \ldots + \mathscr{E}_\alpha + \ldots \mid \Omega.$$

Comme L ne contient aucun ensemble parfait, chaque constituante E_α est dénombrable, ainsi que sa projection E_α sur l'axe OX. Or, la projection de la courbe L sur l'axe OX coïncide précisément avec cet axe. Donc, nous avons

$$(-\infty, +\infty) = E_0 + E_1 + E_2 + \ldots + E_\omega + \ldots + E_\alpha + \ldots \mid \Omega,$$

ce qui nous montre que la puissance du continu est la deuxième.

Les cribles projectifs. — Nous allons maintenant généraliser les résultats relatifs aux cribles analytiques (p. 180).

Il est très aisé de montrer qu'on ne sort pas des limites de la famille des ensembles projectifs en effectuant l'opération qui consiste à prendre l'ensemble criblé au moyen d'un crible projectif.

Théorème. — *Tout ensemble criblé au moyen d'un crible projectif de classe n est un ensemble projectif (A_{n+1}) ou bien de classe $\leq n$.*

Pour le voir, il suffit de suivre la démonstration relative aux cribles analytiques (p. 181). En effet, un crible C projectif de classe n étant donné, l'ensemble E criblé au moyen de C est l'ensemble des valeurs de la fonction continue $\varphi[f_1(\tau)]$ sur $\Theta \times H$. Or, l'ensemble Θ est mesurable B. D'autre part, nous avons

$$H = H_1 \times H_2 \times \ldots \times H_k \times \ldots$$

Puisque H_k est la transformée de C au moyen d'une transformation continue, H_k est un ensemble projectif de classe $\leqq n$, quel que soit k. Donc $\Theta \times H$ est aussi un ensemble projectif de classe $\leqq n$ et, par suite, E est un (A_{n+1}) ou bien un ensemble projectif de classe $\leqq n$.

C. Q. F. D.

Inversement, tout ensemble (A_{n+1}) peut être considéré comme criblé au moyen d'un crible (CA_n). Cette remarque est bien banale puisque chaque ensemble E qui est un (A_{n+1}) est la projection d'un ensemble H qui est un (CA_n). Si nous désignons par H_k l'ensemble (CA_n) situé entre les droites $y = \dfrac{1}{k+1}$ et $y = \dfrac{1}{k}$ et dont la projection sur l'axe OX coïncide avec E, on voit bien que E est criblé au moyen de la somme $H_1 + H_2 + \ldots + H_k + \ldots$ qui est un (CA_n).

C. Q. F. D.

Parmi les cribles projectifs, les plus intéressants sont les cribles *dénombrables* : ce sont les cribles projectifs C tels que chaque droite parallèle à l'axe vertical coupe C en une infinité au plus dénombrable de points. Malheureusement, on ne connaît que très peu de résultats sur ce sujet.

On sait que chaque ensemble analytique peut être considéré comme criblé au moyen d'un crible dénombrable mesurable B. Mais on ne sait pas si l'on peut considérer chaque ensemble (A_2) comme criblé au moyen d'un crible dénombrable (B_2). On ne sait même pas si chaque crible dénombrable (B_2) peut être décomposé en une infinité dénombrable d'ensembles *uniformes* (B_2).

On peut rattacher à ces considérations la notion de crible rectiligne. Un crible dénombrable C est dit *rectiligne* s'il est composé d'une infinité dénombrable d'ensembles situés sur des parallèles à l'axe OX. Il serait très intéressant de savoir quels sont les ensembles linéaires (A_2) qu'on peut obtenir au moyen de cribles rectilignes (B_2).

Je dois signaler un travail de M. Selivanowski se rattachant à ce sujet. Ce jeune auteur a considéré la famille des ensembles qu'on obtient, à partir des ensembles mesurables B, au moyen des deux opérations : *crible rectiligne* et *prendre le complémentaire* indéfiniment répétées. Il a donné à ces ensembles le nom d'*ensembles* C et les a classés en une infinité de classes distinctes numérotées au moyen de tous les nombres finis et transfinis de seconde classe de Cantor.

Il a démontré que tous ces ensembles sont mesurables et possèdent une catégorie déterminée ; mais le lien de cette famille d'ensembles avec celle des ensembles projectifs reste inconnu ([1]).

Séparabilité. — L'un des problèmes les plus importants de la théorie des ensembles projectifs et qui attend encore sa solution, est celui de leur *séparabilité*.

On sait que deux ensembles analytiques quelconques sans point commun sont toujours séparables B. Il serait très important de démontrer que deux ensembles (A_n) quelconques sans point commun sont séparables (B_n).

De même, nous savons que si l'on supprime la partie commune à deux ensembles analytiques, les parties restantes sont séparables au moyen de deux complémentaires analytiques. La question se pose naturellement de savoir si ce principe subsiste quand on remplace les ensembles analytiques par (A_n) et les complémentaires analytiques par (CA_n). C'est un problème qui mérite d'attirer l'attention des analystes malgré sa difficulté.

D'ailleurs, il importe de savoir s'il existe deux ensembles (CA_n) qui ne soient pas séparables (B_n).

---

[1] *Voir* la Note de M. SELIVANOWSKI, *Sur une classe d'ensembles définis par une infinité dénombrable de conditions* (*C. R. Acad. Sc.*, 30 mai 1927). M. OTTON NIKODYM est arrivé antérieurement à des résultats analogues. *Voir* son intéressant Mémoire *Sur les diverses classes d'ensembles* (*Fund. Math.*, t. XIV, 1929, p. 145).
En corrigeant les épreuves, j'ajoute que les recherches relatives à ce problème entrepris récemment par deux élèves de M. G. Fichtenholtz, MM. Kantorovitch et Livenson, ont montré que les ensembles C sont des ensembles *projectifs de seconde classe*. *Voir* ses Notes dans les *Comptes rendus Acad. Sc.* : L. KANTOROVITCH, *Sur les ensembles projectifs de deuxième classe* (30 décembre 1929); L. KANTOROVITCH et E. LIVENSON, *Sur les ôs-fonctions de M. Hausdorff* (10 février 1930); *Sur les ensembles projectifs de M. Lusin* (12 mai 1930).

EXISTENCE DES ENSEMBLES PROJECTIFS
DE TOUTE CLASSE ET DE TOUTE ESPÈCE.
LES ENSEMBLES UNIVERSELS.

Il est temps maintenant de combler une lacune en démontrant l'existence des ensembles projectifs de toute classe et de toute espèce. Nous avons rejeté cette démonstration à la fin de la théorie des ensembles projectifs pour que quelques propositions préliminaires fort utiles soient déjà établies ([1]).

Faisons d'abord une remarque fort simple : pour démontrer l'existence des ensembles (B_n), il suffit de démontrer l'existence des (A_{n-1}) et (CA_{n-1}). En effet, nous avons vu (p. 280) que la somme de deux ensembles dont le premier est un (A_{n-1}) et la seconde est un (CA_{n-1}) et qui sont situés dans deux portions du domaine non empiétantes, est sûrement un (B_n). D'autre part, si E est un (A_n), son complémentaire CE est un (CA_n). Donc, tout revient à démontrer l'existence des ensembles projectifs (A_n).

La méthode qui nous permet de démontrer cette existence utilise la construction d'ensembles plans *universels* de divers types.

On appelle *universel de type* (A_n) tout ensemble plan projectif U qui est un (A_n), ou bien (B_n), ou bien de classe $< n$ et qui jouit de la propriété suivante : on obtient chaque ensemble linéaire qui est un (A_n), ou bien (B_n), ou bien de classe $< n$ en coupant U par une parallèle à l'axe OY convenablement choisie.

Il est aisé de voir que chaque ensemble U universel de type (A_n) présente lui-même un exemple effectif d'ensemble (A_n). En effet, coupons U par la diagonale $y = x$. Soit e l'ensemble des points de U situés sur cette diagonale et soit e' la projection de e sur l'axe OY.

Tout d'abord le complémentaire Ce' ne peut sûrement pas être obtenu en coupant U par une parallèle de l'axe OY. Nous avons vu ce fait important à la page 130.

Il en résulte que l'ensemble linéaire e est effectivement un ensemble (A_n). En effet, dans le cas contraire, l'ensemble e est *ou bien* un (B_n),

---

([1]) *Voir* aussi ma Note, *Les propriétés des ensembles projectifs* (*C. R. Acad. Sc.*, 15 juin 1925).

ou bien de classe $< n$. Donc, les ensembles linéaires e' et Ce' sont de même nature, ce qui est impossible, puisque, dans ce cas, Ce' pourrait être obtenu en coupant U par une parallèle à l'axe OY.

Ainsi, nous avons déjà l'exemple d'un ensemble linéaire (A_n) : c'est l'ensemble e. Mais il y a de plus : l'ensemble U lui-même est un (A_n). En effet, si U était un (B_n), ou bien de classe $< n$, sa partie e située sur la diagonale $y = x$ serait de même nature.

Tout revient donc à construire des ensembles universels de type (A_n) quel que soit l'entier positif n.

Tout d'abord, nous avons construit à la page 146 un ensemble *analytique universel* U. Son complémentaire CU est évidemment un *complémentaire analytique universel* puisqu'on obtient chaque complémentaire analytique linéaire (et en particulier chaque ensemble mesurable B) en coupant CU par une parallèle à l'axe OY.

Cela posé, procédons par *récurrence ordinaire*. Supposons donc que nous ayons construit un ensemble U_{n-1} situé dans le plan XOT et qu'il soit un ensemble universel de type (A_{n-1}). Son complémentaire CU_{n-1} est évidemment un ensemble universel de type (CA_{n-1}).

Prenons une fonction

$$z = \varphi(x, \tau)$$

de classe 2 de la classification de M. Baire, partout définie dans $\mathcal{I}_{x\tau}$ et telle qu'on obtient toutes les fonctions possibles $f(x)$ de classe 1 de M. Baire en choisissant convenablement la valeur τ_0 de τ :

$$f(x) \equiv \varphi(x, \tau_0).$$

Nous avons construit de telles fonctions φ à la page 148.

Cela posé, transformons l'ensemble U_{n-1} et la fonction φ en ensemble V_{n-1} et en fonction ψ de telle manière qu'on obtienne un couple nouveau (V_n, ψ) qui est en quelque sorte *doublement universel*.

A cet effet, prenons deux fonctions

$$t = g(y) \qquad \text{et} \qquad \tau = h(y)$$

continues sur $\mathcal{I}_y$ et jouissant de la propriété suivante : quels que soient les deux nombres irrationnels t_0 et τ_0, il existe un nombre irrationnel y_0 tel que $g(y_0) = t_0$ et $h(y_0) = \tau_0$.

Pour obtenir l'ensemble V_{n-1} prenons la transformation du domaine

$\mathcal{J}_{tx}$ en domaine nouveau $\mathcal{J}_{yx}$ qui est donnée par les formules

$$x = x, \qquad t = g(y).$$

L'ensemble V_{n-1} est par définition la transformée de U_{n-1}. Il est bien évident que V_{n-1} est un ensemble projectif (A_{n-1}) plan.

D'autre part, transformons la fonction $\varphi(x, \tau)$ en une fonction nouvelle $\psi(x, y)$ en faisant la substitution $\tau = h(y)$, ce qui nous donne

$$\psi(x, y) = \varphi[x, h(y)].$$

L'ensemble V_{n-1} et la fonction ψ forment un couple *doublement universel*, puisque en choisissant convenablement le nombre y_0 on obtient simultanément un ensemble linéaire arbitraire (A_{n-1}), ou bien (B_{n-1}), ou bien de classe $< n - 1$, en coupant V_{n-1} par la droite $y = y_0$ et une fonction de classe 1 arbitraire $f(x) = \psi(x, y_0)$.

Ceci étant établi, considérons le domaine à trois dimensions $\mathcal{J}_{xyz}$. Soit S la surface définie par l'équation

$$z = \psi(x, y).$$

Prenons, dans le plan horizontal XOY, l'ensemble CV_{n-1} et désignons par $\mathcal{E}$ l'ensemble des points de S dont les projections sur le plan XOY appartiennent à CV_{n-1}. On voit bien que $\mathcal{E}$ est un ensemble (CA_{n-1}), ou bien (B_{n-1}), ou bien de classe $< n - 1$. Donc, sa projection E sur le plan ZOY est un ensemble projectif (A_n), ou bien (B_n), ou bien de classe $< n$.

Je dis maintenant que *l'ensemble* E *ainsi défini est un ensemble universel de type* (A_n).

En effet, nous savons que chaque ensemble e linéaire (A_n), ou bien (B_n), ou bien de classe $< n$ peut être considéré comme l'ensemble des valeurs d'une fonction $f(x)$ continue sur $\mathcal{J}_x$ quand x parcourt un ensemble linéaire H qui est un (CA_{n-1}), ou bien (A_{n-1}), ou bien de classe $< n - 1$.

Or, en choisissant convenablement y_0, on obtient l'ensemble H en coupant CV_{n-1} par la droite $y = y_0$ et la fonction $f(x)$ en substituant $y = y_0$ dans $\psi(x, y)$.

On conclut de là qu'on obtient l'ensemble e donné à l'avance en coupant E par la droite $y = y_0$, ce qui démontre que E est un ensemble universel de type (A_n).
C. Q. F. D.

LES RÉSOLVANTES,
LEUR CRITIQUE AU POINT DE VUE DE M. EMILE BOREL.

Les résolvantes. — Nous dirons qu'un problème quelconque P de la théorie des fonctions est *mis en résolvante* lorsque nous pouvons nommer, au sens de M. H. Lebesgue, un ensemble de *points* E tel qu'on sait résoudre par l'affirmative le problème P toutes les fois qu'on peut nommer un point de E, et qu'on sait le résoudre par la négative toutes les fois qu'on peut démontrer que l'ensemble E est nul (¹). L'ensemble de points E lui-même dont dépend la solution finale du problème proposé P, sera dit *la résolvante* du problème P.

Parmi les problèmes de la théorie des fonctions dont la solution paraît présenter des difficultés d'ordre transcendant, si l'on peut ainsi dire, la plupart admettent la mise en résolvante, et il importe de remarquer que ces résolvantes sont toutes des ensembles *projectifs*. Parmi ces problèmes, les plus intéressants sont les suivants : *la bien-ordonnance du continu* d'une manière effective, et la recherche d'une notation analytique dépourvue d'ambiguïté pour *tous* les nombres transfinis de seconde classe de Cantor. Ce dernier problème est dû à M. E. Borel, et nous voulons expliquer son sens.

On sait que, parmi les nombres transfinis de seconde classe de Cantor, les « petits » nombres transfinis peuvent être écrits au moyen de la lettre ω. Cela veut dire qu'il y a beaucoup de nombres transfinis en quelque sorte *voisins de* ω qui peuvent être écrits sous la forme de polynomes ou de fonctions exponentielles de la lettre ω. Tous ces nombres transfinis sont parfaitement définis. Mais on ne peut pas définir de cette manière *tous* les nombres transfinis de seconde classe. En effet, quelles que soient lès définitions qu'on aura données (définitions comprenant un nombre fini de symboles), il y aura des nombres transfinis qui échapperont à ces définitions, mais qui pourront être définis par d'autres symboles en nombre fini, sans qu'on arrive jamais au bout (²).

(¹) Sur la méthode des résolvantes *voir* ma Note, *Sur le problème de M. Emile Borel et la méthode des résolvantes* (*C. R. Acad. Sc.*, 17 août 1925) et le Mémoire cité *Sur les ensembles analytiques* (*Fundamenta Math.*, t. X, p.91).

(²) *Voir* Emile BOREL, *La Philosophie mathématique et l'infini* (*Revue du Mois*, août 1912).

Ainsi, dans l'état actuel de la Science, nous n'avons aucun algorithme permettant d'écrire *tous* les nombres transfinis de seconde classe. Néanmoins, il existe un algorithme permettant d'écrire *tous* les nombres réels : il suffit de rappeler le développement en fraction décimale illimitée.

Le problème précédemment indiqué de M. E. Borel consiste précisément à trouver un algorithme composé d'une infinité dénombrable de symboles permettant d'écrire *tous* les nombres transfinis de seconde classe.

Le problème de M. E. Borel serait résolu si l'on savait numéroter tous les nombres réels au moyen de la totalité des nombres transfinis de seconde classe ou, du moins, nommer une partie du continu numérotée de cette manière. Or, dans le premier cas, le problème du continu lui-même serait complètement résolu, et dans le second cas, nous aurions la solution du problème de M. H. Lebesgue sur la comparaison de deux puissances : la *puissance du continu* et la *deuxiéme puissance* ([1]).

Revenons maintenant aux résolvantes. L'introduction même de la notion de résolvante est étroitement liée aux idées de M. E. Borel. Dans une Communication faite au IVe Congrès international des Mathématiciens (Rome, avril 1908), M. E. Borel a dit : « Voici, pour donner une idée de mon point de vue, un problème qui me paraît être des plus importants dans la théorie arithmétique du continu : Est-il ou non possible de définir un ensemble E tel qu'on ne puisse nommer aucun élément individuel de cet ensemble E, c'est-à-dire le distinguer sans ambiguïté de tous les autres éléments de E. » ([2]).

Le but des considérations suivantes est de donner des ensembles projectifs formés de points du segment (0, 1) que je considère comme une solution du problème précédemment cité de M. E. Borel.

Ces ensembles projectifs sont les résolvantes de certains problèmes qui, à mon avis, débordent les limites de la Science au sens absolu.

Parmi les nombreux problèmes de la théorie des fonctions, je me borne à en considérer deux seulement, et je vais construire des résolvantes de ces problèmes.

([1]) *Voir* la lettre de M. Henri Lebesgue dans *Cinq lettres sur la théorie des ensembles* (*Bulletin de la Société mathématique de France*, décembre 1904).

([2]) *Voir* Emile BOREL, *Leçons sur la théorie des fonctions*, 3e édition, 1928, p. 162.

Problème I. — *Reconnaître si tous les complémentaires analytiques n'ont pas, ou bien la puissance des ensembles dénombrables, ou bien la puissance du continu.*

L'intérêt du problème tient précisément à ce que si l'on se plaçait sur le terrain des raisonnements idéalistes, c'est-à-dire si l'on admettait l'existence de *tous* les nombres transfinis de seconde classe, on pourrait démontrer d'une manière irréprochable que tout complémentaire analytique non dénombrable qui ne contient aucun ensemble parfait est nécessairement la réunion d'une infinité non dénombrable d'ensembles dénombrables n'ayant aucun point commun deux à deux et numérotés d'une manière précise et sans ambiguïté possible au moyen de tous les nombres transfinis de seconde classe. Donc, *si ce cas, logiquement possible, est pratiquement réel, on pourra affirmer que l'existence de tous les nombres transfinis de seconde classe est un fait d'ordre expérimental.* Ce point de vue est le seul qui me paraît mériter le nom de réaliste.

La résolvante E *de ce problème est un ensemble projectif de classe* 3 *au plus.* Si l'on sait nommer un point de E, on a un tel complémentaire analytique extraordinaire, et *vice versa*.

Passons maintenant à la construction de cette résolvante.

Prenons le domaine à trois dimensions $\mathcal{I}_{xyz}$ et considérons, dans le plan XOZ, un exemple *analytique* universel U, donc tel qu'on obtienne tous les ensembles *analytiques* linéaires possibles en coupant U par des parallèles à l'axe OZ.

D'autre part, prenons dans le plan YOZ un ensemble U' *mesurable* B tel qu'on obtienne tous les ensembles *parfaits* linéaires possibles en coupant U' par des parallèles à l'axe OZ. Il est très aisé de construire un tel ensemble U'.

Désignons par $\mathcal{E}$ l'ensemble des points du domaine $\mathcal{I}_{xyz}$ dont les projections sur le plan XOZ appartiennent à U. D'une manière analogue, soit $\mathcal{E}'$ l'ensemble des points de $\mathcal{I}_{xyz}$ dont les projections sur le plan YOZ appartiennent à U'.

Il est clair que $\mathcal{E}$ est un ensemble analytique, et que $\mathcal{E}'$ est mesurable B. Donc, la partie commune $\mathcal{E} \times \mathcal{E}'$ est un ensemble *analytique*.

Effectuons sur $\mathcal{E} \times \mathcal{E}'$ les opérations indiquées par la formule suivante :

$$E_1 = \mathrm{PCP}(\mathcal{E} \times \mathcal{E}'),$$

où nous projetons $\mathscr{E} \times \mathscr{E}'$ sur YOY, puis nous prenons le complémentaire de cette projection et, enfin, nous projetons ce complémentaire sur OX.

On voit bien que *l'ensemble projectif* E_1 *ainsi obtenu est ou bien* (A_2), *ou bien* (B_2), *ou bien de classe* 1.

Cela posé, prenons, dans le plan YOZ, un ensemble U'' *mesurable* B tel qu'on obtienne tous les ensembles *dénombrables* linéaires possibles en coupant U'' par des parallèles à l'axe OZ. Pour avoir un tel U'', il suffit de prendre une suite infinie de fonctions *continues* $f_1(y)$, $f_2(y)$, ..., $f_n(y)$, ... telles que, quel que soit le système de nombres irrationnels z_1^0, z_2^0, ..., z_n^0, ..., il existe un nombre y_0 tel qu'on ait $z_n^0 = f_n(y_0)$, quel que soit n. Si nous traçons dans le plan YOZ toutes ces courbes $z = f_n(y)$, $n = 1$, 2, 3, ..., la réunion de ces courbes est évidemment l'ensemble U'' cherché.

Ceci étant, désignons par $\mathscr{E}''$ l'ensemble des points de $\mathscr{I}_{xyz}$ dont les projections sur le plan YOZ appartiennent à U''. Il est clair que $\mathscr{E}''$ est mesurable B et que la somme $\mathscr{E} + E''$ est un ensemble *analytique*.

Effectuons sur $\mathscr{E} + \mathscr{E}''$ les opérations indiquées par la formule suivante :

$$E_2 = \text{PCPC}(\mathscr{E} + \mathscr{E}''),$$

où nous prenons le complémentaire dans $\mathscr{I}_{xyz}$, puis nous projetons sur XOY, ensuite nous prenons le complémentaire et, enfin, nous projetons sur OX.

On voit bien que *l'ensemble projectif* E_2 *ainsi obtenu est ou bien* (A_3), *ou bien* (B_3), *ou bien de classe* $\leqq 2$.

Il en résulte que l'ensemble-somme $E_1 + E_2$ est un ensemble projectif de classe $\leqq 3$. Donc, si nous désignons par E le complémentaire de cette somme, *l'ensemble* E *est encore projectif de classe* $\leqq 3$.

Je dis maintenant que *l'ensemble* E *est la résolvante du problème posé*. Cela veut dire que *si l'on savait nommer un point de* E, *on aurait un complémentaire analytique non dénombrable et sans partie parfaite; et si l'on réussissait à démontrer que* E *est dépourvu de points, on aurait démontré que de tels complémentaires analytiques n'existent pas.*

En effet, si nous déchiffrons le sens des constructions un peu compliquées des deux ensembles projectifs linéaires E_1 et E_2, voici ce que nous trouvons : E_1 est l'ensemble des points x en lesquels les parallèles à l'axe OZ coupent l'ensemble analytique universel U suivant des ensembles analytiques *triviaux* dont les complémentaires contiennent chacun un ensemble parfait ; de même, l'ensemble E_2 est l'ensemble des points x dont les ensembles analytiques linéaires correspondants ont les complémentaires dénombrables (ou finis) : ce sont encore des complémentaires *triviaux*.

Si nous supprimons de l'axe OX tous les points de E_1 et de E_2, nous trouvons bien entendu les points x qui correspondent aux complémentaires analytiques *extraordinaires*.

Donc, en fin de compte, on ne trouve ici qu'une complication purement logique bien dissimulée sous un appareil *quasi géométrique*.

Problème II. — *Reconnaître s'il existe une fonction $f(x)$ partout définie telle que la courbe représentative $y = f(x)$ soit un complémentaire analytique sans partie parfaite.*

L'importance de ce problème tient à ce que, dans le cas d'une réponse positive, la puissance du continu est la deuxième (p. 287).

D'ailleurs, *cette courbe $y = f(x)$ ne peut pas être mesurable au sens de M. H. Lebesgue.* En effet, si cette courbe était mesurable au sens de M. H. Lebesgue, il existerait sur l'axe OX un ensemble parfait P sur lequel $f(x)$ serait continue. Cela veut dire que la courbe considérée $y = f(x)$ contient un ensemble parfait, ce qui contredit l'hypothèse admise.

Pour ne pas fatiguer le lecteur en répétant toujours les mêmes opérations, nous indiquerons simplement la marche de la construction de la résolvante du problème posé.

Tout d'abord, nous prenons dans le domaine $\mathcal{J}_{xyz}$ un ensemble analytique *universel* U *à trois dimensions* tel qu'on obtienne tous les ensembles analytiques plans possibles en coupant U par des plans parallèles à XOY.

Désignons par H_1 l'ensemble des droites parallèles à l'axe OY qui ne coupent pas U. De même, soit H_2 l'ensemble des droites parallèles à l'axe OY dont chacune coupe U au moins en deux points. Soient E_1 et E_2 les projections de H_1 et, respectivement, de H_2 sur l'axe OZ. Comme H_1 est un complémentaire analytique et H_2 un ensemble analytique, E_1 est un ensemble *projectif de classe* ≤ 2, et E_2 un ensemble *analytique*.

Désignons par E_3 l'ensemble des points ζ de l'axe OZ tels que chaque plan $z = \zeta$ coupe U en un ensemble analytique dont le complémentaire est *ou bien* dénombrable (ou fini), *ou bien* a la puissance du continu. Pour avoir l'ensemble E_3, il suffit de faire une transformation univoque, réciproque et continue dans les deux sens du domaine $\mathcal{J}_{xyz}$ en domaine $\mathcal{J}_{tz}$ au moyen des équations

$$(1) \qquad \begin{cases} x = \varphi(t), & y = \psi(t), \\ \quad\ \ t = F(x, y); \end{cases}$$

$$(2) \qquad z = z.$$

La transformée U' de U est un ensemble analytique plan et les plans parallèles à XOY se transforment en droites parallèles à l'axe OT.

Il en résulte que le complémentaire de E_3 est identique à la résolvante du problème précédent. Donc, E_3 est un ensemble projectif de classe $\leqq 3$.

Si l'on supprime de l'axe OZ les ensembles E_1, E_2 et E_3, l'ensemble E des points restants est évidemment un *ensemble projectif de classe $\leqq 3$*. C'est cet ensemble projectif E qui est la *résolvante du problème posé.*

On voit bien que *la personne qui saurait nommer un point de* E *aurait tous les points de l'axe* OX *numérotés au moyen de tous les nombres transfinis de seconde classe de Cantor.*

ANALYSE DU MÉMOIRE DE M. H. LEBESGUE :
SUR LES FONCTIONS REPRÉSENTABLES ANALYTIQUEMENT.

Ce Mémoire de M. H. Lebesgue, paru en 1905 ([1]), extrêmement riche en idées, méthodes et résultats généraux, est loin d'être étudié. En particulier, toute la théorie des ensembles analytiques a pour origine ce Mémoire. Dans les pages qui suivent nous allons indiquer quelques points de ce Mémoire étroitement liés au sujet de nos considérations. En même temps nous voudrions attirer l'attention des analystes sur une méthode tout à fait remarquable, employée par M. H. Lebesgue pour nommer des ensembles *de points.*

La nature de cette méthode est très compliquée et un peu énigma-

---

[1] *Journal de Mathématiques,* 1905, p. 139-216.

tique. D'une part, elle évite complètement le raisonnement de M. Zermelo. D'autre part, elle est basée sur la totalité des nombres transfinis de seconde classe de Cantor. Il importe de mettre en lumière que la manière même d'employer cette totalité est extrêmement remarquable et diffère essentiellement des manières de l'employer dans tous les raisonnements connus.

En effet, il y a beaucoup d'ensembles de points qui peuvent être définis au moyen de la totalité des nombres transfinis de seconde classe : tel est, par exemple, le cas des complémentaires analytiques (p. 195) et celui des ensembles projectifs. Mais nous avons vu que chaque fois que cette totalité intervient, elle peut être exclue par des définitions *négatives*. Par exemple, un crible quelconque C définit un complémentaire analytique d'une manière *positive* : c'est l'ensemble des points en lesquels les perpendiculaires coupent le crible C en des ensembles bien ordonnés qui correspondent, en général, aux nombres transfinis de plus en plus élevés. Donc, *tous* les nombres transfinis de seconde classe sont intervenus dans cette définition effectivement. Néanmoins, si nous voulons éviter la notion du transfini, il suffit de définir le complémentaire analytique comme l'ensemble des points qui n'appartiennent *pas* à un ensemble analytique donné. On voit bien que, ici, la totalité des nombres transfinis est remplacée par une opération toute *négative* : prendre le complémentaire d'un ensemble déjà défini.

Or, l'emploi de la totalité des nombres transfinis, dans la méthode de M. H. Lebesgue, est tout différent et extrêmement remarquable. M. H. Lebesgue fait l'emploi d'une suite transfinie de *nombres réels* définis non pas simultanément, mais *successivement de telle manière que la détermination de chacun de ces nombres dépend essentiellement des déterminations numériques précédentes.*

Cette manière remarquable d'employer la totalité des nombres transfinis rend extrêmement difficile l'exclusion de cette totalité au moyen de définitions négatives. Il se peut qu'une telle exclusion soit même absolument impossible. S'il en est ainsi, la méthode de M. H. Lebesgue sera sûrement l'origine d'une série de travaux consacrés à l'étude du *sens* de cette méthode, puisque les ensembles définis au moyen de cette méthode sont d'une nature toute nouvelle et sont quand même « effectifs », puisque le raisonnement de M. Zermelo est évité.

Notion d'ensembles accessibles et leur rôle dans la formation d'ensembles chez M. H. Lebesgue. — Nous commençons par indiquer explicitement les points du Mémoire de M. H. Lebesgue qui sont étroitement liés au Chapitre II. Dans ce Chapitre, la notion d'*élément de classe* α jouait un rôle essentiel. Rappelons d'abord que nous avons nommé *accessible supérieurement*, tout ensemble E de classe α qui est la partie commune à une infinité dénombrable d'ensembles de classes inférieures à α. Nous avons appelé *élément de classe* α l'ensemble E qui est accessible supérieurement et dont le complémentaire CE ne l'est pas.

Nous savons que les éléments de classe α jouent un rôle essentiel dans les théories du Chapitre II. Et, en particulier, le théorème sur la séparabilité de deux éléments de classe α quelconques au moyen d'ensembles de classes inférieures à α met en évidence une très importante propriété des éléments de classe α qui est en tous points analogue à la séparabilité B des ensembles analytiques ([1]).

Si nous analysons attentivement le Mémoire de M. H. Lebesgue, nous y trouvons déjà l'idée d'ensemble acccessible supérieurement, ainsi que les applications immédiates de cette notion.

Tout d'abord, citons un passage de ce Mémoire (page 161, ligne 8) :

« ... J'appellerai *ensemble de rang* α tout ensemble qui peut être considéré comme la partie commune à un nombre fini ou à une infinité dénombrable d'ensembles F des classes inférieures à α, cela étant supposé impossible lorsqu'on remplace α par un symbole plus petit. Si α est de première espèce, les ensembles de rang α sont compris parmi les ensembles de classe $\alpha - 1$.

» ... *Si α est de seconde espèce, les ensembles de rang α sont à la fois* F *et* O *de classe α*; cela est vrai quel que soit α. »

Nous voyons que, dans ces lignes, l'*idée* d'ensemble accessible supérieurement est mise nettement en lumière. Il est vrai, que les notions d'ensemble de rang α et d'ensemble de classe α accessible supérieurement ne sont pas tout à fait identiques, puisque la classification des ensembles donnée par M. H. Lebesgue et celle qui

---

([1]) *Voir* mon article *Analogies entre les ensembles mesurables* B *et les ensembles analytiques* (*Fundamenta Mathematicæ*, t. XVI, 1930).

nous a guidé dans ce livre sont différentes : dans la classification de
M. H. Lebesgue l'ensemble complémentaire d'un ensemble de
classe α appartient, en général, à la classe $\alpha + 1$, tandis que, dans la
classification de ce livre, deux ensembles complémentaires sont toujours de même classe.

Néanmoins l'*idée* d'ensemble accessible supérieurement est donnée
et M. H. Lebesgue en a tiré des conséquences qui coïncident presque
avec quelques-uns des résultats du Chapitre II.

Parmi ces conséquences, nous allons citer la principale qu'on
trouve à la page 173, ligne 4 :

« ... X. *Pour qu'une fonction f soit de classe $\alpha > 0$, il faut et
il suffit que, quel que soit ε, le domaine où f est définie puisse être
considéré comme la somme d'une infinité dénombrable d'en-
sembles de rang α au plus sur chacun desquels f est, à ε près, de
classe inférieure à α; ou encore sur chacun desquels f est d'oscillation au plus égale à ε.* »

Il est aisé de voir que, malgré les grandes différences des deux
classifications, ce théorème de M. H. Lebesgue est presque identique
au théorème à la page 74 du Chapitre II :

Tout ensemble de points de la classe K_α *est une somme d'une
infinité dénombrable d'éléments de classe* $\leqq \alpha$ *n'ayant aucune
partie commune deux à deux*, complété par la proposition (p. 76)
de ce livre :

*La condition nécessaire et suffisante pour que la somme d'une
infinité dénombrable d'éléments de classe* $\leqq \alpha$ *sans parties communes soit de classe* $\leqq \alpha$, *est qu'elle soit une partie d'une décomposition complète du domaine total* $\mathfrak{I}$ *en une infinité dénombrable d'éléments de classe* $\leqq \alpha$ *sans parties communes.*

En effet, transformons l'énoncé de M. H. Lebesgue qui est relatif
aux *fonctions* en un énoncé qui concerne les *ensembles*. A cet effet,
supposons que f est la fonction caractéristique d'un ensemble E de
classe α. D'après le théorème cité de M. H. Lebesgue, le domaine
où f est définie peut être considéré comme la somme d'une infinité
dénombrable d'ensembles de rang α au plus sur chacun desquels f est
d'oscillation au plus égale à ε.

Et comme f n'admet que les valeurs o et 1, cette fonction est constante sur chacun de ces ensembles de rang α. Donc, tout le domaine où f est définie est décomposé en ensembles de rang $\leqq \alpha$ appartenant ou bien à E, ou bien à CE.

En d'autres termes, l'ensemble considéré E est une partie d'une décomposition complète du domaine total en une infinité dénombrable d'ensembles de rang $\leqq \alpha$. Or, dans cette forme, l'énoncé de M. H. Lebesgue coïncide avec notre énoncé, puisque l'ensemble de rang α de M. H. Lebesgue est un ensemble accessible supérieurement.

La continuité (α) de M. H. Lebesgue. — Le point culminant de la théorie de M. H. Lebesgue est la notion de *continuité* (α), et le théorème sur les fonctions de classe α dont l'énoncé coïncide avec celui du théorème de M. R. Baire sur les fonctions de classe 1.

M. H. Lebesgue a défini la continuité (α) de la manière suivante (page 191, ligne 3) :

« *Une fonction est dite* continue (α) sur l'ensemble parfait E, au point P de E, *si, à tout nombre positif ε, on peut faire correspondre un intervalle contenant P à son intérieur, dans lequel* E *peut être considéré comme la somme d'une infinité dénombrable d'ensembles de rang α au plus, sur chacun desquels f est constante à ε près et qui sont tous, sauf l'un d'eux* contenant P, *partout non denses sur* E. »

Avec cette définition, M. H. Lebesgue a pu démontrer la proposition suivante (page 191, ligne 21) :

« ... XVII. *Pour qu'une fonction soit de classe α au plus, il faut et il suffit qu'elle soit ponctuellement discontinue (α) sur tout ensemble parfait.* »

Il serait intéressant de retrouver l'idée de continuité (α) et le théorème de M. H. Lebesgue dans les notions du Chapitre II.

Méthode descriptive de M. H. Lebesgue pour déterminer les ensembles de classes finies. — Un autre point très important du Mémoire de M. H. Lebesgue qui doit être étudié très attentivement est la façon d'obtenir effectivement toutes les fonctions des classes *finies* de la classification de M. Baire, au moyen des fonctions de plusieurs variables *continues par rapport à chacune d'elles.*

M. H. Lebesgue démontre un théorème important concernant ces fonctions (page 2o1, ligne 1o) :

« ... XX. *Une fonction de n variables, continue par rapport à chacune d'elles, est de classe $n-1$ au plus.* »

Il résulte de ce théorème que, si $f(x_1, x_2, \ldots, x_n)$ est une telle fonction, la fonction $f(x, x, \ldots, x)$ que nous obtenons en posant

$$x_1 = x_2 = \ldots = x_n = x,$$

est une fonction de classe $n-1$ au plus.

Cela posé, citons textuellement un passage de M. H. Lebesgue (page 2o2, ligne 1) :

« ... On peut se demander, il est vrai, si la limite supérieure trouvée pour la classe peut être effectivement atteinte. La réponse est affirmative; nous allons démontrer, en effet, que :

» XXI. *Si $f(t)$ est une fonction de classe n, il existe une fonction $\varphi(x_1, x_2, \ldots, x_{n+1})$ continue par rapport à chacune de ses $n+1$ variables et telle que $f(t)$ soit identique à $\varphi(t, t, \ldots, t)$.* »

Les considérations de M. H. Lebesgue se rattachent aux *fonctions*. Si nous voulons les appliquer aux *ensembles*, voici ce que nous obtenons :

Si $\mathscr{E}$ est un ensemble de points situé dans un domaine à $n+1$ dimensions $\mathcal{J}_{x_1 x_2 \ldots x_n x_{n+1}}$ et tel que, quel que soit le point **M** dans ce domaine, il existe une figure composée de $n+1$ intervalles rectilignes parallèles aux axes $OX_1, OX_2, \ldots, OX_{n+1}$ passant par le point **M** [1], et telle qu'elle appartienne entièrement à $\mathscr{E}$ ou bien n'ait aucun point de $\mathscr{E}$, alors l'ensemble linéaire E qu'on obtient en coupant $\mathscr{E}$ par la droite $x_1 = x_2 = \ldots = x_{n+1}$ est un ensemble *de classe n au plus*, et *chaque ensemble de classe finie n peut être obtenu de cette manière.*

Ainsi, la méthode de M. H. Lebesgue permet d'obtenir tous les ensembles de classes *finies* d'une manière *descriptive* et sans employer aucun procédé opératoire.

---

[1] Le point **M** est intérieur à chacun de ces intervalles *au sens étroit.*

Il serait très désirable d'étendre la méthode de M. H. Lebesgue aux ensembles de classes *transfinies*. Mais il est à remarquer qu'il n'est pas possible de généraliser *directement* la méthode de M. H. Lebesgue. En effet, il faudrait à cet effet considérer des fonctions d'une infinité dénombrable de variables x_1, x_2, ..., x_n, ... et continues par rapport à chacune de ces variables. Or, si l'on définit une fonction $f(x_1, x_2, \ldots, x_n, \ldots)$ d'une infinité dénombrable de variables comme une *correspondance* entre un nombre y et une suite infinie x_1, x_2, ..., x_n, ..., on arrive aussitôt au résultat négatif suivant : *On peut déterminer une fonction $f(x_1, x_2, \ldots, x_n, \ldots)$ continue par rapport à chacune des variables et telle qu'en posant $x = x_1 = x_2 = \ldots = x_n = \ldots$, on obtienne une fonction $f(x)$ absolument arbitraire de la variable réelle x.*

Ce fait nous montre que, pour généraliser le résultat de M. H. Lebesgue, il faut suivre une autre marche.

Méthode de M. H. Lebesgue pour démontrer l'existence des fonctions de toute classe. — Passons maintenant à la partie la plus délicate du Mémoire de M. H. Lebesgue, celle où l'illustre auteur démontre l'existence des fonctions de toute classe et d'une fonction qui échappe à tout mode de représentation analytique.

Voici la méthode de M. H. Lebesgue :

Soit α un nombre fini ou transfini quelconque de seconde classe. Il s'agit de déterminer une fonction $f_\alpha(t, x)$ de deux variables réelles t et x, rentrant dans la classification de M. R. Baire et telle qu'on obtienne sûrement chaque fonction $F(x)$ de classe $\leqq \alpha$ donnée à l'avance en choisissant convenablement la valeur t_0 de t,

$$f_\alpha(t_0, x) \equiv F(x).$$

Pour avoir une telle fonction $f_\alpha(t, x)$, M. H. Lebesgue fait usage des considérations suivantes ([1]) :

Chaque fonction $f(x)$ de classe $\leqq 1$ de la classification de M. Baire est la limite d'une suite de polynomes

$$f(x) = \lim_{n = \infty} P_n(x),$$

où nous pouvons supposer que le polynome $P_n(x)$ est de degré $\leqq n$.

([1]) Je me permets de modifier légèrement la méthode de M. H. Lebesgue dans sa partie *technique* pour mettre en lumière ses principes.

Désignons par $a_k^{(n)}$ les coefficients du polynome $P_n(x)$,

$$k = 0, 1, 2, \ldots, n.$$

D'autre part, considérons une infinité dénombrable de fonctions

$$\varphi_k^{(n)}(t)$$

définies dans la portion $(o, 1)$ du domaine $\mathcal{J}_t$, continues en chaque point de cette portion et jouissant de la propriété suivante : quel que soit le système de nombres $a_k^{(n)}$, il existe un nombre irrationnel t_0 compris entre o et 1 et tel qu'on a $\varphi_k^{(n)}(t_0) = a_k^{(n)}$ quels que soient n et k.

Ces fonctions $\varphi_k^{(n)}(t)$ définissent ce que M. H. Lebesgue appelle « une courbe remplissant tout un domaine de l'espace à une infinité dénombrable de dimensions » (p. 211, Note).

Si, dans le polynome $P_n(x)$, nous remplaçons les coefficients $a_k^{(n)}$ par les fonctions $\varphi_k^{(n)}(t)$ correspondantes, nous obtenons une fonction $\psi_n(t, x)$ de deux variables t et x, continue par rapport à l'ensemble de ces variables et qui coïncide évidemment avec un polynome en x de degré n donné à l'avance quand on choisit convenablement une valeur t_0 de t.

Cela posé, revenons au nombre transfini α donné. Il est très important de remarquer que M. H. Lebesgue suppose ce nombre α *non seulement nommé*, mais donné en quelque sorte *effectivement* de manière que nous sachions ranger en suite simplement infinie α_1, α_2, ... tous les nombres transfinis qui précèdent α. On sait que, dans la théorie de Cantor des nombres transfinis, on définit le sens du symbole

$$\alpha^\beta,$$

α et β étant deux nombres transfinis, au moyen de *récurrence*. M. H. Lebesgue va plus loin : *il déduit de la suite simplement infinie α_1, α_2, ..., formée de tous les nombres transfinis qui précèdent α une suite bien déterminée, encore simplement infinie, β_1, β_2, ... formée de tous les nombres transfinis qui précèdent ω^α* [1].

---

[1] L'illustre auteur fait cette énumération au moyen d'une méthode très importante et nouvelle, dont la fécondité se manifesta de la façon la plus claire dans les premières recherches dans la théorie des ensembles analytiques : c'est la méthode

C'est là le point capital, puisque ce fait important permet à M. H. Lebesgue de construire un ensemble *de points*, F, linéaire et fermé qui est bien ordonné suivant la direction positive de la droite contenant F et qui correspond au nombre ω^α.

Voici maintenant la propriété principale de ce nombre ω^α : *si nous considérons la suite des ensembles dérivés de* F,

$$F, \quad F', \quad F'', \quad \ldots, \quad F^{(\omega)}, \quad \ldots, \quad F^{(\gamma)}, \quad \ldots \mid F^{(\alpha)},$$

l'ensemble dérivé $F^{(\alpha)}$ *est formé d'un point et d'un seul, et, par suite, les dérivés suivants sont nuls.*

Ceci étant, établissons une correspondance univoque et réciproque entre les points *isolés* de F et toutes les fonctions continues $\psi_n(t, x)$. Comme nous savons numéroter tous les points de F au moyen d'entiers positifs, nous pouvons obtenir effectivement cette correspondance.

Cela posé, procédons de la manière suivante : tout d'abord, nous faisons correspondre à tout point *isolé* ξ du premier dérivé F' une fonction déterminée des variables t et x de classe $\leqq 1$ qu'on obtient en prenant la limite de la suite des fonctions $\psi_n(t, x)$ qui correspondent aux points isolés $\xi_1, \xi_2, \ldots, \xi_\nu, \ldots$ de F tendant vers le point considéré ξ de F.

Supposons qu'à chaque point isolé de chacun des ensembles dérivés $F^{(\beta)}$ qui précèdent l'ensemble $F^{(\gamma)}$, on ait fait correspondre une fonction déterminée dès variables t et x de classe $\leqq \beta$ et faisons une

Fig. 8.

correspondance analogue pour les points isolés de l'ensemble $F^{(\gamma)}$ lui-même.

Il y a lieu à distinguer deux cas.

Dans le premier cas, le nombre γ est de première espèce, $\gamma = \gamma^* + 1$. Dans ce cas, nous faisons correspondre à tout point isolé ξ de $F^{(\gamma)}$ une fonction déterminée des variables t et x de

---

des « cortèges d'indices » (*Sur les fonctions représentables analytiquement,* p. 2o9).

classe $\leqq \gamma$ qu'on obtient en prenant la limite de la suite des fonctions qui correspondent aux points isolés $\xi_1, \xi_2, \ldots, \xi_\nu, \ldots$ de $F^{(\gamma^*)}$ tendant vers le point considéré ξ de $F^{(\gamma)}$.

Dans le deuxième cas, le nombre γ est de seconde espèce. Dans ce cas, nous commençons par enfermer tous les points isolés ξ de $F^{(\gamma)}$ en une suite d'intervalles δ n'empiétant pas les uns sur les autres et tels que chaque intervalle δ contienne un point isolé et un seul, ξ, de $F^{(\gamma)}$ (au sens strict).

Puisque nous avons un numérotage bien déterminé des points de l'ensemble F au moyen des entiers positifs, nous pouvons déter-

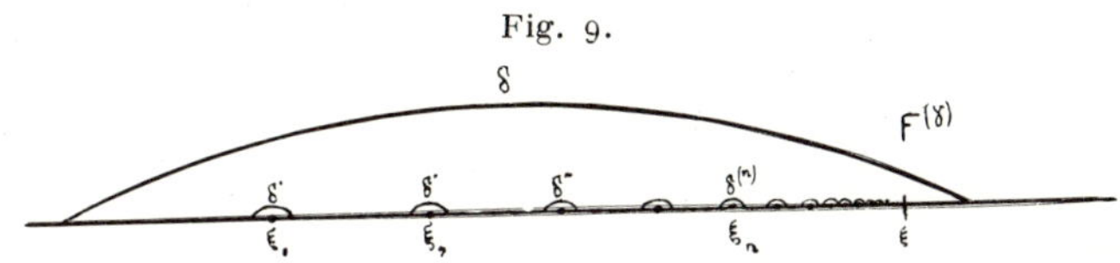

Fig. 9.

miner, pour chaque point isolé ξ de $F^{(\gamma)}$, une suite de points ξ_1, $\xi_2, \ldots, \zeta_\nu, \ldots$ situés dans l'intervalle correspondant δ et tels que le point ξ_n soit un point isolé de l'ensemble dérivé $F^{(\beta_n)}$, où la suite $\beta_1 < \beta_2 < \ldots < \beta_n < \ldots$ tend vers γ. Nous faisons correspondre au point ξ une fonction bien déterminée des variables t et x qui est la limite des fonctions qui correspondent aux points $\xi_1, \xi_2, \ldots, \xi_n, \ldots$.

Il est évident qu'en procédant ainsi nous arriverons finalement au point unique de $F^{(\alpha)}$ et nous lui ferons correspondre une fonction bien déterminée de classe $\leqq \alpha$: *ce sera la fonction $f_\alpha(t, x)$ cherchée.*

Pour le voir, il suffit de démontrer qu'en choisissant convenablement la valeur t_0 de t, nous avons pour les points isolés de l'ensemble dérivé $F^{(\gamma)}$ *des fonctions de classe $\leqq \gamma$ arbitrairement données* de la variable x, et cela quel que soit γ.

A cet effet, remarquons qu'il en est ainsi pour $\gamma = 1$, puisque les fonctions $\psi_n(t, x)$ peuvent être construites au moyen des polynomes arbitraires en x de degré n, en choisissant convenablement le paramètre t.

Le cas où γ est de première espèce, $\gamma = \gamma^* + 1$ ne présente aucune difficulté. En effet, d'après l'hypothèse, on peut choisir le paramètre t de telle manière que les fonctions qui correspondent aux points isolés du dérivé $F^{(\gamma^*)}$ deviennent des fonctions arbitraires de la variable x de classe $\leqq \gamma^*$. Dans ces conditions, le cas considéré est identique à celui où $\gamma = 1$.

Le cas où γ est de seconde espèce est un peu plus difficile. Pour écarter les difficultés, nous déterminerons, dans chaque intervalle δ enfermant un point isolé ξ de $F^{(\gamma)}$, une suite d'intervalles $\delta', \delta'', \ldots, \delta^{(n)}, \ldots$ sans points communs deux à deux et contenant à l'intérieur (au sens strict) respectivement les points $\xi_1, \xi_2, \ldots, \xi_n, \ldots$. Dans ces conditions, nous pouvons évidemment choisir la valeur de t de manière qu'aux points $\xi_1, \xi_2, \ldots, \xi_n, \ldots$ correspondent des fonctions données à l'avance de classes $\beta_1, \beta_2, \ldots, \beta_n, \ldots$ respectivement, et cela pour tous les points isolés ξ de $F^{(\gamma)}$. On en conclut immédiatement qu'aux points isolés ξ de $F^{(\gamma)}$ correspondent des fonctions de classe $\leqq \gamma$ données à l'avance.

Ainsi, *le procédé de M. H. Lebesgue nous amène à une fonction unique que nous désignerons par $f_\alpha(t, x)$ et qui correspond au point unique de l'ensemble dérivé $F^{(\alpha)}$. Le raisonnement précédent nous montre qu'on obtient, en choisissant convenablement la valeur du paramètre t, une fonction de classe $\leqq \alpha$ arbitrairement donnée.*

Il se présente encore une difficulté qu'il importe d'écarter. La fonction $f_\alpha(t, x)$ n'est pas partout définie puisque, pour certaines valeurs de t, les limites dont nous avons fait usage peuvent ne pas exister. Pour vaincre cette difficulté, nous remplacerons simplement l'opération lim (passage à la limite) par l'opération $\overline{\lim}$ de Cauchy-Hadamard (limite supérieure). Comme l'opération lim est un cas particulier de l'opération $\overline{\lim}$, il en résulte que nous ne perdrons aucun des résultats de passage à la limite (supposé possible). Or, dans le cas où le passage à la limite n'est pas possible en raison de la présence des suites divergentes de fonctions, l'opération $\overline{\lim}$, qui consiste à prendre la limite supérieure, nous donne toujours un résultat parfaitement déterminé. On voit bien que nous arrivons ainsi à une fonction $f_\alpha(t, x)$ *partout définie* dans $(-\infty < x < +\infty, 0 < t < 1)$.

Montrons que *la fonction $f_\alpha(t, x)$ rentre dans la classification de M. R. Baire*. C'est évident pour les fonctions $\psi_n(t, x)$ puisqu'elles sont continues par rapport à l'ensemble des variables. Et comme l'opération $\overline{\lim}$ effectuée sur des fonctions de la classification de M. R. Baire amène toujours à des fonctions de cette classification, on en déduit que les fonctions qui correspondent aux points isolés des ensembles dérivés $F^{(\gamma)}$ sont toutes de la classification de M. R. Baire. En particulier, $f_\alpha(t, x)$ rentre dans cette classification.

On en déduit que la fonction de la variable réelle x,

$$f_\alpha(x, x),$$

rentre dans la classification de M. R. Baire et est de classe inférieure ou égale à celle de $f_\alpha(t, x)$ [1].

Nous allons démontrer que *la classe de la fonction $f_\alpha(x, x)$ ne peut pas être inférieure à α.*

En effet, supposons que la classe de $f_\alpha(x, x)$ est $< \alpha$; soit β cette classe. La fonction $\varphi_n(x)$ définie par l'égalité

$$\varphi_n(x) = e^{-n f_\alpha^2(x, x)}$$

est de classe inférieure ou égale à β [2]. Donc, la fonction limite

$$\varphi(x) = \lim_{n = \infty} \varphi_n(x)$$

est au plus de classe α, puisque $\beta + 1 \leqq \alpha$. Or, c'est précisément impossible puisque, si la classe de $\varphi(x)$ ne surpasse pas α, nous pouvons choisir la valeur t_0 de t de manière qu'on ait $f_\alpha(t_0, x) \equiv \varphi(x)$ quel que soit x. En posant dans cette identité $x = t_0$, nous aboutissons à une égalité impossible $f_\alpha(t_0, t_0) = \varphi(t_0)$ puisque, chaque fois que $f_\alpha(t_0, t_0)$ diffère de zéro, nous avons $\varphi(t_0) = 0$, et *vice versa.*

Ainsi, *nous avons réussi à nommer une fonction dont la classe est sûrement non inférieure à α : c'est la fonction $f_\alpha(x, x)$.*

Il en résulte qu'il y a des fonctions de classe α précisément, puisque, s'il n'y avait pas de telles fonctions, la fonction $f_\alpha(x, x)$ ne pourrait exister [3].

Avant d'aller plus loin, faisons une remarque importante que

---

[1] En effet, on démontre sans aucune difficulté par récurrence transfinie que, si $\Phi(x, y)$ est une fonction de classe $\leqq \alpha$, la fonction $\Phi(x, x)$ l'est aussi.

[2] Il s'agit de la proposition de M. H. Lebesgue : *Si la fonction $\varphi(t_1, t_2, \ldots, t_p)$ est de classe 0, et si $f_1, f_2, \ldots, f_p$ sont de classe α au plus, $\Phi = (f_1, f_2, \ldots, f_p)$ est de classe α au plus (Sur les fonctions représentables analytiquement,* page 153, ligne 17). La démonstration est la même : par récurrence transfinie.

[3] *Voir* aussi les Notes dans les *Comptes rendus de l'Académie des Sciences* du 13 novembre 1922 et du 22 janvier 1923, de MM. SIERPINSKI et KURATOWSKI : *Sur l'existence de toutes classes d'ensembles mesurables* B et *Sur l'existence effective des fonctions représentables analytiquement de toute classe de Baire.*

voici : la fonction $f_\alpha(x, x)$ est construite au moyen d'une infinité dénombrable de passages à la limite. Ces passages sont rangés en suite bien ordonnée correspondant au nombre transfini donné α et sont *superposés*, c'est-à-dire effectués successivement l'un après l'autre, de manière que *la connaissance du résultat numérique d'un passage à la limite suppose essentiellement la connaissance des résultats numériques de tous les passages à la limite précédents.*

Et comme le nombre transfini α peut être aussi grand que l'on veut, il est très probable qu'on ne peut pas nommer la fonction $f_\alpha(x, x)$ sans connaître tous les résultats numériques des passages à la limite précédents, c'est-à-dire sans faire intervenir le nombre transfini α lui-même.

Méthode de M. H. Lebesgue pour nommer une fonction qui échappe à tout mode de représentation analytique. — Passons maintenant au dernier point du Mémoire de M. H. Lebesgue, celui où l'illustre auteur indique une fonction-individu qui n'est pas représentable analytiquement.

Tout d'abord, citons textuellement quelques passages de M. H. Lebesgue (page 213, ligne 25) :

« ... Je suppose les nombres rationnels compris entre 0 et 1 rangés dans un certain ordre que je ne précise pas, mais que je suppose précisé; soit z_1, z_2, ... la suite considérée. Je prends une valeur de t comprise entre 0 et 1 et je l'écris dans le système de numération de base 2, en employant seulement, lorsque cela sera possible, un nombre fini de fois le chiffre 1; l'expression de t est bien déterminée dès que t est donnée.

$$t = \frac{\theta_1}{2} + \frac{\theta_2}{2^2} + \dots$$

» Barrons dans la suite z_1, z_2, ... tous les z_i qui correspondent aux indices i des chiffres θ_i qui sont nuls; soient z'_1, z'_2, ... les z conservés. Il se peut, et il en sera toujours ainsi si les z' en nombre fini, qu'on puisse trouver un symbole de classe α jouissant de la propriété suivante : on peut établir une correspondance entre les z' et tous les symboles β inférieurs à α de manière qu'à un z' corresponde un seul β, et inversement, et que si à β et β_1 correspondent $z'(\beta)$ et $z'(\beta_1)$, on ait $z'(\beta) < z'(\beta_1)$ si β est plus petit que β_1. Alors α sera dit le symbole correspondant à t. De plus, à tout symbole

β $(\beta < \alpha)$ correspond un entier i bien déterminé, l'indice du z' correspondant; si donc on range les β en leur donnant comme rang ces entiers i, on aura une suite $\alpha_1, \alpha_2, \ldots$ formée de symboles inférieurs à α. A la valeur de t considéré, nous pouvons, par suite, faire correspondre une fonction $\varphi_\alpha(x)$ de classe α; il suffit d'employer le procédé précédemment indiqué; cette fonction $\varphi_\alpha(t)$, qui n'est pas déterminée dès que α est donné, mais qui l'est dès que t est donné si à t correspond un symbole α, je l'appellerai $\varphi(t, x)$. Si à t ne correspond pas de symbole α, je poserai $\varphi(t, x) = 0$.

» Je dis que *la fonction $\varphi(t, x)$ échappe à toute représentation analytique....* »

Si nous traduisons le passage cité de M. H. Lebesgue en langage géométrique, voici ce que nous obtenons : M. H. Lebesgue prend

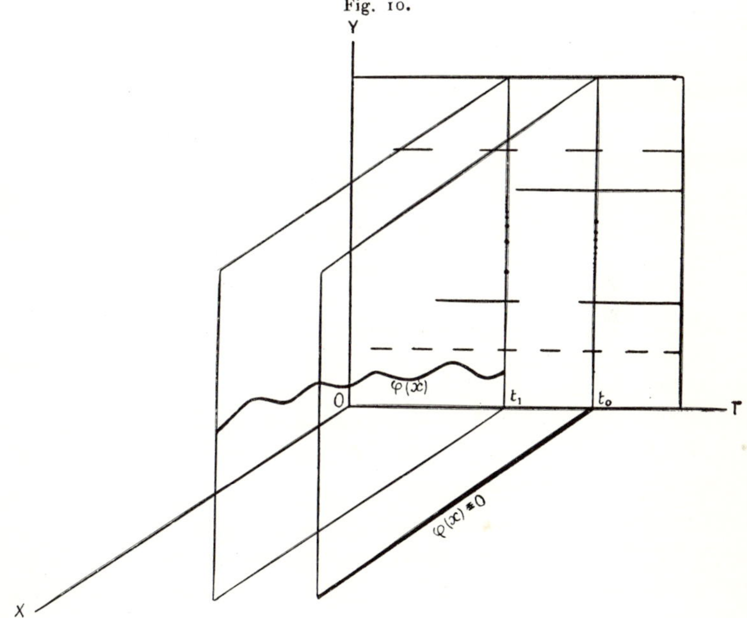

dans l'espace à trois dimensions un système d'axes rectangulaires de coordonnées OXTY et considère dans le plan OTY un crible binaire Γ (p. 197 de ce livre).

Il considère ensuite sur l'axe OT les points t en lesquels la droite parallèle à l'axe OY coupe ce crible binaire Γ en un ensemble bien ordonné. Soient $\mathscr{E}$ cet ensemble et E son complémentaire.

Cela posé, M. H. Lebesgue fait parcourir t à l'axe OT. Si le point t_0 appartient à l'ensemble E, il pose

$$\varphi(t_0, x) \equiv 0.$$

Si t_1 appartient à $\mathscr{E}$, la droite $t = t_1$ coupe le crible binaire Γ en un ensemble *bien ordonné* et il lui correspond ainsi un nombre transfini α.

Il importe de remarquer que, dans le deuxième cas, la connaissance de t_1 entraîne celle de la suite α_1, α_2, ... formée des nombres transfinis qui précèdent α. En effet, le crible binaire Γ est formé d'une infinité dénombrable de segments rectilignes parallèles à l'axe OT rangés en une suite simplement infinie. Et comme à chaque nombre transfini inférieur à α correspond un segment composant et un seul du crible binaire Γ, et, par suite, un entier positif, ces nombres transfinis sont déjà rangés. Or, ceci nous permet d'appliquer la construction de M. H. Lebesgue de la fonction $f_\alpha(x, x)$ et de poser

$$\varphi(t_1, x) \equiv f_\alpha(x, x).$$

Ainsi, M. H. Lebesgue obtient une surface

$$y = \varphi(t, x)$$

partout définie qui donne l'exemple d'une fonction non représentable analytiquement.

En effet, en coupant cette surface par des plans $t = \text{const.}$, on obtient les courbes mesurables B de classes aussi élevées que l'on veut, ce qui serait impossible si $\varphi(t, x)$ était une fonction de la classification de M. R. Baire, et, par suite, rentrant dans une classe bien déterminée de cette classification.

Analyse de la fonction nommée par M. H. Lebesgue. — Si nous cherchons à analyser le procédé par lequel M, H. Lebesgue a nommé sa fonction $\varphi(t, x)$ qui n'est susceptible d'aucune représentation analytique, voici ce que nous constatons : la construction de cette fonction $\varphi(t, x)$ est divisée par M. H. Lebesgue en deux parties, qui sont : $1°$ la définition de $\varphi(t, x)$ pour les points t_0; $2°$ la définition de $\varphi(t, x)$ pour les points t_1.

Dans le premier cas, M. H. Lebesgue pose simplement $\varphi(t_0, x) \equiv 0$. Or, les points t_0 forment l'ensemble linéaire E situé sur l'axe OT que M. H. Lebesgue a défini au moyen du crible binaire Γ. Donc, cet ensemble E qui joue d'ailleurs, dans toute la construction de M. H. Lebesgue, un rôle auxiliaire n'étant qu'un instrument transitoire au cours de sa recherche de la fonction $\varphi(t, x)$, est un *ensemble analytique non mesurable* B.

C'est le premier exemple d'ensemble analytique non mesurable B *qu'on rencontre dans la littérature mathématique* et dans la définition duquel, au moyen du crible binaire Γ, est contenue, comme dans un germe, toute la théorie des ensembles analytiques (p. 197 à 202).

Nous concluons de là que, *théoriquement*, c'est cet ensemble E seul qui suffirait à l'illustre auteur pour atteindre le but final qui serait d'avoir nommé une fonction ne faisant pas partie de la classification de M. R. Baire.

Dans le deuxième cas, M. H. Lebesgue pose $\varphi(t_1, x) \equiv f_\alpha(x, x)$. Comme les points t_1 forment le complémentaire de E, la construction de la fonction $\varphi(t, x)$ est complètement achevée. La surface $y = \varphi(t, x)$ est donc parfaitement nommée au moyen de la totalité des nombres transfinis de seconde classe de Cantor.

Or, l'emploi de la totalité des nombres transfinis est ici extrêmement remarquable et complètement différent de celui dont il est fait usage dans la théorie des ensembles analytiques et projectifs. En effet, nous avons vu que, dans le domaine des ensembles projectifs, *le transfini* peut être toujours exclu et remplacé par une définition *négative* équivalente. Or, on ne voit pas ici comment on peut exclure le transfini de la définition de M. H. Lebesgue de la fonction $\varphi(t, x)$. La difficulté consiste précisément en ce qu'on obtient les valeurs numériques de $f_\alpha(x, x)$ en effectuant une infinité de passages à la limite superposés et rangés en suite transfinie et l'on ne voit pas comment on peut avoir les valeurs numériques de $f_\alpha(x, x)$ *directement* et sans passer par ces passages à la limite préliminaires.

On doit à M. E. Borel cette remarque importante ([1]).

Ainsi, la méthode de M. H. Lebesgue est basée sur l'emploi des

______

([1]) Émile BOREL, *Sur les définitions analytiques et sur l'illusion du transfini* (*Bulletin de la Société mathématique de France*, t. 47, 1919, d. 42).

suites transfinies de nombres réels dont chacun a une détermination numérique essentiellement dépendante des déterminations numériques des termes précédents.

C'est la raison pour laquelle il est extrêmement probable que la surface $y = \varphi(t, x)$ de M. H. Lebesgue ne peut pas être définie sans faire intervenir le transfini. S'il en est ainsi, la nature de cette surface est tout à fait nouvelle, plus intéressante que celle des ensembles projectifs et qui ne tardera pas sans aucun doute d'attirer l'attention des analystes. L'étude des ensembles de points qu'on peut nommer sans le raisonnement de M. Zermelo et au moyen d'une infinité de déterminations numériques successives et dépendant les unes des autres peut nous amener à des résultats tout à fait imprévus.

Et cependant, chose mystérieuse, bien que la courbe $y = f_\alpha(x, x)$ ne puisse pas être donnée *directement* sans effectuer les passages à la limite préliminaires, la *totalité* de ces courbes peut être présentée d'un seul coup et sans faire intervenir le transfini.

Plus précisément, bien que les coordonnées y de la surface de M. H. Lebesgue

$$y = \varphi(t, x)$$

ne puissent être *numériquement* déterminées sans effectuer tous les passages à la limite qui conduisent à la valeur numérique de $\varphi(t, x)$, ces passages à la limite étant en nombre transfini *dépendant de t et de x*, néanmoins, on peut nommer d'un seul coup, sans aucune difficulté et sans faire intervenir le transfini, une surface *projective*

$$y = \psi(t, x)$$

qui est coupée par les plans $t = $ const. suivant toutes les courbes $y = f(x)$ mesurables B possibles et, en particulier, suivant toutes les courbes $y = f_\alpha(x, x)$ de M. H. Lebesgue.

Pour avoir cette surface projective, nous partons d'un ensemble analytique universel E situé dans l'espace à trois dimensions OXTY et qui est coupé par les plans $t = $ const. suivant tous les ensembles analytiques plans possibles.

Soit PE la projection de l'ensemble E sur le plan XOT; considérons le complémentaire CPE de cette projection, et projetons-le sur l'axe OT. L'ensemble Θ_0

$$\Theta_0 = \text{PCPE}$$

ainsi obtenu est un ensemble *projectif* linéaire de classe 2 au plus. Si t_0 est un point de l'axe OT appartenant à Θ_0, on voit bien que le

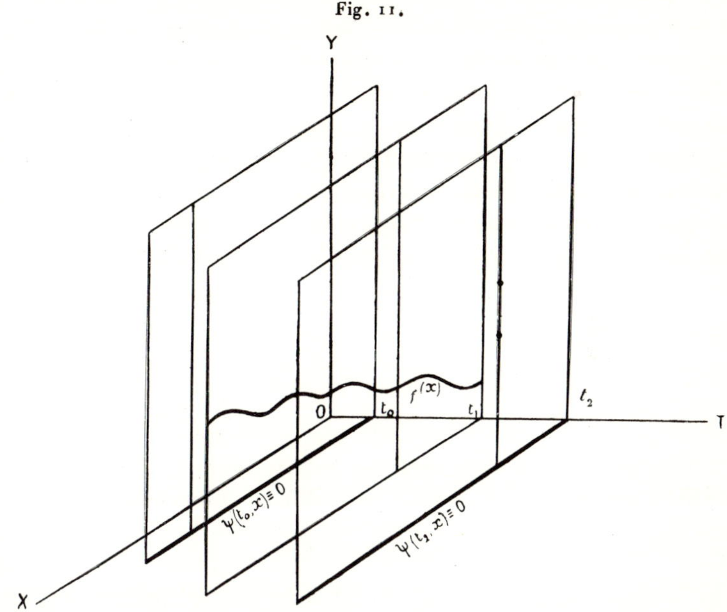

plan $t = t_0$ contient sûrement une droite parallèle à l'axe OY qui *ne coupe pas* l'ensemble universel E.

D'autre part, désignons par H l'ensemble des points $M(t, x)$ du plan XOY, tels que la parallèle à l'axe OY menée par M coupe l'ensemble universel E en au moins *deux* points différents. On sait (p. ı69) que H est un ensemble *analytique*. Donc, la projection Θ_2 de H sur l'axe OT

$$\Theta_2 = \text{PH}$$

est un ensemble *analytique* linéaire. Si t_2 est un point de l'axe OT appartenant à Θ_2, on voit bien que le plan $t = t_2$ contient sûrement une droite parallèle à l'axe OY qui coupe l'ensemble universel E en *deux points distincts au moins*.

Il en résulte que l'ensemble Θ_1 de points que nous obtenons en supprimant de l'axe OT les points des ensembles Θ_0 et Θ_2 est un *ensemble projectif de classe* $\leqq 2$. Si t_1 est point de Θ_1, on voit bien que le plan $t = t_1$ coupe l'ensemble universel E en une courbe uniforme $y = f(x)$ définie pour chaque valeur de x. Comme les points de cette courbe uniforme forment un ensemble *analytique*, cet ensemble est nécessairement *mesurable* B et, par suite, la fonction $f(x)$ rentre dans la classification de M. R. Baire.

D'autre part, comme l'ensemble analytique E est un ensemble *universel*, on obtient évidemment *chaque* courbe $y = f(x)$ mesurable B en choisissant convenablement un point t_1 de l'ensemble Θ_1 et en coupant E par le plan $t = t_1$.

Ceci étant établi, nous reprenons la méthode précédente de M. H. Lebesgue (p. 312). Nous définissons une surface uniforme

$$y = \psi(t, x)$$

de la manière suivante :

1° Si le point t' appartient à l'ensemble-somme $\Theta_0 + \Theta_2$, nous posons simplement

$$\psi(t', x) \equiv 0 ;$$

2° Si le point t'' appartient à l'ensemble Θ_1, nous posons

$$\psi(t'', x) \equiv f(x),$$

où la fonction uniforme $f(x)$ est définie par la courbe uniforme mesurable B, $y = f(x)$, qu'on obtient en coupant l'ensemble E par le plan $t = t''$.

On voit bien que la surface uniforme $y = \psi(t, x)$ ainsi construite est partout définie. Je dis maintenant que *cette surface est projective*. Cela veut dire que l'ensemble des points de l'espace à trois dimensions OXTY appartenant à cette surface est un *ensemble projectif*.

Pour le voir, remarquons d'abord que la surface considérée $y = \psi(t, x)$ est composée de deux parties suivantes : 1° on obtient la première partie en prenant la partie commune au plan XOY et à l'ensemble des plans parallèles au plan XOY et menés par les points de l'ensemble-somme $\Theta_0 + \Theta_2$. Comme l'ensemble $\Theta_0 + \Theta_2$ est projectif et de classe ≤ 2, la partie considérée de la surface $y = \psi(t, x)$ l'est aussi ; 2° on obtient la deuxième partie en prenant la partie commune à l'ensemble analytique E et à l'ensemble des plans parallèles au plan XOY et menés par les points de l'ensemble Θ_1. Comme ce dernier ensemble est projectif et de classe $\leqq 2$, la partie considérée de la surface $y = \psi(t, x)$ l'est aussi.

Nous sommes ainsi amenés à la conclusion suivante : *La surface uniforme $y = \psi(t, x)$ ainsi construite est un ensemble projectif de classe $\leqq 2$. En coupant cette surface par les plans $t = $ const., on ne trouve que des courbes uniformes $y = f(x)$ mesurables* B, *et chaque courbe uniforme et mesurable* B *peut être obtenue de cette manière.*

La présence du paradoxe est hors de doute. D'ailleurs, l'explication n'est pas facile et paraît profondément cachée. Voici ce que je peux imaginer. Les courbes $y = f_\alpha(x, x)$, définies par M. H. Lebesgue et qu'on obtient en coupant la surface de M. H. Lebesgue $y = \varphi(t, x)$ par des plans $t = $ const., se trouvent parmi les sections de la surface projective $y = \psi(t, x)$ par les plans $t = $ const., bien entendu. *Mais elles sont là déplacées dans la direction parallèle à l'axe* OT, de sorte que la section de la surface $y = \varphi(t, x)$ de M. H. Lebesgue par le plan $t = t'$ devient une section de la surface projective $y = \psi(t, x)$ par un plan $t = t''$, $t'' \neq t'$.

Or, dans ces conditions, *la difficulté d'avoir la courbe $y = f_\alpha(x, x)$, correspondant au nombre transfini α extrêmement grand, se transforme en la difficulté d'avoir le point t''.* Plus nous avons à effectuer de passages à la limite préliminaires pour déterminer la fonction $\varphi(t', x) \equiv f_\alpha(x, x)$, plus nous aurons de difficultés pour calculer la valeur numérique de t'' correspondant, puisque la fonction $\psi(t, x)$ est relativement simple.

Nous revenons ainsi aux idées de M. E. Borel. La notion du continu est acquise par l'intuition géométrique ([1]). Dans l'étude du continu, il n'y a aucune difficulté tant qu'on reste au point de vue purement géométrique; les points d'une droite sont tous identiques, car ils ont tous les mêmes propriétés; les difficultés ne se présentent qu'avec les définitions arithmétiques, car la connaissance de ces propriétés générales est alors moins aisée ([2]). La notion arithmétique complète du continu exige que l'on considère le continu géométrique

---

([1]) Emile BOREL, *Sur les principes de la théorie des ensembles* (Communication faite au *IVe Congrès international des Mathématiciens*, Rome, avril 1908).

([2]) Émile BOREL, *L'antinomie du transfini* (*Revue philosophique*, 1900).

comme *l'ensemble des points* et, par suite, le continu arithmétique comme l'*ensemble des nombres*, en faisant correspondre à tout point du continu un nombre réel. Or, le continu géométrique est essentiellement homogène, tandis que le continu arithmétique ne présente aucune espèce d'homogénéité. Il est vrai que chaque nombre réel compris entre o et 1 peut se mettre sous la forme d'une fraction illimitée décimale

$$o, \quad a_1 a_2 a_3 \ldots a_n \ldots,$$

mais il est illusoire de croire que cette fraction est une *définition* de nombre réel. Les nombres réels qui peuvent être *définis* de cette manière sont peu nombreux. On ne peut pas les définir *tous* de cette manière. Nous étions amenés à voir que la *vraie définition du nombre t'' exige une infinité transfinie des passages à la limite préliminaires* et, par suite, la détermination effective de chaque chiffre décimal de t'' ne peut être faite qu'après une infinité transfinie d'opérations préliminaires. On voit bien que, dans ces conditions, le développement décimal ne sert à rien.

Or, dès que l'on constate que le continu arithmétique est totalement hétérogène, et qu'il y a des nombres réels t'' dont la définition exige une infinité transfinie d'opérations préliminaires correspondant à un nombre transfini aussi grand qu'on veut, *il est probable qu'il y a des points du continu géométrique qui échappent à tout mode de représentation arithmétique ou analytique.*

Avec de tels points on peut former des ensembles *qu'on peut nommer.* Mais on ne peut pas nommer un point individuel dans un tel ensemble. On ne saura pas même s'il « existe » des points dans un tel ensemble. Tel est le cas des ensembles résolvants (p. 293) et tel est le cas, à mon avis, de la plupart des ensembles projectifs bien qu'ils soient nommés. La définition de ces ensembles, bien qu'elle soit finie, dépend d'opérations *négatives* et est rigoureusement équivalente au transfini.

Expression analytique. — Les fonctions $f(x)$ de la classification de M. R. Baire sont-elles les seules qui admettent une représentation analytique? Cette question n'a aucun sens absolu, à mon avis, puisqu'il faut évidemment préciser les opérations que l'on admet.

Pour le voir, nous allons démontrer que *si l'on admet comme* *une expression anaytique l'opération classique de Cauchy-Hadamard qui consiste à prendre la plus grande limite d'une fonction $\overline{\lim}\,\Phi$, alors on peut représenter analytiquement, à partir des polynomes, une fonction uniforme $f(x)$ qui n'appartient pas à la classification de M. R. Baire.*

A cet effet, prenons le plan XOY et considérons sur l'axe OX un ensemble analytique linéaire E non mesurable B. La fonction caractéristique $f(x)$ de l'ensemble E, égale à 1 sur E et à 0 en dehors de E, n'appartient pas évidemment à la classification de M. R. Baire.

Cela posé, désignons par $\mathscr{E}_n$ un ensemble élémentaire, situé dans le plan XOY entre deux droites $y = n$ et $y = n + 1$, dont la projection orthogonale sur l'axe OX coïncide avec l'ensemble analytique donné E. On sait (p. 144) que $\mathscr{E}_n$ est mesurable B et de classe $\leqq 2$. Donc, la somme $H = \mathscr{E}_1 + \mathscr{E}_2 + \ldots + \mathscr{E}_n + \ldots$ est également un ensemble mesurable B et de classe $\leqq 2$. Il en résulte que la fonction caractéristique $\Phi(x, y)$ de l'ensemble H est une fonction de classe $\leqq 2$ de la classification de M. R. Baire. Donc, nous pouvons représenter la fonction $\Phi(x, y)$ comme une limite *double* d'un polynome en x et y

$$\Phi(x, y) = \lim_{n = \infty} \; \lim_{m = \infty} P_{m,n}(x, y).$$

D'autre part, prenons un point quelconque x_0 dans l'axe OX. Il y a lieu de distinguer deux cas :

Premier cas. — Le point x_0 n'appartient pas à E. Dans ce cas, la droite parallèle à l'axe OY menée par x_0 ne rencontre pas l'ensemble H. Donc, la fonction $\Phi(x_0, y)$ de la variable y est identique à zéro $\Phi(x_0, y) \equiv 0$.

Deuxième cas. — Le point x_0 appartient à E. Dans ce cas, la droite $x = x_0$ coupe l'ensemble H en une infinité de points dont les ordonnées croissent indéfiniment. Donc, la plus grande limite de la fonction $\Phi(x_0, y)$ de la variable y quand y tend vers $+ \infty$ est sûrement égale à 1.

Ainsi, nous pouvons écrire

$$f(x) = \overline{\lim_{y = +\infty}} \; \Phi(x, y)$$

et, *par suite, finalement*

$$f(\mathrm{E}) = \overline{\lim_{y=+\infty}} \; \lim_{n=+\infty} \; \lim_{m=+\infty} \mathrm{P}_{m,n}(x, y),$$

où la lettre P *désigne un polynome en x et y, et où f(x) ne rentre pas dans la classification de M. R. Baire.*

Donc, on peut écrire, au moyen des opérations classiques lim et $\overline{\lim}$ de Cauchy-Hadamard *en nombre fini*, une fonction qui ne rentre pas dans la classification de M. R. Baire.

D'ailleurs, on peut démontrer *qu'on peut écrire de cette manière toutes les fonctions projectives et les fonctions projectives seules.* Or, si l'on répète ces deux opérations une infinité dénombrable de fois, on sort sûrement de la famille des fonctions projectives. Mais nous n'insistons pas davantage sur ce point, puisque, comme l'a fait remarquer M. E. Borel, le fait même qu'une fonction admet une représentation analytique est en quelque sorte une circonstance accessoire et n'ajoute rien à sa définition logique initiale ([1]).

NOTE.

Quelques recherches intéressantes relatives aux ensembles projectifs ont été entreprises récemment par MM. Kantorovitch et Livenson. Les résultats obtenus sont énoncés dans les *Comptes rendus Acad. Sc.*, 30 déc. 1929, 10 févr., 12 mai et 2 juin 1930. Le Mémoire détaillé paraîtra prochainement dans les *Fund. Math.*

([1]) Émile Borel, *Le calcul des intégrales définies* (*Journal de Mathématiques*, 1912).

CONCLUSION

Pour ne pas quitter le domaine mathématique, j'ai évité d'entrer trop profondément dans les discussions philosophiques que soulèvent bien des questions rencontrées ; on me permettra, dans ce court résumé, de dire pourtant aussi nettement que je le pourrai quels sont les problèmes les plus graves qui, à mon avis, se posent maintenant plus clairement qu'il y a quelques années.

On a trouvé dans les pages précédentes plusieurs théories concernant diverses familles d'ensembles de points. Dans les deux premiers chapitres, j'ai cherché à continuer et à étendre les travaux de M. R. Baire arrêtés à l'étude des ensembles de classe 3. Une théorie générale des ensembles mesurables B a été donnée qui a conduit à un résultat *arithmétique* sur les ensembles de classe 4 entièrement analogue à celui de M. Baire. Dans les autres chapitres, on s'est proposé d'étudier des familles d'ensembles de points qui sont au delà de la classification de M. Baire.

L'intérêt des recherches de ce genre consiste surtout en ce qu'on peut comparer, au point de vue des principes de l'Analyse mathématique, le rôle des ensembles *mesurables* B à celui des nombres *rationnels*, en assimilant les ensembles non mesurables B avec les nombres irrationnels. Bien que l'idée de nombre irrationnel le plus général renferme en germe les difficultés analytiques les plus compliquées (Emile Borel), il n'est pas contestable qu'il y a des nombres irrationnels qui se présentent *naturellement*. La diagonale du carré de côté 1 nous donne l'exemple immédiat d'un tel nombre : c'est le cas d'un nombre irrationnel étroitement lié avec les propriétés de notre organisme (conception de congruence, distinction des directions).

On a étudié la découverte de M. Henri Lebesgue qui a nommé un ensemble non mesurable B. Pour trouver un ensemble de points au delà de la classification de M. Baire et tel qu'il se présente *naturellement* de la même manière qu'un nombre irrationnel quadratique, on a formé d'assez nombreux exemples d'ensembles, au delà de la classification de M. Baire, nommés au moyen de lois logiques simples où le transfini n'intervient pas *explicitement*. Néanmoins, l'auteur ne croit guère s'être approché de la solution de ce problème important. Les divers moyens qu'il a pu imaginer pour définir un tel ensemble reviennent tous à supposer donnée la totalité des nombres irrationnels (*infini actuel ayant la puissance du continu*), ou bien à employer des notions négatives analogues à la notion de point de condensation, due à M. E. Lindelöf. Or, si l'on cherche à chasser ces notions négatives, on tombe infailliblement sur la totalité des nombres de seconde classe de Cantor (*le transfini*). Ainsi, une notion négative peut devenir équivalente au transfini.

Les débats sur la réalité d'un infini actuel ne sont pas nouveaux. L'idée même d'infini actuel était bien connue au Moyen Age (*infinitum in facto esse*) et soulevait toujours de vives objections formelles ou d'ordre métaphysique. Il semble que les géomètres de la Renaissance aient oublié cette idée. Ce n'est que dans la deuxième moitié du xixe siècle que cette idée a été ressuscitée et introduite dans le domaine des Mathématiques, surtout grâce aux efforts de G. Cantor. Parmi les géomètres du xxe siècle qui se sont élevés contre cette idée, il faut citer H. Poincaré et E. Borel.

M. E. Borel ne se borna pas à la réfutation de cette idée, il a cherché à en préciser la signification véritable. Pour lui, l'infini actuel est simplement un modèle mathématique imparfait dont la destination est de représenter un nombre entier colossalement grand, fini « en soi », et qui n'est susceptible, dans les conditions réelles, d'aucune représentation finie. Un nombre fini peut échapper à tout mode de représentation finie et, en même temps, un nombre plus grand peut être représentable d'une manière finie. Il semble que c'est à Archimède que l'on doit cette remarque importante (*Arènaire*). Ce que nous appelons l'*infini actuel, ce n'est (ou ne serait*) que le fini *fixe et très grand*.

L'auteur de ce Livre adopte le point de vue empiriste et incline à considérer les exemples construits par lui comme formés de mots et ne définissant pas des êtres véritablement achevés, mais seulement des *virtualités* En particulier, il considère les ensembles projectifs comme des êtres dont la définition ne peut pas être complètement achevée : ce sont des virtualités purement négatives qui échappent à tout mode de définition positive. *Et il y a bien des chances que ces virtualités soient irréductibles deux à deux.* Pour citer un exemple, l'auteur considère comme insoluble la question de savoir si tous les ensembles projectifs sont mesurables ou non, puisque, à son avis, les procédés mêmes de définition des ensembles projectifs et de la mesure au sens de M. H. Lebesgue sont des virtualités incomparables et, par suite, privées de relations logiques mutuelles. Bref, le domaine des ensembles projectifs est un domaine où le tiers exclu ne s'applique plus, bien que tout ensemble projectif soit formellement définissable au moyen d'une infinité dénombrable de conditions.

Or, si l'on admet *tous* les ensembles mesurables B il est nécessaire d'admettre les ensembles projectifs comme l'a remarqué avec raison M. H. Lebesgue. Donc, si l'on veut borner l'Analyse mathématique à l'étude des êtres bien achevés et aux relations mutuelles bien déterminées, il faut, toujours au point de vue des Empiristes, sacrifier quelques ensembles mesurables B et même quelques nombres irrationnels. En fin de compte et en dépit des objections, les nombres irrationnels complètement définissables sont en infinité dénombrable bien que leur numérotage ne puisse pas être effectué au moyen d'une loi *mathématique*. Ainsi le continu contient sûrement des points indéfinissables. Ces points dont chacun a une définition infinie sont *parasites* dans tout raisonnement qu'on peut faire effectivement et qui établit une relation bien déterminée entre les êtres déjà définis. On pourrait faire observer que, dans l'histoire de la Science mathématique, l'introduction des éléments *idéaux* a rendu des services importants, ce que nul ne peut nier. Mais il est facile d'objecter à cela que les éléments idéaux vraiment utiles sont discernables individuellement, ce qui n'est pas le cas ici. L'élimination de ces points réaliserait une grande simplification dans les méthodes de l'Analyse mathématique (E. Borel). Mais, pour le moment, avec de tels points *indéfinissables* on peut former des ensembles *qu'on peut nommer*. Or, on ne peut ni nommer un point individuel dans un tel ensemble, ni savoir s'il « existe » des points dans un tel ensemble, ni reconnaître ses propriétés. D'après l'opinion de l'auteur, tel est le cas de la plupart des ensembles projectifs. Il semble, en effet, que c'est là la seule explication naturelle des difficultés de la théorie des ensembles projectifs.

En fin de compte, la question ne sera résolue définitivement que par les efforts de la pensée *scientifique*, c'est-à-dire par l'observation des faits mathématiques. Les considérations philosophiques sont toujours vagues et ne servent qu'à distinguer une direction vraiment fructueuse d'une infinité d'autres. Deux cas seulement sont possibles.

Ou bien les recherches ultérieures conduiront un jour aux relations précises entre les ensembles projectifs ainsi qu'à la solution complète des questions relatives à la mesure, catégorie, puissance de ces ensembles. A partir de ce moment, les ensembles projectifs auront conquis droit de cité en Mathématiques, au même titre que les plus classiques des ensembles mesurables B.

Ou bien les problèmes indiqués sur les ensembles projectifs resteront à jamais sans solution augmentés de quantité de problèmes nouveaux aussi naturels et aussi inabordables. Dans ce cas il est clair que le jour serait venu de réformer nos idées sur le continu arithmétique.

FIN.

NOTE.

SUR LA SÉPARABILITÉ DES ENSEMBLES
AU MOYEN DES ENSEMBLES PROJECTIFS.

Par Waclaw SIERPIŃSKI.

Selon M. N. Lusin, on dit qu'un ensemble de points E_1 est (unilatéralement) *séparable* d'un ensemble E_2 *au moyen d'un ensemble* H, si l'ensemble H contient E_1 et n'a aucun point commun avec E_2 [1].

Le but de cette Note est de démontrer la proposition suivante :

Théorème. — *Il existe pour tout nombre naturel n deux ensembles de points dont chacun est (unilatéralement) separable de l'autre au moyen d'un ensemble* P_n, *ainsi qu'au moyen d'un ensemble* C_n, *mais qui ne sont pas séparables au moyen d'un ensemble qui soit à la fois* P_n *et* C_n [2].

Lemme. — *n* étant un nombre naturel donné quelconque, il n'existe pas un ensemble plan U, à la fois P_n et C_n, dont les intersections par les droites parallèles à l'axe Oy donneraient tous les ensembles linéaires qui sont à la fois P_n et C_n.

Démonstration. — Admettons qu'un tel ensemble U existe. Soit D la droite $y = x$. L'ensemble U étant à la fois P_n et C_n, il résulte sans peine des propriétés connues des ensembles projectifs que l'ensemble D–U ainsi que sa projection π sur l'axe Oy est à la fois P_n et C_n. Il existe donc une droite L parallèle à l'axe Oy, telle que π est la projection sur l'axe Oy de l'ensemble LU. Or, c'est impossible, puisque si le point DL appartient à U, donc aussi à LU, sa projection sur l'axe Oy appartient à π et par suite (d'après la définition de π) DL appartient à D–U, ce qui implique une contradiction, et si le point DL n'appartient pas à U, DL appartient à D–U et sa projection sur Oy appar-

---

[1] *C. R. Acad. Sc.*, 2 septembre 1929, p. 390 ; cf. *Fundamenta Mathematicæ*, t. X, p. 52.

[2] Quant à la définition des ensembles P_n et C_n, *voir* ma Note *Sur quelques propriétés des ensembles projectifs* (*C. R. Acad. Sc.*, 24 octobre 1927). Un ensemble P_n est un A_n, ou bien un B_n, ou bien de classe inférieure à *n* (*voir* p. 270 de ce Livre).

tient à π, donc (π étant la projection de LU et DL étant un point de L) DL appartient à LU, donc à U, ce qui implique de même une contradiction.

Comme on sait, il existe des ensembles P_n universels, et l'on en déduit, tout à fait comme pour $n = 1$ [1], l'existence d'un couple (U_1, U_2) d'ensembles P_n *doublement universels*, c'est-à-dire tels que, quels que soient les ensembles linéaires P_n, E_1 et E_2, il existe une droite parallèle à l'axe Oy qui coupe U_1 en E_1 et U_2 en E_2.

Posons

$$(1) \qquad\qquad H_1 = U_1 - U_2 \quad \text{et} \quad H_2 = U_2 - U_1.$$

On a évidemment $H_1 \subset U_1$, $H_2 \subset U_2$, $H_1 U_2 = 0$, $H_2 U_1 = 0$; les ensembles U_1 et U_2 étant des P_n, il en résulte que chacun des ensembles H_1 et H_2 est séparable de l'autre au moyen d'un ensemble P_n. Or, d'après (1), on a aussi : $H_1 \subset CU_2$, $H_2 \subset CU_1$, $H_1 . CU_1 = 0$, $H_2 . CU_2 = O$, d'où il résulte que chacun des ensembles H_1 et H_2 est séparable de l'autre au moyen d'un ensemble C_n.

Or, admettons que H_1 soit séparable de H_2 au moyen d'un ensemble Q qui est à la fois P_n et C_n. On aurait donc $H_1 \subset Q$ et $H_2 Q = 0$.

Soit E_1 un ensemble linéaire quelconque qui soit à la fois P_n et C_n, et posons $E_2 = CE_1$: ce sera donc aussi un ensemble linéaire à la fois P_n et C_n. Le couple (U_1, U_2) étant formé d'ensembles P_n doublement universels, il existe une droite L parallèle à l'axe Oy, telle que $LU_1 = E_1$ et $LU_2 = E_2$. Or, on a évidemment $L = E_1 + CE_1 = E_1 + E_2$, donc

$$(2) \qquad LQ = (E_1 + E_2) Q = LU_1 Q + LU_2 Q = L (U_1 + U_2) Q.$$

D'après (1), on a $U_1 + U_2 = U_1 + H_2$, ce qui donne, d'après (2) :

$$LQ = L (U_1 + H_2) Q = LU_1 + LH_2 Q = LU_1 = E_1,$$

puisque $H_2 Q = 0$. La droite L coupe donc Q en E_1 ; E_1 étant un ensemble quelconque qui est à la fois P_n et C_n, cela contredit notre lemme. Notre théorème est ainsi démontré.

Comme une conséquence facile de notre théorème (pour $n = 1$), nous obtenons :

Il existe deux ensembles qui sont unilatéralement séparables l'un de l'autre au moyen des ensembles (A), *mais ne sont pas simultanément séparables au moyen de deux ensembles* (A).

En effet, deux ensembles simultanément séparables au moyen de deux ensembles (A) sont (d'après un théorème connu de Souslin) séparables (B), donc séparables au moyen d'un ensemble qui est à la fois P_1 et C_1. Il suffit donc d'appliquer notre théorème pour $n = 1$.

---

[1] N. Lusin, *loc. cit.*

CHELSEA

SCIENTIFIC

BOOKS

THÉORIE DES OPÉRATIONS LINÉAIRES

By S. BANACH

—1933-64. xii + 250 pp. 5⅜x8. 8284-0110-1.

DIFFERENTIAL EQUATIONS

By H. BATEMAN

CHAPTER HEADINGS: I. Differential Equations and their Solutions. II. Integrating Factors. III. Transformations. IV. Geometrical Applications. V. Diff. Eqs. with Particular Solutions of a Specified Type. VI. Partial Diff. Eqs. VII. Total Diff. Eqs. VIII. Partial Diff. Eqs. of the Second Order. IX. Integration in Series. X. The Solution of Linear Diff. Eqs. by Means of Definite Integrals. XI. The Mechanical Integration of Diff. Eqs.

—1917-67. xi + 306 pp. 5⅜x8. 8284-0190-X.

MEASURE AND INTEGRATION

By S. K. BERBERIAN

A highly flexible graduate level text. Part I is designed for a one-semester introductory course; the book as a whole is suitable for a full-year course. Numerous exercises.

Partial Contents: PART ONE: I. Measures. II. Measurable Functions. III. Sequences of Measurable Functions. IV. Integrable Functions. V. Convergence Theorems. VI. Product Measures. VII. Finite Signed Measures. PART TWO: VIII. Integration over Locally compact Spaces (. . . The Riesz-Markoff Representation Theorem, . . .). IX. Integration over Locally Compact Groups (Topological Groups, . . . , Haar Integral, Convolution, The Group Algebra, . . .). BIBLIOGRAPHY. INDEX.

—1965-70. xx + 312 pp. 6x9. 8284-0241-8.

L'APPROXIMATION

By S. BERNSTEIN and CH. de LA VALLÉE POUSSIN

TWO VOLUMES IN ONE:

Leçons sur les Propriétés Extrémales et la Meilleure Approximation des Fonctions Analytiques d'une Variable Réelle, *by Bernstein.*

Leçons sur l'approximation des Fonctions d'une Variable Réelle, *by Vallée Poussin.*

—1925/19-65. 363 pp. 6x9. 8284-0198-5. 2 v. in 1.

CALCUL DES PROBABILITÉS

By J. BERTRAND

A well-known work.

—2nd ed. 1907-71. lvii + 322 pp. 5⅜x8.

ABHANDLUNGEN

By F. W. BESSEL

—1875-1971. 1,354 pp. 6x9. Three vols. in one.

OPERE MATEMATICHE

By E. BETTI

—1903/13-71. Approx. 1,100 pp. 6x9.

CONFORMAL MAPPING

By L. BIEBERBACH

Translated from the fourth German edition by
F. STEINHARDT.

Partial Contents: I. Foundations; Linear Functions (Analytic functions and conformal mapping, Integral linear functions, $w = 1/z$, Linear functions, Groups of linear functions). II. Rational Functions. III. General Considerations (Relation between c. m. of boundary and of interior of region, Schwarz's principle). IV. Further Study of Mappings ($w = z + 1/z$, Exponential function, Trigonometric functions, Elliptic integral of first kind). V. Mappings of Given Regions (Illustrations, Vitali's theorem, Proof of Riemann's theorem, Actual constructions, Potential-theoretic considerations, Distortion theorems, Uniformization, Mapping of multiply-connected plane regions onto canonical regions).

"Presented in very attractive and readable form."—*Math. Gazette.*

—1952-64. vi + 234 pp. 4½x6½. 8284-0090-3.   Cloth
8284-0176-4.   Paper

BASIC GEOMETRY

By G. D. BIRKHOFF and R. BEATLEY

"is in accord with the present approach to plane geometry. It offers a sound mathematical development . . . and at the same time enables the student to move rapidly into the heart of geometry."—*The Mathematics Teacher.*

"should be required reading for every teacher of Geometry."—*Mathematical Gazette.*

—3rd ed. 1959. 294 pp. 5⅜x8. 8284-0120-9.

TEACHER'S MANUAL. 160 pp. 5⅜x8.
ANSWER BOOK. 38 pp. 5⅜x8.

VORLESUNGEN UEBER DIFFERENTIALGEOMETRIE, Vols. I, II

By W. BLASCHKE

TWO VOLUMES IN ONE.

Partial Contents: VOL. I. 1. Theory of Curves. 2. Extremal Curves. 3. Strips. 4. Theory of Surfaces. 5. Invariant Derivatives on a Surface. 6. Geometry on a Surface. 7. On the Theory of Surfaces in the Large. 8. Extremal Surfaces. 9. Line Geometry.

VOL. II. *Affine Differential Geometry.* 1. Plane Curves in the Small. 2. Plane Curves in the Large. 3. Space Curves. 5. Theory of Surfaces. 6. Extremal Surfaces. 7. Special Surfaces.

—3rd ed. (Vol. I); 2nd ed. (Vol. II). 1930/23-67. 589 pp.
—6x9. 8284-0202-7.   Two vols. in one.

KREIS UND KUGEL

By W. BLASCHKE

Isoperimetric properties of the circle and sphere, the (Brunn-Minkowski) theory of convex bodies, and differential-geometric properties (in the large) of convex bodies. A standard work.

—x + 169 pp. 5½x8½.   8284-0059-8.   Cloth
8284-0115-2.   Paper

INTEGRALGEOMETRIE

By W. BLASCHKE and E. KÄHLER

THREE VOLUMES IN ONE.

VORLESUNGEN UEBER INTEGRALGEOMETRIE, Vols. I and II, by *W. Blaschke*.

EINFUEHRUNG IN DIE THEORIE DER SYSTEME VON DIFFERENTIALGLEICHUNGEN, by *E. Kähler*.

—1936/37/34-49. 222 pp. 5½×8½. 8284-0064-4. Three vols. in one.

FUNDAMENTAL EXISTENCE THEOREMS,
by G. A. BLISS. See EVANS

THEORY AND APPLICATIONS OF DISTANCE GEOMETRY

By L. M. BLUMENTHAL

"Clearly written and self-contained. The reader is well provided with exercises of various degrees of difficulty."—*Bulletin of A.M.S.*

—2nd (c.) ed. 1953-71. 359 pp. 5⅜×8. 8284-0242-6.

A HISTORY OF FORMAL LOGIC

By I. M. BOCHEŃSKI

Translated and edited by PROFESSOR IVO THOMAS.

A history and source book, by one of the world's leading authorities. Generous selections, from the Greeks to Peano, Russell, Frege, and Gödel, threaded together by explanatory comment. Within schools, the arrangement is by subject.

"Covers the whole period from pre-Socrates to Gödel . . . It sets such a high standard of excellence that one may doubt whether it will have any serious rivals for a long time to come."—*The Journal of Symbolic Logic*.

—2nd (c.) ed. 1970. xxii + 567 pp. 5⅜×8. 8284-0238-8.

VORLESUNGEN UEBER FOURIERSCHE INTEGRALE

By S. BOCHNER

—1932-48. vi + 229 pp. 5½×8½. 8284-0042-3.

ALMOST PERIODIC FUNCTIONS

By H. BOHR

Translated by H. COHN. From the famous series *Ergebnisse der Mathematik und ihrer Grenzgebiete*, a beautiful exposition of the theory of Almost Periodic Functions written by the creator of that theory.

—1951-66. 120 pp. 6×9. Lithotyped. 8284-0027-X.

WISSENSCHAFTLICHE ABHANDLUNGEN

By L. BOLTZMANN

—1909-68. 1,976 pp. 5⅜×8. 8284-0215-9.

Three volume set.

LECTURES ON THE CALCULUS OF VARIATIONS

By O. BOLZA

A standard text by a major contributor to the theory. Suitable for individual study by anyone with a good background in the Calculus and the elements of Real Variables.

—2nd (c.) ed. 1961-71. 280 pp. 5x8. 8284-0145-4. Cl.
8284-0152-7. Pa.

VORLESUNGEN UEBER VARIATIONSRECHNUNG

By O. BOLZA

A standard text and reference work, by one of the major contributors to the theory.

—1909-63. ix + 715 pp. 5⅜x8.   8284-0160-8.

THEORIE DER KONVEXEN KOERPER

By T. BONNESEN and W. FENCHEL

"Remarkable monograph."
—*J. D. Tamarkin, Bulletin of the A. M. S.*

—1954-71. 171 pp. 5½x8½. 8284-0054-7.

THE CALCULUS OF FINITE DIFFERENCES

By G. BOOLE

A standard work on the subject of finite differences and difference equations by one of the seminal minds in the field of finite mathematics.

Numerous exercises with answers.

—-5th ed. 1970. 341 pp. 5⅜x8. 8284-1121-2.   Cloth
—4th ed. 1958. 336 pp. 5⅜x8. 8284-0148-9.   Paper

A TREATISE ON DIFFERENTIAL EQUATIONS

By G. BOOLE

Including the Supplementary Volume.

—5th ed. 1959. xxiv + 735 pp. 5⅜x8. 8284-0128-4.

HISTORY OF SLIDE RULE, By F. CAJORI. See BALL

INTRODUCTORY TREATISE ON LIE'S THEORY OF FINITE CONTINUOUS TRANSFORMATION GROUPS

By J. E. CAMPBELL

Partial Contents: CHAP. I. Definitions and Simple Examples of Groups. II. Elementary Illustrations of Principle of Extended Point Transformations. III. Generation of Group from Its Infinitesimal Transformations. V. Structure Constants. VI. Complete Systems of Differential Equations. VII. Diff. Eqs. Admitting Known Transf. Groups. VIII. Invariant Theory of Groups . . . XIV. Pfaff's Equation . . . XXI-XXV. Certain Linear Groups.

—1903-66. xx + 416 pp. 5⅜x8. 8284-0183-7.

FORMULAS AND THEOREMS IN PURE MATHEMATICS

By G. S. CARR

Over 6,000 formulas and results, systematically arranged, with indications or outlines of proofs, and references to the original periodical literature. Elementary through advanced results are covered, including even some quite esoteric topics (e.g., linkages and link-works). There is a most extensive and detailed index.

Partial Contents: PART I. Mathematical Tables. II. Algebra. III. Theory of Equations. IV. Plane Trigonometry. V. Spherical Trigonometry. VI. Elementary Geometry. VIII. Differential Calculus. IX. Integral Calculus. X. Calculus of Variations. XI. Differential Equations. XII. Calculus of Finite Differences. XIII. Analytic Geometry of the Plane. XIV. Analytic Geometry of Space. INDEX. FOLD-OUT PLATES.

—2nd ed. 1970. xxxvi + 935 pp. $5\frac{3}{8} \times 8$. 8284-0239-6.

COLLECTED PAPERS (OEUVRES)

By P. L. CHEBYSHEV

One of Russia's greatest mathematicians, Chebyshev (Tchebycheff) did work of the highest importance in the Theory of Probability, Number Theory, and other subjects. The present work contains his post-doctoral papers (sixty in number) and miscellaneous writings. The language is French, in which most of his work was originally published; those papers originally published in Russian are here presented in French translation.

—1962. Repr. of 1st ed. 1,480 pp. $5\frac{1}{2} \times 8\frac{1}{4}$. 8284-0157-8.

Two vol. set.

THEORIE DER CONGRUENZEN

By P. L. CHEBYSHEV

This work, subtitled *Elemente der Zahlentheorie*, is the only of Chebyshev's writings not included in his Oeuvres (see above).

—2nd (c.) ed. 1889-72. xvii + 345 pp. $5\frac{3}{8} \times 8$.

TEXTBOOK OF ALGEBRA

By G. CHRYSTAL

In addition to the standard topics, Chrystal's *Algebra* contains many topics not often found in an Algebra book: inequalities, the elements of substitution theory, and so forth. Especially extensive is Chrystal's treatment of infinite series, infinite products, and (finite and infinite) continued fractions.

OVER 2,400 EXERCISES (with solutions).

—7th ed. 1964. 2 vols. xxiv + 584 pp.; xxiv + 626 pp. $5\frac{3}{8} \times 8$.
8284-0084-9.   Cloth.
8284-0181-0.   Paper.

LECTURES AND ESSAYS

By W. K. CLIFFORD

Not as striking a title as his *Common Sense of the Exact Sciences*, but equally penetrating and witty.

—Repr. 1972. $5\frac{3}{8} \times 8$. Approx. 820 pp.   Two vol. set.

MATHEMATICAL PAPERS

By W. K. CLIFFORD

One of the world's major mathematicians, Clifford's papers cover only a 15-year span, for he died at age 34. [Included in this volume is Clifford's English translation of an important paper of Riemann.]

—1882-67. 70 + 658 pp. 5⅜x8.   8284-0210-8.

ESSAI SUR L'APPLICATION DE L'ANALYSE AUX PROBABILITÉS

By M. J. CONDORCET

A photographic reproduction of a very rare and historically important work in the Theory of Probability. An original copy brings many hundreds of dollars in the rare book market.

—1785. Repr. 1971. 191 + 304 pp. 6x9.

A TREATISE ON THE CIRCLE AND THE SPHERE

By J. L. COOLIDGE

—2nd (c.) ed. 1916-71. 602 pp. 5⅜x8. 8284-0236-1.

MODERN PURE SOLID GEOMETRY

By N. A. COURT

—2nd ed. 1964. xiv + 353 pp. 5½x8¼. 8284-0147-0.

SPINNING TOPS AND GYROSCOPIC MOTION

By H. CRABTREE

Partial Contents: Introductory Chapter. CHAP. I. Rotation about a Fixed Axis. II. Representation of Angular Velocity. Precession. III. Discussion of the Phenomena Described in the Introductory Chapter. IV. Oscillations. V. Practical Applications. VI-VII. Motion of Top. VIII. Moving Axes. IX. Stability of Rotation. Periods of Oscillation. APPENDICES: I. Precession. II. Swerving of "sliced" golf ball. III. Drifting of Projectiles. IV. The Rising of a Top. V. The Gyro-compass. ANSWERS TO EXAMPLES.

—2nd ed. 1914-67. 203 pp. 6x9. 8284-0204-3.

THÉORIE GÉNÉRALE DES SURFACES

By G. DARBOUX

One of the great works of the mathematical literature.

A corrected reprint of the latest edition of *Leçons sur la Théorie générale des surfaces et les applications géométriques du Calcul infinitésimal.*

—Vol. I (2nd ed.) xii+630 pp. Vol. II (2nd ed.) xvii+584 pp. Vol. III (1st ed.) xvi+518 pp. Vol. IV. (1st ed.) xvi+537 pp. Corr. repr. 1971. 8284-0216-7. Four vol. set.

GESAMMELTE MATHEMATISCHE WERKE

By R. DEDEKIND

"The re-issue of these volumes . . . is a mark of the enormous importance to modern mathematical thought of Dedekind's great work."—*Mathematical Gazette.*

—1930/31/32-68. 1,359 pp. 5⅜x8. 8284-0220-5.
Three vols. in two.

A SHORT HISTORY OF GREEK MATHEMATICS

By J. GOW

A standard work on the history of Greek mathematics, with special emphasis on the Alexandrian school of mathematics.

—1884-68. xii + 325 pp. 5⅜x8.   8284-0218-3.

THE ALGEBRA OF INVARIANTS

By J. H. GRACE and A. YOUNG

An introductory account.

Partial Contents: I. Introduction. II. The Fundamental Theorem. III. Transvectants. V. Elementary Complete Systems. VI. Gordan's Theorem. VII. The Quintic. VIII. Simultaneous Systems. IX. Hilbert's Theorem. XI. Apolarity. XII. Ternary Forms. XV. Types of Covariants. XVI. General Theorems on Quantics. APPENDICES.

—1903-65. vii + 384 pp. 5⅜x8. 8284-0180-2.

DIE AUSDEHNUNGSLEHRE VON 1878

By H. G. GRASSMANN

The *Ausdehnungslehre* appeared in two different versions, that of 1844 and that of 1862. This work is the first version [with the interpolatory material added by Grassmann in 1878], in a fourth edition.

—4th ed. 1969. xii + 435 pp. 6x9. 8284-0222-1.

DIE AUSDEHNUNGSLEHRE VON 1862

By H. G. GRASSMANN

This work is the third edition of the 1862 *Ausdehnungslehre*. [See above for the 1844/78 version.]

—1971. vii + 511 pp. 6x9. 8284-0236-1.

GESAMMELTE MATHEMATISCHE UND PHYSIKALISCHE WERKE

By H. G. GRASSMANN

Volumes Two and Three of Grassmann's collected works. Volume One, part 1 and Volume One, part 2 are the two versions of the *Ausdehnungslehre* [see above].

—1971. 1,495 pp. 6x9. 8284-0236-1. Vols. 2 and 3.

A TREATISE ON DYNAMICS

By A. GRAY

—1911-71. xv + 626 pp. 5⅜x8.

LORD KELVIN: An Account of His Scientific Life and Works

By A. GRAY

—1908-71. ix + 309 pp. 5x7⅛.

MATHEMATICAL PAPERS

By G. GREEN

The collected papers of a celebrated mathematical physicist.

—1871-1970. xii + 336 pp. 5⅜x8. 8284-0229-9.

LECTURES ON ERGODIC THEORY
By P. R. HALMOS

CONTENTS: Introduction. Recurrence. Mean Convergence. Pointwise Convergence. Ergodicity. Mixing. Measure Algebras. Discrete Spectrum. Automorphisms of Compact Groups. Generalized Proper Values. Weak Topology. Weak Approximation. Uniform Topology. Uniform Approximation. Category. Invariant Measures. Generalized Ergodic Theorems. Unsolved Problems.

"Written in the pleasant, relaxed, and clear style usually associated with the author. The material is organized very well and painlessly presented."
—*Bulletin of the A.M.S.*

—1956-60. viii + 101 pp. 5⅜x8. 8284-0142-X.

ELEMENTS OF QUATERNIONS
By W. R. HAMILTON

Sir William Rowan Hamilton's last major work, and the second of his two treatises on quaternions.

—3rd ed. 1899/1901-68. 1,185 pp. 6x9. 8284-0219-1.
Two vol. set

RAMANUJAN:
Twelve Lectures on His Life and Works
By G. H. HARDY

The book is somewhat more than an account of the mathematical work and personality of Ramanujan; it is one of the very few full-length books of "shop talk" by an important mathematician.

—1940-68. viii + 236 pp. 6x9. 8284-0136-5.

GRUNDZUEGE DER MENGENLEHRE
By F. HAUSDORFF

The original, 1914 edition of this famous work contains many topics that had to be omitted from later editions, notably, the theories of content, measure, and discussion of the Lebesgue integral. Also, general topological spaces, Euclidean spaces, special methods applicable in the Euclidean plane, the algebra of sets, partially ordered sets, etc.

—1914-65. 484 pp. 5⅜x8. 8284-0061-X.

SET THEORY
By F. HAUSDORFF

Hausdorff's classic text-book is an inspiration and a delight. The translation is from the Third (latest) German edition.

"We wish to state without qualification that this is an indispensable book for all those interested in the theory of sets and the allied branches of real variable theory."—*Bulletin of A. M. S.*

—2nd ed. 1962-67. 352 pp. 6x9. 8284-0119-5.

THE MATHEMATICAL THEORY OF THE TOP,
by F. KLEIN. See SIERPIŃSKI

FAMOUS PROBLEMS, and other monographs
By KLEIN, SHEPPARD, MacMAHON, and MORDELL

FOUR VOLUMES IN ONE.

FAMOUS PROBLEMS OF ELEMENTARY GEOMETRY, by *Klein*. A fascinating little book. A simple, easily understandable, account of the famous problems of Geometry—The Duplication of the Cube, Trisection of the Angle, Squaring of the Circle—and the proofs that these cannot be solved by ruler and compass—presentable, say, before an undergraduate math club (no calculus required). Also, the modern problems about transcendental numbers, the existence of such numbers, and proofs of the transcendence of *e*.

FROM DETERMINANT TO TENSOR, by *Sheppard*. A novel and charming introduction. Written with the utmost simplicity. PT I. Origin of Determinants. II. Properties of Determinants. III. Solution of Simultaneous Equations. IV. Properties. V. Tensor Notation. PT II. VI. Sets. VII. Cogredience, etc. VIII. Examples from Statistics. IX. Tensors in Theory of Relativity.

INTRODUCTION TO COMBINATORY ANALYSIS, by *MacMahon*. A concise introduction to this field. Written as introduction to the author's two-volume work.

THREE LECTURES ON FERMAT'S LAST THEOREM, by *Mordell*. This famous problem is so easy that a high-school student might not unreasonably hope to solve it; it is so difficult that tens of thousands of amateur and professional mathematicians, Euler and Gauss among them, have failed to find a complete solution. Mordell's very small book begins with an impartial investigation of whether Fermat himself had a solution (as he said he did) and explains what has been accomplished. This is one of the masterpieces of mathematical exposition.

—2nd ed. 1962. 350 pp. 5⅜x8. Four vols. in one.

8284-0108-X.   Cloth
8284-0166-7.   Paper

VORLESUNGEN UEBER
NICHT-EUKLIDISCHE GEOMETRIE
By F. KLEIN

—1928-59. xii + 326 pp. 5⅜x8. 8284-0129-2.

ENTWICKLUNG DER MATHEMATIK IM 19. JAHRHUNDERT
By F. KLEIN

TWO VOLUMES IN ONE.

Vol. I treats of the various branches of advanced mathematics of the prolific 19th century; Klein himself was in the forefront of the mathematical activity of latter part of the 19th and early part of the 20th centuries.

Vol. II deals with the mathematics of relativity theory.

—1926/27-67. 616 pp. 5¼x8. 8284-0074-1. Two vols. in one.